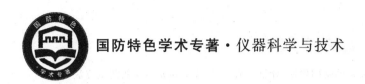

国防特色学术专著·仪器科学与技术

"十一五"国家重点图书
出版规划项目

现代光学计量与测试

杨照金 范纪红 王 雷 编著

北京航空航天大学出版社

北京理工大学出版社　哈尔滨工业大学出版社
哈尔滨工程大学出版社　西北工业大学出版社

内容简介

本书较系统地介绍了光学计量测试的基础理论、计量基准、计量标准和光学参数测量方法,涉及光辐射、激光参数、光辐射探测器参数、光学材料参数、成像光学、微小光学和微光夜视等方面的计量与测试技术。

本书可作为从事光学计量测试工作的科技人员的业务参考书,也可作为工程光学专业和测试计量技术与仪器专业研究生教学参考书。

图书在版编目(CIP)数据

现代光学计量与测试/杨照金,范纪红,王雷编著.
—北京:北京航空航天大学出版社,2010.5
　ISBN 978-7-5124-0041-2

Ⅰ.①现… Ⅱ.①杨… ②范… ③王… Ⅲ.①光学—计量　Ⅳ.①TB96

中国版本图书馆 CIP 数据核字(2010)第 041465 号

版权所有,侵权必究。

现代光学计量与测试
杨照金　范纪红　王　雷　编著
责任编辑　张军香　刘福军　朱红芳

*

北京航空航天大学出版社出版发行

北京市海淀区学院路 37 号(邮编 100191)　http://www.buaapress.com.cn
发行部电话:(010)82317024　传真:(010)82328026
读者信箱:bhpress@263.net　邮购电话:(010)82316936
北京市媛明印刷厂印装　各地书店经销

*

开本:787×1092　1/16　印张:21　字数:538 千字
2010 年 5 月第 1 版　2010 年 5 月第 1 次印刷　印数:3 000 册
ISBN 978-7-5124-0041-2　　定价:65.00 元

前　言

光学计量是计量学的十大专业之一，是围绕光学物理量测量技术和量值传递开展工作的。其主要任务是不断完善光学计量单位制，复现物理量单位，研究新的计量标准器具和标准装置，建立量值传递系统和传递方法，发展新的测试技术，以及研究新的光学计量理论。随着科学技术的进步，光学计量测试技术得到飞速发展，已成为光学产业重要的支撑技术。

本书是作者在为西安应用光学研究所培养硕士和博士研究生编写的教材基础上整理而成的，是作者多年从事光学计量测试研究工作的总结，也是对国防科技工业光学一级计量站20多年科研工作的总结。在介绍光学计量测试基本原理、计量基准、计量标准和光学参数测试方法的基础上，尽可能反映当前光学计量科学研究的最新成果。

书中内容共分为8章。第1章介绍光学计量的发展历史和发展趋势，以及计量学通用的一些知识。第2章为光辐射计量与测试，介绍从紫外到红外全波段辐射计量基准、计量标准和测量方法。用较大篇幅介绍了红外热像仪校准技术，红外光谱辐射计校准技术和瞬态光辐射校准技术。第3章为激光参数计量与测试，介绍激光计量基准、计量标准和主要参数测量方法，并系统介绍了强激光计量测试及激光测距机主要参数校准技术。第4章为光辐射探测器参数计量与测试，介绍了单元探测器和多元探测器评价参数和参数测量方法，对红外探测器和红外焦平面阵列探测器测量进行了重点介绍。第5章为光学材料参数计量与测试，介绍了可见光材料和红外光学材料主要参数的测量方法，其中重点介绍了折射率测量的各种方法。第6章为成像光学计量与测试，介绍了成像光学系统像质评价、光学元件波像差测试与校准、光学元件主要参数测试方法等。第7章为微小光学计量与测试，介绍了集成光学、梯度光学和光纤元件主要参数测量方法，以及偏振保持光纤参数测量和单模光纤偏振模色散测量技术。第8章为微光夜视参数计量与测试，介绍了微光像增强器、微光夜视仪和微光夜视镜的主要参数测量方法。

第2章和第4章部分内容由范纪红编写，第3章和第5章部分内容由王雷编写，其余章节均由杨照金编写，全书由杨照金进行统稿。

西安应用光学研究所许多同事参与了本书的编写与整理，岳文龙高工、胡铁力高工、史继芳高工、王芳高工、王生云高工、杨红研究员等参与部分内容的整理。

郭羽、解琪同志参与插图的整理。北京理工大学苏大图教授、西安电子科技大学安毓英教授通读了全书,提出许多建设性意见和建议。本书采用了作者所在科研集体许多科研成果,也参考和引用了国内许多专家、学者的书籍和文献。西安应用光学研究所领导的关心与支持使得作者能在较短的时间内完成本书。在此一并表示衷心的感谢。

  由于作者知识面和水平有限,不妥之处望广大读者批评指正。

编著者

2010 年 2 月于西安

目 录

第1章 绪 论 ··· 1
1.1 光学计量测试的研究范畴与发展历程 ·· 1
1.2 光学计量测试技术的发展趋势 ··· 2
1.3 计量学主要名词术语 ·· 4

第2章 光辐射计量与测试 ·· 6
2.1 光辐射计量的基本物理量 ·· 6
2.2 实现光辐射绝对测量的主要途径 ·· 7
2.2.1 黑体辐射源 ··· 7
2.2.2 低温辐射计 ·· 11
2.2.3 硅光电二极管自校准技术 ·· 16
2.2.4 双光子相关技术 ··· 17
2.2.5 同步辐射源 ·· 20
2.3 光辐射标准 ·· 22
2.3.1 光谱辐亮度和辐照度标准 ·· 22
2.3.2 中温黑体辐射源标准装置 ·· 28
2.3.3 面源黑体校准 ··· 32
2.3.4 低温黑体校准 ··· 39
2.3.5 以同步辐射源为基础的紫外辐射标准 ······································ 40
2.4 红外热像仪参数计量测试 ··· 43
2.4.1 红外热像仪概述 ··· 43
2.4.2 红外热像仪评价参数 ·· 44
2.4.3 红外热像仪参数测量装置 ·· 46
2.4.4 红外热像仪调制传递函数测量 ··· 48
2.4.5 红外热像仪噪声等效温差测量 ··· 49
2.4.6 红外热像仪最小可分辨温差测量 ·· 51
2.4.7 红外热像仪最小可探测温差测量 ·· 53
2.4.8 红外热像仪信号传递函数测量 ··· 54
2.4.9 红外热像仪参数测量装置的溯源与校准 ···································· 55
2.5 材料发射率测量 ··· 60
2.5.1 材料发射率测量概述 ·· 60
2.5.2 半球积分发射率测量 ·· 61
2.5.3 法向光谱发射率测量 ·· 63
2.6 红外目标模拟器校准 ··· 65

2.6.1 红外目标模拟器校准概述 ·· 66
　　2.6.2 红外目标模拟器校准装置 ·· 66
　　2.6.3 红外目标模拟器校准数学模型 ·· 67
　　2.6.4 红外目标模拟器校准方法 ·· 69
2.7 红外光谱辐射计校准 ··· 73
　　2.7.1 红外光谱辐射计概述 ·· 73
　　2.7.2 红外光谱辐射计校准方法 ·· 76
　　2.7.3 红外光谱辐射计校准过程 ·· 78
2.8 瞬态光辐射源参数测量与校准 ··· 81
　　2.8.1 瞬态光及其评价参数 ·· 81
　　2.8.2 瞬态光谱测量 ·· 82
　　2.8.3 瞬态有效光强测量 ·· 84
　　2.8.4 瞬态光辐射参数校准 ·· 85
2.9 光度计量与测试 ··· 86
　　2.9.1 光度学基本概念 ·· 87
　　2.9.2 光度学基准 ·· 89
　　2.9.3 光度计量标准 ·· 90
　　2.9.4 光度学测量仪器 ·· 94

第3章 激光参数计量与测试 ·· 99

3.1 激光计量参数 ··· 99
3.2 激光参数计量基准 ··· 100
　　3.2.1 激光功率基准 ·· 100
　　3.2.2 激光能量基准 ·· 102
3.3 激光参数计量标准 ··· 104
　　3.3.1 激光功率标准 ·· 104
　　3.3.2 激光能量标准 ·· 106
　　3.3.3 脉冲激光峰值功率标准 ·· 109
　　3.3.4 激光平均功率和能量标准装置 ······································ 111
3.4 激光参数测量技术 ··· 112
　　3.4.1 激光功率能量测试技术 ·· 112
　　3.4.2 高能激光功率与能量测量技术 ······································ 117
　　3.4.3 绝对式测量法中影响因素分析 ······································ 120
　　3.4.4 激光空域特性测量技术 ·· 131
　　3.4.5 强激光空域特性测量技术 ·· 135
　　3.4.6 激光时域特性测试 ·· 138
　　3.4.7 激光损伤阈值测试 ·· 142
3.5 激光测距机参数校准 ··· 143
　　3.5.1 激光测距机概述 ·· 143

3.5.2 最大测程校准 ……………………………………………………………… 145
  3.5.3 最小测程校准 ……………………………………………………………… 149
  3.5.4 测距准确度校准 …………………………………………………………… 149

第4章 光辐射探测器参数计量与测试 …………………………………………………… 151

 4.1 光辐射探测器概述 ………………………………………………………………… 151
 4.2 光辐射探测器性能的主要表征量 ………………………………………………… 151
  4.2.1 描述探测器灵敏度特性的主要表征量 …………………………………… 152
  4.2.2 描述探测器探测弱信号能力的主要表征量 ……………………………… 153
  4.2.3 其他表征量 ………………………………………………………………… 154
 4.3 光辐射探测器光谱响应度测量 …………………………………………………… 155
  4.3.1 相对光谱响应度测量 ……………………………………………………… 155
  4.3.2 绝对光谱响应度测量 ……………………………………………………… 158
 4.4 探测器面响应度均匀性测量 ……………………………………………………… 158
  4.4.1 探测器面响应度均匀性的定义 …………………………………………… 158
  4.4.2 探测器面响应度均匀性的测量原理及装置 ……………………………… 159
 4.5 光辐射探测器响应度直线性测量 ………………………………………………… 160
  4.5.1 双孔法测量 ………………………………………………………………… 160
  4.5.2 多光源法测量 ……………………………………………………………… 161
 4.6 光辐射探测器时间特性与温度特性测量 ………………………………………… 162
  4.6.1 时间特性测量 ……………………………………………………………… 162
  4.6.2 温度特性测量 ……………………………………………………………… 162
 4.7 红外探测器参数测量 ……………………………………………………………… 163
  4.7.1 黑体响应率测量 …………………………………………………………… 163
  4.7.2 噪声测量 …………………………………………………………………… 165
  4.7.3 探测率测量 ………………………………………………………………… 166
  4.7.4 噪声等效功率测量 ………………………………………………………… 166
  4.7.5 频率响应测量 ……………………………………………………………… 166
  4.7.6 红外探测器参数测量装置的校准 ………………………………………… 167
 4.8 红外焦平面阵列参数测量 ………………………………………………………… 167
  4.8.1 特性参数及相关量的定义 ………………………………………………… 168
  4.8.2 响应率、噪声、探测率和有效像元率等参数测量 ……………………… 170
  4.8.3 噪声等效温差测试 ………………………………………………………… 175
  4.8.4 动态范围测试 ……………………………………………………………… 176
  4.8.5 相对光谱响应测试 ………………………………………………………… 177
  4.8.6 串音测试 …………………………………………………………………… 178

第5章 光学材料参数计量与测试 …………………………………………………………… 180

 5.1 光学材料折射率和色散系数计量测试 …………………………………………… 180

  5.1.1 光学材料折射率和色散系数测量方法 ·············· 180
  5.1.2 光学材料折射率计量标准 ·············· 187
 5.2 光学材料折射率温度系数测量 ·············· 188
  5.2.1 光学玻璃折射率温度系数测量 ·············· 188
  5.2.2 红外材料折射率温度系数测量 ·············· 190
 5.3 光学材料应力双折射计量测试 ·············· 192
  5.3.1 简易偏光仪法 ·············· 192
  5.3.2 单1/4波片法 ·············· 194
  5.3.3 数字移相全场测量法 ·············· 195
  5.3.4 光学材料应力双折射计量标准 ·············· 196
 5.4 光学材料传输特性测量 ·············· 198
  5.4.1 透射比测量 ·············· 199
  5.4.2 光谱反射比测量 ·············· 200
  5.4.3 光吸收系数测量 ·············· 202
  5.4.4 光学材料散射系数测量 ·············· 203
 5.5 光学材料均匀性测量 ·············· 204
  5.5.1 平行光管测试方法 ·············· 204
  5.5.2 干涉测量方法 ·············· 205
 5.6 光学材料其他参数测量 ·············· 206
  5.6.1 光学材料消光比测量 ·············· 207
  5.6.2 光学材料线膨胀系数测量 ·············· 207
  5.6.3 光学材料条纹度测量 ·············· 208
  5.6.4 光学玻璃气泡度检测 ·············· 208
  5.6.5 材料非线性光学性能测试 ·············· 209
  5.6.6 椭圆偏振仪测量薄膜厚度和折射率 ·············· 211

第6章 成像光学计量与测试 ·············· 215

 6.1 成像光学系统像质评价 ·············· 215
  6.1.1 像质评价基本概念 ·············· 215
  6.1.2 光学传递函数基本概念 ·············· 221
  6.1.3 光学传递函数基本测量方法 ·············· 230
  6.1.4 光学傅里叶分析法传递函数测量装置 ·············· 231
  6.1.5 光电傅里叶分析法传递函数测量装置 ·············· 233
  6.1.6 数字傅里叶分析法 ·············· 238
  6.1.7 光学传递函数测量装置的检定 ·············· 239
  6.1.8 光学传递函数标准装置 ·············· 244
  6.1.9 离散采样系统光学传递函数测量 ·············· 246
 6.2 光学元件波像差测量 ·············· 248
  6.2.1 光的干涉基础 ·············· 248

    6.2.2 光学元件波像差标准装置 ·· 250
    6.2.3 红外光学零件表面面形及光学系统波像差测量 ······················· 254
  6.3 光学系统和元件主要参数测量 ··· 257
    6.3.1 焦距测量 ·· 257
    6.3.2 相对孔径测量 ·· 258
    6.3.3 视场测量 ·· 259
    6.3.4 透过率测量 ··· 260
    6.3.5 杂光系数测量 ·· 261

第7章 微小光学计量与测试 ·· 263

  7.1 集成光学计量与测试 ··· 263
    7.1.1 集成光学概述 ·· 263
    7.1.2 集成光波导参数测量 ··· 264
    7.1.3 铌酸锂集成光学器件参数测量 ··· 268
  7.2 梯度折射率光学计量与测试 ·· 272
    7.2.1 梯度折射率光学概述 ··· 272
    7.2.2 自聚焦透镜折射率分布测量 ·· 272
    7.2.3 自聚焦透镜数值孔径测量 ··· 276
    7.2.4 自聚焦透镜焦距测量 ··· 277
    7.2.5 自聚焦透镜聚焦光斑测量 ··· 278
  7.3 光导纤维参数测量 ·· 279
    7.3.1 纤维光学概述 ·· 279
    7.3.2 光纤元件数值孔径的测量 ··· 280
    7.3.3 光纤元件透射比测量 ··· 281
    7.3.4 光纤元件刀口响应测量 ·· 282
    7.3.5 光导纤维损耗测量 ··· 283
    7.3.6 光纤色散测量 ·· 285
    7.3.7 单模光纤截止波长测量 ·· 286
  7.4 偏振保持光纤参数测量 ··· 288
    7.4.1 偏振保持光纤概述 ··· 288
    7.4.2 保偏光纤偏振串音测量 ·· 289
    7.4.3 保偏光纤拍长测量 ··· 290
  7.5 单模光纤偏振模色散测量 ··· 292
    7.5.1 偏振模色散的产生 ··· 292
    7.5.2 偏振模色散测量方法 ··· 293

第8章 微光夜视参数计量与测试 ·· 296

  8.1 微光夜视技术概述 ·· 296
  8.2 微光像增强器参数测量 ··· 296

8.2.1　光阴极光灵敏度和辐射灵敏度测量 …………………………………… 297
　　8.2.2　亮度增益测量 ………………………………………………………… 298
　　8.2.3　等效背景照度测量 …………………………………………………… 299
　　8.2.4　输出信噪比测量 ……………………………………………………… 300
　　8.2.5　调制传递函数测量 …………………………………………………… 302
　　8.2.6　分辨力测量 …………………………………………………………… 303
　　8.2.7　放大率测量 …………………………………………………………… 309
　　8.2.8　畸变测量 ……………………………………………………………… 310
8.3　微光夜视仪参数测量 …………………………………………………………… 310
　　8.3.1　微光夜视仪视场测量 ………………………………………………… 311
　　8.3.2　微光夜视仪视放大率测量 …………………………………………… 313
　　8.3.3　微光夜视仪相对畸变测量 …………………………………………… 314
　　8.3.4　微光夜视仪分辨力测量 ……………………………………………… 315
　　8.3.5　微光夜视仪的亮度增益测量 ………………………………………… 317
8.4　微光夜视镜参数测量 …………………………………………………………… 318
　　8.4.1　微光夜视镜视场测量 ………………………………………………… 318
　　8.4.2　微光夜视镜放大率测量 ……………………………………………… 318
　　8.4.3　微光夜视镜畸变测量 ………………………………………………… 319
　　8.4.4　微光夜视镜分辨力测量 ……………………………………………… 319
　　8.4.5　微光夜视镜亮度增益测量 …………………………………………… 320
　　8.4.6　微光夜视镜光轴平行性测量 ………………………………………… 320

参考文献 ……………………………………………………………………………… 321

第1章 绪 论

1.1 光学计量测试的研究范畴与发展历程

计量学是研究测量,保证测量统一和准确的科学。计量学作为一门科学,研究的具体内容包括：
- 研究计量单位及其计量标准的建立、复现、维护、保存和使用；
- 研究计量器具的计量特性评定；
- 研究量值传递与量值溯源的方法；
- 研究基本物理常数和常量的准确测定；
- 研究标准物质特性的准确测定；
- 研究测量理论和测量结果处理方法；
- 研究计量法制和管理；
- 研究计量人员进行计量的能力培养与考核方法；
- 研究与测量有关的一切理论、方法和实际应用问题。

计量的概念起源于商品交换,最早开始于长度、容量和重量。计量是没有国界的,全球经济化的发展使世界各国之间计量单位与计量数据的统一越来越重要。随着生产的发展和科学技术的进步,计量学研究的内容不断丰富,目前已突破传统的物理量的范畴,扩展到化学量和工程量,乃至生理量和心理量。

工作中,有时将计量与测试混淆,实际上两者有很大区别。测试是针对产品某一参数或性能进行测量或试验,是对产品性能进行评价。而计量的对象是测试所用设备,是对测试所用设备的测量准确度和性能作出判断和校正,这就是通常所说的计量检定和校准。

在我国,计量学划分为十大专业：几何量、热学量、力学量、电磁学、时间频率、无线电电子学、光学、化学、声学、电离辐射。

光学计量是计量学的十大专业之一,它是围绕光学物理量测量技术和量值传递开展工作。其主要任务是不断完善光学计量单位制,复现物理量单位,研究新的计量标准器具和标准装置,建立量值传递系统和传递方法,发展新的测试技术,研究新的光学计量理论。随着科学技术的进步,光学计量技术得到飞速发展,已成为光学产业重要的支撑技术。光学计量的波段范围已由可见光发展到紫外光和红外光。

最早的光学计量主要是光度学计量,即对光源的光通量、发光强度、光亮度和光照度进行准确测量,针对的是可见光,波长范围为 380~780 nm。

随着人们对红外光和紫外光的认识,光学计量从可见光向红外光和紫外光两个方向扩展。由于红外光和紫外光人眼是看不到的,其辐射量是纯物理量,不再包含人眼的视觉特性,因此,在光度学计量的基础上,出现了光辐射度计量分专业。

20 世纪 60 年代诞生了激光,激光的卓越特性推进了物理学、化学、生物学的研究,加深了对物质及其运动规律的认识,已经形成和正在形成一些新的学科分支,如量子光学、激光物理学、激光化学、激光生物学等。由于激光特有的单色性、准直性和高亮度性,常规的光辐射计量满足不了需要,出现了激光参数计量分专业。

20世纪70年代以后,由于半导体激光器和光导纤维技术的重大突破,导致了以光纤通信为代表的光信息技术的蓬勃发展,促进了相应各学科的发展和彼此间的相互渗透,形成了光电子学。由此出现了光纤参数计量。在此基础上相继出现了微小光学计量和集成光学计量。

随着红外热成像技术、光电制导技术、光电检测技术等的发展,对光电探测器计量提出了需求,由此出现了光电探测器参数计量。

到目前为止,光学计量涉及的分专业有:光度计量、光谱光度计量、色度计量、光辐射计量、激光参数计量、光学材料参数计量、成像光学计量、光电探测器参数计量、光纤参数计量、微光夜视计量等。

可见,光学计量技术既是现代光学技术发展的基础,同时也是光学技术发展的支撑和保障,两者密不可分。光学技术每一个新的发展,都伴随着新的光学计量技术的发展。

1.2 光学计量测试技术的发展趋势

随着科学技术的进步,光学技术得到了飞速的发展,目前已发展成为强大的光学工业和光学技术领域,并渗透到其他各个科学领域。如空间科学、天体物理学、光生物学、光化学等都通过光学技术获得大量的有用信息,为国民经济建设服务。近几十年来发展起来的红外技术、激光技术在军事上得到广泛应用,如红外制导、红外预警、红外成像、激光制导、激光测距、激光雷达等,尤其是光纤技术给光通信和光传感器带来了一次巨大革命。由此看来,现代光学技术已不仅仅局限于制造望远镜、显微镜等简单光学仪器,而是发展并具备了观察、分析、测量、控制、信息传递和处理等多种功能,成为包含可见光、红外光、紫外光、激光、全息、光通信、光电子、光存储等多波段和各种先进技术密切结合的蓬勃发展的科学技术领域,成为未来信息社会的重要支柱。其相应的计量测试技术也将有新的发展。

1. 量值传递方式的变革

目前,在光度和辐射度计量方面,仍然是标准黑体辐射源和标准灯组作为基准和传递标准,按检定系统表逐级向下进行量值传递。近二十年来,英、美研制成功低温绝对辐射计,大大提高了光辐射的测量准确度,不确定度达到 0.01%。由于硅光电二极管自校准技术的成熟,对国际、国内相继研制成功的陷阱探测器,通过硅光电二极管的内量子效率求得绝对光谱响应,可得到 0.05% 的准确度。与此同时,还把自校准硅光电二极管与低温绝对辐射计进行了辐射功率测量比对,取得了较好的一致性。这为辐射计量传递方式的变革创造了条件。可以把低温绝对辐射计作为计量辐射量基准,而把通过低温辐射计校准后的探测器(包括硅光二极管探测器)作为传递标准。可以缩短量值传递链,简化测量过程,扩大测量范围,减小测量不确定度,无论是对量值传递还是在实际应用中都很有意义。

2. 扩展量限和提高准确度

随着科学技术的进步,要求光学计量参数的量限范围和波段范围不断扩展,测量准确度要求越来越高。例如,激光杀伤武器的研究需要超大功率的计量测试,微光夜视仪器的研制,又

需要给出 1×10^{-7} lx 的极弱照度量值。航天摄像技术的发展要求成像光学的光学传递函数测量和波像差测量装置向超大口径方向发展。而用于光纤耦合器、医用内窥镜的自聚焦透镜的直径小到 1 mm。在激光时域参数的测量中正在由 ns 向 ps 和 fs 的瞬时激光时域特性的测试发展。

因此,光学计量的量限将向两端扩展,超大、超小、超强、超弱是今后研究的重点。

科学技术和高新武器性能水平的提高,要求计量测试准确度也越来越高,这就需要对现有计量标准进行提升和改造,以满足现代光学技术对计量测试的要求。

3. 重视紫外计量测试

紫外辐射源、紫外激光参数、紫外光学系统参数、紫外光学材料参数等计量与测试越来越重要。

在军事上,紫外制导、紫外侦察告警将逐渐引起重视。

在深空探测中,紫外技术发挥着重要作用,由于太空温度很低,红外信号很弱,而紫外信号很强,这就要求使用紫外相机、紫外地平仪和紫外星敏感器。这些应用都要求建立紫外计量标准和紫外测量仪器。

紫外激光在半导体光刻工艺中的应用,对紫外脉冲激光参数计量提出了新的要求,要求把激光计量的工作波长向紫外延伸。

4. 研究校准新技术和新方法

新型材料和新型传感器件的发展,带动了一批新的光学技术的发展。目前光纤材料已在各个领域得到普遍应用,与之相关的光通信和光信息处理技术也得到快速发展,促进了集成光学技术的研究与开发。近年来新型探测器件不断出现并应用于光电系统之中。不仅应用波段范围不断扩大,而且从单元化向多元化发展,如面阵 CCD 器件,红外焦平面探测器件,已在成像技术中得到广泛应用,并取得较好效果。计量测试技术应根据最新技术的发展加强先期研究,以实现技术基础跨越式发展。

5. 从单项参数计量测试向综合参数计量测试发展

为了满足光学系统在研制过程中组装调校、现场实验、综合性能检测等需求,需要研制许多综合参数测量系统。例如望远镜综合参数测试仪、激光测距机测试系统、红外热像仪评价系统、微光夜视仪整机特性测试系统等,这些测试系统是保证整机性能质量的基础,其本身必须通过计量检定、确保测试数据的准确可靠。目前这类仪器越来越多,保证其测试数据的准确可靠是计量部门今后承担的重要任务。

6. 计量测试系统向自动化和智能化发展

随着计算机技术在各个领域的广泛应用,自动化测量技术也得到突飞猛进的发展。为了提高准确度,减少人为误差,减轻操作人员劳动强度,许多计量标准装置和测试系统不断地向自动化方面改进,向光、机、电、算一体化、智能化方向发展。

传统的光学仪器,如望远镜、显微镜、照相机等都是用眼睛观察,像分辨率测量、焦距测量、干涉图观察等过去都是用眼睛观察或用照相干板记录,现在都实现了自动化测量。典型的应用如干涉图分析,通过CCD器件记录,计算机分析处理,自动给出测量结果。

面对新的发展趋势,传统的计量测试手段和计量标准体系正在经历新的变革,这就要求我们研究新的计量测试方法,建立新的计量测试体系。

1.3 计量学主要名词术语

1984年由国际计量局、国际电工委员会、国际标准化组织及国际法制计量组织联合制定了《国际通用计量学基本名词》,1993年又发布了修订版《国际通用计量学基本术语》。1996年由国际法制计量组织发布了《法制计量学基本名词》。

我国于1982年由国家计量局制定了JJG 1001—82《常用计量名词术语及定义》,1991年修订为JJG 1001—91《通用计量名词及定义》。

下面介绍书中各章用到的一些主要计量学名词术语。

(1) 计量学(metrology)

定义:测量的科学。

计量学研究量与单位、测量原理与方法、测量标准的建立与溯源、测量器具及其特性,以及与测量有关的法制、技术和行政的管理。计量学也研究物理常量、标准物质和材料特性的测量。

(2) 测量(measurement)

定义:以确定量值为目的的一组操作。

量值是通过测量来确定的。测量要有一定的手段,要由人去操作,要用一定的测量方法,要在一定的环境下进行,并且必须给出测量结果。

(3) 测量标准(measurement standard)

为了定义、实现、保存或复现量的单位或一个或多个量值,用做参考的实物量具、测量仪器、参考物质或测量系统。

(4) 国际(测量)标准(international measurement standard)

国际协议承认的,作为国际上对有关量的其他测量标准定值依据的测量标准。

(5) 国家(测量)标准(national measurement standard)

国家承认的,作为国家对有关量的其他测量标准定值依据的测量标准。国家计量标准也称为计量基准。

(6) 校准(calibration)

定义:在规定条件下,为确定测量仪器或测量系统所指示的量值,或实物量具、标准物质所代表的量值,与对应的由计量标准所复现的量值之间关系的一组操作。

校准的对象是测量仪器、实物量具、标准物质或测量系统,也包括各单位、各部门的计量标准装置。校准的目的是确定被校对象示值所代表的量值。如1Ω的标准电阻,虽然其标称值为1Ω,但经校准其量值为0.9Ω。校准的方法是用测量标准去测量被校量。

(7) 检定(verification)

定义:由法定计量技术机构确定与证实测量器具是否完全满足要求而做的全部工作。

在国际标准化组织制定的ISO/IEC导则25中定义为:通过检查和提供客观证据表明已满足规定要求的确认。对测量设备管理而言,检定是检查测量器具的示值与对应的被测量的已知值之间的偏移是否小于标准、规程或技术规范规定的最大允许误差。根据检定结果可对测量设备作出继续使用、进行调整、修理、降级使用或声明报废的决定。

(8) 测试、试验(testing、test)

定义：对给定的产品、材料、设备、生物体、物理现象、过程或服务，按照规定的程序确定一种或多种特性或性能的技术操作。

测试的对象涉及面很宽，在工业部门主要是材料和产品。校准与检定的目的是为了保证测量设备准确可靠，而测试是为了确定材料或产品的性能或特性而进行的测量或试验。

(9) 检验(inspection)

定义：对产品的一个或多个特性进行的诸如测量、检查、试验或度量，并将结果与规定要求进行比较，以确定每项特性是否符合所进行的活动。

(10) 测量误差(error of measurement)

测量结果与被测量的真值之差值。即

$$测量误差 = 测得值 - 真值$$

(11) 测量不确定度(uncertainty of measurement)

与测量结果相关联的、用于合理表征被测量值分散性大小的参数，它是定量评定测量结果的一个重要质量指标。

(12) 测量结果(result of measurement)

由测量所得的赋予被测量的值。

(13) 测量结果的重复性(repeatability of measurement result)

在相同测量条件下，对同一被测量连续进行多次测量所得结果之间的一致性。

(14) 测量结果的复现性(reproducibility of measurement result)

在变化的测量条件下，同一被测量的测量结果之间的一致性。

(15) 稳定性(stability)

测量器具保持其计量特性持续恒定的能力。

第 2 章 光辐射计量与测试

光辐射计量是光学计量最基本的组成部分,其基本计量参数有辐[射]强度、辐[射]亮度、辐[射]照度、辐射温度、辐射通量及发射率等,波长为 10 nm~1 000 μm,覆盖了可见、紫外及红外的全部光波长范围。

传统的光辐射计量以辐射源为基础。随着光电子技术的发展,世界各国开始研究以探测器为基础的光辐射量值传递体系,具有代表意义的是英国国家物理实验室(NPL)建立的以低温辐射计为基础对各种辐射计进行校准的量值传递体系。从此,使光学计量的各分专业——光度、光谱光度、光辐射、激光、光纤及微光等结合起来,均溯源于低温辐射计。

本章先介绍光辐射计量的基本物理量和光辐射绝对测量方法,然后介绍光辐射标准装置、校准装置和测量装置等。

2.1 光辐射计量的基本物理量

(1) 辐[射]能

辐[射]能(Q)为以辐射的形式发射、传播或接收的能量。单位:J。

(2) 辐[射]通量

辐[射]通量(Φ)又称为辐[射]功率(P),是以辐射的形式发射、传播和接收的功率。单位:W,定义 1 W=1 J/s。

(3) 辐[射]强度

辐[射]强度(I)为在给定方向上的立体角元内,离开点辐射源(或辐射源面元)的辐射通量 $d\Phi$ 除以该立体角元 $d\Omega$,用于描述点源发射的辐射功率在空间的分布特性。单位:W/sr。

(4) 辐[射]亮度

扩展源在某一方向的辐[射]亮度(L),就是源在该方向上的单位投影面积向单位立体角发射的功率。单位:W/(sr·m²)。

(5) 辐[射]出[射]度

辐[射]出[射]度(M)为离开辐射源表面一点处的面元的辐射通量 $d\Phi$ 除以该面元的面积 dS。单位:W/m²。

(6) 辐[射]照度

辐[射]照度(E)就是照射到表面一点处的面元上的辐射能通量除以该面元的面积。单位:W/m²。

(7) 光谱辐射通量

光谱辐射通量(Φ_λ)是辐射源发出的光在波长 λ 处的单位波长间隔内的辐射通量。单位:W/mm。

(8) 光谱辐射强度

光谱辐射强度(I_λ)是辐射源在波长 λ 处的单位波长间隔内的辐射强度。单位:W/(sr·mm)。

(9) 光谱辐射亮度

光谱辐射亮度(L_λ)是辐射源在波长 λ 处的单位波长间隔内的辐射亮度。单位：$W/(sr \cdot m^2 \cdot mm)$。

(10) 光谱辐射出射度

光谱辐射出射度(M_λ)是辐射源在波长 λ 处的单位波长间隔内的辐射出射度。单位：$W/(m^2 \cdot mm)$。

(11) 光谱辐射照度

光谱辐射照度(E_λ)是辐射源在波长 λ 处的单位波长间隔内的光谱辐射照度。单位：$W/(m^2 \cdot mm)$。

2.2 实现光辐射绝对测量的主要途径

光辐射计量最高标准称为光辐射基准，而光辐射基准是建立在光辐射绝对测量基础上。因此，我们首先介绍光辐射绝对测量。

理论上讲，实现绝对光辐射测量主要有两条途径：一是基于辐射源，二是基于辐射探测器。

基于辐射源的标准主要包括两个方面：黑体辐射源和同步辐射源。

基于辐射探测器的标准包括三个方面：电替代辐射计(低温辐射计)、可预知量子效率探测器(自校准技术)和双光子记数。

目前两种溯源方式并存。以金属凝固点黑体为最高标准的量值传递体系已很完备，各个国家均建立了金、银、铝、铜、锌、锡等金属凝固点黑体最高标准。金属凝固点黑体最高标准主要工作在可见光与红外波段。以低温辐射计为最高标准的量传体系正在逐步建立，在可见光波段达到很高的准确度，在红外光和紫外光波段处于研究阶段。理论上讲，低温辐射计无光谱选择性，可工作在可见、红外、紫外全波段。

2.2.1 黑体辐射源

能够在任何温度下全部吸收任何波长的入射辐射的物体称为绝对黑体，简称黑体。

1. 黑体辐射定律

黑体辐射有如下特性：

① 处于热平衡态的黑体在绝对温度 T 时的光谱辐射亮度由普朗克公式给出，为

$$L_{\lambda B} = \frac{c_1}{\pi} \cdot \lambda^{-5} \cdot (e^{\frac{c_2}{\lambda T}} - 1)^{-1} \quad (\text{单位为 } W \cdot m^{-2} \cdot sr^{-1} \cdot m^{-1}) \quad (2-2-1)$$

式中：c_1——第一辐射常量，其值为 $3.7418 \times 10^{-16} \, W \cdot m^2$；

c_2——第二辐射常量，其值为 $1.4388 \times 10^{-2} \, m \cdot K$；

λ——真空中的光波长。

② 黑体为朗伯辐射体，其光谱辐射出射度也可由普朗克公式给出，只是单位常数不同。

$$M_{\lambda B} = c_1 \cdot \lambda^{-5} \cdot (e^{\frac{c_2}{\lambda T}} - 1)^{-1} \quad (\text{单位为 } W \cdot m^{-2} \cdot m^{-1}) \quad (2-2-2)$$

③ 对应于黑体的最大光谱辐射波长 λ_m 由维恩位移定律确定，即

$$\lambda_m = 2\,897.8/T \quad (\text{单位为 } \mu m) \tag{2-2-3}$$

④ 黑体在波长 λ_m 上的光谱辐射出射度计算式为

$$M_{\lambda_m} = 1.286\,5 \times 10^{-5} T^5 \quad (\text{单位为 } W \cdot m^{-2} \cdot m^{-1}) \tag{2-2-4}$$

⑤ 黑体总的辐射出射度按斯忒藩-玻耳兹曼公式计算,为

$$M_B = \sigma T^4 \quad (\text{单位为 } W \cdot m^{-2}) \tag{2-2-5}$$

式中:σ——斯忒藩-玻耳兹曼常量,$(5.67051 \pm 0.00019) \times 10^{-8}$ W/(m² · K⁴);

T——热力学温度。

⑥ 对于黑体辐射,按最大光谱辐射出射度归一化的相对光谱辐射出射度 $\eta(x)$ 与黑体温度无关,称为普朗克公式的普遍形式

$$\eta(x) = \frac{M_\lambda}{M_{\lambda_m}} = 142.32 x^{-5} (e^{\frac{4.9651}{x}} - 1)^{-1} \tag{2-2-6}$$

式中:$x = \lambda/\lambda_m$。

⑦ 对于一般的温度 T 的平衡热辐射有

$$\left.\begin{array}{l} L_\lambda(\lambda, T) = \varepsilon(\lambda, T) \cdot L_{\lambda B} \\ M_\lambda(\lambda, T) = \varepsilon(\lambda, T) \cdot M_{\lambda B} \\ M(T) = \varepsilon(T) M_B \end{array}\right\} \tag{2-2-7}$$

式中:ε——辐射体的发射率,绝对黑体 ε 为 1,其他辐射体的 ε 都小于 1。

2. 人工模拟标准黑体

黑体辐射器的光谱辐射特性和总辐射特性完全可由理论公式导出。在给定温度 $T(K)$ 下,其发射辐射的光谱分布只是波长的函数。因此可以作为光辐射量的计量基准和标准。在自然界中,绝对黑体是不存在的,一般所说的黑体都是人工模拟黑体。实际的人工模拟黑体辐射器结构如图 2.1 所示。

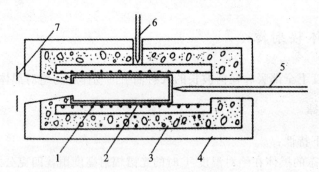

1—黑体腔;2—加热器;3—保温层;4—冷却水管或风道;5—黑体腔测温元件;6—黑体腔控温元件;7—精密光阑。

图 2.1 人工模拟黑体辐射器结构示意图

不同用途和不同工作温度的黑体结构也不完全相同,其主要组成部分包括辐射腔体、腔体外面的保温绝缘层和无感加热丝。腔体和加热丝都装在具有保温层的炉体内,为了热屏蔽加入铜热屏蔽罩;为了测量和控制温度还装有感温元件;黑体辐射源的前方设有光阑,其孔径小于腔口的直径,以便计算黑体的辐射出射度。

黑体腔形有圆柱形、圆锥形、球形以及其他轴对称旋转体的组合,特殊情况也采用非轴对称旋转体。可变温度人工模拟黑体辐射器的加热方式有电阻加热、循环液体加热以及使用不

同工质的热管加热。固定温度的黑体则通常工作在各种介质凝固点相变温度上。保温层可以用绝热材料,也可用辐射反射屏。冷却方式有水冷或风冷。控温和测温元件通常是热电偶或电阻温度计。

人工模拟黑体辐射器的品质主要由黑体腔温度测量的准确度和其发射率接近于1的程度决定。黑体腔的发射率与腔体材料表面发射率、腔形及腔的温度分布有关。当上述3个参量确定后,可以对黑体腔的有效发射率进行精确的计算。

在人工模拟标准黑体中,又把一系列金属凝固点标准黑体作为基准。金属凝固点黑体是把纯度很高的金属融化,在降温过程中,从液体向固体转换的相变温度平台区作为温度的标准,由此给出标准的光谱辐亮度值,作为标定光度测量仪器和光辐射测量仪器的标准。

目前推荐使用的金属凝固点黑体主要有:
- 镓点黑体:凝固点温度 $T=302.9146$ K,发射率 $\varepsilon=0.9999$;
- 锡点黑体:凝固点温度 $T=505.078$ K,发射率 $\varepsilon=0.9999$;
- 锌点黑体:凝固点温度 $T=692.677$ K,发射率 $\varepsilon=0.9999$;
- 铝点黑体:凝固点温度 $T=1234.93$ K,发射率 $\varepsilon=0.9999$;
- 铜点黑体:凝固点温度 $T=1357.77$ K,发射率 $\varepsilon=0.9999$;
- 银点黑体:凝固点温度 $T=933.473$ K,发射率 $\varepsilon=0.9999$;
- 金点黑体:凝固点温度 $T=1337.18$ K,发射率 $\varepsilon=0.9999$。

3. 黑体辐射源分析

分析黑体辐射源的目的在于确定黑体的设计思想,得到提高黑体性能的设计途径,主要围绕三个方面进行,即:黑体的评价体系、黑体的辐射特性和温度特性、黑体有效发射率的理论计算。

(1) 黑体辐射源的评价

前面已经介绍过,理想黑体在现实生活中并不存在,人们研制的各种黑体,只是理想黑体的近似,所以不可能达到理想黑体等温密闭的要求,其特性就与理想黑体存在一定的差异,而这些差异很难笼统地用某一参数准确描述,因此,对黑体的评价是相当困难的。

日本国家计量研究实验室(NRLM)的服部晋从有效辐射温度的角度来研究黑体腔体非等温性对辐射特性的影响。有效辐射温度的作用在于综合了腔体内温度分布的影响,是对腔体参考温度的修正。当腔体材料发射率不随波长变化时,摆脱了发射率受温度分布和波长影响的问题,但是,前提是温度变化较小,当温差较大时就难以成立,因此有效辐射温度概念的应用受到限制。

在有效辐射温度概念的基础上,还有学者引入了不等温系数的概念,试图用一个不等温系数描述温度分布的不均匀性,但其理论基于有效辐射温度的概念,也仍然受到应用限制,没有被广泛认可。

目前国际上比较直接,也比较准确的评价方法是采用国际间的比对。1994年,英国国家物理实验室(NPL)与美国国家标准与技术研究院(NIST)进行了标准黑体辐射源的比对,在1 000~2 500 ℃的温度范围内取得了不大于1 ℃的一致性;1995年,欧共体的7个国家计量实验室采用辐射测温仪为循环仪器,在多种波长下对标准黑体辐射源进行了比对,修正辐射源尺寸效应后,在800~2 000 ℃范围内,取得了0.1%的温度一致性。

各国都致力于这方面的研究,我国制定了黑体检定的国家标准《500～1000 K 工业黑体辐射源检定规程》,国防科技工业系统在国家检定规程的基础上,结合国防科技工业的实际需要,制定了国家军用标准《323～1273 K 黑体辐射源检定规程》。

在标准中,把黑体按照准确度分为凝固点黑体(基准黑体)、标准黑体和工业黑体。用凝固点黑体检定一级标准黑体,用一级标准黑体检定工业黑体。各种黑体的温度特性如下。

① 一级标准黑体应具有的温度特性:

黑体稳定到设定温度后,温度稳定性应优于 0.2 K/h;

黑体腔有效辐射面的温度均匀性应优于±0.2 K;

一级标准黑体配备的测温仪表应能直接或间接测量黑体腔有效辐射面的温度,测温准确度应优于 0.05%;

② 工业黑体应具有的温度特性:

黑体稳定到设定温度后,温度稳定性应优于±0.5 K/h;

黑体腔有效辐射面的温度均匀性对于一等应优于 0.001T;对于二等应优于 0.002T;对于三等应优于 0.003T;T 为设定温度值。

③ 一级标准黑体和工业黑体应能在 3 小时内稳定到设定温度。

一级标准黑体和工业黑体的辐射特性主要由实测的有效发射率来表征。

一级标准黑体的实测有效发射率不小于 0.999。

工业黑体的实测有效发射率对于一等不小于 0.99;对于二等不小于 0.98;对于三等不小于 0.95。

(2) 黑体辐射源的辐射特性和温度特性

我国对黑体的检定以表征辐射特性和温度特性的参数来划分等级。辐射特性用黑体有效发射率(发射率)来描述,温度特性指黑体的温场均匀性和温度稳定性。黑体检定主要的判定依据就是发射率、温场均匀性和温度稳定性这 3 个参数。

黑体发射率是指黑体与同温度理想黑体在相同条件下的辐射功率之比,该比值在 0～1 之间。由定义不难理解,发射率是表征黑体辐射本领与理想黑体辐射接近程度的物理量,也就是该黑体模拟理想黑体的程度,它是黑体的辐射腔体开孔大小、腔体材料、腔体形状及离真正等温的差距的函数。由于发射率直接表明黑体辐射特性偏离理想黑体辐射特性的程度,因此我国在黑体的量值传递中,传递的参数是发射率。

基尔霍夫提出的理想黑体模型是一个几乎密闭的等温空腔,Buckley 理论、Gouffe 理论及 Sparrow 理论推导的漫射腔发射率计算公式均以等温腔为前提,由此可知等温性即黑体温场均匀性的重要性。实际的黑体辐射出射口尺寸必须满足接收器件的要求,这势必破坏等温性,还会造成辐射腔口的发射率呈环状分布,发射率从中心向外沿逐渐降低。消除这一问题的方法是加大腔长,但这又给保持温场均匀性带来很大的困难。

温度稳定性指黑体温度随时间的变化,根据斯忒藩-玻耳兹曼定律,黑体的辐射出射度为

$$M(T) = \varepsilon M_B = \varepsilon \sigma T^4 \qquad (2-2-8)$$

式中:ε——黑体发射率,一般在 0.95 以上。

黑体温度变化引起的辐射出射度变化可近似为

$$\frac{dM}{M} = 4\frac{dT}{T} \qquad (2-2-9)$$

由此可见,黑体辐射出射度的准确度主要取决于温度稳定性,温度变化应小于辐射出射度变化要求的四分之一。

(3) 黑体辐射源发射率的理论计算

由于发射率是评价黑体的一个重要指标,它反映了黑体接近理想黑体的程度,因此,发射率计算值可以为黑体设计提供重要依据。理论上研究黑体的中心课题是解决各种腔体结构的发射率值及发射率值与腔体几何结构、腔体材料及温场均匀性的关系。

黑体发射率计算方法有多种,具体划分如下。

① 按直接还是间接求发射率来划分。

直接方法是一种基于辐射腔体腔壁面元能量平衡的方法。

间接方法通常是跟踪入射光线,先求反射率,再求吸收率或发射率的方法。

② 按模型等温性来划分。

等温模型是一种理想而有用的假定,便于计算推导和理论分析。

非等温模型是在等温模型的基础上,加入实际腔体的非等温修正。

③ 按模型所选用的腔体材料特性来划分。

漫射模型是一种很有用的计算模型,大部分计算方法都是基于漫射模型推导的。该模型对于辐射腔体形状的吸收特性研究具有理论意义。

镜-漫模型是对实际腔体材料反射特性较为合理的近似,特别是对粗糙壁面和低温黑体,因为随着波长的增加,壁面的镜反射成分也增加。这种模型只能作为理论分析,实际上由于壁面材料的反射特性无法精确知道,通常只能采用各种手段作各种近似。

④ 按计算所采用的数学方法来划分。

积分方程法是一种直接求解发射率的方法,最早由 Buckley 提出,后由 Sparrow 等人解决奇异积分和迭代收敛性问题而得以完善。它是利用牛顿-柯特斯公式求解数值积分的,这种方法复杂,不易处理奇异点,且精度不高,但它是后面积分方程求和方法的基础。

积分方程求和方法实质上是利用分区近似的办法,求解积分方程,避免采用牛顿-柯特斯数值积分公式,易于处理奇异点,对于等温或不等温漫射腔发射率的计算可以达到任意精度,但对非漫射腔的计算至今未见报道。

级数方法是利用级数和迭代技术求解多重反射积分方程。

2.2.2 低温辐射计

1. 低温辐射计的工作原理

普通电替代辐射计也叫(普通)绝对辐射计或(普通)电校准辐射计,其基本原理是:做成吸收率无光谱选择性的接收器,当有辐射到达接收器表面时,金黑层吸收辐射,使其温度升高,这种温升可用不同的办法来测量;然后用电流加热接收器,调节电流使其产生的热量与接收器吸收辐射时产生的相等,这时所加电功率就等于辐射功率。普通电替代辐射计的工作原理如图 2.2 所示。

电替代辐射计由辐射吸收元件、具有可调节和可度量电功率的电加热器及温度敏感元件 3 部分组成。

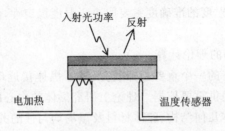

图 2.2　普通电替代辐射计的工作原理图

一般吸收元件可以是黑平板、黑锥腔或圆柱腔；加热器可以是加热丝或镀制的薄膜；探测器为热电堆或热敏电阻测热计，也可以为热释电探测器。

由于常温下物质热性能的限制且需要进行复杂的修正，所以尽管多年来进行了各种改进，但其所能达到的不确定度一直徘徊在 0.1%～0.3%之间。

为了解决普通电替代辐射计存在的问题，英国国家物理实验室(NPL)的 T. J. Quinn, J. M. Martin, N. P. Fox 等人研制了一种用液氦制冷的低温绝对辐射计，该辐射计的工作原理与普通电替代辐射计基本相同，但由于其工作于液氦制冷下的 2～4 K,从而彻底解决了室温下物质热性能问题，而且在电替代电路中使用了低温超导材料，替代电路中的导线使电能损失大大减小，从而使电替代辐射计的灵敏度和准确度提高了 100 倍，达到了 0.01%的测量不确定度。NPL 研制成功了开环液氦制冷的低温辐射计后，又于 1995 年成功开发了新一代低温辐射计——闭环机械制冷低温辐射计。该辐射计不是直接用开环液氦低温槽进行制冷，而是用高纯度氦气作为制冷媒质，在闭环系统中循环使用。这种低温辐射计体积小，无需填充液氮和液氦的辅助设备，操作方便，有电有水就可工作。该低温辐射计可工作于 5～15 K,经过 NPL 光辐射计量专家的大量实验证明：工作于 5～15 K 的闭环机械制冷低温辐射计和工作于 2～4 K 的液氦制冷低温辐射计可达到同样的测量不确定度，而且由于新型闭环机械制冷低温辐射计在其他一些细节方面做了进一步的改进，NPL 辐射专家认为这种低温辐射计的测量不确定度达到了 0.005%。

2. 低温辐射计的结构

图 2.2 所示为电替代辐射计的工作原理，下面主要介绍低温辐射计的结构及各部分组成。图 2.3 所示为液氦制冷低温辐射计结构图。低温辐射计的探测器是一个处于冷却状态的吸收腔体 G,悬挂在液氦容器的底板上。辐射计工作在真空状态，一束稳定的激光束通过布儒斯特窗口进入辐射腔。入射激光使吸收腔体的温度上升，通过电加热使腔体上升同样的温度，则所加电功率就为入射辐射的光功率值。

(1) 参考温度热沉

参考温度热沉提供一个恒定的低温参考温度。参考温度块 L 是用铜材制成的，可以被准确地控制在 12～15 K 中间的某一设定温度，一般将其温度设定为比制冷机所能达到的最低温度(基底温度)高 2 K 的温度，用一个薄膜铁铑温度传感器和一个高精度电阻电桥来测量参考块温度。参考块中有一个薄膜加热器(约 1 000 Ω),该加热器由一个高精度、高分辨率、可由计算机控制的电流源供电，电阻电桥和电流源通过 GPIB 总线连接到计算机，由低温辐射计软件中的"PID 循环控制"子软件包独立执行参考块温度的控制工作，经 PID 循环控制后，参考块温度的稳定性一般优于 $1/10^6$。

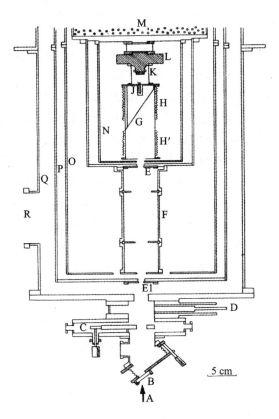

A—激光束；B—布儒斯特窗口；C—低真空室；D—阀门；E,E1—象限硅探测器；F—辐射陷阱；G—探测腔；
H,H′—加热器；J—锗电阻温度计；K—热连接；L—5 K 参考温度热沉；M—氦低温箱基板；
N—4.2 K 内屏蔽；O—50 K 中间屏蔽；P—77 K 外部屏蔽；Q—真空室；R—泵接口。

图 2.3 低温辐射计结构图

（2）接收腔体

接收腔体是低温辐射计的核心，相当于辐射计的探测器。接收腔体 G 用电解铜制成，且侧壁内表面具有漫反射铂金黑色涂层，腔体底部为黑色磷化镍涂层（这种涂层具有极低的反射率，在可见光和红外光区，其反射率小于 0.1%），腔壁厚 0.1 mm，腔体平均直径 10.5 mm，长度 40 mm，腔体吸收率为 0.999 98。一个 1000 Ω 用于加热腔体的"表面固定"电阻 J 紧固地安装在接收腔体底部背面，腔体温度由固定在腔体最后部的薄膜铁铑温度传感器测定，腔体上的加热电阻和温度传感器均用高温超导材料连接。

（3）腔体热连接

位于吸收腔体和参考温度热沉之间的腔体热连接器 K，决定着吸收腔体的灵敏度和辐射计的时间常数，该连接器由 3 个薄壁不锈钢管组成，对其壁厚和长度的设计使得射入 1 mW 的辐射功率时产生约 0.6 K 的温升。

（4）布儒斯特窗口

理论上，进入辐射计的线偏振激光束将 100% 通过布儒斯特窗口 B，其他辐射则进不去，客观上起到光屏蔽作用。工作中需实际测量布儒斯特窗口的透过率，在可见光区一般为 99.97%，隔离阀门 D 可随时将窗口部分和辐射计主体隔离，在取下布儒斯特窗口测量透过率时，辐射计主体仍可保持在真空低温状态下。安装在吸收腔体入口前边的四象限探测器 E 用来测量从窗口透出的散射光,其测量结果将在数据处理中由计算机软件自动修正。

(5) 光　路

光束通过低温保持器底部的窗口进入辐射计,通过两套大面积的环形象限光电二极管中间的光阑和腔末端上的光阑进入腔体。支撑窗口的法兰是机械控制的,以便光束以布儒斯特角入射到窗口上。通过光束在窗口入射面上起偏,使得窗口的反射比最小。用一个波纹管将窗口法兰与低温保持器连接起来,法兰上有 3 个相同大小的螺钉,调节螺钉可使窗口上的反射光减到最小。直径 50 mm、厚 6 mm 的布儒斯特窗由高质量熔融硅制成。

为了便于将激光束准直进入腔体并且便于测量激光束中的散射部分,在光路中放置两套环形四象限光电二极管,每套环形四象限光电二极管的直径都是 50 mm。直径为 9 mm 的中心光阑保证光通过中间光路,一套安装在 77 K 防护罩的底部,另一套安装在 4.2 K 防护罩的底部。每一套都是由 4 个独立的象限光电二极管组成,象限光电二极管的工作模式是光伏模式。77 K(4.2 K)防护罩上的每个光电二极管输出的光电流输入到增益为 $10^7(10^8)$ V/A 的放大器上。两套象限光电二极管的光阑在光路中是限制光阑。4.2 K 防护罩上的象限光电二极管距离腔的入射口 4 cm,两套环形四象限光电二极管之间的距离是 22 cm。

为了使进入腔体内的散射背景光和热辐射减为最小,在两套环形四象限光电二极管之间安装了辐射陷阱。陷阱由一个厚 1.5 mm、直径为 60 mm 的铜管和铜管内的两个挡板组成(挡板上的光阑不限制腔体的视场)。涂有漫反射黑涂料的陷阱与 4.2K 防护罩连接。

3. 低温辐射计测量不确定度估计

在上面的介绍中谈到,低温辐射计测量光功率的测量不确定度达到 0.01%,比普通电替代辐射计高两个数量级,这是采取许多措施达到的,下面简单予以介绍。

(1) 窗口透过率测量引入的不确定度

布儒斯特窗口透过率需要准确测量。在激光稳功率情况下测量,清洁窗口透过率的典型数据是 99.97%,这种测量引入的不确定度是 0.003%。

(2) 腔体吸收率测量引入的不确定度

低温辐射计腔体吸收率达到 99.9998%,这是通过测量得到的,由此引起的测量不确定度为 0.0005%。

(3) 电功率测量引入的不确定度

对替代光功率的电加热功率的准确测量是非常重要的。加热器用高温超导铌线联结,能保证所产生的热量都在加热器上,如果采用高准确度数字电压表测量,这一因素引起的不确定度为 0.0015%。

(4) 辐射计灵敏度引入的不确定度

目前低温辐射计工作在 1 mW 功率水平,其噪声等效功率约为 10 nW,由此得到由辐射计灵敏度引入的不确定度为 0.001%。

(5) 热辐射变化引入的不确定度

热辐射变化对测量结果影响很大,由于吸收腔工作在低温状态,所以热辐射变化主要来自布儒斯特窗口,窗口附近温度的变化引起窗口热辐射的变化,如果控制窗口最大容许温度变化为 0.6 K,则由于热辐射的变化引起的测量不确定度为 0.001%。

通过对以上不确定度分量进行合成可得到合成不确定度和扩展不确定度。

表 2.1 低温辐射计测量不确定度

不确定度来源	对最终不确定度的贡献/%	不确定度来源	对最终不确定度的贡献/%
窗口透过率	0.003	热辐射变化	0.001
腔体吸收率	0.0005	合成不确定度	0.0038
电功率测量	0.0015	扩展合成不确定度 ($k=2$)	0.0076
辐射计灵敏度	0.001		

4. 低温辐射计为基准的量传体系

为了提高光辐射的计量水平，许多发达国家都投入了大量资金，开展新的光辐射计量方法的研究。20 世纪 80 年代以来，由于低温辐射计技术的发展，光辐射计量水平前进了一大步，达到了前所未有的最低的不确定度。因此，低温辐射计已逐渐成为光度、光谱辐射度、光纤功率、激光功率和激光能量计量的基准。按照低温辐射计的特点，可依据图 2.4 所示方式建立光辐射量传体系。

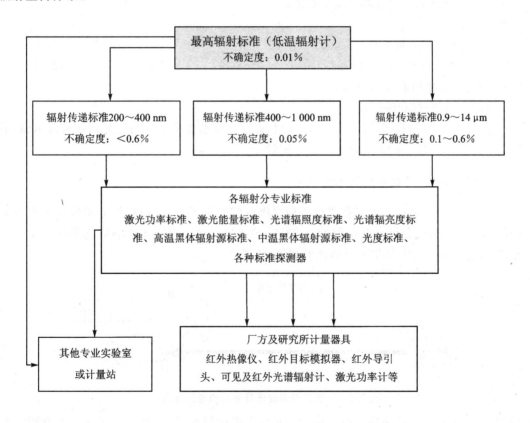

图 2.4 以低温辐射计为基准的光辐射量传体系

低温辐射计作为基准，在不同波段采用不同的传递标准作为次级标准，用次级标准标定工作标准。在可见光波段用硅光电二极管陷阱探测器作为传递标准。在红外波段，可用腔体热释电探测器或热电堆作为传递标准。由于低温辐射计工作在微瓦功率水平,要向微瓦功率以上扩展,需要配备性能良好的衰减器。

2.2.3 硅光电二极管自校准技术

1. 自校准技术理论简述

硅光电二极管自校准技术是指能根据器件自身参数,而不是通过与某些辐射标准相比较来确定器件的量子效率,从而确定器件的绝对光谱响应度的技术。其基本原理如下:

经过理论推导,硅光电二极管绝对光谱响应度 $R(\lambda)$ 可由下式表示:

$$R(\lambda) = \frac{i_\lambda}{P_\lambda d\lambda} = [1-\rho(\lambda)]\eta(\lambda)\lambda/K \quad (2-2-10)$$

式中:i_λ——波长为 λ 的光辐射产生的光电流;

P_λ——波长为 λ 的入射光辐射功率;

$\rho(\lambda)$——硅光电二极管表面的光谱反射比;

$\eta(\lambda)$——硅光电二极管的内量子效率;

K——常数。

经过严密的理论分析可得

$$\eta(\lambda) = \varepsilon_0(\lambda) \cdot \varepsilon_R(\lambda) \cdot \{1-[1-\varepsilon_0(\lambda)]\cdot[1-\varepsilon_R(\lambda)]\}^{-1} \quad (2-2-11)$$

式中:$\varepsilon_0(\lambda)$——氧化物饱和偏压系数;

$\varepsilon_R(\lambda)$——反向饱和偏压系数。

由式(2-2-10)和式(2-2-11)可以看出,通过自校准技术测量绝对光谱响应度 $R(\lambda)$ 最终落实到3个参量 $\rho(\lambda)$、$\varepsilon_0(\lambda)$、$\varepsilon_R(\lambda)$ 的准确测量。

2. 二极管表面光谱反射比的测量

用于自校准技术的硅光电二极管前表面是极好的光学平面,反射特性非常接近于理想的镜面反射,其漫反射成分仅占总反射的 0.02%~0.03%,对自校准光谱响应度引起的偏差小于 0.01%,这一特性大大简化了反射比的测量,如图 2.5 所示。

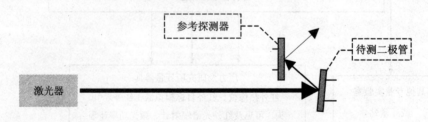

图 2.5 二极管表面光谱反射比测量示意图

在稳功率激光束对被测硅光电二极管小角度入射的情况下,可在镜反射方向上看到一个清晰的光斑。使用性能稳定,直线性优良的参考探测器先测量反射光斑的辐射通量,再放在被测硅光二极管前面测量入射的总辐射通量,就可求出二极管表面的光谱反射比。

3. 氧化物饱和偏压系数的测量

对被测硅光电二极管施加氧化物饱和偏压,随着偏压的增加,净输出光电流也在增加,最后可观察到饱和现象。根据饱和曲线平台的相对高度,可以求出氧化物饱和偏压系数 $\varepsilon_0(\lambda)$,即

$$\varepsilon_0(\lambda) = \frac{\text{二氧化硅上偏压为零时的光电流}}{\text{二氧化硅上加偏压达到饱和时的光电流}} \quad (2-2-12)$$

4. 反向饱和偏压系数的测量

同样对被测硅光电二极管施加反向饱和偏压,随着反向偏压的增加,净输出光电流在增加,最后可以观察到饱和现象,根据饱和曲线平台的相对高度,可以求出反向饱和偏压系数 $\varepsilon_R(\lambda)$,即

$$\varepsilon_R(\lambda) = \frac{\text{后电极上反向偏压为零时的光电流}}{\text{后电极上反向偏压达到饱和时的光电流}} \quad (2-2-13)$$

通过 $\rho(\lambda)$、$\varepsilon_0(\lambda)$、$\varepsilon_R(\lambda)$ 这 3 个参数的测量,利用自校准技术可以实现绝对光谱响应度 $R(\lambda)$ 的精确测量。

5. 以硅光电二极管自校准技术为基础建立光辐射基准

由于自校准技术可实现探测器量子效率的绝对测量,所以从 1990 年起,许多国家计量实验室陆续采用硅光电二极管自校准技术作为光谱功率或探测器光谱响应度标准。与此同时,把自校准技术硅光电二极管做成陷阱式探测器,可有效减小反射损失,从而提高测量准确度。以此为基础,国家建立了自校准技术探测器激光功率基准,相关内容将在第 3 章介绍。目前自校准技术硅光电二极管测量不确定度可达到 0.05%。表 2.2 所列为其各不确定度分量及其合成。

表 2.2 自校准技术硅光电二极管不确定度

不确定度来源	对总不确定度的贡献/%	不确定度来源	对总不确定度的贡献/%
基本常数值影响	0.0001	探测器响应非均匀性	0.001
单色辐射波长值影响	0.0005	探测器响应温度影响	0.001
反射比确定	0.0015	光电流绝对测量	0.0005
反向电压系数确定	0.001	合成不确定度	0.00255
氧化物偏压系数确定	0.001	扩展不确定度($k=2$)	0.0051

2.2.4 双光子相关技术

1. 双光子相关技术概述

20 世纪 80 年代以来,国际上逐步发展起一种利用自发参量下转换双光子场在空间和时间上的高度相关特性,测量光电探测器的绝对量子效率的方法。

在自发参量下转换过程中,当一个高能光子作用于非线性介质时,将以一定的概率,被分解成两个不同频率的低能光子,并且满足能量守恒和动量守恒(即相位匹配条件)定律。尽管光子对的产生是随机的,但这两个下转换光子几乎是同时产生的。如果已知光子对中一个下转换光子的方向和频率,不仅可以预言另一个共轭下转换光子的存在,而且可以通过相位匹配条件确定它的方向和频率。根据这一原理可以测量光电探测器的量子效率,这种方法既不借助任何其他标准,也不涉及光子探测器性能指标,因而是绝对测量。通过调整泵浦波矢量与非线性晶体光轴方向的夹角,也可以同时产生一个可见光子和一个红外光子,即用一个可见光子表示一个红外光子的存在,这为绝对测量红外光源的光谱辐射功率奠定了基础。

2. 自发参量下转换双光子在计量学中的应用

自发参量下转换过程中产生的信号光子和闲置光子具有高度的相关性,利用自发参量下转换双光子之间所特有的时间、空间、频率、偏振等高度相关特性,可以完成许多其他非经典光场和经典光场所不能胜任的工作。

光学计量是自发参量下转换双光子场的一个重要应用领域。最早开展这方面研究工作的是前苏联莫斯科大学的 D. N. Klyshko 教授及其合作者。D. N. Klyshko 教授首先提出了基于自发参量下转换双光子的相关性绝对测量光电探测器量子效率的方案。利用自发参量下转换双光子之间很强的时间和空间相关性,由测得的一个下转换光子的频率和方向,不但可以预言另一个下转换光子的存在,而且可以确定它的频率、方向和计数时间。根据这一原理可绝对地测量光电探测器的量子效率。D. N. Klyshko 教授的这一方案经全俄光学物理测量研究院(VNIIOFI)和美国 NIST 的改进和完善,现已能够测量光电探测器量子效率的光谱分布和空间分布。

美国 NIST 的 A. L. Migdall 和 R. U. Datla 等人利用受激参量下转换双光子速率与自发参量下转换双光子速率的比值正比于产生诱发辐射光强的特性,将红外光强的测量转化为可见光强度的测量。其实验原理是:利用自发参量下转换过程产生红外-可见光子对,将被测红外光源的入射方向调整到与下转换红外光子的出射方向相同。由于诱发辐射的作用,红外光子的出射速率增加,同时与其共轭的可见光子的出射速率也增加,且光子速率的增加程度正比于红外光源的辐射功率,因此,通过测量诱发辐射可见光子速率和自发辐射可见光子速率的比值,就可以得到红外光源的光谱辐射功率。这种测量方法不需要借助于任何标准探测器或标准光源,因而可以实现红外光谱辐射的绝对测量,而且用可见光探测器测量红外辐射较直接用红外光探测器测量有着更高的测量精度。

3. 用自发参量下转换双光子测量探测器量子效率

利用自发参量下转换测量光电探测器的量子效率的典型装置如图 2.6 所示。

探测器 A 和探测器 B 分别以量子效率 η_A、η_B 俘获泵浦激光在非线性晶体中发生参量下转换过程所产生的信号光光子和闲置光光子。若单位时间内产生 N 对光子,则待标定的探测器 A 会探测到的信号光子数为 $N_A = \eta_A N$。探测器 B 可作为触发探测器,它的一个计数就表明探测到一个闲置光子,计数率设为 $N_B = \eta_B N$。由于光子是成对产生的,因此在探测器 A 处必定有一个信号光子(但不一定被 A 记录到),对于每一次被 B 探测到的事件,通过符合电路来检测探测器 A 是否探测到相应的事件,符合计数率则为 $N_C = \eta_B \eta_A N$。因此可以推出,探测

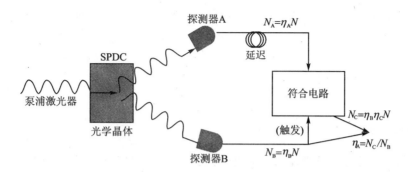

图 2.6 自发参量下转换双光子绝对测量探测器量子效率原理图

器 A 的量子效率 η_A 就等于符合计数率 N_C 与探测器 B 的计数率 N_B 之比,即

$$\eta_A = N_C/N_B \tag{2-2-14}$$

由此可以看出,探测器 A 的量子效率的测定与探测器 B 的量子效率无关,也不需要任何其他的参考标准,所以这是一种绝对的标定方法。

4. 用自发参量下转换双光子测量红外光源辐射功率

美国 NIST 的技术人员建立了用自发参量下转换双光子场对红外光辐射进行绝对测量的装置,对高温氙弧灯进行了实际测量。测量结果与借助于标准黑体的测量结果相比,符合度在 3% 以内,从而证明基于自发参量下转换双光子场绝对测量红外光源光谱辐射方法的可靠性。其方法为用一束激光泵浦一个非线性晶体,产生一对相关的红外-可见光子对,如图 2.7 所示。被测红外光源的辐射输出被成像在非线性晶体上,它一方面要与激光照明的区域重叠,另一方面还要与下转换光子中的红外输出在空间、方向和光谱范围上完全一致。这一附加在非线性晶体上的红外输入,使得泵浦光束沿着这一方向的下转换光子的分裂增强。由于分裂光子输出是成对出现的,因此在与之相关的另一方向上输出的可见光光子数量相应增加。相关光子对只能是以泵浦激光作为输入时自发分裂产生的结果,与原子系统类似,当有附加的红外光输入时,下转换光子的增加也可以视为泵浦光子受激分裂为相关光子对的结果。

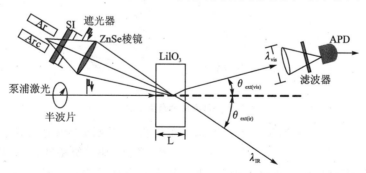

图 2.7 自发参量下转换双光子绝对测量红外辐射原理图

利用受激自发参量下转换双光子场绝对测量红外光源光谱辐射的方法有两方面的突出优点:一方面,它不借助任何已知响应度的标准探测器或者已知辐射功率的标准光源,属于一种绝对测量方法;另一方面,它用可见光波段的探测器测量红外光谱辐射,较直接用红外波段探测器进行测量有着更高的精度。在理论和实验上对基于自发参量下转换双光子场绝对测量红

外光源光谱辐射方法的进一步改进和完善,有可能将其发展成为一种新的实现光辐射计量标准的方法。

2.2.5 同步辐射源

1. 同步辐射原理与同步辐射装置

同步辐射源是速度接近光速的带电离子在磁场中作变速运动时产生的电磁辐射。一些理论物理学家很早就预言过这种辐射的存在。1947年,在美国纽约州 Schenectady 市的通用电器公司实验室的一台 70 MeV 的同步加速器上,首次在可见光的范围内观察到了强烈的辐射,从此这种辐射便被称为同步辐射。

同步辐射源有一个很重要的特性——精确的可预知特性,可以作为各种波长的标准光源。这个特点是它作为光辐射最高标准的基础。同步辐射的波长覆盖了 X 光、紫外光和可见光,一般用做紫外辐射最高标准。

图 2.8 所示为同步辐射装置原理图,同步辐射主要由注入器和电子储存环两大部分构成。

① 注入器:由发生电子及给电子加速的加速器组成,其功能是将电子加速到同步辐射源要求的额定能量,然后将它们注入电子储存环。

② 电子储存环:其功能是让具有一定能量的电子在其中作稳定运行。

电子经加速器加速到同步辐射源要求的能量,注入储存环后,在储存环中稳定运行,得到同步辐射光。同步辐射光沿电子储存环切线方向射出,在射出方向设立计量光束线。直线加速器、储存环和连接它们的管道以及同步辐射的引出管道都为真空设备,有各自的真空要求。储存环要求的真空度最高,为 $10^{-7} \sim 10^{-8}$ Pa。各个实验站根据不同的实验要求具有不同的真空度,标定光源的实验站真空度为 10^{-5} Pa。

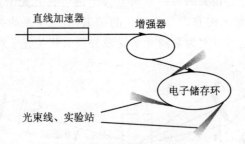

图 2.8 同步辐射装置原理图

图 2.9 所示为合肥国家同步辐射装置总体布局图。国家同步辐射光源是以 200 MeV 直线加速器为注入器的 800 MeV 电子储存环,储存环上有 12 块二级磁铁,从每块磁铁上可以引出光束线,每条光束线都可以建立实验站,因此整个储存环周围可以建立多条光束线和实验站,分别应用于物理、化学、生物学以及超大规模集成电路光刻、显微术、辐射计量等众多科学研究领域。

计量光束线分为两束,一条为掠入射光束线,配有双球面单色仪,有 3 块光栅,波长范围 5~110 nm。可用于稀有气体电离室标定光电二极管的工作。另一条为正入射光束线,配有正入射单色仪,3 块光栅,波长范围 60~400 nm,光路中装有孔径光阑和视场光阑,可用于标准光源氘灯的标定。

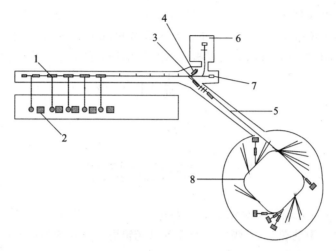

1—电子直线加速器；2—速调管走廊；3—开关磁铁；4—磁分析器；
5—束流输运线；6—实验室；7—速流弃置箱；8—电子储存环。

图 2.9　合肥同步辐射装置总体布局图

2. 同步辐射光的数学表示

同步辐射由平行偏振光和垂直偏振光组成。根据同步辐射经典理论可知：波长为 λ 的光子在带宽为 $k\lambda$ 范围内，单位电子束流（mA），单位水平发散角（mrad）内，与电子轨道平面垂直夹角为 ψ 时，单位时间（s）内平行偏振光和垂直偏振光的光子数（phs）分别为

$$N_{/\!/} = 3.461 \times 10^6 \times (1+X^2)^2 \cdot k \cdot \gamma^2 \cdot y^2 \cdot K_{2/3}^2(\xi) \quad (2-2-15)$$

$$N_{\perp} = 3.461 \times 10^6 \times X^2(1+X^2) \cdot k \cdot \gamma^2 \cdot y^2 \cdot K_{1/3}^2(\xi) \quad (2-2-16)$$

式中：$\gamma = 1957 E(\text{GeV})$；

$y = \lambda_c/\lambda = [18.64/(B \cdot E^2)]/\lambda$；

$X = \gamma \cdot \psi/1\,000$，其中 $\psi(\text{mrad})$ 为同步辐射光与电子轨道平面垂直方向的夹角；

$\xi = \lambda_c (1+X^2)^{3/2}/(2\lambda)$；

$K_{3/2}(\xi), K_{1/3}(\xi)$ ——Bessel 函数；

E ——储存环电子能量，单位为 GeV；

B ——磁场强度，单位为 T。

根据式（2-2-15）及普朗克定律，可知波长为 λ 的光子，在带宽为 1 Å 范围内，单位电子束流（mA），单位水平发散角（mrad）内，在与电子轨道平面垂直夹角为 ψ 时，单位时间（s）内，平行偏振光和垂直偏振光的光子能量（erg/(sc·Å·mA·mrad²)）分别为

$$P_{/\!/,\psi} = N_{/\!/} \times \frac{hc}{\lambda} \cdot \frac{1}{k\lambda} \quad (2-2-17)$$

$$P_{\perp,\psi} = N_{\perp} \times \frac{hc}{\lambda} \frac{1}{k\lambda} \quad (2-2-18)$$

式中：h ——普朗克常量（$6.626\,16 \times 10^{-27}$ erg·s）；

c ——光在真空中的速度（$299\,792\,458$ m/s）。

同步辐射光谱功率在水平发散角度方向上是均匀的，在垂直发散角度方向呈正态并与电

子轨道平面对称。

根据同步辐射经典理论,对式(2-2-17)和式(2-2-18)积分,可知:波长为 λ 的光子,在带宽为 $k\lambda$ 范围内,单位电子束流(mA),单位水平发散角(mrad)内,在与电子轨道平面垂直发散夹角 ψ 范围内,单位时间(s)内,垂直偏振光和平行偏振光的辐射功率光谱密集度分别为

$$\phi_\perp = \frac{hc}{\lambda} \times \frac{1}{k\lambda} \times \int_0^\psi N_\perp \, d\psi \qquad (2-2-19)$$

$$\phi_\parallel = \frac{hc}{\lambda} \times \frac{1}{k\lambda} \times \int_0^\psi N_\parallel \, d\psi \qquad (2-2-20)$$

2.3 光辐射标准

2.2 节介绍了实现光辐射绝对测量的主要途径,按照此途径建立计量基准。计量基准是各种光辐射物理量溯源的源头,光辐射标准装置以光辐射基准作为最高标准器进行量值传递。本节介绍各辐射量标准装置。

2.3.1 光谱辐亮度和辐照度标准

1. 测量装置的构成

光谱辐亮度、光谱辐照度是光辐射的基本辐射特性。为准确地标定各种辐射源的光谱辐射特性,一般以高温黑体为基础建立光谱辐亮度和光谱辐照度标准装置,其原理如图 2.10 所示。

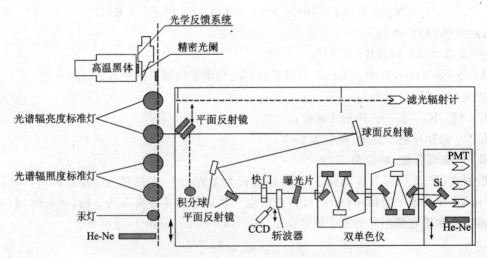

图 2.10 光谱辐亮度和光谱辐照度标准装置原理图

测量装置由高温黑体及其标准、辐射比较测量系统、控制系统和冷却系统 4 大部分构成。

(1) 高温黑体及其传递标准

由高温黑体、一组光谱辐亮度标准灯、一组光谱辐照度标准灯等组成,是光辐射测量装置的辐射源系统,其中高温黑体为最高标准辐射源,实现量值的绝对传递。由图 2.10 可以看出,

把高温黑体、光谱辐亮度标准灯和光谱辐照度标准灯沿虚线并排放置,各自的输出辐射交替进入后面的测量系统。另外配备一只汞灯和一只氦氖激光器 He-Ne,汞灯用于对辐射测量系统的波长校准,氦氖激光器用于调试光路。高温黑体的温度范围根据测量需要选定,一般为1 800~3 200 K。

(2) 辐射比较测量系统

由积分球、前置光学系统、双单色仪、一组标准探测器和一组滤光片组成。积分球作为标准的漫射源,用于光谱辐照度的标定;前置光学系统通过一个离轴抛物面镜将光源的像成在单色仪的入射狭缝上,3 个反射镜用于改变光束方向;输出光学系统与前置光学系统相似,将从双单色仪出口狭缝出射的单色辐射经离轴椭球面镜和平面反射镜成像于探测器的光敏面上;探测器部分安装在一个高精度自动控制的小光学平台上,根据测量的需要,该探测器被自动移入光路。

以上比较测量系统安装在一个行程为 1.5 m,准确度为 5 μm 的大光学移动平台上,当需要对某个标准灯进行测量时,该移动平台会自动将比较测量系统移入光路,对准被测光源进行测量。

(3) 控制系统

包括锁相放大器、数字电压表、移动平台控制箱、恒温箱、偏压源、一组高精度的直流稳压电源及计算机等,对整个系统进行全自动控制。

(4) 冷却系统

当高温黑体工作在 1 800~3 200 K 时,包括高温黑体及其配套的设备均需冷却。采用机械制冷,通过内循环和外循环冷却。内循环为纯净水,直接进入高温黑体屏蔽层进行冷却。外循环直接接自来水冷却。

在以上系统中,高温黑体是最高标准,通过高温黑体把标准值传递到标准灯。下面以图 2.11 所示俄罗斯 BB3200K 型高温黑体结构图为例简要介绍其结构。

由于电学特性、系统的稳定性、辐射的均匀性及发射率对腔壁光学特性起伏的不灵敏性等特点,高温黑体作为标准辐射源被广泛应用于光辐射计量中。BB3200K 型黑体腔由一组石墨环组成,直流电流直接通过辐射腔腔体,辐射腔及绝热元件均由固态热解石墨组组成。石墨环由一对同轴的、相互串联的截流圆柱管构成,辐射腔由内管和隔板形成,采用共轴模型,等同于其长度的增加。此外,外管作为温度屏蔽,进一步减小温度梯度,降低了电能损耗。辐射源的内管被隔板分为主辐射腔和辅助腔两部分,该腔用于温度自动控制系统,为弥补辐射腔出口的热损失,内外管壁沿光阑方向厚度变薄,电阻增大,从而释放更多的热,作为一个整体,辐射源被辐射热屏蔽系统包围。

在高纯氩气环境下,固态热解石墨在高于 2 900 K 时的升华率低于普通的高质量石墨,并且其寿命也类似石墨腔体寿命的几倍。

BB3200K 型高温黑体安装在一个固定的光学平台上,安全操作黑体时,加热和冷却的过程至少需要 2 小时。在测量过程中,黑体的温度应保持稳定。由于电极电阻的变化是不可忽略的,恒定的电流会产生漂移,引起不可预见的温度跳动,通过在前部使用监视系统,监视黑体辐射,控制加热电流,以实现温度稳定,用这种方法在最佳的条件下可获得温度在 1 小时内稳定性为 ±0.3 K。

高温黑体工作于 1 800~3 200 K,在工作过程中,使用机械制冷的方法,该制冷设备分为

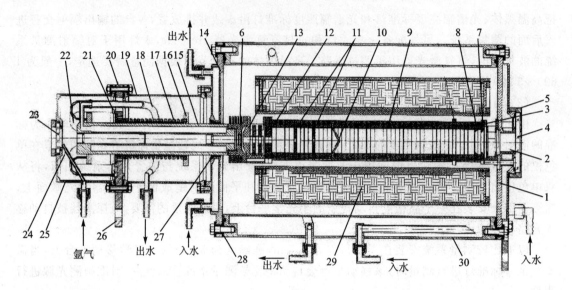

1—前电极；2—出口；3—石墨柱；4—石英玻璃；5—连接螺母；6—后电极石墨末端；7—焦石墨环；8—输出遮光板；9—辐射腔；10—锥形底部；11—热屏障；12—焦石墨环；13—后石墨柱；14—后边缘；15—后电极；16—支撑圆环；17—压缩弹簧；18—弹性软管；19—壳体；20—铜环；21—聚四氟乙烯环；22—弹性铜带；23—后石英玻璃；24—氩气输入管；25—金属外壳；26—后电极末端；27—聚四氟乙烯环；28—绝缘管；29—热屏蔽；30—炭精盒。

图 2.11 BB3200K 型高温黑体结构

内循环和外循环两部分。内循环为纯净水，其流速为 20 L/min，分 7 路水管进入高温黑体及其测量系统。对黑体使用了 3 路水冷，分别进入屏蔽层，其余 4 路为黑体电源及其反馈系统等进行制冷，可迅速将辐射能传递给外循环，由外循环将热能散发。

高温黑体的光学反馈系统，用于监视黑体温度的稳定性。该部分安装在高温黑体的前部，主要由前置光学部分和光探测器等组成，其光路如图 2.12 所示。

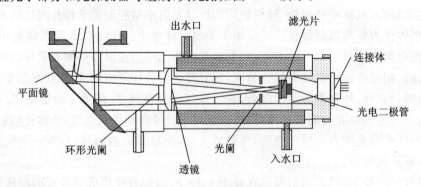

图 2.12 光学反馈系统光路

从黑体出射口出射的光辐射一部分穿过反馈系统进入测量系统，另一部分被反射镜反射经透镜成像于硅光电二极管上，由计算机监测其输出信号的起伏，并反馈于直流稳压电源，以控制输出电流，达到稳定温度的目的。

2. 以高温黑体为基础复现光谱辐亮度的原理

能够在任何温度下全部吸收任何波长的入射辐射的物体称为绝对黑体。实际上，绝对黑体并不存在,实际黑体的辐射量除依赖于辐射波长及黑体温度外,还与构成黑体的材料性质及发射率有关。因此,黑体用于复现光谱辐亮度的普朗克公式为

$$L_{BB}(\lambda) = \frac{\varepsilon \cdot c_1}{\pi n^2 \lambda^5} \cdot \frac{1}{\exp\left(\dfrac{c_2}{\lambda n T}\right) - 1} \quad (2-3-1)$$

式中:c_1——第一辐射常量,其值为 3.7418×10^{-16} W·m²;

c_2——第二辐射常量,其值为 1.4388×10^{-2} m·K;

n——空气折射率;

ε——黑体的发射率;

T——黑体的温度;

λ——光的波长。

把高温黑体的辐亮度值作为标准值,在辐射比较测量系统上测量,经过理论推导,待测灯的光谱辐亮度由下式计算:

$$L_s = \frac{S_s}{S_{BB}} L_{BB} \quad (2-3-2)$$

式中:L_{BB}——高温黑体辐射的光谱辐亮度;

S_s——待测灯经过光学系统在探测器上所产生的电信号值;

S_{BB}——高温黑体经过光学系统在探测器上所产生的电信号。

3. 以高温黑体为基础复现光谱辐照度的原理

用高温黑体复现光谱辐照度的理论可用下式表示:

$$E_{BB}(\lambda) = \frac{\varepsilon L_{BB}(\lambda, T) A_{BB}(1+\delta)}{H^2} \quad (2-3-3)$$

$$H^2 = h^2 + r_s^2 + r_{BB}^2$$

式中:r_s——积分球小孔半径;

r_{BB}——高温黑体精密小孔半径;

h——两小孔间的距离;

$\delta = r_s^2 \cdot r_{BB}^2 / H^4$;

$L_{BB}(\lambda, T)$——温度为 T 时,波长 λ 处的光谱辐亮度;

A_{BB}——高温黑体精密小孔面积。

同样,光谱辐照度标准灯在积分球入射小孔处的光谱辐照度为 $E_{lamp}(\lambda)$,若高温黑体与光谱辐照度标准灯通过比较系统后的输出信号分别为 $S_{BB}(\lambda)$ 和 $S_{lamp}(\lambda)$,则待测灯的光谱辐照度为

$$E_{lamp}(\lambda) = \frac{S_{lamp}(\lambda)}{S_{BB}(\lambda)} \cdot E_{BB}(\lambda) \quad (2-3-4)$$

4. 基于高温黑体的光源色温的测量方法

黑体发光的颜色与其温度有密切的关系,普朗克定律可计算出对应于某一温度的黑体的光谱分布,根据光谱分布,用色度学公式可以计算出该温度下黑体发光的三刺激值及色品坐标,在色品图上得到一个对应点。一系列不同温度的黑体可以计算出一系列色品坐标,将各对

应点标在色品图上,联结成一条弧形轨道,称为黑体轨道或称普朗克轨。

黑体轨道上各点代表不同温度的黑体的光色,温度由接近 1 000 K 开始升温,颜色由红向蓝变化,因此人们就用黑体对应的温度表示它的颜色。当某种光源的色品与某一温度下的黑体色品相同时,则将黑体的温度称为此光源的颜色温度,简称色温。它表征了光源的光色特性。

为了计算光源色温,首先必须测出光源的相对光谱功率曲线,按色度学理论计算出光源的色品 x、y 以及 u、v 值。计算出 u、v 值后,在 CIE1960UCS 图上由黑体轨道和等温线可查出色温。

当色坐标点恰好位于黑体轨迹上时,则求得的是光源的色温,若色品坐标偏离了黑体的轨道,求得的则是光源的相关色温。如果光源的色品坐标点位于相邻两条等温线之间,则可以用内插法求光源的色温,具体方法如下所述。

当测出待测光源的光谱分布后,计算出 u、v 值,则可确定待测光源色品点在哪两条已知斜率值的等温线(T_i 和 T_{i+1})之间,确定的方法是依次计算待测光源点至 $I=1\sim 31$ 各条等温线的距离 d_i,计算公式为

$$d_i = [(u-v) - m_i(u-v)]/(1+m_i^2)^{\frac{1}{2}} \tag{2-3-5}$$

求得 31 个 d_i 后,求邻近两个 d_i 的比值 d_i/d_{i+1},只要 d_i/d_{i+1} 为负值,则待测光源的 T_c 就在他们之间,再用插值法求得待测光源 T_c 值,插值公式近似为

$$T_c = \left[\frac{1}{T_i} + \frac{d_i}{d_i - d_{i+1}} - \left(\frac{1}{T_{i+1}} - \frac{1}{T_i}\right)\right]^{-1} \tag{2-3-6}$$

5. 高温黑体温度的测量

从上面的介绍可知,利用高温黑体复现光谱辐亮度、光谱辐照度和光源色温的前提是高温黑体是标准辐射源,其辐射特性由黑体温度和发射率决定,因此,如何实现高温黑体温度测量是高温黑体作为标准的前提。

目前,高温黑体温度的测量普遍采用滤光辐射计(filter radiometer),简称 FR 辐射计测量系统。2000 年由 PTB、NPL、VNIIOFI 等参加的国际比对中,均使用 FR 辐射计完成了高温黑体温度的测量,在温度高于 3 200 K 时,其测量结果的绝对偏差为 2 K,从而使光谱辐亮度的测量不确定在 800 nm 处提高到 0.5%。

该测量系统的核心是 FR 辐射计,FR 辐射计主要由滤光片、硅光电二极管、前置放大器及冷却部分等组成,如图 2.13 所示,目前的辐射计主要有两种类型,一种是由窄带(带宽一般为 10~20 nm)干涉滤光片组成的干涉滤光辐射计,一种是由宽带(带宽一般为 200 nm)滤光片组成的滤光辐射计,与其相适应的也主要有两种测试模式:辐亮度模式和辐照度模式。FR 辐射计本身可溯源于低温辐射计。

宽带滤光辐射计通常使用辐照度模式进行测量,具有一系列的优点,无需考虑光源有效面积及透镜的透过率,操作相对简单,其测量不确定度取决于校准的不确定度,一般采用单色仪系统校准其相对光谱响应度,绝对量值的校准采用陷阱探测器在几个固定点上进行,并进行归一化处理获得滤光辐射计的绝对光谱响应度。如果单色仪系统有足够高的分辨率,使用辐照度模式的宽带滤光辐射计也可获得与使用辐亮度模式的干涉滤光辐射计相同的测量不确定度。

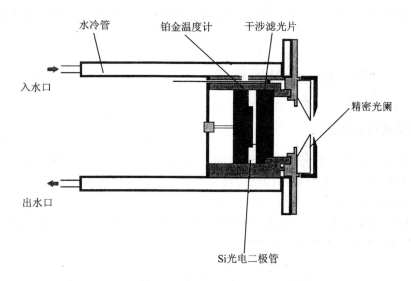

图 2.13 FR 辐射计的结构

用 FR 辐射计测量高温黑体温度的原理为:黑体是一个理想的标准辐射源,在距离它的出口 l 处滤光辐射计的输出光电流 i(单位 A)可由下式给出:

$$i = \int \Phi(\lambda) S(\lambda) d\lambda \tag{2-3-7}$$

式中:$\Phi(\lambda)$——黑体光谱辐射通量;

$S(\lambda)$——滤光辐射计的绝对光谱响应,可由低温辐射计标定。

由于

$$\Phi(\lambda) = E(\lambda) A_1$$
$$E(\lambda) = i(\lambda)/l^2$$
$$i(\lambda) = L_{BB}(\lambda) A_2$$

将上述关系代入有:

$$\Phi(\lambda) = L_{BB}(\lambda) A_1 A_2 / l^2 \tag{2-3-8}$$

式中:A_1——接收器的光阑面积;

A_2——黑体精密光阑面积;

l——黑体精密光阑与接收器的距离;

$i(\lambda)$——辐射强度;

$E(\lambda)$——辐射照度。

将式(2-3-8)代入式(2-3-7)可得

$$i(A) = \int L_{BB}(\lambda) A_1 A_2 l^{-2} S(\lambda) d\lambda \tag{2-3-9}$$

将式(2-3-1)代入式(2-3-9),得

$$i(A) = \frac{\varepsilon c_1 A_1 A_2}{\pi l^2 n^2} \int \frac{S(\lambda)}{\lambda^5 \left[\exp\left(\frac{c_2}{\lambda n T}\right) - 1 \right]} d\lambda \tag{2-3-10}$$

由式(2-3-10)可知,精确测量光阑 A_1、A_2 面积及距离 l 和滤光辐射计的绝对光谱响应,

即可获得被测黑体的辐射温度与输出光电流之间的关系,从而完成对高温黑体温度的精确测量。

2.3.2 中温黑体辐射源标准装置

1. 检定原理与装置

中温黑体一般指工作温度为 50~1 000 ℃的黑体,广泛应用于科研和生产中。为了保证其量值的准确、统一,我国计量部门已经建立了中温黑体标准装置。

标准装置采用金属凝固点黑体作为最高标准,利用零平衡检定的方法,用金属凝固点黑体检定一级标准黑体,再用一级标准黑体检定工业标准黑体。零平衡检定的工作原理如图 2.14 所示,光学辐射比对装置如图 2.15 所示。

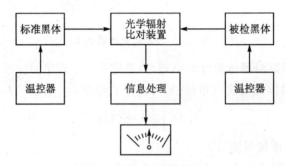

图 2.14 零平衡检定原理图

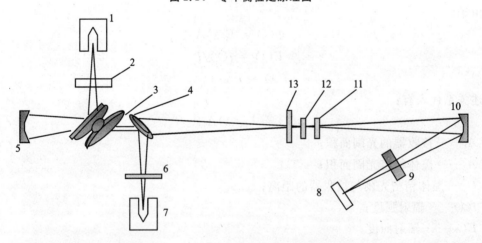

1—标准黑体位置;2—标准黑体入瞳;3—反射镜式斩波器;4—折转反射镜;5—球面反射镜;6—被检黑体入瞳;
7—被检黑体位置;8—探测器;9—出瞳;10—球面反射镜;11—十字分划板;12—场光阑;13—滤光片转轮。

图 2.15 光学辐射比对装置简图

标准黑体和被检黑体通过光学辐射比对装置进行辐射亮度比较,当两者辐射亮度完全相等时,比对器显示仪表的指针指向零位。在开始检定被检黑体之前,用专用黑体严格调整两通道的平衡,以消除因两光学通道透过率不一致对检定不确定度的影响。

比对装置的两个通道平衡后,就可将被检黑体和标准黑体分别放至被检通道和参考通道上进行比对测量,调整标准黑体的温度,使两通道再次达到平衡,即标准黑体与被检黑体的辐射亮度相等,根据已知的计算公式,就可以计算出被检黑体的等效温度或有效发射率。这种检定方法消除了因光学参数不一致对检定结果的影响。而且,影响两通道辐射亮度的参数是由装置的共用光阑和共用探测器确定的,不会对两黑体辐射亮度带来检定误差,可达到较高的检定准确度。测量的不确定度主要取决于对装置的平衡调节技术的掌握。

这种比对的方法有两种工作方式。一种是用光谱选择性探测器(PbS,InSb,HgCdTe),计算被检黑体的等效温度(T_e);另一种是用光谱平坦的探测器(LiTaO$_3$),计算被检黑体的有效发射率。

使用光谱选择性探测器,当平衡时,两通道辐射亮度相等,计算公式为

$$\theta_\Omega A \int_{\lambda_1}^{\lambda_2} R_\lambda \varepsilon_\lambda L_\lambda(\lambda, T_1) \mathrm{d}\lambda = \theta_\Omega A \int_{\lambda_1}^{\lambda_2} R_\lambda \varepsilon'_\lambda L'_\lambda(\lambda, T_2) \mathrm{d}\lambda \qquad (2-3-11)$$

式中:θ_Ω——光学比对装置的孔径角;

A——光学比对装置的采样斑面积;

R_λ——光学系统的光谱响应;

L_λ——标准黑体的光谱辐亮度;

ε_λ——标准黑体的光谱发射率;

L'_λ——被检黑体的光谱辐亮度;

ε'_λ——被检黑体的光谱发射率;

T_1——标准黑体的热力学温度,单位为 K;

T_2——被检黑体的热力学温度,单位为 K。

因为两通道具有相同的光学参数,假设 R_λ 和 ε_λ 对光谱辐射亮度的影响都归因于等效温度 T_e,则式(2-3-11)变为

$$\int_{\lambda_1}^{\lambda_2} L_\lambda(\lambda, T_{e1}) \mathrm{d}\lambda = \int_{\lambda_1}^{\lambda_2} L'_\lambda(\lambda, T_{e2}) \mathrm{d}\lambda \qquad (2-3-12)$$

式中:T_{e1}——标准黑体的等效温度;

T_{e2}——被检黑体的等效温度。

T_{e1}是已知的,当平衡时,就可求得 T_{e2}。平衡时,两通道辐射亮度相等,得

$$\theta_\Omega A M_b / \pi = \theta_\Omega A M_g / \pi \qquad (2-3-13)$$
$$M_b = M_g$$

式中:θ_Ω——光学比对装置的孔径角;

A——光学比对装置的采样斑面积;

M_b——标准黑体的辐射出射度;

M_g——被检黑体的辐射出射度。

根据斯忒藩-波耳兹曼定律,得

$$\varepsilon_b \sigma T_b^4 = \varepsilon_g \sigma T_g^4 \qquad (2-3-14)$$
$$\varepsilon_g = \varepsilon_b T_b^4 T_g^4 \qquad (2-3-15)$$

式中:ε_g——被检黑体的有效发射率;

ε_b——标准黑体的有效发射率;

T_b——标准黑体的温度；

T_g——被检黑体的温度。

2. 测量不确定度分析

下面以零平衡法检定有效发射率为例进行测量不确定度的分析。

(1) 输出量

根据标准规定，323~1 273 K 黑体辐射源的计量检定中，输出量为黑体的有效发射率 ε。

(2) 数学模型

当标准黑体和被检黑体在辐射比对装置上达到平衡时，根据下式计算被检黑体的有效发射率：

$$\varepsilon_g = \varepsilon_b \frac{T_b^4}{T_g^4}$$

式中：ε_g——被检黑体的有效发射率；

ε_b——标准黑体的有效发射率；

T_g——被检黑体有效辐射面的绝对温度，单位为 K；

T_b——标准黑体有效辐射面的绝对温度，单位为 K。

上式也可写作 $\varepsilon_g = \varepsilon_b \cdot T_b^4 \cdot T_g^{-4}$，3 个输入量独立不相关，所以相对合成标准不确定度为

$$\frac{u_c(\varepsilon_g)}{\varepsilon_g} = \sqrt{\left[1 \times \frac{u(\varepsilon_b)}{\varepsilon_b}\right]^2 + \left[4 \times \frac{u(T_b)}{T_b}\right]^2 + \left[-4 \times \frac{u(T_g)}{T_g}\right]^2}$$

(3) 测量不确定度的主要来源分析

由测量数学模型可以看出影响测量不确定度的量主要有：

① 标准黑体的发射率不准引起的不确定度；

② 由于标准黑体的温度不准引起的不确定度；

③ 由于被检黑体的温度测量不准引起的不确定度，也就是标准金-铂热电偶的测量不确定度。

(4) 测量不确定度评定

① 用金属凝固点黑体检定一级标准黑体的测量不确定度评定包括以下 3 点。

➢ 由于标准黑体发射率不准引起的相对不确定度 u_1。

技术说明书给出两个凝固点黑体的发射率值均为 0.999 9±0.000 1，假设为正态分布，置信概率为 95%，$k=2$，按 B 类方法评定，所以锡凝固点黑体发射率不准引起的相对不确定度 u_{1Sn} 和锌凝固点黑体发射率不准引起的相对不确定度 u_{1Zn} 分别为

$$u_{1Sn} = u_{1Zn} = \frac{1.0 \times 10^{-4}}{2 \times 0.999 9} = 0.005\%$$

假设其不可靠度均为 5%，则评定两个黑体不确定度时的自由度分别为 $v_{1Sn} = v_{1Zn} = 200$。

➢ 由于标准黑体的温度不准引起的相对不确定度 u_2。

技术说明书给出锡凝固点黑体温度为 (505.078±0.003) K，锌凝固点黑体温度为 (692.677±0.003) K，假设为正态分布，置信概率为 95%，$k=2$，按 B 类方法评定，所以锡凝固点黑体温度不准引起的相对不确定度：

$$u_{2Sn} = \frac{0.003}{2 \times 505.078} = 0.000 3\%$$

锌凝固点黑体温度不准引起的相对不确定度：
$$u_{2Zn} = \frac{0.003}{2 \times 692.677} = 0.0002\%$$
假设其不可靠度均为 5%，则 $v_{2Sn} = v_{2Zn} = 200$。

➤ 标准金-铂热电偶测量不准引起的不确定度分量 u_3。

由热电偶的检定证书可知，热电偶的测量不确定度为 0.2 K，按 B 类方法评定，设为均匀分布，取 $k = \sqrt{3}$。
$$u(T_g) = \frac{0.2}{\sqrt{3}} = 0.115 \text{ K}$$
因为给出的结果分别是在锡和锌凝固点黑体温度时测量的，所以
$$u_{3Sn} = \frac{u(T_g)}{T_g} = \frac{0.115}{505.078} = 0.023\%$$
$$u_{3Zn} = \frac{u(T_g)}{T_g} = \frac{0.115}{692.677} = 0.017\%$$
$$v_{3Sn} = v_{3Zn} = \frac{1}{2}\left[\frac{\Delta u(T_g)}{u(T_g)}\right]^{-2} \quad v_{3Sn} \to \infty, v_{3Zn} \to \infty$$

各分量之间独立不相关，所以锡凝固点黑体检定一级标准黑体时，合成标准不确定度为
$$u_{cSn} = \sqrt{u_{1Sn}^2 + (4u_{2Sn})^2 + (-4u_{3Sn})^2} =$$
$$\sqrt{(0.5 \times 10^{-4})^2 + (4 \times 0.03 \times 10^{-4})^2 + (-4 \times 2.3 \times 10^{-4})^2} = 0.09\%$$

锌凝固点黑体检定一级标准黑体时，合成标准不确定度为
$$u_{cZn} = \sqrt{u_{1Zn}^2 + (4u_{2Zn})^2 + (-4u_{3Zn})^2} =$$
$$\sqrt{(0.5 \times 10^{-4})^2 + (4 \times 0.3 \times 10^{-4})^2 + (-4 \times 1.7 \times 10^{-4})^2} = 0.07\%$$

有效自由度为
$$v_{eff} = \frac{u_c^4}{\sum_{i=1}^{3}\frac{u_i^4}{v_i}}, v_{effSn} \to \infty, v_{effZn} \to \infty$$

锡凝固点黑体检定一级标准黑体时的相对合成标准不确定度大于锌凝固点黑体，为方便起见，将其作为凝固点黑体检定一级标准黑体时的相对合成标准不确定度。

由于 $v_{eff} \to \infty$，按置信概率 $P = 0.95$，得 $k_{95} = 2$，可得相对扩展不确定度为
$$U = k u_c = 0.18\%$$
考虑可靠性，取 $U = 0.2\%$。

② 用一级标准黑体检定工业黑体的测量不确定度评定时，标准黑体为一级标准黑体，被检黑体为工业黑体。

➤ 由于标准黑体发射率不准引起的相对不确定度 u_1。

由于计量检定部门给出标准黑体的发射率 $\varepsilon_b = 0.999$，相对扩展不确定度为 0.2%，$k = 2$，按 B 类方法评定，则
$$u_1 = \frac{2.0 \times 10^{-3}}{2} = 1 \times 10^{-3}$$

假设其不可靠度为 5%，则 $v_1 = 200$。

➢ 由于标准黑体的温度不准引起的相对不确定度 u_2。

由于计量检定部门给出的标准黑体的温度不确定度为 0.2 K, $k=2$, 按 B 类方法评定, 则

$$u(T_b) = \frac{0.2}{2} = 0.1 \text{ K}$$

因为给出的结果是在 505 K 时测量的, 所以

$$u_2 = \frac{u(T_b)}{T_b} = \frac{0.1}{505} = 2.0 \times 10^{-4}$$

假设其不可靠度为 5%, 则 $v_2 = 200$。

➢ 标准金-铂热电偶测量不准引起的不确定度分量 u_3。

由热电偶的检定证书可知, 热电偶的测量不确定度为 0.2 K, 按 B 类方法评定, 是均匀分布, 取 $k=\sqrt{3}$。

$$u(T_g) = \frac{0.2}{\sqrt{3}} = 0.115 \text{ K}$$

因为给出的结果是在 505 K 时测量的, 所以

$$u_3 = \frac{u(T_g)}{T_g} = \frac{0.115}{505} = 2.3 \times 10^{-4}$$

$$v_3 = \frac{1}{2}\left[\frac{\Delta u(T_g)}{u(T_g)}\right]^{-2} \quad v_3 \to \infty$$

相对合成标准不确定度: 各分量之间独立不相关, 则

$$u_c = \sqrt{u_1^2 + (4u_2)^2 + (-4u_3)^2} =$$
$$\sqrt{(0.1 \times 10^{-2})^2 + (4 \times 0.2 \times 10^{-4})^2 + (-4 \times 2.3 \times 10^{-4})^2} = 0.21\%$$

有效自由度: $v_{\text{eff}} = 12$

相对扩展不确定度: 按置信概率 $P=0.95$, 查 t 分布表得 $k_{95}(12)=2.18$, 可得相对扩展不确定度为 $U = k u_c = 0.46\%$, 为保证可靠, 取 $U=0.5\%$。

2.3.3 面源黑体校准

上一节介绍了中温腔黑体标准装置, 在红外热像仪校准和其他应用中, 往往用到面源黑体, 与点源腔黑体相比, 面源黑体辐射面积大, 作为校准装置, 不仅要校准发射率, 而且要校准辐射面上温度均匀性。

从面源黑体的具体温度范围和用途来划分, 可以分为: $-30 \sim 75$ ℃温度范围面源黑体和 $50 \sim 400$ ℃温度范围面源黑体。其中的 $-30 \sim 75$ ℃面源黑体属于常温面源黑体, 主要用于长波红外焦平面阵列器件、长波红外热成像设备、各种低背景红外辐射计、红外测温仪等设备的校准。尤其在工作于 $0 \sim 75$ ℃温度段时, $-30 \sim 75$ ℃面源黑体的温度值有很高的准确度。属于中温范围的 $50 \sim 400$ ℃面源黑体用于中波红外仪器设备在此温度段的标定、测试, 由于受加热方式、辐射面涂层及热力学特性的制约, 中温面源黑体温度准确度较低, 且辐射均匀性相对较差。因此, 在面源黑体辐射特性校准技术上也分为常温黑体辐射特性校准装置和中温黑体辐射特性校准装置。

1. −30~75 ℃温度范围面源黑体的辐射特性校准

(1) 校准方法

关于−30~75 ℃温度范围面源黑体的辐射特性校准和量值溯源，国际上一般采用以下3种途径：

① 用以热敏电阻为温度传感器的精密测温仪接触面源黑体，实现面源黑体的温度校准，温度值溯源到热力学温标(面源黑体的发射率由腔体模型和腔体涂层的发射率计算得到，不测量面源黑体辐射面的辐射均匀性)。

② 用以热敏电阻为温度传感器的精密测温仪接触面源黑体，实现面源黑体的温度校准。同时利用红外辐射比对装置实现面源黑体有效发射率的校准和面源黑体辐射面的辐射均匀性测量。面源黑体的温度、有效发射率和辐射均匀性校准量值分别溯源到热力学温标和凝固点黑体。

③ 用以热敏电阻为温度传感器的精密测温仪接触面源黑体，实现面源黑体的温度校准。同时利用红外辐射计或直接使用低温绝对辐射计实现面源黑体有效发射率的校准和面源黑体辐射均匀性测量。面源黑体温度、有效发射率和均匀性校准量值分别溯源到热力学温标、低温绝对辐射计或电校准技术标准。

对于第一种方法，20世纪80年代以前美国国家标准技术研究院(NIST)、美国国家航空航天局(NASA)、全俄光学物理测量研究院、英国国家物理实验室(NPL)、法国和以色列等国家计量机构多采用此方法。随着红外技术尤其是红外热成像技术、精密测温仪、红外辐射计及红外超光谱技术的发展，对常温面源黑体的测量/校准技术提出严峻的挑战，此方法只能实现常温面源黑体温度值的校准和量值溯源，不能进行面源黑体有效发射率校准和辐射面上的均匀性测量，已经不能满足目前军用红外技术领域对面源黑体辐射特性的校准/测量要求，所以只有少数国家和红外技术公司采用此方法。

对于第二种方法，以全俄光学物理测量研究院(VNIIOFI)和德国国家工程物理研究院(PTB)为代表。20世纪90年代末，俄罗斯全俄光学物理研究院建立起了中背景红外测量装置(Medium Background Infrared Radiometric，简称MBIR)，可以进行常温点源黑体和常温面源黑体的辐射特性校准/测量。MBIR装置校准原理如图2.16所示，由29.7646 ℃镓凝固点黑体、−60~80 ℃变温标准黑体、辐射零参考黑体、红外辐射计、真空低温通道、真空环境制备设备和制冷设备等组成，装置中的背景用液氮制冷，真空度可达$1.33×10^{-4}$ Pa。其中常温面源黑体的温度通过精密测温仪进行接触式准确测量，测量值可以溯源到国际热力学温标。通过与发射率达到0.9997、稳定性达到0.02 ℃/h的−60~80 ℃标准点源黑体在75 K以下的背景辐射环境中进行辐射量值比对，得到常温面源黑体的有效发射率，同时通过空间扫描，实现常温面源黑体的辐射面辐射均匀性测量，常温面源黑体的有效发射率和辐射面的辐射均匀性测量可以溯源到红外辐射的最高标准——镓凝固点黑体。用此方法校准常温面源黑体温度的不确定度优于0.05 ℃(置信因子$k=2$)，有效发射率校准不确定度优于0.5%。德国PTB也建立了类似的常温面源黑体的辐射特性校准装置。

对于常温面源黑体辐射特性的第三种校准方法，主要是以NIST和美国Los Alamos国家实验室(LANL)联合建立的常温面源黑体辐射特性标准装置为代表。该装置采用NIST的低背景红外辐射测量装置(Low Background Infrared Radiometric，简称LBIR)进行常温面源黑体辐射特性校准,由于被校准的常温面源黑体温度范围为180~370 K,因此校准过程在真空和用液氦制冷背景温度达到20 K以下的真空环境中进行,NIST的低背景红外辐射测量装置由低温绝对辐射计或电校准技术的探测器、精密常温面源黑体、低温真空通道等组成。其中位于Los Alamos的美国国家实验室(LANL)负责研制辐射单元,辐射单元由标准面源黑体、承载面源黑体的二维机械扫描装置、带有9 mm标准光阑的−233 ℃的屏蔽板。将这套辐射单元运送到NIST,与NIST已有的LBIR单元接口,组合成−93~77 ℃面源黑体辐射特性校准装置。被校准面源黑体的温度由精密测温仪进行接触测量得到,温度测量准确度优于0.04 ℃(置信因子$k=2$),温度量值溯源到NIST的国际热力学温标。再通过与精密面源黑体进行辐射量值比对,或直接测量辐射量,得到被校准面源黑体的有效发射率,此装置的最大特点是通过直接采用低温辐射计或电校准技术的探测器作为辐射测量装置,发射率测量值直接溯源到辐射计量最高标准——低温绝对辐射计或国际上通行的电校准技术标准,发射率测量不确定度为0.5%。

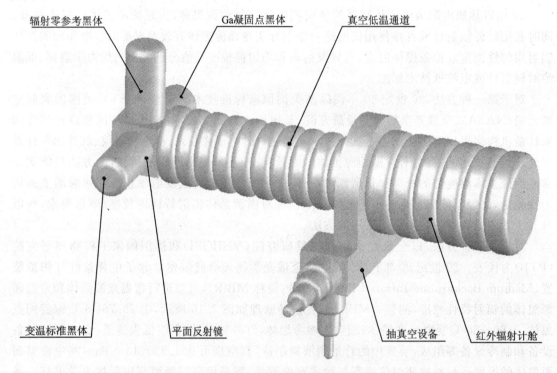

图2.16 全俄光学物理测量研究院面源黑体辐射特性校准原理图

(2) 校准装置

−30~75 ℃面源黑体辐射特性校准装置如图2.17所示。采用面源黑体与标准(点源)黑体进行辐射量比对的方法,对面源黑体的辐射特性进行校准。

① 校准面源黑体的温度:采用精密测温仪测量被校准面源黑体的温度T_b。精密测温仪带有标准探头,将探头插入被校准的面源黑体的温度校准孔,通过精密测温仪自身的铂电阻温度传感器准确测量被校准面源黑体的温度T_b,并将测量结果输入面源黑体辐射特性校准装置的计算机测控系统。精密测温仪量值可以溯源到热力学温标。

② 校准面源黑体的发射率:在测量被校准的面源黑体的发射率时,红外辐射计通过平面

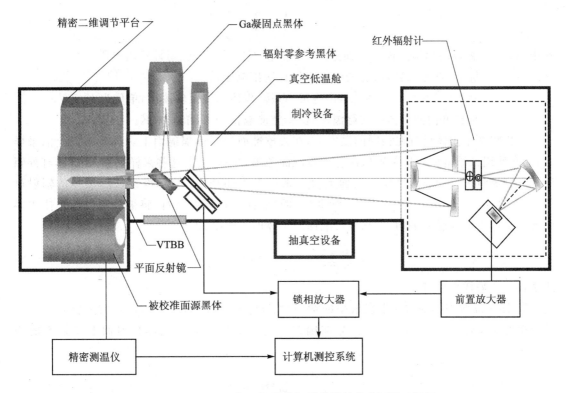

图 2.17　-30～75 ℃面源黑体辐射特性校准装置原理框图

转镜实现对被校准面源黑体、标准(点源)黑体在同一设置温度、同等几何条件下的辐射量值比对,具体原理公式如下:

$$\frac{\theta_\Omega A L_{bi}}{\theta_\Omega A L_0} = \frac{V_{bi}}{V_0} \qquad (2-3-16)$$

式中:θ_Ω——红外辐射计对应的采样立体角,单位为 rad;

　　A——红外辐射计对应的采样光源面积,单位为 m^2;

　　L_{bi}——被校准面源黑体的被采样点的辐射亮度;

　　L_0——标准(点源)黑体的辐射亮度;

　　V_{bi}——被校准面源黑体辐射面上某一采样点对应的红外辐射计输出电压;

　　V_0——标准(点源)黑体对应的红外辐射计输出电压。

根据斯忒藩-波耳兹曼定律,式(2-3-16)变为

$$\frac{\theta_\Omega A \varepsilon_{bi} \sigma T_b^4 / \pi}{\theta_\Omega A \varepsilon_0 \sigma T_0^4 / \pi} = \frac{V_{bi}}{V_0}$$

式中:ε_{bi}——被校准面源黑体辐射面上某一采样点的发射率;

　　ε_0——标准(点源)黑体的发射率;

　　σ——斯忒藩-玻耳兹曼常量,其值为 $(5.67051 \pm 0.00019) \times 10^{-8}\ W/(m^2 \cdot K^4)$;

　　T_b——被校准面源黑体的实际温度,单位为 K;

　　T_0——标准(点源)黑体的温度,单位为 K;

化简得到被校准面源黑体辐射面上某一点的发射率 ε_{bi} 计算公式如下:

$$\varepsilon_{bi} = \varepsilon_0 \frac{V_{bi}}{V_0} \left(\frac{T_0}{T_b}\right)^4 \qquad (2-3-17)$$

式中:V_{bi}——被校准面源黑体辐射面上某一采样点对应的红外辐射计输出电压;

V_0——标准(点源)黑体对应的红外辐射计输出电压;

T_0——标准(点源)黑体的温度,由标准(点源)黑体的测温仪读出,单位为 K;

T_b——被校准面源黑体的实际温度,由精密测温仪测出,单位为 K。

首先将两个黑体设置在相同的温度下,在被校准面源黑体辐射面上选择 6 个以上的采样点,配合使用二维机械扫描装置依次将被校准面源黑体辐射面上这些采样点移入光路,红外辐射计分别测量被校准面源黑体辐射面上每一采样点、$-60 \sim 80\ \text{℃}$标准(点源)黑体的辐射量值,依次将这些采样点与$-60 \sim 80\ \text{℃}$标准(点源)黑体进行辐射比对,将被校准面源黑体辐射面上各采样点的发射率平均,得到被校准面源黑体的发射率 ε_b:

$$\varepsilon_b = \frac{1}{n}\sum_{i=1}^{n}\varepsilon_{bi} \qquad (i=1,2,\cdots,n) \qquad (2-3-18)$$

式中:n——采样点数量。

③ 测量面源黑体辐射面上发射率的均匀性:求得被校准面源黑体辐射面上所有采样点发射率的实验标准偏差 S_b,该实验标准偏差表达了被校准面源黑体辐射面上发射率的均匀性。

$$S_b = \left[\frac{1}{n-1}\sum_{i=1}^{n}(\varepsilon_{bi}-\varepsilon)^2\right]^{1/2} \qquad (2-3-19)$$

2. 50～400 ℃温度范围面源黑体的辐射特性校准

(1) 校准方法

由于无法对这一温度范围的面源黑体进行准确的接触式温度测量,因此,50～400 ℃温度范围的中温面源黑体辐射特性校准只能采用辐射校准方法。关于 50～400 ℃温度范围面源黑体的辐射特性校准和量值溯源,国际上一般采用 3 种途径。

① 测温热像仪方法。首先用准确度高的黑体标定测温热像仪,然后用标定后的测温红外热像仪校准 50～400 ℃温度范围面源黑体的辐射特性,在发射率设定的情况下,得到被校准面源黑体的辐射温度,并且进一步得到面源黑体辐射面辐射温度的均匀性,校准量值一般溯源到凝固点黑体。用红外测温仪或红外测温辐射计校准中温面源黑体辐射特性也是类似的方法,此时要配合使用机械扫描方式得到被校准面源黑体辐射面辐射温度的均匀性。到目前为止,在大的中温温度范围内,无论测温热像仪还是红外测温仪或红外测温辐射计,由于受自身温度输出曲线的标定误差的影响,其辐射温度校准误差均比较大,校准不确定度往往大于 1 ℃以上。此方法不适用于中温面源黑体的准确校准,只有一些企业级的计量机构采用此方法。

② 中温面源黑体辐射特性的辐射量值比对方法,俄罗斯 VNIIOFI 和英国 NPL 均采用此方法。

此方法借助于铟凝固点黑体和锡凝固点黑体可实现标准点源黑体的校准,针对被校准中温面源黑体,将其与变温标准黑体的辐射量值比较,测量出被校准中温面源黑体的辐射量,通过设定发射率量值,进一步求出被校准中温面源黑体的辐射温度。通过红外探测器等部件绕光轴移动,实现被校准中温面源黑体辐射面的辐射均匀性测量。辐射温度测量灵敏度优于

50 mK。采用此方法的一套装置是全俄光学物理测量研究院于1993年开始研制的，到目前已经过有效的改进。英国国家物理实验室向全俄光学物理测量研究院定制类似的装置，该装置还可以通过滤光装置测量中温面源黑体的光谱辐射温度，将红外辐射计的探测器经过NPL的低温绝对辐射计校准，可将辐射温度测量值溯源到低温辐射计。

美国NIST也采用类此的方法，建立起了中温面源黑体辐射特性校准装置，称为中背景红外辐射测试装置(Medium Background Infrared Radiometric，简称MBIR)。该装置可在80 K到环境温度的背景条件下进行面源黑体辐射特性的校准，可以直接采用绝对辐射计作为接收装置，或者采用红外辐射计为接收装置，红外辐射计中的探测器可以溯源到低温绝对辐射计。该装置造价高，维护费用昂贵，不适于大量中温面源黑体的校准。

③ 中温面源黑体的实时辐射量值比对校准方法。美国EOI公司、美国海军计量站、美国空间导航计量部门及美国Newark空军基地计量中心等均采用此方法。由光学辐射零平衡比对装置、标准中温(点源)黑体、多维精密调节平台等组成校准装置。通过光学辐射零平衡比对装置，将被校准中温面黑体与中温标准(点源)黑体进行辐射量实时比对，当二者达到辐射量值平衡时，根据中温标准(点源)黑体已知的发射率和温度值求出被校准中温面黑体在设定发射率下的辐射温度，并配合多维精密调节平台进一步实现被校准中温面黑体辐射温度均匀性的测量。美国EIO公司的中温面源黑体辐射特性校准装置校准辐射温度不确定度优于0.5 ℃，校准结果溯源到红外辐射最高标准的锡凝固点黑体(231.928 ℃)和锌凝固点黑体(419.527 ℃)。

(2) 校准装置

50～400 ℃面源黑体辐射特性校准装置原理如图2.18所示。采用被校准面源黑体与标准(点源)黑体进行实时辐射比对的方法，实现被校准50～400 ℃面源黑体的辐射特性的校准。

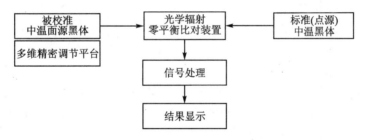

图 2.18　中温面源黑体的实时辐射量值比对校准方法原理图

用两个性能相同的专用工作黑体，将光学辐射零平衡比对装置的左右两个辐射通道调整到平衡状态，如图2.19所示。

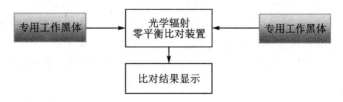

图 2.19　50～400 ℃面源黑体辐射特性校准装置调节平衡示意图

光学辐射零平衡比对装置选用宽光谱响应探测器，将标准(点源)黑体和被校准面源黑体通过光学辐射零平衡比对装置进行光学辐射亮度量值比对，通过改变标准(点源)黑体的温度，直至辐射零平衡比对装置达到辐射平衡为止。当两者辐射亮度相等时,光学辐射零平衡比对装置显示仪表的指针指向中间的零值位置。此时满足:

$$\theta_\Omega A L'_B = \theta_\Omega A L_B \tag{2-3-20}$$

式中:θ_Ω——零平衡比对装置采样立体角,单位为 rad;

A——零平衡比对装置采样光斑面积,单位为 m^2;

L'_B——被校准面源黑体的辐亮度;

L_B——标准(点源)黑体辐亮度。

式(2-3-20)可以进一步写为

$$\theta_\Omega A \frac{M'_B}{\pi} = \theta_\Omega A \frac{M_B}{\pi} \tag{2-3-21}$$

式中:M'_B——被校准面源黑体的辐射出射度,单位为 W/m^2;

M_B——标准(点源)黑体辐射出射度,单位为 W/m^2。

式(2-3-21)化简得

$$M'_B = M_B \tag{2-3-22}$$

根据黑体辐射定律,黑体的辐射出射度为

$$M_B = \varepsilon \sigma T^4 \tag{2-3-23}$$

式中:M_B——黑体辐射源的辐射出射度,单位为 W/m^2;

ε——黑体辐射源的有效发射率;

σ——斯忒藩-玻耳兹曼常量,其值为 $(5.67051 \pm 0.00019) \times 10^{-8}\ W/(m^2 \cdot K^4)$;

T——黑体辐射源有效辐射面的绝对温度,单位为 K。

(3) 面源黑体辐射温度的计算

根据式(2-3-22)和式(2-3-23),得

$$M_B = \varepsilon' \sigma T^4_{Bi} = M_B = \varepsilon \sigma T^4_0 \tag{2-3-24}$$

式中:ε'——被校准面源黑体的设定发射率;

T_{Bi}——被校准面源黑体辐射面上某一采样点的辐射温度 T_{Bi}。

由此得到在发射率设定为 ε 时,被校准面源黑体辐射面上某一采样点的辐射温度 T_{Bi} 为

$$T_{Bi} = T_0 \left(\frac{\varepsilon}{\varepsilon'}\right)^{1/4} \tag{2-3-25}$$

在被校准面源黑体辐射面上选择 6 个以上的采样点,使用多维手动调节平台分别将这些采样点移入光路,实现对被校准面源黑体辐射面上某一采样点与标准(点源)黑体在同等几何条件下的辐射量值实时比对,调节标准(点源)黑体的温度,直至达到辐射平衡,计算被校准面源黑体这一采样点在发射率设定为 ε' 时的辐射温度。依次将其他采样点与标准(点源)黑体进行辐射比对,实现校准面源黑体辐射面上辐射温度测量,具体如下:

求得被校准面源黑体辐射面上所有采样点辐射温度的平均值,得到被校准的面源黑体的辐射温度 T_B:

$$T_B = \frac{1}{n}\sum_{i=1}^{n} T_{Bi} \quad (i=1,2,\cdots,n) \tag{2-3-26}$$

式中:n——采样点数量;

(4) 面源黑体辐射面上辐射温度均匀性测量

求得被校准面源黑体辐射面上所有采样点辐射温度的实验标准偏差 S_{TB}，称为被校准面源黑体辐射温度的均匀性。公式如下：

$$S_{TB} = \left[\frac{1}{n-1} \cdot \sum_{i=1}^{n} (T_{Bi} - T_B)^2 \right]^{1/2} \quad (2-3-27)$$

面源黑体辐射面上辐射温度均匀性是衡量中温面源黑体技术性能的一项重要技术指标。

2.3.4 低温黑体校准

随着科学技术的发展，尤其是深空探测技术的需要，对红外辐射计量的温度范围向低温延伸。从原理上讲，低温黑体校准参数和中温黑体参数相同，校准方法也相同。但低温条件下辐射信号很弱，热屏蔽和电磁屏蔽非常重要。一般把标准黑体、辐射探测器、被校黑体放在封闭的真空、制冷容器内。美国采用液氦制冷，用低温辐射计作为标准辐射探测器，称为低背景黑体辐射标准装置。俄罗斯采用液氮制冷，采用金属凝固点黑体作为最高标准，称为中背景黑体辐射标准装置。下面主要介绍中背景黑体辐射标准。

图 2.20 为中背景黑体辐射标准装置示意图。

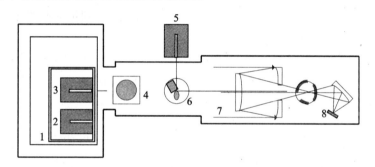

1—被校黑体；2—金属凝固点黑体；3—变温黑体；4—反射镜；
5—77 K 参考黑体；6—调制器组件；7—卡赛格林光学系统；8—探测器。

图 2.20　−60～100 ℃黑体辐射标准装置示意图

装置由标准黑体及被校黑体、辐射探测系统、真空制冷室构成。

(1) 标准黑体及被校黑体

黑体部分包括镓凝固点黑体、−60～100 ℃变温标准黑体和以液氮为介质的 77 K 背景黑体。镓凝固点黑体作为最高标准，实现对变温标准黑体的标定。背景黑体提供一个固定背景辐射。−60～100 ℃变温标准黑体对被校黑体进行标定。3 个黑体之间用开关转镜互换，通过中背景介质通道到达红外光谱辐射计。

(2) 辐射探测系统

辐射探测系统由卡赛格林望远系统、可变圆形滤光盘、光阑等组成，是一工作在低温真空环境下的红外光谱辐射计，包括一组探测器。

(3) 真空制冷室

标准黑体、被校黑体、辐射探测系统都工作在真空低温状态，全部密封在真空制冷室内。其主要技术指标如下：

温度范围 $-60\sim80\ ℃$；
变温黑体发散率 0.999；
温度稳定性 0.002 K。
本系统可对$-60\sim100\ ℃$范围的黑体进行标定,也可以对红外光谱辐射计进行标定。

2.3.5 以同步辐射源为基础的紫外辐射标准

为确定未知光源的光谱辐射特性,一般采用标准光源法和标准探测器法两种方法。标准光源法是把已知光谱辐射特性的标准光源同未知光谱特性的待测光源进行对比而获得待测光源的光谱特性。标准探测器法则是由已知光谱特性的标准探测器及光谱辐射计测量未知光源的光谱响应信号,然后根据预先得到的光谱辐射计的光谱传递特性进行修正。

要获得初级标准的光谱辐射光源,需要具有以下条件:光源的光谱辐射分布可由易于获得的参数由验证公式计算得到;光源具有较高的稳定性和重复性。在 300 nm 以上,满足以上条件的标准光源为高温黑体、中温黑体和低温黑体,在紫外和真空紫外波段,满足以上条件的理想光源为同步辐射源。在 115~400 nm,同步辐射源作为一级标准光源,氘灯、亚微弧光源、空心阴极光源、激光及等离子体光源等可作为传递标准光源。

目前主要采用氘灯作为传递标准光源。通过氘灯与储存环同步辐射的比对完成对传递标准光源氘灯的标定。

定标系统包括前置光学系统、分光系统和探测系统。标定系统光路如图 2.21 所示。同步辐射光源和被标光源分别经相同的光学系统,测得光电流 i_{SR} 和 i_{SO},由定标原理知:

$$i_{SR}(\lambda) = S(\lambda)\phi_{SR}(\lambda)(1 + P_{rad}P_{SR}) \tag{2-3-28}$$

$$i_{SO}(\lambda) = S(\lambda)\phi_{SO}(\lambda) \tag{2-3-29}$$

式中:ϕ_{SR}——同步辐射的辐射通量分布,对于某一接收角内是可以计算的;

ϕ_{SO}——传递标准光源的辐射通量分布;

i_{SR}——同步辐射源照射时的光电流;

i_{SO}——传递标准光源照射时的光电流;

$S(\lambda)$——系统光谱响应度;

P_{SR}——同步辐射平面偏振度;

P_{rad}——系统的偏振效率。

通过同步辐射(SR)和传递标准光源(SO 氘灯)光谱辐射通量的比对,完成对传递标准光源的标定。

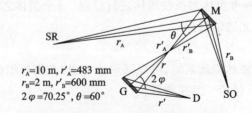

SR—同步辐射光源;SO—被标光源;G—光栅单色仪;M—反射镜

图 2.21 同步辐射源标准光路原理图

1. 复现装置

利用同步辐射源复现光谱辐射亮度单位量值的测量装置如图 2.21 所示。

其中单色仪采用正入射光栅单色仪,光栅参数根据需要的波长选择,探测器选用光电倍增管。

2. 氘灯

氘灯工作在真空紫外波段范围内,能发出较强的紫外辐射,具有稳定性好、重复性好、寿命长、体积小、使用方便等优点。同步辐射标准装置选用氘灯作为传递标准。

氘灯性能优良,常用它作为紫外、特别是真空紫外区的标准灯。典型氘灯的结构如图 2.22 所示。图 2.23 表示氘灯发光面径向辐射亮度分布,其中横坐标为氘灯发射面积半径,纵坐标为氘灯相对辐射亮度。

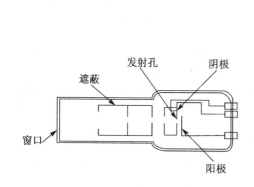

图 2.22 氘灯的结构示意图 　　图 2.23 氘灯发光面径向辐射亮度分布

氘灯窗口可用石英和氟化镁两种材料,它们都有较高的透射比。石英窗口使用的波长范围为 165～400 nm,氟化镁窗口的波长范围为 115～400 nm。为了减少光从泡皮壁的反射,灯内安装了多重屏蔽罩。氘灯的使用寿命一般为 1 000 h。工作时,工作电压在 60～90 V 之间可调,并有足够的稳定性,30 min 内变化约为 0.2%。V 系列的氘灯的工作电流是 300 mA,由特制的稳流电源供电。为氘灯设计了使用分子泵机组的真空室,其真空度优于 10^{-4} Pa。特殊的设计使得氘灯便于调整、置换、清洁。

3. 氘灯光谱辐射亮度的标定

如果将光电探测器接收到的同步辐射的光谱功率定义为 $\phi_{\lambda,\mathrm{SR}}(\lambda)$,产生的光电流为 $i_{\mathrm{SR}}(\lambda)$;光电探测器接收到的氘灯的光谱功率定义为 $\phi_{\lambda,\mathrm{D2}}(\lambda)$,产生的光电流为 $i_{\mathrm{D2}}(\lambda)$。可知

$$i_{\mathrm{SR}}(\lambda) = \int \phi_{\lambda,\mathrm{SR}}(\lambda') S(\lambda') [1 + p_{\mathrm{rad}}(\lambda') p_{\mathrm{sr}}(\lambda')] \times f(\lambda - \lambda') \mathrm{d}\lambda' \quad (2\text{-}3\text{-}30)$$

$$i_{\mathrm{D2}}(\lambda) = \int \phi_{\lambda,\mathrm{D2}}(\lambda') S(\lambda') \times f(\lambda - \lambda') \mathrm{d}\lambda' \quad (2\text{-}3\text{-}31)$$

式中:$S(\lambda)$——光电探测器的相对光谱响应度;

　　　$f(\lambda)$——光谱仪的分辨函数。

考虑到同步辐射光为偏振光,引入同步辐射偏振度 $p_{\mathrm{SR}}(\lambda)$ 和辐射计的偏振系数 $p_{\mathrm{rad}}(\lambda)$。

辐射计偏振系数 $p_{rad}(\lambda)$ 是用同步辐射标定氘灯过程中必须考虑的一个参数，在近紫外和真空紫外光谱范围，辐射计（包括偏振片、前置镜、光栅等组成的系统）具有不同的偏振系数，需要测量得出。根据 Stokes 公式，辐射计的偏振系数 $p_{rad}(\lambda)$ 为

$$p_{rad}(\lambda) = (V - p_{pol} \cdot p_{hv})/(p_{pol} - V \cdot p_{hv}) \qquad (2-3-32)$$

其中，p_{hv} 指测量辐射的偏振度，p_{pol} 是偏振器的偏振效率。在同步辐射测量过程中，由于同步辐射的高偏振性，存在 $p_{hv} = p_{SR} > 0.99 \approx 1$。

测量氘灯时，氘灯发出的是非偏振光，因此 $p_{hv} = 0$。辐射计偏振系数是通过测量不同偏振状态下探测器（光电倍增管）接收同步辐射及氘灯的电流信号后，通过公式计算间接得来。

使用偏振器测量两个偏振方向的光电信号有：

$$V(\lambda) = [i(90°) - i(0°)]/[i(90°) + i(0°)] \qquad (2-3-33)$$

在测量过程中式（2-3-32）可化为

$$p_{rad}(\lambda) = (V_{SR}(\lambda) - p_{pol} \cdot p_{SR}(\lambda))/(p_{pol} - V_{SR}(\lambda) \cdot p_{SR}(\lambda)) \qquad (2-3-34)$$

$$p_{rad}(\lambda) = V_{D2}(\lambda)/p_{pol}$$

由式（2-3-33）和式（2-3-34），辐射计偏振系数 $p_{rad}(\lambda)$ 可由下式给出：

$$p_{rad}(\lambda) = \frac{V_{D2}(\lambda) - V_{SR}(\lambda)}{2V_{SR}(\lambda) p_{SR}(\lambda)} + \sqrt{\left(\frac{V_{D2}(\lambda) - V_{SR}(\lambda)}{2V_{SR}(\lambda) p_{SR}(\lambda)}\right)^2 + \frac{V_{D2}(\lambda)}{V_{SR}(\lambda)}} \qquad (2-3-35)$$

其中 $p_{SR}(\lambda)$ 为同步辐射的平面偏振度，可通过计算得到。偏振片在 0°、90°两种位置时，只要探测器分别测量到同步辐射和氘灯的光电流信号，并记录当时储存环中的电子束流，就可以得到辐射计偏振系数 $p_{rad}(\lambda)$。

由于 $\phi_{\lambda,SR}$、$p_{rad}(\lambda)$、$p_{SR}(\lambda)$、$f(\lambda)$ 在整个带宽范围内可以认为是常数，而 $\phi_{\lambda,D2}(\lambda)$ 在大于 165 nm 的范围是连续的，在带宽范围内也可以认为是常数。（在小于 165 nm 情况下，氘灯光谱辐射功率是线谱，需要引入修正因子修正。）

因此，式（2-3-30）和式（2-3-31）可以转化为

$$i_{SR}(\lambda) = S(\lambda)\phi_{\lambda,SR}(\lambda)[1 + p_{rad}(\lambda)p_{sr}(\lambda)] \qquad (2-3-36)$$

$$i_{D2}(\lambda) = S(\lambda)\phi_{\lambda,D2}(\lambda)W(\lambda) \qquad (2-3-37)$$

其中 $W(\lambda)$ 为考虑到氘灯在带宽范围内的氘灯光谱辐射亮度和光谱辐射计响应度变化因子，存在：

$$W(\lambda) = 1 \qquad \lambda > 165 \text{ nm} \qquad (2-3-38)$$

$$0.97 < W(\lambda) < 1.07 \qquad \lambda \leqslant 165 \text{ nm} \qquad (2-3-39)$$

由于氘灯光谱功率和光谱辐射亮度具有如下关系：

$$\phi_{\lambda,D2}(\lambda) = L_{\lambda,D2}(\lambda)\Omega A_{D2} \qquad (2-3-40)$$

其中 $L_{\lambda,D2}(\lambda)$ 就是氘灯光谱辐射亮度，Ω 为接收的氘灯辐射立体角，根据几何关系有：

$$\Omega = F_{D2}/S_{D2}^2 = (F_{SR}/S_{D2}^2) \cdot (d_{D2}/d_{SR})^2 \qquad (2-3-41)$$

式中：F_{D2}——测量氘灯时计量光阑在前置镜上的投影面积在轴线垂直位置的分量，也是计量光阑在前置镜上的投影面积在氘灯至前置镜轴线垂直位置的分量；

F_{SR}——测量同步辐射时计量光阑在前置镜上的投影面积在轴线垂直位置的分量，也是计量光阑在前置镜上的投影面积在同步辐射至前置镜轴线垂直位置的分量；

S_{D2}——前置镜到氘灯的距离；

d_{D2}——测量氘灯时入射针孔到前置镜的距离；

d_{SR}——测量同步辐射时入射针孔到前置镜的距离；

A_{D2}——入射针孔投影到氚灯上的面积,存在如下关系：

$$A_{D2} = A_{EPH}(S_{D2}/d_{D2})^2 \quad (2-3-42)$$

式中：A_{EPH}——入射针孔面积。

将式(2-3-42)代入式(2-3-40)并运算,可得

$$L_{\lambda,D2}(\lambda) = [P(\lambda) \cdot \varphi/F_{SR}]W(\lambda)[1+p_{rad}(\lambda)] \times \left[\frac{i_{D2}(\lambda)}{i_{SR}(\lambda)/I}\right](d_{SR}^2/A_{EPH}) \quad (2-3-43)$$

由于 $P(\lambda)$、φ、F_{SR}、$W(\lambda)$、d_{SR}^2、A_{EPH} 都是固定实验条件下的已知量,所以只需在实验中测量出(测量中要考虑同步辐射光是高度偏振的,因此要测量偏振片在水平和垂直两种状态时的参数),并同时记录测量同步辐射电流时同步辐射的起始电子束流 I_{start},终了电子束流 I_{end}(认为电子束流在测量过程时段是线性衰减的,则可以计算出在测量光电倍增管中信号的同步辐射电子束流);计算出 SR 的平面偏振度 $p_{SR}(\lambda)$,计算辐射计的偏振系数 $p_{rad}(\lambda)$。

确定以上各个参数后,可以通过式(2-3-43)计算出氚灯辐射亮度的光谱密集度。

2.4 红外热像仪参数计量测试

2.4.1 红外热像仪概述

红外热像仪是利用红外探测器、光学成像物镜和光机扫描系统接收被测目标的红外辐射能量分布图形,反映到红外探测器的光敏元上。在光学系统和红外探测器之间,有一个光机扫描机构(焦平面热像仪无此机构)对被测物体的红外热像进行扫描,并聚焦在单元或分光探测器上,由探测器将红外辐射能转换成电信号,经放大处理、转换或标准视频信号通过电视屏或监测器显示红外热像图。这种热像图与物体表面的热分布场相对应,实质上是被测目标物体各部分红外辐射的热像分布图。由于信号非常弱,与可见光图像相比,缺少层次和立体感,因此,在实际动作过程中为更有效地判断被测目标的红外热分布场,常采用一些辅助措施来增加仪器的实用功能,如图像亮度、对比度的控制,实标校正,伪色彩描绘等技术。

1800 年,英国物理学家 F. W. 赫胥尔发现了红外线,从此开辟了人类应用红外技术的广阔道路。在第二次世界大战中,德国人用红外变像管作为光电转换器件,研制出主动式夜视仪和红外通信设备,为红外技术的发展奠定了基础。

第二次世界大战后,首先由美国德克萨兰仪器公司经过近一年的探索,开发研制出第一代用于军事领域的红外成像装置,称之为红外寻视系统(FLIR),它是利用光学机械系统对被测目标进行红外辐射扫描。由光子探测器接收两维红外辐射迹象,经光电转换及一系列仪器处理,形成视频图像信号。这种系统原始的形式是一种非实时的自动温度分布记录仪,后来随着 20 世纪 50 年代锑化铟和锗掺汞光子探测器的发展,才开始出现高速扫描及实时显示目标热图像的系统。

20 世纪 60 年代早期,瑞典 AGA 公司研制成功第二代红外成像装置,它在红外寻视系统的基础上增加了测温的功能,称之为红外热像仪。

初期，由于保密的原因，在发达国家中也仅限于军用，投入应用的热成像装置可在黑夜或浓厚幕云雾中探测对方的目标，探测伪装的目标和高速运动的目标。由于有国家经费的支撑，投入的研制开发费用很大，仪器的成本也很高。随着工业生产中的实用性要求的发展，结合工业红外探测的特点，采取压缩仪器造价，降低生产成本并根据民用的要求，通过减小扫描速度来提高图像分辨率等措施逐渐发展到民用领域。

20世纪60年代中期，AGA公司研制出第一套工业用实时成像系统（THV），该系统由液氮制冷，110 V 电源电压供电，质量约 35 kg，因此便携性很差。经过对仪器的几代改进，1986年研制的红外热像仪已无需液氮或高压气，而以热电方式制冷，可用电池供电；1988年推出的全功能热像仪，将温度的测量、修改、分析、图像采集、存储合于一体，质量小于 7 kg，仪器的功能、精度和可靠性都得到了显著的提高。

20世纪90年代中期，美国FSI公司首先研制成功由军用技术（FPA）转民用并商品化的新一代红外热像仪（CCD），属焦平面阵列式结构的一种凝视成像装置，技术功能更加先进，现场测温时只需对准目标摄取图像，并将图像信息存储到机内的PC卡上，即完成全部操作，可回到室内用软件进行各种参数的设定修改和分析数据。最后直接得出检测报告。由于技术的改进和结构的改变，取代了复杂的机械扫描，仪器质量已小于 2 kg，使用中如同手持摄像机一样，单手即可方便地操作。

如今，红外热成像系统已经在电力、消防、石化以及医疗等领域得到了广泛应用。红外热像仪在世界经济的发展中正发挥着举足轻重的作用。

红外热像仪一般分光机扫描成像系统和非扫描成像系统。光机扫描成像系统采用单元或多元（元数有 8、10、16、23、48、55、60、120、180 甚至更多）光电导或光伏红外探测器，用单元探测器时速度慢，主要是帧幅响应的时间不够快，多元阵列探测器可做成高速实时热像仪。非扫描成像的热像仪，如近几年推出的阵列式凝视成像的焦平面热像仪，属新一代的热成像装置，性能上大大优于光机扫描式热像仪，有逐步取代光机扫描式热像仪的趋势。其关键技术是探测器由单片集成电路组成，被测目标的整个视野都聚焦在上面，并且图像更加清晰，使用更加方便，仪器非常小巧轻便，同时具有自动调焦、图像冻结、连续放大、点温、线温、等温和语音注释图像等功能，仪器采用PC卡，存储容量可高达 500 幅图像。

红外热电视是红外热像仪的一种。红外热电视通过热释电摄像管（PEV）接受被测目标物体的表面红外辐射，并把目标内热辐射分布的不可见热图像转变成视频信号，因此，热释电摄像管是红外热电视的关键器件，它是一种实时成像，宽谱成像（对 3～5 μm 及 8～14 μm 波段有较好的频率响应），具有中等分辨率的热成像器件，主要由透镜、靶面和电子枪3部分组成。其技术功能是将被测目标的红外辐射线通过透镜聚焦成像到热释电摄像管，采用常温热电视探测器和电子束扫描及靶面成像技术实现的。

2.4.2 红外热像仪评价参数

随着红外热像仪技术的发展和日趋广泛的应用，对其性能参数的评价越来越重要。下面简要介绍与红外热像仪光学性能有关的参数的定义。

(1) 信号传递函数

信号传递函数（SiTF）定义为红外热像仪入瞳上的输入信号与其输出信号之间的函数关

系,即信号传递函数指在增益、亮度、灰度指数和直流恢复控制给定时,系统的光亮度(或电压)输出对标准测量靶标中靶标-背景温差输入的函数关系。输入信号一般规定为靶标与其均匀背景之间的温差,输出信号可规定为红外热像仪监视器上靶标图像的对数亮度($\lg L$),现在一般规定为红外热像仪输出电压,所以,信号传递函数 SiTF 等于被测量红外热像仪观察方型靶时,红外热像仪的输出电压相对于输入温差的斜率。

(2) 噪声等效温差

衡量红外热像仪判别噪声中小信号能力的一种广泛使用的参数是噪声等效温差(NETD)。噪声等效温差有几种不同的定义,最简单且通用的定义为:红外热像仪观察试验靶标时,基准电子滤波器输出端产生的峰值信号与均方根噪声比为 1 的试验靶标上黑体目标与背景的温差。

(3) 调制传递函数

调制传输函数(MTF)的定义是对标称无限的周期性正弦空间亮度分布的响应。对一个光强在空间按正弦分布的输入信号,经红外热像仪输出仍是同一空间频率的正弦信号,但是,输出的正弦信号对比度下降,且相位发生移动。对比度降低的倍数及相位移动的大小是空间频率的函数,分别被称为红外热像仪的调制传递函数(MTF)及相位传递函数(PTF)。一个红外热像仪的 MTF 及 PTF 表征了该红外热像仪空间分辨能力的高低。

(4) 最小可分辨温差

最小可分辨温差(MRTD)是一个作为景物空间频率函数的表征系统的温度分辨率的量度。MRTD 的测量图案为四条带,带的高度为宽度的七倍,目标与背景均为黑体。由红外热像仪对某一组四条带图案成像,调节目标相对于背景的温差,从零逐渐增大,直到在显示屏上刚能分辨出条带图案为止,此时的目标与背景间的温差就是该组目标基本空间频率下的最小可分辨温差。分别对不同基频的四条带图案重复上述过程,可得到以空间频率为自变量的 MRTD 曲线。

(5) 最小可探测温差

最小可探测温差(MDTD)是将噪声等效温差 NETD 与最小可分辨温差 MRTD 的概念在某些方面作了取舍后得到的。具体地说,MDTD 仍是采用 MRTD 的观测方式,由在显示屏上刚能分辨出目标对背景的温差来定义。但 MDTD 测量采用的标准图案是位于均匀背景中的单个方形或圆形目标,对于不同尺寸的靶,测出相应的 MDTD。因此,MDTD 与 MRTD 相同之处是二者既反映了红外热像仪的热灵敏性,也反映了红外热像仪的空间分辨率。MDTD 与 MRTD 不同之处是 MRTD 是空间频率的函数,而 MDTD 是目标尺寸的函数。

(6) 动态范围

对于红外热像仪的输出,不致因饱和与噪声而产生令人不能接受的信息损失时所接收的输入信号输入值的范围。

(7) 均匀性

均匀性定义为在红外热像仪视场(FOV)内,对于均匀景物输入,红外热像仪输出的均匀性。

(8) 畸 变

在红外热像仪整个视场(FOV)内,放大率的变化对轴上放大率的百分比。畸变提供关于把观察景物按几何光学传递给观察者的情况。

一般情况下，通过信号传递函数 SiTF、噪声等效温差 NETD、调制传输函数 MTF、最小可探测温差 MDTD 和最小可分辨温差 MRTD 的测量，基本上可实现红外热像仪较为全面的测量。

2.4.3 红外热像仪参数测量装置

红外热像仪参数测量装置主要包括：准直辐射系统、单色仪、光电测量平台、被测红外热像仪承载平台、信噪比测量仪（均方根噪声电压表和数字电压表）、帧采样器、微光度计、读数显微镜、计算机及测量软件。其中准直辐射系统由温差目标发生器及准直光管组成。红外热像仪参数测量装置组成及功能模块如图 2.24 所示。

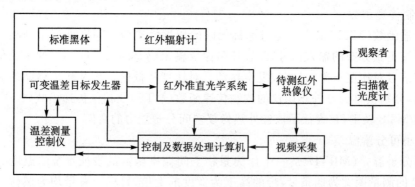

图 2.24 红外热像仪参数测量装置组成及功能模块

红外热像仪参数测量装置涉及多种技术：精密面源黑体制造技术、精密仪器加工技术、光学技术、微机测控技术及红外测量技术等。红外热像仪参数测量装置示意图如图 2.25 所示。

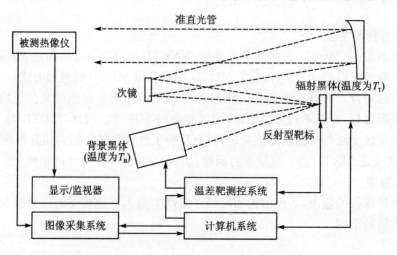

图 2.25 红外热像仪参数测量装置示意图

（1）标准准直辐射系统

准直辐射系统的功能是给被测红外热像仪提供多种图案的目标。准直辐射系统一般分为单黑体的准直辐射系统和双黑体的标准辐射系统两种类型。

采用单黑体的准直辐射系统,又称为辐射靶系统,其组成如图 2.26 所示。工作时,辐射靶本身的温度 T_B 始终处于被监控状态。当 T_B 改变时,黑体本身温度 T_T 随之相应改变,使预先设定的温差 ΔT 保持恒定。

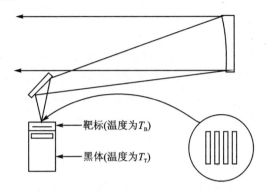

图 2.26　单黑体的准直辐射系统示意图

采用双黑体的标准辐射系统,又称反射靶系统,其组成如图 2.27 所示。反射靶与辐射靶的主要区别是反射靶表面具有高反射率。通过第二个黑体,辐射背景温度得到精确的设定和控制,由于采用了背景辐射黑体,有效地减少了反射靶面的温度梯度。

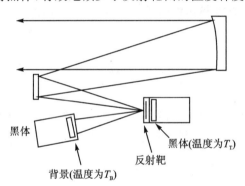

图 2.27　双黑体准直辐射系统

测量靶包括一系列各种空间频率的四条靶、中间带圆孔的十字形靶、方形及圆形的窗口靶、针孔靶、狭缝靶等,以实现红外热像仪各种参数的测量。

(2) 单色仪

单色仪与温差目标发生器组合,为被测量红外热像仪提供窄光谱红外辐射,以完成被测量红外热像仪光谱响应参数测量。

(3) 承载被测量红外热像仪转台

承载被测量红外热像仪转台的主要功能是通过转动,精确调节被测量红外热像仪光轴对准准直光管的光轴。同时,还可以利用承载被测量红外热像仪转台进行承载被测量红外热像仪视场 FOV 大小的测量。

(4) 光学测量平台

光学测量平台承载整个红外热像仪测量系统,提供一个水平防震的设备安装平台。

(5) 信噪比测量仪

信噪比测量仪由基准电子滤波器、均方根噪声电压表、数字电压表等仪器组成,通过测量在一定输入下的信噪比,从而计算出被测量红外热像仪的噪声等效温差 NETD 和噪声等效通量密度 NEFD。

(6) 帧采样器

在被测量红外热像仪的测量过程中,通过帧采样器与被测量红外热像仪接口,帧采样器对被测量红外热像仪视频输出采样、数字化,然后传输到计算机进行数据处理与分析,可测量出被测量红外热像仪的噪声等效温差 NETD、线扩展函数 LSF、调制传输函数 MTF、信号传递函数 SiTF、亮度均匀性、光谱响应及客观 MRTD、客观 MDTD 等参数。

(7) 微光度计

利用微光度计可测量被测量红外热像仪显示器上特定靶图所成像的亮度大小及分布,完成 NETD、LSF、SiTF、MTF、亮度均匀性、光谱响应及客观 MRTD 和 MDTD 的测量。

(8) 读数显微镜

测量被测量红外热像仪显示器上对特定靶图案所成像的尺寸大小,完成畸变性能测量。

(9) 计算机系统

计算机系统的功能主要是:提取每次测量所得到的被测量红外热像仪的输出信息,通过自动测量软件,计算出被测量红外热像仪的各种参数;实施黑体温度和靶标定位的控制和整个测量过程的自动化管理。

2.4.4 红外热像仪调制传递函数测量

红外热像仪由光学系统、探测器、信号采集及处理电路、显示器等部分组成。因此,红外热像仪的调制传递函数为各分系统调制传递函数的乘积,即:

$$\mathrm{MTF}_s = \prod_{i=1}^{n} \mathrm{MTF}_i = \mathrm{MTF}_o \cdot \mathrm{MTF}_d \cdot \mathrm{MTF}_e \cdot \mathrm{MTF}_m \cdot \mathrm{MTF}_{eye} \quad (2-4-1)$$

式中:MTF_i——红外热像仪各分系统的调制传递函数;

MTF_o——红外热像仪光学系统的调制传递函数;

MTF_d——红外热像仪探测器的调制传递函数;

MTF_e——红外热像仪电子线路的调制传递函数;

MTF_m——红外热像仪显示器的调制传递函数;

MTF_{eye}——人眼的调制传递函数。

调制传递函数 MTF 用来说明景物(或图像)的反差与空间频率的关系。直接测量红外热像仪的调制传递函数 MTF,测量和计算都很复杂。所以,在实验室中,通常先测量红外热像仪的线扩展函数 LSF,然后由线扩展函数的傅里叶变换可得红外热像仪的调制传递函数 MTF。

用测量线扩展函数 LSF 来计算 MTF 的测量原理框图如图 2.28 所示。测量靶可采用矩形刀口靶,也可采用狭缝靶。

因为调制传递函数是对线性系统而言的,由测得的红外热像仪 SiTF 曲线可知其非线性区。根据测得的 SiTF 曲线找出被测红外热像仪的线性工作区,再进行 MTF 参数测量。采用

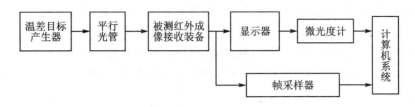

图 2.28　MTF 测量原理框图

狭缝靶测量红外热像仪 MTF 的步骤如下：

① 将红外热像仪的"增益"和"电平"控制设定为 SiTF 线性区的相应值，靶标温度调到 SiTF 线性区的中间位置的对应位置。

② 将狭缝靶置于准直光管焦平面上，使其投影像位于被测红外热像仪视场内规定区域，并使图像清晰。对被测红外热像仪输出狭缝图案采样（由微光度计对显示器上的亮度信号采样或由帧采集器对输出电信号采样）得到系统的线扩展函数 LSF。

③ 关闭靶标辐射源，扫描背景图像并记录背景信号。两次扫描的信号相减，对所得结果进行快速傅里叶变换，求出光学传递函数 OTF，取其模得到被测量红外热像仪的 MTF。

④ 由于测量的结果包括靶标的 MTF、准直光管的 MTF、被测量红外热像仪的 MTF 及图像采样装置的 MTF，扣除靶标的 MTF、准直光管的 MTF 及图像采样装置的 MTF，并归一化后得到被测量红外热像仪的 MTF。

⑤ 对每一要求的取向（测量方向为狭缝垂直方向或 ±45° 方向）、区域、视场等重复上述步骤。

典型的 LSF 和 MTF 曲线如图 2.29 所示。

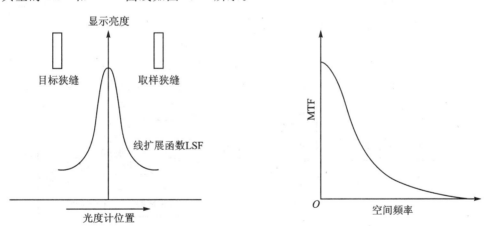

图 2.29　典型的 LSF 和 MTF 曲线

2.4.5　红外热像仪噪声等效温差测量

测量噪声等效温差时，一般采用方形窗口靶，尺寸为 $W \times W$，温度为 T_T 的均匀方形黑体目标，处在温度为 T_B（$T_T > T_B$）的均匀黑体背景中构成红外热像仪噪声等效温差 NETD 的测量图案。被测红外热像仪对这个图案进行观察，当系统的基准电子滤波器输出的信号电压峰值和噪声电压的均方根值之比等于 1 时,黑体目标和黑体背景的温差称为噪声等效温差 NETD。

实际测量时,为了取得良好的结果,通常要求目标尺寸 W 超过被测红外热像仪瞬时视场若干倍,测量目标和背景的温差超过被测红外热像仪 NETD 数十倍,使信号峰值电压 V_s 远大于均方根噪声电压 V_n,然后按下式计算被测红外热像仪的 NETD:

$$\text{NETD} = \frac{\Delta T}{V_s/V_n} \qquad (2-4-2)$$

噪声等效温差 NETD 作为红外热像仪性能综合量度有一些局限性:

① NETD 的测量点在基准化电路的输出端。由于从电路输出端到终端图像之间还有其他子系统(如被测量红外热像仪的显示器等),因而 NETD 并不能表征整个被测量红外热像仪的整机性能。

② NETD 反映的是客观信噪比限制的温度分辨率,而人眼对图像的分辨效果与视在信噪比有关。NETD 并没有考虑人眼视觉特性的影响。

③ 单纯追求低 NETD 值并不一定能达到好的系统性能。例如增大工作波段 $\lambda_1 \sim \lambda_2$ 的宽度,显然会使红外热像仪的 NETD 减小。但在实际应用场合,可能会由于所接收的日光成分的增加,使红外热像仪测出的温度与真实温度的差异加大。这表明 NETD 公式未能保证与红外热像仪的实际性能的一致性。

④ 红外热像仪 NETD 反映的是红外热像仪对低频景物(均匀大目标)的温度分辨率,不能表征系统红外热像仪用于观测较高空间频率景物时的温度分辨性能。

虽然 NETD 作为系统性能的综合量度有一定局限性,但是,NETD 参数概念明确,易于测量,目前仍在广泛采用。尤其是在红外热像仪的设计阶段,采用 NETD 作为对红外热像仪诸参数进行选择的权衡标准是有意义的。

红外热像仪 NETD 的测量原理如图 2.30 所示。其中 ΔT 等于温度为 T_T 的均匀方形或圆形黑体目标与处在温度为 $T_B(T_T > T_B)$ 的均匀黑体背景之间的温差,其数值可由温差目标发生器直接给出。信号电压 V_s 和均方根电压 V_n 可由数字电压表和均方根噪声表分别测出。

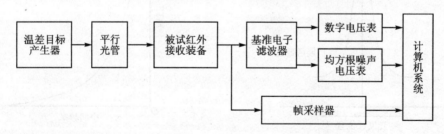

图 2.30 红外热像仪 NETD 测量原理图

同样,红外热像仪的信噪比 V_s/V_n 还有另一种基于帧采样器的测量方法,通过帧采样器对被测量红外热像仪的视频输出采样、数字化,然后传输到计算机进行数据处理与分析,可计算出其信噪比,从而计算出被测量红外热像仪的噪声等效电压 NETD。

利用这套测量装置还可计算出被测量红外热像仪的噪声等效通量密度 NEFD 及噪声等效辐照度 NEI。

2.4.6 红外热像仪最小可分辨温差测量

1. 红外热像仪最小可分辨温差计算公式

红外热像仪最小可分辨温差(MRTD)分析是根据图像特点及视觉特性,将客观信噪比修正为视在信噪比,从而得到与图案测量频率有关的极限视在信噪比下的温差值,即 MRTD。

红外热像仪接收到的目标图像信噪比$(S/N)_O$为

$$(S/N)_O = \Delta T/\text{NETD} \tag{2-4-3}$$

式中:ΔT——目标与背景的温差。

在红外热像仪的输出端,一个条带图案的信噪比$(S/N)_O$为

$$(S/N)_O = R(f)\frac{\Delta T}{\text{NETD}}\left[\frac{\Delta f_n}{\int_0^\infty s(f)\text{MTF}_e^2(f)\text{MTF}_m^2(f)df}\right] \tag{2-4-4}$$

式中:$R(f)$——红外热像仪的方波响应,即对比度传递函数;

$\text{MTF}_e(f)$——电子线路的调制传递函数;

$\text{MTF}_m(f)$——显示器的调制传递函数;

Δf_n——噪声等效带宽;

$s(f)$——视频信号值。

采用基频为f_T的条带(方波)图案时,$R(f)$应为

$$R(f) \approx \frac{4}{\pi}\text{MTF}_s(f) \tag{2-4-5}$$

当观察者观察目标时,将在 4 个方面修正显示信噪比$(S/N)_i(f)$,而得到视角信噪比。

① 眼睛感受到的目标亮度是平均值,因正弦信号半周内的平均值是幅值的$2/\pi$,则信噪比修正因子为$2/\pi$。

② 由于眼睛的时间积分效应,信号将按人眼积分时间$t_e(=0.2\text{ s})$一次独立采样积分,同时噪声按平方根叠加,因此信噪比将改善$(t_e f_p)^{1/2}$,f_p为帧频。

③ 在垂直方向,人眼将进行信号空间积分,并沿线条去除噪声的均方根值,利用垂直瞬时视场β作为噪声的相关长度,得到修正因子为

$$\left(\frac{L}{\beta}\right)^{1/2} = \left(\frac{\varepsilon}{2f_T\beta}\right)^{1/2} \tag{2-4-6}$$

式中:L——条带长(角宽度);

ε——条带长宽比($\varepsilon=L/W$),$\varepsilon=7$;

f_T——条带空间频率。

④ 对存在频率为f_T的周期矩形线条目标时,人眼的窄带空间滤波效应近似为单个线条匹配滤波器,匹配滤波函数为$\sin c(\pi f/2f_T)$。

在白噪声情况下,电路、显示器及眼睛匹配滤波器的噪声带宽$\Delta f_{\text{eye}}(f_T)$为

$$\Delta f_{\text{eye}(f_T)} = \int_0^\infty \text{MTF}_e^2(f)\text{MTF}_m^2(f)\sin c(\pi f/2f_T)df \tag{2-4-7}$$

即信噪比修正因子$\left(\frac{\Delta f_n}{\Delta f_{\text{eye}}}\right)^{1/2}$为

$$\left(\frac{\Delta f_n}{\Delta f_{eye}}\right)^{1/2} = \left[\frac{\int_0^\infty \text{MTF}_e^2(f)\text{MTF}_m^2(f)\text{d}f}{\Delta f_{eye}(f_T)}\right]^{1/2} \qquad (2-4-8)$$

把上述 4 种效应与显示信噪比结合,就得到视觉信噪比$(S/N)_v$为

$$(S/N)_v = \frac{8}{\pi^2}\text{MTF}_s(f)(t_e f_p)^{1/2}\left(\frac{\varepsilon}{2f_T\beta}\right)^{1/2}\left(\frac{\Delta f_n}{\Delta f_{eye}}\right)^{1/2}\frac{\Delta T}{\text{NETD}} \qquad (2-4-9)$$

令观察者能分辨线条的阈值视觉信噪比为$(S/N)_{DT}$,则由式(2-4-9)解出的 ΔT 就是 MRTD 表达式:

$$\text{MRTD}(f) = \frac{\pi^2}{8}\frac{\text{NETD}(2f\beta)^{1/2}(S/N)_{DT}}{(t_e f_p \varepsilon)^{1/2}\text{MTF}_s(f)}\left(\frac{\Delta f_n}{\Delta f_{eye}}\right)^{1/2} \qquad (2-4-10)$$

2. 红外热像仪 MRTD 主观测量

红外热像仪 MRTD 主观测量方法如下:

(1) 测量装置标定

标定用的仪器包括标准黑体(包括常温腔式黑体和中温腔式黑体)和辐射计。先用标准黑体对辐射计进行标定,然后用辐射计对红外热像仪 MRTD 测量装置的稳定度、均匀性和温差进行标定,并由此计算出仪器常数 ϕ。

(2) 空间频率选择

在测量红外热像仪 MRTD 时规定至少在 4 个空间频率 f_1、f_2、f_3、f_4(周每毫弧度)上进行,频率选择以能反映红外热像仪的工作要求为准。通常选择 $0.2f_0$、$0.5f_0$、$1.0f_0$、$1.2f_0$ 值,f_0 为被测量红外热像仪的特征频率的 1/2(DAS)。DAS 是红外热像仪探测器尺寸对它的物镜的张角(mrad)。

(3) 测量程序

首先把较低空间频率的标准四杆图案靶标置于准直光管焦平面上,并把温差调到高于规定值进行观察。调节红外热像仪,使靶标图像清晰成像。

降低温差,继续观察,把目标黑体温度从背景温度以下调到背景温度以上,分辨黑白图样,记录当观察到每杆靶面积的 75%和两杆靶间面积的 75%时的温差,称之为热杆(白杆)温差。继续降低温差,直到冷杆(黑杆出现),记录并判断温差,判断时以 75%的观察者能分清图像为准。

(4) 测量结果处理

上述测量中,当目标温度高于背景温度时(白杆)称为正温差 ΔT_1,目标温度低于背景温度时(黑杆)称为负温差 ΔT_2,取其绝对值的平均值,并考虑到准直光管的透射比(准直光管的 MTF 不计)及温差发生器的发射率校正,用下式计算被测量红外热像仪的 MRTD(f)值。

$$\text{MRTD}(f) = \phi\frac{|\Delta T_1|+|\Delta T_2|}{2} \qquad (2-4-11)$$

$$\Delta T_1 = T_1 - T_0, \Delta T_2 = T_2 - T_0$$

式中:ϕ——测量装置常数,与红外热像仪参数测量装置的调制传输函数 MTF、光谱透射比及温差发生器的发射率等有关;

T_0——温差发生器采用双黑体方案时,T_0 为背景黑体温度;采用单黑体方案时,T_0 为等效环境温度;

T_1——观察者能分辨出 4 杆靶条图案时的目标温度;
T_2——观察者能分辨出 4 杆黑条图案时的目标温度;
ΔT_1——观察者能分辨出 4 杆白条图案时目标与背景的最小温差 $T_1 > T_0$;
ΔT_2——观察者能分辨出 4 杆黑条图案时目标与背景的最小温差 $T_2 < T_0$。

一般情况下,对于每一种空间频率的图案都要在 3 个典型区域进行测量,求每一区域除垂直方向外,还要测量与之相对应的±45°取向的 MRTD。典型的红外热像仪 MRTD 曲线如图 2.31 所示。

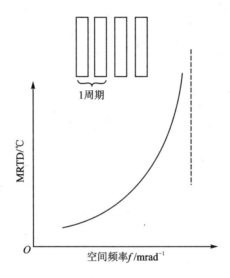

图 2.31 典型的红外热像仪 MRTD 曲线

3. MRTD 客观测量

红外热像仪 MRTD 主观测量法中,观察者响应存在分散性较大和占用时间较长等问题,近年来红外热像仪参数测量向客观即自动测量方向发展。红外热像仪 MRTD 客观测量法目前分两种,一种是对红外热像仪显示器进行测量,称为光度法;另一种是利用视频帧采集卡对红外热像仪视频信号进行测量,称为 MTF 法。

2.4.7 红外热像仪最小可探测温差测量

1. 红外热像仪最小可探测温差 MDTD 计算公式

设目标为角宽度为 W 的方形,在考虑了目标图案及视觉效应后,从对视觉信噪比作修正入手分析并推导出红外热像仪 MRTD 表达式。视觉信噪比修正具体表现在:
① 视觉平均积分作用对信号的修正;
② 人眼的时间积分效应对信噪比的修正;
③ 在垂直方向上,人眼对空间积分作用对信噪比的修正;
④ 人眼频域滤波作用对信噪比的修正。

通过修正分析得到外热像仪 MDTD 表达式为

$$\mathrm{MDTD}(f) = \sqrt{2}(S/N)_{\mathrm{DT}}\frac{\mathrm{NETD}}{I(x,y)}\left[\frac{f\beta\Delta f_{\mathrm{eye}}(f)}{t_{\mathrm{e}}f_{\mathrm{p}}\Delta f_{\mathrm{n}}}\right]^{1/2} \qquad (2-4-12)$$

2. 红外热像仪最小可探测温差 MDTD 测量方法

红外热像仪的 MDTD 测量方法与 MRTD 的测量方法相同,只是将靶标换成圆形或方形靶。对不同尺寸的靶,测出相应的 MDTD,然后作出 MDTD 与靶标尺寸的关系曲线。典型的红外热像仪 MDTD 曲线如图 2.32 所示。

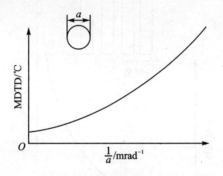

图 2.32　典型的红外热像仪 MDTD 曲线

2.4.8　红外热像仪信号传递函数测量

红外热像仪信号传递函数 SiTF 是说明目标温度变化 ΔT 与被测量红外热像仪输出(显示器亮度或输出电压)之间的一个函数。红外热像仪信号传递函数 SiTF 测量原理如图 2.33 所示。测量靶标采用圆孔靶。

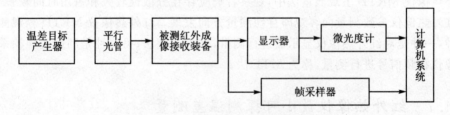

图 2.33　红外热像仪 SiTF 测量原理

在预定的温度范围内,等间隔地改变目标与背景之间的温差,记录相应的被测量红外热像仪输出视频信号的电压值或显示器上的目标亮度(由微光度计对显示器上的亮度信号采样或由视频帧采集器对视频输出信号采样),最后画出信号电压或亮度与相对应的目标与背景之间的温差关系曲线,由曲线可得到被测量红外热像仪的线性工作区域。

2.4.9 红外热像仪参数测量装置的溯源与校准

1. 差分温度传输比

在红外热像仪测试中,被测红外热像仪的输入信号是红外热像仪测试系统在其光学准直系统的出射口向被测红外热像仪提供的辐射温差(又称差分辐射温度)。被测红外热像仪的输出信号往往是视频差分电压,通过对被测红外热像仪输出信号和输入信号的运算,可以得到被测红外热像仪的多个性能参数。在具体测试计算红外热像仪技术性能参数时,测试人员首先应该理解两个温差(即差分温度),第一个温差是红外热像仪测试系统的面源黑体温度测控仪器显示温差,是面源黑体、红外靶标向红外热像仪测试系统提供的输入温差;第二个温差是红外热像仪测试系统的输出温差,即红外热像仪测试系统在其光学准直系统的出射口向被测红外热像仪提供的辐射温差。差分温度传输比定义为面源黑体温度测控仪器显示温差与红外热像仪测试系统在其光学准直系统的出射口向被测试红外热像仪提供的辐射温差之比。将红外热像仪测试系统的仪表显示温差乘以红外热像仪测试系统的传输比,就可以得到红外热像仪测试系统在其光学准直系统的出射口向被测红外热像仪提供的辐射温差。

(1) 红外热像仪的双黑体测试系统温差传输比

由两个面源黑体和高反射比靶标提供差分温度的红外热像仪双黑体测试系统如图 2.34 所示,由两个面源黑体产生的差分温度应等于反射型靶标后面的目标黑体仪表显示温度与背景黑体仪表显示温度之差,差分温度经准直光管准直后,投射到准直光管的出射口,作为被测红外热像仪的输入量,被测红外热像仪产生相应的视频差分电压信号输出 ΔV_{UUT} 为

$$\Delta V_{\text{UUT}} = G \frac{\pi A_d}{4 F_{\text{UUT}}^2} \int_{\lambda_1}^{\lambda_2} R(\lambda) [\varepsilon_T L(\lambda, T_T) - \rho_{\text{TB}}(\lambda) \varepsilon_B L(\lambda, T_B)] Tr_{\text{UUT}}(\lambda) Tr_{\text{TEST}}(\lambda) d\lambda$$

(2-4-13)

式中:G——被测红外热像仪的电子增益;

A_d——被测红外热像仪中单元探测器的光敏面面积;

F_{UUT}——被测红外热像仪的焦数;

λ_1, λ_2——被测红外热像仪的光谱响应带宽的上下限;

$R(\lambda)$——被测红外热像仪的探测器光谱响应度;

ε_T——目标黑体的有效发射率;

ε_B——背景黑体的有效发射率;

$\rho_{\text{TB}}(\lambda)$——反射式靶标的光谱反射率;

$L(\lambda, T_T)$——目标黑体的光谱辐射亮度;

$L(\lambda, T_B)$——背景黑体的光谱辐射亮度;

$Tr_{\text{UUT}}(\lambda)$——被测试红外热像仪的光谱传输比;

$Tr_{\text{TEST}}(\lambda)$——测试系统中主镜、次镜及大气的光谱传输比。

运用中值定理计算方法,在进行了数据近似处理的情况下,可将式(2-4-13)化简为

$$\Delta V_{\text{SYS}} = \text{SiTF} \cdot \phi(\varepsilon_T, \rho_{\text{TB}}, \varepsilon_B, T_{\text{TEST}}) \cdot \Delta T \qquad (2-4-14)$$

式中:SiTF——被测红外热像仪的信号传递函数;

$\phi(\varepsilon_T, \tau, \varepsilon_B, T_{TEST})$——红外热像仪测试系统温差传输比;

ΔT——辐射黑体与背景黑体的仪表显示温差。

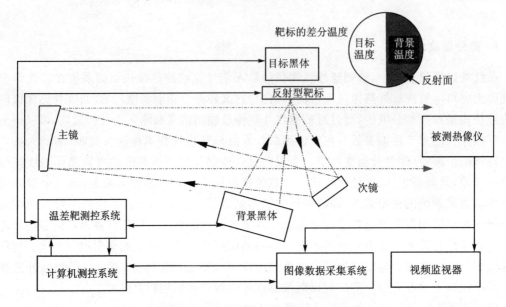

图 2.34 红外热像仪双黑体测试系统

由式(2-4-14)可知,用于红外热像仪测试的双黑体型测试系统,其差分温度传输比不能简单地通过将测试系统中的面源黑体发射率、反射式靶标的反射比、光学元件综合反射比及大气透过率简单相乘来获得;同时,对于长时间使用的测试装置,往往会出现光学元件微小移位,光学元件表面蒙灰甚至污染、氧化,面源黑体与靶标离焦等情况。因此,对于红外热像仪的双黑体型测试系统,其差分温度传输比必须经过定期的准确标定来确定。

(2) 红外热像仪的单黑体测试系统温差传输比

对于由一个面源黑体和高发射率靶标提供差分温度的红外热像仪单黑体测试系统,由面源黑体、高发射率靶标产生的差分温度辐射经准直光管投射到准直光管的出射口,作为被测红外热像仪的输入量。在将面源黑体和作为辐射背景的高发射率靶标表面近似看做 Lambert 体,并近似认为二者的有效发射率相等时,被测红外热像仪产生相应的视频差分电压信号输出 ΔV_{UUT} 为

$$\Delta V_{UUT} = G \frac{A_d}{4F_{UUT}^2} \int_{\lambda 1}^{\lambda} R(\lambda)[M_e(\lambda, T_T) - M_e(\lambda, T_B)] Tr_{UUT}(\lambda) \varepsilon Tr_{TEST}(\lambda) d(\lambda)$$

(2-4-15)

式中: G——被测试红外热像仪的电子增益;

A_d——被测试红外热像仪中单元探测器的光敏面面积;

F_{UUT}——被测试红外热像仪的焦数;

λ_1, λ_2——分别为被测试红外热像仪的光谱响应带宽的上下限;

$R(\lambda)$——被测试红外热像仪的探测器光谱响应度;

$Tr_{UUT}(\lambda)$——被测试红外热像仪的光谱传输比;

ε——面源黑体和高发射率靶标的有效发射率;

$Tr_{\text{TEST}}(\lambda)$——测试系统中主镜、次镜及大气的光谱传输比。

可将 $M(\lambda,T_T)-M(\lambda,T_B)$ 中的目标黑体 T_T 表示为 $T_T=T_B+\Delta T$,根据泰勒公式,得

$$M(\lambda,T_B+\Delta T)-M(\lambda,T_B)=\left[\frac{\partial M(\lambda,T_B)}{\partial T_B}\right]\Delta T+\left[\frac{\partial^2 M(\lambda,T_B)}{\partial^2 T_B}\right]\frac{\Delta T^2}{2}+\cdots \tag{2-4-16}$$

通过分析计算可知,对于常温温度区域,在 $8\sim14\ \mu m$ 光谱范围内,当 $\Delta T\leqslant 10\ ℃$ 时,差分辐射出射度由式(2-4-16)得到;在 $3\sim5\ \mu m$ 光谱范围内,当 $\Delta T\leqslant 5\ ℃$ 时,将式(2-4-16)的第一项之后的分项忽略后产生的误差小于 0.01%。因此,差分辐射出射度可表示为

$$M(\lambda,T_B+\Delta T)-M(\lambda,T_B)=\left[\frac{\partial M(\lambda,T_B)}{\partial T_B}\right]\Delta T \tag{2-4-17}$$

将式(2-4-16)代入式(2-4-15),化简后得

$$\Delta V_{\text{UUT}}=\text{SiTF}_{\text{UUT}}[\varepsilon Tr_{\text{TEST}}(\lambda)\cdot\Delta T] \tag{2-4-18}$$

式中,SiTF_{UUT} 为被测红外热像仪的信号传递函数,可以简写为 SiTF;

在近似的情况下,式(2-4-18)中的 $\varepsilon Tr_{\text{TEST}}\cdot\Delta T$ 被认为是准直光管出射口差分辐射温度,等于红外热像仪测试系统的仪表显示温差值 ΔT 乘以 $\varepsilon Tr_{\text{TEST}}$。$\varepsilon Tr_{\text{TEST}}$ 被近似认为是红外热像仪测试系统的差分温度传输比(即红外热像仪测试系统的仪器常数)。

式(2-4-18)是在比较理想情况下近似得到的结果,这时可认为红外热像仪测试系统的光机结构已经调试到理想状态,如靶标、面源黑体均已准确调试到主镜的焦面上,背景黑体以最适合角度入射到准直光管的主镜上,次镜空间位置已完全调整到位,面源黑体和靶标的发射率不变,光学元件反射比保持不变等。但长期处于工作状态的红外热像仪测试系统,往往并不是处于理想工作状态。如果我们在计算红外热像仪测试系统的传输比时按照理想状况近似,以式(2-4-18)来计算红外热像仪测试系统的差分温度传输比,则会出现较大的误差。例如,许多差分温度传输比的标称值为 0.95 以上的红外热像仪测试系统,其真实的差分温度传输比一般都低于此值,并且在长期使用后,红外热像仪测试系统的差分温度传输比往往低于 0.90。因此,由一个面源黑体和高发射率靶标提供差分温度的红外热像仪单黑体测试系统,其差分温度传输比同样需经过实际测量来得到,并在长期使用过程中做定期的校准。

2. 传输比对红外热像仪参数测量的影响

如果红外热像仪测试系统的差分温度传输比不能准确测量或者测量到的误差较大,那么这个误差将会进一步影响到被测红外热像仪参数测试的准确度,使得被测红外热像仪的信号传递函数 SiTF、最小可分辨温差 MRTD、最小可探测温差 MDTD 等参数测试结果出现较大误差。

(1) 传输比对 SiTF 测试的影响

红外热像仪的空间噪声等效温差、时域噪声等效温差、3D 噪声等往往是通过首先测出被测红外热像仪的 SiTF,再将 SiTF 应用于下一步的测试数据分析后,计算得到的。因此,红外热像仪测试系统的传输比影响空间噪声等效温差、时域噪声等效温差、3D 噪声等参数的测试结果。

在实际测量被测红外热像仪的信号传递函数 SiTF 时,国际上普遍用到的通用计算模型公式为

$$\text{SiTF}=\frac{\Delta U_{\text{UUT}}}{\phi\cdot\Delta T} \tag{2-4-19}$$

式中：ΔU_{UUT}——被测红外热像仪的视频差分电压；

ϕ——红外热像仪测试系统的仪器常数或传输比；

ΔT——红外热像仪测试系统向被测红外热像仪提供的物理温差，即面源黑体温度测控仪器显示的差分温度值。

式(2-4-19)中的 $\phi \cdot \Delta T$ 为被测红外热像仪在测试装置的出射口得到的实际辐射温差。

(2) 传输比对 MRTD 测试的影响

在测试红外热像仪的 MRTD 时，应该在 4 个以上的空间频率上进行，以能较全面地反映红外热像仪在不同空间频率下对温差的最小分辨能力。首先选用较低空间频率的标准 4 杆靶标，将其置于红外热像仪测试系统中准直光管的焦面上，并把红外热像仪测试系统中的差分温度(即温差)调节到正的较大值进行观察，调节被测红外热像仪和红外热像仪显示器的亮度、对比度等，并使观察者以最佳观察距离和角度来观察被测红外热像仪显示器上所显示的标准 4 杆靶标图像。降低差分温度，继续观察图像，会出现黑白图像由清晰到模糊临界状态，继续降低差分温度，又会出现黑白图像由模糊到清晰的过程，分别记录两次出现的图像临界状态时的温差值。换用其他空间频率标准 4 杆图像靶标，重复测试步骤。差分温度降低过程中，将第一次出现图像临界状态时的差分温度设为 ΔT_1，第二次出现图像临界状态时的差分温度设为 ΔT_2。一般情况下，$\Delta T_1 > 0$(此时称为正温差)，一般教科书中将此值称为热杆温差或白杆温差；$\Delta T_2 < 0$(此时称为正温差)，一般教科书中将此值称为冷杆温差或黑杆温差。

由一个面源黑体和高发射率靶标提供差分温度的红外热像仪测试系统中，面源黑体的温度为目标温度，可随意改变，高发射率靶标的温度等于环境温度，不可控，此时的差分温度等于面源黑体的温度减去高发射率靶标的温度。

由两个面源黑体和高反射比靶标来提供差分温度的红外热像仪测试系统中，作为目标黑体的面源黑体的温度为目标温度，用做背景黑体的面源黑体的温度为背景温度，目标温度、背景温度及差分温度均可精确控制和准确复现。

计算被测红外热像仪在某一空间频率下 f 的最小可分辨温差 $\text{MRTD}(f)$ 公式如下：

$$\text{MRTD}(f) = \frac{|\Delta T_1| + |\Delta T_2|}{2} \cdot \phi \qquad (2-4-20)$$

式中：ϕ——红外热像仪测试系统的仪器常数或传输比。

最小可分辨温差是空间频率的函数，其曲线是一条渐近线，它包含了观察者的视觉阈值，实际上衡量的是由红外热像仪、红外热像仪显示器及观察者组成的系统对远距离红外目标的分辨能力的性能指标。换用一组针孔型靶标，按照以上类似的方法测量出红外热像仪在不同空间角度下的最小可探测温差，用类似于式(2-4-20)的公式计算出 MRTD。

由以上对红外热像仪信号传递函数 SiTF、最小可分辨温差 MRTD 及最小可探测温差 MDTD 的分析可知，红外热像仪测试系统的仪器常数或传输比 ϕ 在红外热像仪参数测试中的重要性。

3. 红外热像仪测试系统的校准

红外热像仪测试系统的差分温度传输比是通过专用的红外测温扫描辐射计准确测量得到的。红外测温扫描辐射计结构示意如图 2.35 所示。红外测温扫描辐射计主要包括：用于 3～5 μm 波段的硅材料透镜和用于 8～14 μm 波段的锗材料透镜；精密验证黑体；验证黑体进入光路用反射镜;具有反射面的高稳定度斩波器;滤光片组;平面反射镜;视场光阑;高精度参考黑体;用于 3~5 μm 波段的 CdHgTe 或 InSb 探测器;用于 8~14 μm 波段的 CdHgTe 探测器;前置放大器及锁相放大或选频放大电子单元;校准红外测温扫描辐射计数据库及相关软件;校准红外热像仪测试系统传输软件;一维与二维可编程精密扫描单元。

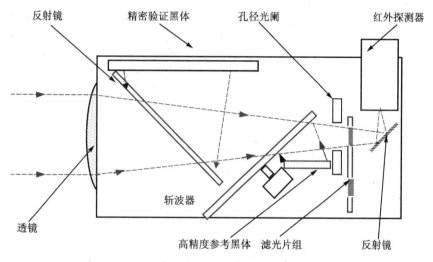

图 2.35 红外测温扫描辐射计示意图

其中,高精度参考黑体为红外测温扫描辐射计提供稳定、准确的参考辐射,为准确测量红外热像仪测试系统出口处的输出差分辐射温度或差分辐射量等提供辐射基准。红外测温扫描辐射计中的精密验证黑体下方的平面反射镜进入光路时,可以利用精密验证黑体来验证红外测温扫描辐射计是否处于正常工作状态。滤光片组是具有 3~5 μm、8~14 μm、某些特定的带通、某些特定波长的红外滤光片,与聚焦透镜、红外探测器配合测量红外热像仪参数测试系统不同红外波段的传输比。测量红外热像仪参数测试系统的差分温度传输比前,首先将辐射口径大于红外测温扫描辐射计入射口径、发射率可达 0.992 以上、温度准确度优于 0.025 ℃、温度稳定性高的常温面源黑体放置于红外测温扫描辐射计入射口之前,用来校准红外测温扫描辐射计,建立起红外测温扫描辐射计在不同增益和不同红外波段下的响应数据库;然后用校准后的红外测温扫描辐射计,通过预设编程的空间扫描来测量红外热像仪参数测试系统的出口处的输出差分辐射温度;最后通过大冗余量的数据,准确拟合出红外热像仪参数测试系统在不同红外波段的传输比。

4. 红外热像仪参数测试量值溯源体系

在红外计量领域,通过红外测温扫描辐射计可以准确测量各种红外热像仪测试系统的传输比,实现红外热像仪测试系统的定期校准,并进一步实现红外热像仪参数的量值溯源。以下辐射量值标准溯源方案的提出,可建立起科学合理的红外热像仪参数测试量值传递技术路线。

首先,利用 −30~75 ℃ 面源黑体辐射特性校准装置实现常温面源黑体的校准。通过 −30~75 ℃ 面源黑体辐射特性校准装置完成常温面源黑体与常温金属凝固点黑体的辐射量值比对,实现常温面源黑体发射率的准确校准,实现常温面源黑体的量值溯源。然后,通过用校准过的常温面源黑体实现红外测温扫描辐射计的校准,通过校准后的红外测温扫描辐射计实现红外热像仪测试系统的差分温度传输比的校准。因此,通过图 2.36 所示的红外热像仪参数测试量值溯源技术方案,可科学合理地实现红外热像仪参数测试的量值溯源。

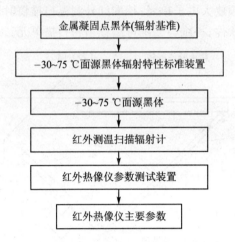

图 2.36　红外热像仪参数测试量值溯源图

2.5　材料发射率测量

2.5.1　材料发射率测量概述

1. 材料的发射率

材料发射率是表征材料表面红外辐射特性的物理量。根据普朗克定律,只要物体高于绝对零度就会不断向外界以电磁波的形式辐射能量。物体的辐射能力与物体绝对温度的 4 次方和物体表面材料的发射率的乘积成正比。发射率定义为材料表面单位面积的辐射通量和同一温度相同条件下黑体的辐射通量之比,用符号 ε 表示。理想黑体的发射率是 1,所以材料的发射率是一个小于 1 的正数,通常与辐射的波长和辐射的方向及材料表面物理特性有关。

由于物体的辐射能力与温度有关,从使用和测试的温度区域划分,材料的发射率一般可分为常温($-60\ ℃ < T \leqslant 80\ ℃$)材料发射率、中温($80\ ℃ \leqslant T \leqslant 1000\ ℃$)材料发射率和高温($T > 1000\ ℃$)材料发射率。

从辐射方向划分,发射率可分为半球发射率和法向发射率。如再从光谱域划分,又可分为积分发射率和光谱发射率。

实际应用中,大多使用半球积分发射率和法向光谱发射率。半球积分发射率和法向光谱发射率的测试方法不同,前者多用量热法,后者用辐射测量法。这两种方法均属于直接测量法。

2. 发射率测量的意义

在现代战争中,为提高战场生存能力,与红外侦察、红外制导技术相对抗的红外隐身技术正迅速发展并成为一项重要的军事高新技术。而红外隐身的关键问题之一是红外隐身材料，亦称红外伪装材料的研究和使用。红外隐身材料可控制武器系统的红外辐射，降低与环境的对比度，使军用飞机、导弹、舰船、车辆蒙皮的辐射特性与周围背景接近。红外隐身材料可改变武器系统的红外辐射波段，使武器系统的红外辐射避开大气窗口而在大气中被吸收或散失掉，从而实现红外隐身。到 20 世纪末，隐身飞机、隐身舰船已相继亮相，除采用雷达隐身措施外，还采取了红外隐身措施。同样，全方位的地面军事目标红外隐身也是发展的必然。现在，西方国家从战略的角度出发，投入大量经费致力于红外/可见光/雷达、红外/雷达/激光雷达等多功能隐身材料的研究，研究中需要解决的最关键的技术之一就是飞机、导弹、舰船、坦克战车等蒙皮材料的红外辐射特性，包括材料半球积分发射率、法向光谱发射率和法向积分发射率的测试技术问题。

据科技情报检索，从 20 世纪 80 年代开始西方各国对材料红外辐射特性测试技术实施了严格的保密措施，关于红外隐身材料的发射率测量技术及测量技术性能均不予详细报道。据不完全统计，到目前为止，国际上红外隐身材料的发射率测量不确定度在 2%～10%。在我国，也有一些部门从自身行业需要出发，在不同时期研制过材料发射率测量装置。

另外，在宇航飞行器的外壳、核动力装置、露天化工材料储库的温度控制和热工设计中，以及 20 世纪 90 年代迅速发展并达到普及应用的太阳能集热装置的研究中，同样要研究材料的红外特性测试问题。

在空间红外遥感中，材料的光谱发射率量值为从卫星和飞船上探测矿物组成及其分布，提供了丰富的信息和有价值的依据。

因此，建立材料红外辐射特性标准装置同样可以在国民经济许多方面发挥潜在的经济效益。

2.5.2 半球积分发射率测量

当我们研究辐射热传递和热损耗时，最关心的是材料表面的半球发射率，对材料半球积分发射率的测量分二种：辐射测量方法，如通过测量材料的反射率从而求得发射率；量热法，又具体分为辐射热平衡方法和温度衰减方法。其中辐射热平衡法被广泛采用，并且测量准确。

1. 辐射热平衡法测量材料半球积分发射率

辐射热平衡法测量材料发射率积分发射率根据材料样品的形状分为热丝法测量材料半球的发射率和材料圆柱样品的特征温度分布法测量材料半球积分发射率两种。

（1）基本原理

这里主要介绍第一种方法即热丝法测量材料半球积分发射率，这种方法的基本原理和装置如图 2.37 所示。待测半球积分发射率的材料样品截面多为长窄带状，给该样品通电加热，并保持输入电功率稳定，直到样品与周围真空室达到热平衡。由于材料样品处于真空环境中，样品本身由于热传导和对流引起的热损耗基本上可以被忽略。在达到热平衡的条件下，材料样品中部区域基本上无温度梯度，而且，输入至材料样品的稳定的电功率几乎全部以辐射的形式散失掉。

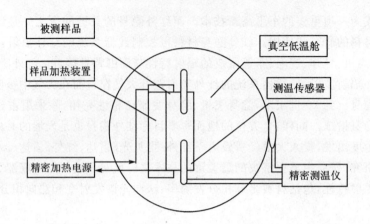

图 2.37 辐射热平衡法测量材料半球积分发射率示意图

(2) 公　式

为得到辐射热平衡法测量半球积分发射率公式,需推导材料样品的热平衡方程。首先分析外界输入至材料样品的功率,包括:

① 输入的稳定电功率 IV。

② 真空室内壁发射并被材料样品吸收的辐射功率 $A\varepsilon_2\alpha\delta T_2^4$,其中 A 和 α 分别是材料样品的表面积和吸收比,ε_2 和 T_2 为真空室内壁的发射率和温度。由于温度均匀的密闭真空室内壁的辐射就是黑体辐射,因此,可认为 $\varepsilon_2=1$。

③ 材料样品本身的辐射经真空室内壁反射又回到材料样品后,也可被材料样品吸收,但这一项可忽略不计。

样品的总输入功率 P_1 为

$$P_1 = IV + A\alpha\delta T_2^4 \qquad (2-5-1)$$

其次分析材料样品的输出功率,主要包括:

① 样品的热辐射 $A\varepsilon_h\delta T_1^4$,其中 ε_h 和 T_1 分别是半球积分发射率和平衡温度。

② 材料样品两端及测温传感器传导消耗的功率 $2k\alpha\Delta T/\Delta x$,其中,$k$ 是金属热导率,α 是材料样品吸收比,$\Delta T/\Delta x$ 是温度梯度。可以证明,样品两端和测温传感器的传导热损耗可忽略。

③ 真空室内残留气体的热传导和对流引起的热损耗,也可忽略不计。

综上所述,在辐射热平衡条件下,样品的输入和输出功率必须相等,即

$$IV + A\alpha\delta T_2^4 = A\varepsilon_h\delta T_1^4 \qquad (2-5-2)$$

在材料样品的吸收率 α 等于其半球积分发射率 ε_h 时,得半球发射率 ε_h 为

$$\varepsilon_h = \frac{IV}{\delta A(T_1^4 - T_2^4)} \qquad (2-5-3)$$

(3) 注意事项

① 辐射热平衡法测量材料样品发射率的误差主要取决于样品与真空室内壁的相对温度及其测量误差。

② 如果材料样品是导电材料,则把样品做成上述横截面均匀的长窄带状,直接导电加热;如果被测样品是电介质材料,则可将薄片状样品绕着圆柱形加热元件缠起来,或把平板状样品

以良好的热接触与半板加热器粘合起来,并在背面与侧面用保护性材料包围加热器,使辐射限制在材料样品的前表面。也可将样品材料制成品喷涂在加热器上测量。

2. 温度衰减法测量材料发射率

由于辐射热平衡方法测量发射率时,必须使材料样品与真空室达成热平衡状态,所需测量时间一般比较长。为缩短测量时间,可在非稳态下测量,即温度衰减法。把一个表面积较大而质量很小的样品悬挂在具有冷却内壁的真空室内,并加温至显著高于真空室内壁温度。停止加热后,测量材料样品的冷却速度。从冷却速率和可知的材料样品表面积、质量和比热,计算出辐射热损耗速率,从而求出材料的半球积分发射率。其中的加热方法可选用光照加热或线围加热器加热等。

以光照加热样品时,若忽略真空内壁辐射对样品的影响,则此球的能量平衡方程是:

$$2A\varepsilon_h \delta T^4 + mC_P \frac{dT}{dt} = A\alpha E \tag{2-5-4}$$

式中:A——薄样品的单侧截面积;

ε_h——材料发射率;

m——样品的质量;

C_P——材料样品的比热;

dT/dt——样品温度随时间上升率;

E——入射光辐照度。

待样品有足够的温升后,停止光照并使材料样品冷却,则能量平衡方程为

$$3A\varepsilon_n \delta T^4 = mC_P \frac{dT}{dt} \tag{2-5-5}$$

一般可认为材料样品的比热 C_P 与温度无关,式(2-5-5)两边对时间积分,得

$$\int_{t_1}^{t_2} 2A\varepsilon_n \delta \cdot dt = mC_P \cdot \int_{T_2}^{T_2} \frac{dT}{T^4}$$

$$\varepsilon_n = \frac{mC_P}{6A\delta(t_2 - t_1)} \left(\frac{1}{T_1^3} - \frac{1}{T_2^3} \right) \tag{2-5-6}$$

式中,T_1 和 T_2 分别为开始降温时刻 t_1 和停止降温时刻 t_2 材料样品的温度。

2.5.3 法向光谱发射率测量

材料法向光谱发射率测量采用同一温度下被测样品与黑体进行辐射度比较的方法,分为单光路法和双光路法两种。

1. 单光路法

单光路替代法测试系统如图2.38所示。图中P为水冷光阑。先将黑体炉 B_1 与样品炉 B_2 控制在同一温度 T。转动导轨L,分别让黑体炉 B_1 和样品炉 B_2(其内装有待测样品S)的辐射功率经调制盘C调制后,投射到单色仪 S_P 的入射狭缝上,由单色仪分光后,经出射狭缝投射到无光谱选择性的探测器D上。其输出信号经选频放大器放大后由毫伏表M记读。由于前后两次测量条件相同,即样品的辐射和比较用的黑体辐射途经一光路,视场角相等,具有相同

的光程和衰减。因此,有:

$$V_{\lambda_s} = R_\lambda M_{\lambda_s} = R_\lambda \varepsilon(\lambda,T)\sigma T^4 \quad (2-5-7)$$

$$V_{\lambda_b} = R_\lambda M_{\lambda_b} = R_\lambda \varepsilon_b \sigma T^4 \quad (2-5-8)$$

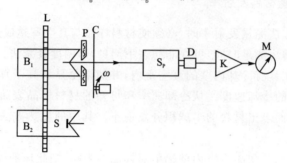

图 2.38 单光路测法向光谱发射率示意图

式中:R_λ——测试系统的光谱辐射功率响应度;

$V_{\lambda_s}, V_{\lambda_b}$——待测样品 S 和黑体 B_1 的输出信号电压;

$M_{\lambda_s}, M_{\lambda_b}$——待测样品 S 和黑体 B_1 的辐射功率密度。

将式(2-5-7)与式(2-5-8)相除,得

$$\varepsilon(\lambda,T) = \frac{V_{\lambda_s}}{V_{\lambda_b}}\varepsilon_b \quad (2-5-9)$$

式中:ε_b——黑体 B_1 的发射率,是已知量。

单光路法的主要优点是系统简单,调节方便,但由于前后两次交替的测量时间间隔相对较长,因而,电子系统的漂移,环境不稳定等因素将带来测量误差。为了克服单光路的这一缺点,可把商品红外分光光度计改装成双光路的测试系统,测量精度较高,但价格昂贵。下面介绍的工业用数字显示双光路红外发射率测试仪,兼有操作方便,成本低廉之优点。

2. 双光路法

双光路测量系统框图如图 2.39 所示。由参考黑体 b 辐射的光信号 I_b 经球面反射镜 R_b 和平面镜 R 反射,然后透过调制盘,聚焦于单色仪的入射狭缝处。另一方面,由样品 S 辐射的信号 I_s,经球面反射镜 R_s,及调制盘 C 上的反射镜反射,同样聚焦于单色仪入射狭缝处。于是,在单色仪入射狭缝处的光信号即为空间上一路,时间上则是参考信号与样品信号交替脉冲。这个脉冲信号,经一定放大后,送入选通电路,由选通脉冲选出参考信号与样品信号,然后在各自相应通道放大处理,最后同时送至除法器相除,用以比较样品的辐射与参考黑体的辐射。由于被测样品的发射率 $\varepsilon(\lambda,T) = \varepsilon_b \frac{V_{\lambda_s}}{V_{\lambda_b}}$,则可以直接显示某波长处该材料法向光谱发射率之值。或扫描绘制 $\varepsilon(\lambda,T)$ 与 λ 的曲线。

单光路法和双光路法两种测量,样品均固定不动,其缺点是样品上存在较大温度梯度,为了克服样品的温度不均匀性,可用旋转样品加热法。

3. 误差分析

比较法测量样品的发射率,必须使样品和黑体温度相同。否则,由于样品和黑体的温度不

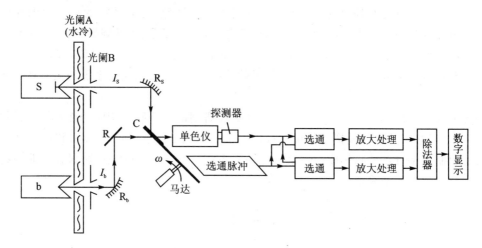

图 2.39 双光路法测法向发射率框图

相同,所引起的误差与两者的温差大小、波长和实验温度有关。在波长为 λ,温度为 T 和不确定的温差 $\mathrm{d}T$ 时,实际光谱发射率为 $\varepsilon(\lambda,T)$ 的样品将变为 $\varepsilon'(\lambda,T)$。$\varepsilon(\lambda,T)$ 和 $\varepsilon'(\lambda,T)$ 的关系为

$$\varepsilon'(\lambda,T) = \frac{M_s(\lambda,T)}{M_B(\lambda,T+\mathrm{d}T)} = \frac{\varepsilon(\lambda,T)M_B(\lambda,T)}{M_B(\lambda,T)+\mathrm{d}M_B(\lambda,T)} = $$

$$\frac{\varepsilon(\lambda,T)}{1+\dfrac{\mathrm{d}M_B(\lambda,T)}{M_B(\lambda,T)}} = \varepsilon(\lambda,T)\frac{1}{1+F\dfrac{\mathrm{d}T}{T}} \tag{2-5-10}$$

$$\varepsilon(\lambda,T) = \varepsilon'(\lambda,T)\left[1+F(\lambda,T)\frac{\mathrm{d}T}{T}\right] \tag{2-5-11}$$

式中因子 $F(\lambda,T)$ 可由黑体的光谱辐射出射度式(2-2-2)导出。对该式求微分,得

$$\mathrm{d}M_B(\lambda,T) = c_1\lambda^{-5}(\mathrm{e}^{c_2/\lambda T}-1)^{-2}\mathrm{e}^{c_2/\lambda T}\frac{c_2\mathrm{d}T}{\lambda T \cdot T}$$

即

$$\frac{\mathrm{d}M_B(\lambda,T)}{M_B(\lambda,T)} = \frac{\mathrm{e}^{c_2/\lambda T}\cdot\dfrac{c_2}{\lambda T}}{\mathrm{e}^{c_2/\lambda T}-1}\cdot\frac{\mathrm{d}T}{T}$$

得:

$$F(\lambda,T) = \frac{\mathrm{e}^{c_2/\lambda T}\cdot\dfrac{c_2}{\lambda T}}{\mathrm{e}^{c_2/\lambda T}-1} \tag{2-5-12}$$

从 $F(\lambda,T)\dfrac{\mathrm{d}T}{T}$ 可估算出比较法测量材料法向发射率的不确定度。

2.6 红外目标模拟器校准

在红外目标模拟器中,以黑体为源的红外辐射经入射光阑后,由准直物镜形成准直的红外辐射,模拟无穷远处的红外目标,对红外导引系统、红外遥感和遥测系统的性能进行测试和定标。

红外目标模拟器是红外寻的弹头及星载和机载红外遥感、遥测系统的主要检测和校准设备。在红外寻的弹头实验中,利用红外目标模拟器模拟运动且距离可调的目标源,用来检测导弹红外寻的系统的灵敏度、捕获概率、调制特性和跟踪特性等性能。可以说,红外目标模拟器的准确度和性能稳定性,将直接关系到红外寻的系统、红外遥感及遥测系统的主要技术指标和性能。

国外尤其是美国等西方国家的计量部门和武器研制部门研制了相应的红外目标模拟器校准装置,用于建立红外目标模拟器的统一量传标准。国内,兵器工业、航天和航空等部门中各单位自行研制出多种红外目标模拟器及红外仿真系统。针对这些系统国防科技工业系统建立了红外目标模拟器校准系统。

2.6.1 红外目标模拟器校准概述

红外目标模拟器能提供准确已知的(光谱)辐照度值,是红外系统工程技术人员经常使用的最重要的测试装置之一。一般的校准方法是直接测量红外目标模拟器的关键技术参数,如实际光谱辐照度分布、积分辐照度、辐照度均匀性及辐射出射平行度等。

采用被校准红外目标模拟器和红外标准准直辐射源实时比对的方法,测量出被校准红外目标模拟器的光谱辐照度,进而计算出积分辐照度值,实现被校准红外目标模拟器的校准。

2.6.2 红外目标模拟器校准装置

红外目标模拟器校准装置由红外标准准直辐射源、转台平面反射镜和红外光谱辐射计组成,红外目标模拟器校准装置工作原理如图 2.40 所示。转台平面反射镜将被校准红外目标模拟器的辐射与红外标准准直辐射源的辐射交替地送入红外光谱辐射计进行测量,红外光谱辐射计输出经精密锁相放大器放大后送入计算机,计算出被校准红外目标模拟器的光谱辐照度分布和积分辐照度值。由于采取了实时比对的方法,避免了对红外光谱辐射计光谱响应度等参数进行的多项复杂测试,大气吸收、大气散射、温度扰动等环境影响和时间漂移的影响也减少到最低限度。

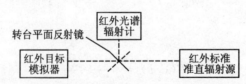

图 2.40 红外目标模拟器校准系统工作原理图

红外标准准直辐射源提供已知的红外标准准直辐射,其结构如图 2.41 所示。变温标准黑体 3 和可见光光源 2 置于精密平移滑台 1 上,分别对准红外标准准直辐射源的入射光阑 4。可见光源 2 用于系统光路调整;变温标准黑体 3 的辐射经入射光阑 4 和平面反射镜 5 后,由离轴抛物面镜 6 进行准直。

校准装置中各部分主要参数如下:

① 变温标准黑体:工作温度范围为 50~1 000 ℃,发射率为 0.999±0.001;

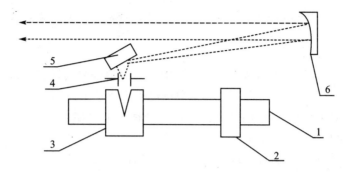

1—精密平移滑台；2—可见光光源；3—变温标准黑体；4—入射光阑；5—平面反射镜；6—离轴抛物面镜。

图 2.41 红外标准准直辐射源结构图

② 精密平移滑台：定位不确定度为 0.02 mm；
③ 离轴抛物面镜：通光口径为 $\varphi 300$ mm，焦距为 2 000 mm，面形误差小于 $\lambda/4(\lambda=632.8$ nm)；
④ 红外标准准直辐射源入射光阑：孔径范围 0.5～20 mm。

转台平面反射镜由计算机控制的步进电机驱动，可以交替地将红外标准准直辐射源的辐射和红外目标模拟器的辐射折向红外光谱辐射计。

红外光谱辐射计通过转台平面反射镜，分别接收红外标准准直辐射源和被校准红外目标模拟器的辐射，将辐射功率转变为电信号。红外光谱辐射计的工作原理如图 2.42 所示。红外光谱辐射计入射光阑 1 的口径范围为 $\varphi 60\sim\varphi 140$ mm，采用圆形渐变滤光片 7 分光，光谱范围为 1～14 μm。准直的入射光通过红外光谱辐射计入射光阑 1 后，由抛物面反射镜 3 会聚，楔形反射镜将会聚光偏转后通过斩波器调制和圆形渐变滤光片 7 分光，被红外探测器 9 接收。

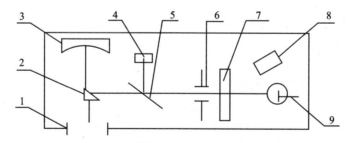

1—入射光阑；2—楔形反射镜；3—抛物面反射镜；4—内黑体；5—斩波器；
6—视场光阑盘；7—圆形渐变滤光片；8—CCD 摄像机；9—红外探测器。

图 2.42 红外光谱辐射计工作原理图

视场光阑盘 6 上有通孔和十字分划板（图中未示出），十字分划板配合 CCD 摄像机 8，在光路调节时使用。

2.6.3 红外目标模拟器校准数学模型

对红外光谱辐射计中探测器而言，从探测器输出的信号，是被测量的红外光谱辐射通量产生的输出信号与保持恒定的参考黑体光谱辐射产生的输出信号之差。红外标准准直辐射源光谱辐射对应的红外光谱辐射计输出为

$$V_\mathrm{b}(\lambda) = \iiint_{\lambda\,\Omega_\mathrm{b}\,A} R_\Phi [L_\mathrm{b}(\lambda,T_\mathrm{b}) + L_\mathrm{B}(\lambda,T_\mathrm{B})] T_\mathrm{ATM1}(\lambda) \rho_\mathrm{b}(\lambda) T_\mathrm{ATM2}(\lambda) T_\mathrm{SYS}(\lambda) \mathrm{d}A \mathrm{d}\Omega \mathrm{d}\lambda - C$$

$$(2-6-1)$$

式中：$T_\mathrm{ATM1}(\lambda)$——红外标准准直辐射源中大气对红外光谱辐射的透射比；

$\rho_\mathrm{b}(\lambda)$——红外标准准直辐射源中反射镜总的红外光谱反射比；

$T_\mathrm{ATM2}(\lambda)$——对于红外标准准直辐射源，从红外标准准直辐射源出射口到红外光谱辐射计，大气对红外光谱辐射的透射比；

$T_\mathrm{SYS}(\lambda)$——红外光谱辐射计对红外光谱辐射总的传输比；

V_bb——对应于红外标准准直辐射源，背景辐射产生的红外光谱辐射计的输出信号；

Ω_b——红外标准准直辐射源的黑体入射光阑所成的立体角；

R_Φ——红外探测器的光谱通量响应度；

C——红外光谱辐射计中内黑体辐射在探测器上产生的信号。

式(2-6-1)指出，红外光谱辐射计的输出信号 $V_\mathrm{b}(\lambda)$ 是在 CVF 滤光片的滤光窄带宽度 $\Delta\lambda$ 内，经红外光谱辐射入射光阑 A 入射在探测器视场内的所有红外光谱辐射通量产生的。

可采取以下近似，使式(2-6-1)简化为式(2-6-2)：

① 在黑体光阑对应的视场内，探测器的光谱响应度不随视场角变化；

② 在测量时间内，位于探测器的视场中的黑体入射光阑周围的背景辐射保持恒定；

③ 相对于红外光谱辐射计入射光阑，探测器的光谱响应度保持恒定；

④ 红外滤光片的滤光带宽很窄，并且在滤光带宽范围内，探测器的光谱响应度保持恒定。

⑤ 在入射光阑范围内，通过红外光谱辐射计入射光阑的红外光谱辐射通量在空间上分布均匀。

$$V_\mathrm{b}(\lambda) = R_E E_\mathrm{b}(\lambda,T_\mathrm{b}) T_\mathrm{ATM1}(\lambda) T_\mathrm{ATM2}(\lambda) \rho_\mathrm{b}(\lambda) T_\mathrm{SYS}(\lambda) + V_\mathrm{bB}(\lambda) \qquad (2-6-2)$$

式中：R_E——红外光谱辐射计中红外探测器的光谱辐照度响应度；

$E_\mathrm{b}(\lambda,T_\mathrm{b})$——红外标准准直辐射源的光谱辐照度。

被校准红外目标模拟器对应的红外光谱辐射计输出信号为

$$V_\mathrm{w}(\lambda) = R'_E E_\mathrm{w}(\lambda,T_\mathrm{w}) T'_\mathrm{ATM1}(\lambda) T'_\mathrm{ATM2}(\lambda) \rho_\mathrm{w}(\lambda) T_\mathrm{SYS}(\lambda) + V_\mathrm{wB} \qquad (2-6-3)$$

式中：$V_\mathrm{w}(\lambda)$——被校准红外目标模拟器对应的红外光谱辐射计输出信号；

$E_\mathrm{w}(\lambda,T_\mathrm{w})$——被校准红外目标模拟器的光谱辐照度；

$T'_\mathrm{ATM1}(\lambda)$——被校准红外目标模拟器中，大气对红外辐射的透射比；

$\rho_\mathrm{w}(\lambda)$——被校准红外目标模拟器中反射镜总的红外光谱反射比；

$T'_\mathrm{ATM2}(\lambda)$——被校准红外目标模拟器中，从被校准红外目标模拟器出射口到红外光谱辐射计，大气对红外辐射的透射比；

V_wB——对应于被校准红外目标模拟器，背景辐射产生的红外光谱辐射计输出信号。

取红外光谱辐射计入射光阑口径不仅小于被校准红外目标模拟器的出射口径，也小于红外标准准直辐射源出射口径。无论对红外标准准直辐射源，还是对被校准红外目标模拟器，探测器对红外光谱辐照度的响应度相同；红外光谱辐射计中的内部黑体产生的参考信号 C 保持不变；而且红外光谱辐射计对红外标准准直辐射源和被校准红外目标模拟器光谱辐射的传输比 T_SYS 相同。通过一系列的距离调整，如调整被校准红外目标模拟器到红外光谱辐射计的距离，使之等于红外标准准直辐射源到红外光谱辐射计的距离，可实现：

$$T'_{\text{ATM1}}(\lambda)T'_{\text{ATM2}}(\lambda) = T_{\text{ATM1}}(\lambda)T_{\text{ATM2}}(\lambda)$$

将式(2-6-2)和式(2-6-3)变形,然后两式相比,得

$$\rho_w(\lambda)E_w(\lambda,T_w) = \frac{V_w(\lambda)-V_{wB}}{V_b(\lambda)-V_{bB}}\rho_b(\lambda)E_b(\lambda,T_b)$$

将被校准红外目标模拟器的实际光谱辐照度 $\rho_w(\lambda)E_w(\lambda,T_w)$ 记为 $E_w(\lambda)$,红外标准准直辐射源的实际光谱辐照度 $\rho_b(\lambda)E_b(\lambda,T_b)$ 记为 $E_b(\lambda)$,则有:

$$E_w(\lambda) = \frac{V_w(\lambda)-V_{wB}}{V_b(\lambda)-V_{bB}}E_b(\lambda) \tag{2-6-4}$$

红外标准准直辐射源的实际光谱辐照度 $E_b(\lambda)$ 为

$$E_b(\lambda) = \varepsilon_b(\lambda)\rho_b(\lambda)c_1\lambda^{-5}\left[\exp\left(\frac{c_2}{\lambda T_b}\right)-1\right]^{-1}\left(\frac{r_b}{f_b}\right)^2 \tag{2-6-5}$$

式中:$E_b(\lambda)$——红外标准准直辐射源光谱辐照度,单位为 $W \cdot cm^{-2} \cdot \mu m^{-1}$;

λ——红外标准准直辐射源采样波长值,单位为 μm;

T_b——变温标准黑体温度,单位为 K;

$\varepsilon_b(\lambda)$——变温标准黑体的有效发射率;

r_b——红外标准准直辐射源入射光阑半径,单位为 mm;

f_b——红外标准准直辐射源中离轴抛物面镜的焦距,单位为 mm;

c_1——第一辐射常数;

c_2——第二辐射常数。

由式(2-6-3)和式(2-6-4)可以看出,采用实时比对的红外目标模拟器校准数学公式具有以下特点:

① 实际上最终测量出的是红外目标模拟器实际的光谱辐照度,其中包括黑体的光谱发射率、黑体的光谱辐射出射度、黑体的入射光阑立体角、光学镜的光谱反射率等一系列综合技术指标。通过这一系列综合技术指标,实现被校准红外目标模拟器的快速、准确的校准。

② 在数学模型中,最终没有出现探测器的光谱响应度,从而避免了繁杂的光谱响应度测量及校正、光谱响应度曲线拟合、光谱响应度插值等,提高了校准准确度。

③ 通过相应的测量距离调整,校准数学模型有效降低了大气中的水、CO_2 等在一些波长的强吸收带对光谱辐照度测量的严重影响。

2.6.4 红外目标模拟器校准方法

1. 校准环境条件

① 实验室内温度为 (20 ± 5) ℃;

② 相对湿度不大于 80%;

③ 工作环境无有害和污染性气体。

2. 外观及工作正常性检查

用目视观察和手动实验的方法检查,红外目标模拟器应符合如下规定:

① 应标明制造厂名(或厂标)、产品型号、编号及制造日期；
② 应给出准直光管入射光阑孔径、焦距和出射口径；
③ 黑体和准直光管之间应有合理、可靠的连接机构；
④ 各活动部分工作时应平稳、灵活、无卡滞、松动或急跳现象；
⑤ 光学零件表面不应有目视可见的霉斑、脱膜、麻点和划痕等。

2. 光谱辐照度测量

红外目标模拟器的光谱辐照度测量具体步骤如下：

(1) 初始连接和设置

给红外光谱辐射计换上合适的入射光阑，使其口径小于红外目标模拟器的出射口径。按照给定的校准波段 $\lambda_s \sim \lambda_t$，换用相应的圆形渐变滤光片和红外探测器。将被校准红外目标模拟器的黑体和红外标准准直辐射源中的变温标准黑体分别设置在给定温度(T_w)。依次打开各电源开关，设置锁相放大器的参数。

(2) 调节校准系统的光路

调节红外目标模拟器校准系统的光路，使红外光谱辐射计与红外标准准直辐射源的光轴重合，如图 2.42 所示。通过移动可见光光源，使其对准红外标准准直辐射源入射光阑，驱动转台平面反射镜到图 2.41 中变温黑体的实线位置，使红外标准准直辐射源出射的平行光进入红外光谱辐射计。打开红外光谱辐射计内的 CCD 及其监视器，圆形渐变滤光片转至通孔位置，转动视场光阑盘，使监视器上出现十字分划板的图像。调节承载红外光谱辐射计的多维可调平台，使光斑位于十字分划板的中心。移动变温标准黑体，使之对准红外标准准直辐射源入射光阑，转动红外光谱辐射计的视场光阑盘至通孔位置。待变温标准黑体的温度稳定后，仔细调节红外探测器的多维可调支架，使输出信号达到最大。

(3) 调节红外目标模拟器的光路

通过调节，将标准红外目标模拟器与红外光谱辐射计的光轴重合。用可见光光源照射红外目标模拟器的准直光管入射光阑，驱动转台平面反射镜到图 2.41 中的虚线位置，使出射平行光进入红外光谱辐射计。转动视场光阑盘使监视器上出现十字分划板的图像。调节承载红外目标模拟器的多维可调平台，使光斑位于十字分划板中心，关闭 CCD 及其监视器，将视场光阑盘转至通孔位置。置红外目标模拟器的黑体于红外目标模拟器中准直光管入射光阑前的预定位置。待红外目标模拟器的黑体温度稳定后，仔细调节承载红外目标模拟器的多维可调平台，使输出信号最大。

(4) 确定红外标准准直辐射源入射光阑孔径

由于被校准红外目标模拟器的准直光管入射光阑、焦距及黑体温度均给定，采用改变红外标准准直辐射源入射光阑孔径的方法，使红外标准准直辐射源和被校准红外目标模拟器的辐射功率相等。

(5) 测量被校准红外目标模拟器光谱辐照度值

在校准波段 $\lambda_s \sim \lambda_t$ 中，确定采样波长点数 n 后，采样点波长值为

$$\lambda_i = \left[\frac{i}{n-1} \cdot (\lambda_t - \lambda_s)\right] + \lambda_s \qquad (2-6-6)$$

式中：λ_i ——采样点波长值，单位为 μm；

i——采样序数,$i=0,1,\cdots,n-1$;

n——采样波长点;

λ_s——校准波段起始波长,单位为 μm;

λ_t——校准波段终止波长,单位为 μm。

驱动圆形渐变滤光片,波长定位在 λ_i。测量红外标准准直辐射源入射光阑半径为 r_b 时,对应的红外光谱辐射计的输出值 $V_{bj}(\lambda_i)$ 和为盲孔时对应的输出值 $V_{bBj}(\lambda_i)$,重复本条操作 7 次。按式(2-6-7)和式(2-6-8)计算红外标准准直辐射源的输出平均值 $\overline{V_b(\lambda_i)}$、$\overline{V_{bB}(\lambda_i)}$,并计算差值 $[\overline{V_b(\lambda_i)} - \overline{V_{bB}(\lambda_i)}]$:

$$\overline{V_b(\lambda_i)} = \frac{1}{7}\sum_{j=1}^{7} V_{bj}(\lambda_i) \qquad (2-6-7)$$

$$\overline{V_{bB}(\lambda_i)} = \frac{1}{7}\sum_{j=1}^{7} V_{bBj}(\lambda_i) \qquad (2-6-8)$$

式中:$\overline{V_b(\lambda_i)}$——红外标准准直辐射源入射光阑半径为 r_b 时对应的红外光谱辐射计的输出平均值,单位为 mV;

$V_{bj}(\lambda_i)$——红外标准准直辐射源入射光阑半径为 r_b 时对应的红外光谱辐射计的输出值,单位为 mV;

$\overline{V_{bB}(\lambda_i)}$——红外标准准直辐射源入射光阑为盲孔时对应的红外光谱辐射计的输出平均值,单位为 mV;

$V_{bBj}(\lambda_i)$——红外标准准直辐射源入射光阑为盲孔时对应的红外光谱辐射计的输出值,单位为 mV。

驱动圆形渐变滤光片,在校准波段 $\lambda_s \sim \lambda_t$ 中,从 λ_s 到 λ_t 的各采样点 $\lambda_i (i=0,1,\cdots,n-1)$,重复上述操作,测量出各采样点的 $[\overline{V_b(\lambda_i)} - \overline{V_{bB}(\lambda_i)}]$。

驱动转台平面反射镜至图 2.41 中虚线所示位置,驱动圆形渐变滤光片从波长 λ_s 到波长 λ_t,测量红外目标模拟器在准直光管入射光阑为给定光阑半径 r_w 时对应的红外光谱辐射计输出值 $V_{wj}(\lambda_i)$ 和为盲孔时对应的输出值 $V_{wBj}(\lambda_i)$,按式(2-6-9)和式(2-6-10)计算在各采样波长点 λ_i 的平均值 $\overline{V_w(\lambda_i)}$、$\overline{V_{wB}(\lambda_i)}$,并计算其差值 $[\overline{V_w(\lambda_i)} - \overline{V_{wB}(\lambda_i)}]$:

$$\overline{V_b(\lambda_i)} = \frac{1}{7}\sum_{j=1}^{7} V_{bj}(\lambda_i) \qquad (2-6-9)$$

$$\overline{V_{wB}(\lambda_i)} = \frac{1}{7}\sum_{j=1}^{7} V_{wBj}(\lambda_i) \qquad (2-6-10)$$

式中:$\overline{V_w(\lambda_i)}$——红外目标模拟器入射光阑为给定光阑半径 r_w 时对应的红外光谱辐射计的输出平均值,单位为 mV;

$V_{wj}(\lambda_i)$——红外目标模拟器入射光阑为给定光阑半径 r_w 时对应的红外光谱辐射计的输出值,单位为 mV;

$\overline{V_{wB}(\lambda_i)}$——红外目标模拟器入射光阑为盲孔时对应的红外光谱辐射计的输出平均值,单位为 mV;

$V_{wBj}(\lambda_i)$——红外目标模拟器入射光阑为盲孔时对应的红外光谱辐射计输出值,单位为 mV。

红外目标模拟器在给定温度 T_w、给定准直光管入射光阑半径 r_w 和校准波段 $\lambda_s \sim \lambda_t$ 中所有

采样波长 λ_i 的光谱辐照度为

$$E_w(\lambda_i) = E_b(\lambda_i) \frac{\overline{V_w(\lambda_i)} - \overline{V_{wB}(\lambda_i)}}{\overline{V_b(\lambda_i)} - \overline{V_{bB}(\lambda_i)}} \quad (2-6-11)$$

式中：$E_w(\lambda_i)$——红外目标模拟器在给定温度(T_w)、给定准直光管入射光阑半径 r_w 和校准波段 $\lambda_s \sim \lambda_t$ 中采样波长 λ_i 的光谱辐照度，单位为 $W/(cm^2 \cdot \mu m)$；

$E_b(\lambda_i)$——红外标准准直辐射源在变温标准黑体温度 T_b 等于 T_w、入射光阑半径为 r_b 和校准波段 $\lambda_s \sim \lambda_t$ 中采样波长 λ_i 的光谱辐照度，单位为 $W/(cm^2 \cdot \mu m)$；

$\overline{V_w(\lambda_i)}$——红外目标模拟器入射光阑为给定光阑半径($r_w$)时对应的红外光谱辐射计的输出平均值，单位为 mV；

$\overline{V_{wB}(\lambda_i)}$——红外目标模拟器入射光阑为盲孔时对应的红外光谱辐射计的输出平均值，单位为 mV；

$\overline{V_b(\lambda_i)}$——红外标准准直辐射源入射光阑半径为 r_b 时对应的红外光谱辐射计的输出平均值，单位为 mV；

$\overline{V_{bB}(\lambda_i)}$——红外标准准直辐射源入射光阑为盲孔时对应的红外光谱辐射计的输出平均值，单位为 mV。

红外标准准直辐射源的实际光谱辐照度 $E_b(\lambda_i)$ 的计算式为(2-6-5)。

(6) 计算红外目标模拟器积分辐照度

红外目标模拟器在给定温度 T_w、给定准直光管入射光阑半径 r_w 和校准波段 $\lambda_s \sim \lambda_t$ 的积分辐照度为

$$E_w = \int_{\lambda_s}^{\lambda_t} E_w(\lambda_i) d\lambda \quad (2-6-12)$$

式中：E_w——红外目标模拟器在给定温度 T_w、入射光阑半径 r_w 和校准波段 $\lambda_s \sim \lambda_t$ 的积分辐照度，单位为 W/cm^2；

$E_w(\lambda_i)$——红外目标模拟器在给定温度 T_w、给定准直光管入射光阑半径 r_w 和校准波段 $\lambda_s \sim \lambda_t$ 中采样波长 λ_i 的光谱辐照度，单位为 $W/(cm^2 \cdot \mu m)$。

重复(5)中的操作 7 次，计算红外目标模拟器积分辐照度的平均值 $\overline{E_w}$ 为

$$\overline{E_w} = \frac{1}{7} \sum_{m=1}^{7} E_{wm} \quad (2-6-13)$$

式中：$\overline{E_w}$——红外目标模拟器积分辐照度的平均值，单位为 W/cm^2；

E_{wm}——红外目标模拟器积分辐照度第 m 次测量值，单位为 W/cm^2，$m=1,2,\cdots,7$。

把平均值 $\overline{E_w}$ 作为红外目标模拟器积分辐照度的测量值。

(7) 计算红外目标模拟器积分辐照度测量重复性

按式(2-6-14)计算红外目标模拟器在给定温度 T_w、给定准直光管光阑半径 r_w 和校准波段 $\lambda_s \sim \lambda_t$ 中积分辐照度测量的重复性(相对量)为

$$\frac{u_2(E_w)}{E_w} = \frac{\sqrt{\sum_{m=1}^{7}[E_{wm} - \overline{E_w}]^2 / 6}}{\overline{E_w}} \quad (2-6-14)$$

式中：$\dfrac{u_2(E_w)}{E_w}$——红外目标模拟器积分辐照度测量重复性(相对量)；

E_{wm}——红外目标模拟器积分辐照度第 m 次测量值,单位为 W/cm^2;
$\overline{E_w}$——红外目标模拟器积分辐照度测量平均值,单位为 W/cm^2。

2.7 红外光谱辐射计校准

2.7.1 红外光谱辐射计概述

红外光谱辐射计是由产生窄带辐射的单色仪和测量该辐射功率的辐射计组成,通常采用色散棱镜或衍射光栅分光。近年来又相继出现了 CVF 红外光谱辐射计和傅里叶变换红外光谱辐射计。

1. 色散棱镜或光栅分光

利用色散棱镜进行分光的红外光谱辐射计原理如图 2.43 所示。目标辐射通过入射狭缝形成线光源,辐射光谱中每个小波段的辐射经过出射狭缝被接收系统接收;其中依靠色散棱镜与反射镜组合件的旋转,可以改变通过出射狭缝的波长;色散棱镜和出射狭缝用来选择特定的波长,它可以响应到极窄的波长范围的功率。

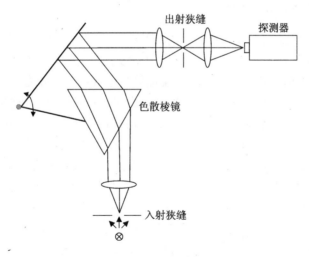

图 2.43 色散棱镜红外分光光谱仪工作原理图

利用光栅的衍射原理也可以进行分光,一般采用反射式闪耀光栅。同样,目标辐射通过入射狭缝形成线光源,依靠光栅的旋转或反射镜的旋转可以改变通过出射狭缝的波长。

2. CVF 红外光谱辐射计

CVF 红外光谱辐射计分光元件是圆形渐变滤光片在带状基底上真空蒸镀光学干涉膜得到的。透过光谱波长与转角成线性关系,转角可由滤光片上的基准孔确定。采用圆形渐变滤光片(CVF)进行分光结构简单,体积小,重量轻,可靠性高,扫描效率高,分辨率高。

CVF 红外光谱辐射计的光学系统主光路如图 2.44 所示。主光路部分由孔径光阑、主反射镜、次反射镜、渐变滤光片(CVF)、斩波器、内部黑体和椭球反射镜组成,主要用于收集处于视场内的辐射源发射的红外辐射功率,并把它聚焦到探测器响应面上。光学系统不仅决定着能够收集的目标的辐射功率的大小,而且和探测器的大小一起,决定着辐射计的视场和角分辨率。

探测部分主要由探测器、前置放大电路和滤波放大电路组成。由于系统要求光谱响应动态范围比较宽,因此采用特殊的放大处理。控制部分主要包括对CVF的控制、斩波器调制频率的控制和内部小黑体温度的控制,对斩波器和CVF转速控制的高速、高精度电机以及对黑体进行控制的高精度温度控制仪研制是关键技术。

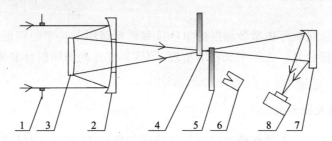

1—孔径光阑;2—主反射镜;3—次反射镜;4—圆形渐变滤光片(CVF);
5—斩波器;6—内部黑体;7—椭球反射镜;8—探测器。

图 2.44　CVF 红外光谱辐射计主光路

3. 傅里叶变换红外光谱辐射计

红外光谱辐射计的发展经历了棱镜式光谱辐射计、光栅式光谱辐射计和CVF型红外光谱辐射计,它们属于经典的光谱辐射计,到20世纪70年代出现了傅里叶变换式辐射计(FT-IR)。

随着近代科学技术的迅速发展,以光栅、棱镜等为色散元件的分光系统的经典红外光谱辐射计在许多方面难以满足需要。例如:在远红外区由于能量很弱,用这类光谱仪器不能得到理想的光谱曲线;此外,它的扫描速度太慢,使得一些动态研究遇到困难。随着光学和计算机技术的迅速发展,1970年以来,发展起了基于干涉调制分光的傅里叶变换红外光谱仪。FT-IR是建立在双光束干涉基础上,并应用数学上傅里叶变换原理实现的光谱辐射测量仪器。因此,FT-IR的工作原理可用图2.45所示的迈克尔逊干涉仪的工作原理加以说明。

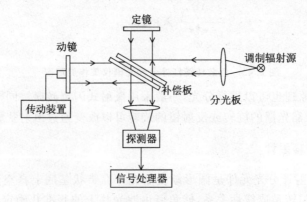

图 2.45　迈克尔逊干涉仪的工作原理

调制过的辐射源的辐射经过准直透镜准直后,被分光板分成两束光,其中一束光通过定镜反射后再经过分光板到达探测器上,与此同时,另一束光通过补偿板后被动镜反射,再通过补偿板被分光板反射到探测器上,这样,在探测器面上接收的两束光就是相干光。假若入射的辐射为单色光,并且使定镜和动镜到分光板的距离相等,又由于补偿板的补偿作用(在干涉仪中,补偿板的作用是消除分光板分出的两束光的不对称性。不加补偿板时,经过定镜的光线共经过分光板 3 次,而经过动镜的光经过分光板一次,加入厚度和材料与分光板相同的补偿板后,经过动镜的光线相当于经过分光板 3 次,使光程差得到补偿),使光线到达探测器面的相位相同,产生的干涉条纹强度最大。假定动镜移动的最大距离为 d,则中心点 $d/2$ 的位置为零光程差的位置,当动镜向任何一个方向移动 x 时,探测器上得到的光强 $I(x)$ 分布为

$$I(x) = I(1) + I(2) + 2\sqrt{I(1) \cdot I(2)}\cos(2\pi k\Delta) \qquad (2-7-1)$$

其中,$I(1)$、$I(2)$ 分别是被定镜和动镜反射的波数为 k 的单色光辐射强度;若要使移动的最大距离 $x=d$,由于光程差最大为 $d/2$,则光程差 $\Delta=2n(x/2)=nx$,其中 n 是折射率;k 为波数;由于在空气中 $n=1$,则 $\Delta=2x$;且 $I(1)=I(2)=(1/2)I(k)$,其中 $I(k)$ 是波数为 k 时源的辐射强度;将上面关系代入,式(2-7-1)变为

$$I(x) = I(k) + I(k)\cos(2\pi kx) \qquad (2-7-2)$$

当复色光入射时,得到的干涉图将包含多个单色光余弦曲线的叠加。对上式积分得到相干辐射在探测器上产生的光强 $I(x)$ 为

$$I(x) = \frac{1}{2}I(0) + \int_0^\infty I(k)\cos(2\pi kx)\mathrm{d}k \qquad (2-7-3)$$

单位为 $W/(Sr \cdot \mu m)$。

$I(0)$ 为光程差为零时的所有波数的相干辐射强度,由于是半区间积分,所以有 $1/2$ 的因子。

其中 $I(k)$ 是入射辐射的发射光谱,由式(2-7-3)可知,从干涉仪得到的只是发射光谱的干涉图,还不能直接给出发射光谱,为了得到源的真实的发射光谱,假设待测目标的光谱辐亮度按波数的分布函数为 $B(k)$,数学上把式(2-7-3)给出的干涉图作傅里叶变换得到

$$I(k) = 4\int_0^\infty \left[I(x) - \frac{1}{2}I(0)\right]\cos(2\pi kx)\mathrm{d}x \qquad (2-7-4)$$

单位为 $W \cdot Sr/\mu m$。

$I(k)$ 为入射辐射的光谱强度亮度分布函数,当 x 不断变化时,按照一定的 k 间隔进行采样,即可得到 $I(x)$ 随 k 变化的关系,此即为干涉图。入射辐射函数 $I(k)$ 与干涉图 $I(x)$ 之间存在傅里叶余弦变换关系。通过计算机进行数据处理,即可求出 $I(k)$,获得光谱图。

自然界中实际景物的温度均高于绝对零度。根据普朗克定理,凡是绝对温度大于零度的物体都会产生辐射。因此,可从景物产生的红外辐射量作进一步的分析计算以便提取有用的信息量(如辐射光谱的分布、辐射强度和辐射亮度的空间分布等),对有用的信息进行分析、研究和控制。而对自然界中目标和背景光谱辐射特性的研究非常重要,红外光谱辐射计可应用于此项研究中,它是将红外辐射按波长或波数分开,并逐次测量和记录其辐射量,从而得到红外光谱的一类辐射测量系统。利用红外光谱辐射计对目标和背景光谱特性的研究广泛用于军事、航空航天、化工等行业。在军事中对目标红外特性的研究,一方面可以进行红外制导、红外跟踪等,具体的仪器有红外导引头、机载式红外前视系统、红外跟踪仪等;另一方面,可用于反红外侦察的"隐身"技术,研究材料的光谱吸收率和发射率,利用红外发射率很低的材料,尤其在红外大气窗口波段把次材料涂敷在飞机、坦克表面,可以改变其红光光谱的识别特征,缩短

探测距离。在航天方面,利用红外光谱仪进行大气研究、污染监测、海洋研究和气象观测预报,不受地理位置和气象条件的限制,获得信息迅速、丰富,并及时可靠。具体的仪器有我国"神州五号"载人飞船上安装的中分辨率红外光谱仪。在化工方面,利用红外光谱辐射计可对化学试剂的光谱进行分析,测量试剂中含有的化学成分。特别地,利用红外光谱辐射计的非接触、被动式的特点,可对无法靠近的目标或高温物体进行测量。另外,红外光谱辐射计能将目标的细节反映出来,对测量的准确度提供了保障。

2.7.2 红外光谱辐射计校准方法

红外光谱辐射计作为目标源红外特性测试的设备,需进行校准。目前国内外采用低温辐射计校准和标准辐射源两种方法。低温辐射计校准法是通过与国际通用标准低温辐射计的比较,用3个以上的单色光分时分别照射到绝对辐射计和红外光谱辐射计上,同时用波长计监视波长变化情况,通过比较后得到光谱响应度曲线;标准辐射源法是将标准黑体或校准过的黑体作为目标源,利用式(2-7-5)进行校准。

$$S(k) = K(k)[L(k) + M(k)] \quad (2-7-5)$$

式中:$S(k)$——测量值;

$L(k)$——辐射源的光谱辐亮度;

$K(k)$——校准因子;

$M(k)$——杂散辐射系数。

而 $L(k)$ 可根据普朗克辐射定律得到:

$$L(k) = \varepsilon(k) \frac{c_1 k^3}{\exp\left(\frac{c_2 k}{T}\right) - 1} \quad (2-7-6)$$

式中:$\varepsilon(k)$——黑体发射率;

x——不同的设置不同温度的序号;

c_1——第一辐射常量;

c_2——第二辐射常量;

T——第 x 次黑体设置温度;

通过将黑体设置在不同的温度,经过两次或多次测量就可得到校准因子 $K(k)$ 和杂散辐射系数 $M(k)$。

1. 低温辐射计校准法

图 2.46 为低温辐射计校准法原理图。

从激光器发出的激光束先进入电光调制器,该电光调制器根据伺服放大器放大的反馈探测器的信号来控制激光功率的稳定性。从电光调制出来的激光经过一个偏振器和光束准直器后形成多个明暗清晰的衍射圆环,用一精密的孔径光阑在第一级暗环处滤掉除中心圆斑外的所有的衍射环,这时,光束截面上的激光功率形成了非常光滑的高斯分布,该激光的稳定性在数小时内可保持在 0.005% 的水平,保证了激光功率的稳定。然后激光经分束器后,一路经过快门,射入低温辐射计腔内,低温辐射计装有光阑,该光阑的精密设计使得光束周围的剩余散

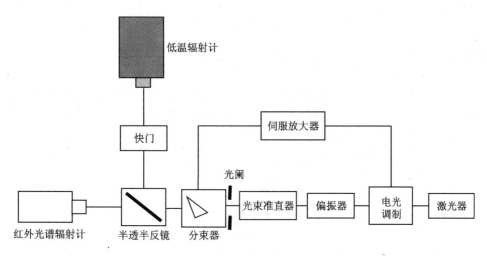

图 2.46 低温辐射计校准法原理图

射或反射镜产生的散射光大部分不能进入辐射计。调节反射镜及光路中的限束光阑,使四象限探测器的信号最小,并使光束沿空腔垂直轴线通过。最后将窗口的角度调度到布儒斯特(Brewster)角,用锗电阻温度计监控温度。当辐射计空腔达到热平衡时,用快门停止激光照射,这时在低温辐射计的加热线圈上通过电流,作为替代的电功率,将电流调节到使真空的温升等于吸收激光束时的温升,经过必要的修正之后,此时的电功率即为入射光的功率 $P(\lambda)$,同时,在被校辐射计得到的电压为 $U(\lambda)$,则被校辐射计得到的辐射增益系数(光谱响应度)为

$$K(\lambda) = \frac{U(\lambda)}{P(\lambda)} \quad (2-7-7)$$

对每个波长进行记录就可以得到光谱响应曲线。

2. 辐射源法

辐射源校准包括两点校准法和多点校准法。

(1) 两点校准法

首先将经过校准的黑体辐射源或本身可作为一级的黑体设置在较高的温度 T_H,辐亮度为 L_H,然后降至一个较低的温度 T_C,其辐亮度为 L_C,有:

$$L_H(k) = \frac{S_H(k)}{K(k)} - M(k) \quad (2-7-8)$$

$$L_C(k) = \frac{S_C(k)}{K(k)} - M(k) \quad (2-7-9)$$

式中:$L_H(k)$,$L_C(k)$——根据普朗克公式在温度为 T_H、T_C 时的变温标准黑体光谱辐亮度的理论计算;

$S_H(k)$,$S_C(k)$——温度为 T_H、T_C 的变温标准黑体测量值。

由式(2-7-6)和式(2-7-7)可确定两个未知量:光谱响应函数 $K(k)$ 和红外光谱辐射计自身的辐射 $M(k)$,为

$$K(k) = \frac{S_H(k) - S_C(k)}{L_H(k) - L_C(k)} \quad (2-7-10)$$

$$M(k) = \frac{L_H(k)S_C(k) - L_C(k)S_H(k)}{S_H(k) - S_C(k)} \quad (2-7-11)$$

注意：在整个校准过程中，所有设置的参数、扫描速度和光学配置都必须保持不变。

(2) 多点校准法

多点校准法是从两点校准法延伸得到的。多点校准法提高了光谱校准曲线的质量，减小了由于红外光谱辐射计的非线性和由于随机噪声引起的误差，提高了测量的准确度。

首先将经过校准的黑体辐射源或本身可以作为一级黑体，设置在较高温度 T_1 时，辐亮度为 L_1；然后降至一个较低的温度 T_2 时其辐亮度为 L_2；依次类推，当黑体温度为 T_n 时其辐亮度为 L_n，有：

$$L_1(k) = \frac{S_1(k)}{K(k)} - M(k)$$

$$L_2(k) = \frac{S_2(k)}{K(k)} - M(k)$$

$$L_n(k) = \frac{S_n(k)}{K(k)} - M(k) \quad (2-7-12)$$

$L_1(k)$、$L_2(k)$、$\cdots$、$L_n(k)$ 分别为根据普朗克公式在温度为 T_1、T_2、$\cdots$、T_n 的变温标准黑体光谱辐亮度的理论计算值。

与两点校准法相同，由式(2-7-10)和式(2-7-11)可确定两个未知量：光谱响应函数 $K(k)$ 和红外光谱辐射计自身的辐射 $M(k)$，为

$$K(k) = \frac{n\sum_i S_i(k)^2 - \left[\sum_i S_i(k)\right]^2}{n\sum_i S_i(k)L_i(k) - \sum_i S_i(k)\sum_i L_i(k)} \quad (2-7-13)$$

$$M(k) = \frac{n\sum_i S_i(k)\sum_i S_i(k)L_i(k) - \left[\sum_i S_i(k)\right]^2 \sum_i L_i(k)}{n^2\sum_i S_i(k)^2 - n\left[\sum_i S_i(k)\right]^2} \quad (2-7-14)$$

注意：在整个校准过程中，所有设置的参数、扫描速度和光学配置都必须保持不变。

虽然低温辐射计的校准比黑体辐射源法准确度高，但由于其操作复杂，运行一次需要 2~3 天，每校准一次费用昂贵，所以低温辐射计校准法更适合于作为单个探测器光谱响应度标准，如果用于辐射计整个系统的校准将带来很大的随机误差。

红外光谱辐射计的校准选用黑体辐射源法，因此黑体辐射源性能指标的高低直接影响到校准曲线。另外，还需要黑体辐射源的口径充满红外光谱辐射计的视场。一般选用大口径的一级标准黑体，将红外光谱辐射计的量值传递和溯源问题转化为一级标准黑体的溯源问题，而一级标准黑体的溯源问题已有现成的设备和手段，即使用国际通用标准金属凝固点黑体在中温黑体标准装置上对一级标准黑体进行校准，这样就解决了红外光谱辐射计的量值传递和溯源问题。

2.7.3 红外光谱辐射计校准过程

整个校准过程的系统溯源如图 2.47 所示。校准的最高标准是金属凝固点黑体，用金属凝

固点黑体在中温黑体标准装置 4143B 对一级标准黑体进行标定,得到一级标准黑体的真实温度和发射率,然后用一级标准黑体对红外光谱辐射计进行校准,得到光谱增益曲线和杂散辐射系数。

通常所说的红外辐射计的校准指的是对红外辐射计的响应度进行校准。使用通常的辐射计对目标进行测量,辐射计直接给出的是电压输出信号(或仪表偏转读数,或记录曲线与基准线的间隔)。为把这些输出信号变成待测的辐射量信息,必须知道辐射计的响应度,对红外辐射计进行校准的参数就是它的响应度。响应度的校准是使用已知辐射量值的辐射源测量辐射计的响应度,从而确定其灵敏程度,以达到量值传递的目的。若辐射计的输出是电压 U(单位 V),则辐射计的响应度就是输出电压与某输入辐射量(如辐射功率 P,或辐照度 E,或表观辐亮度 L)的比

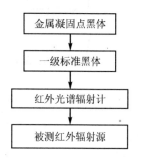

图 2.47 校准系统溯源图

值。由于辐射计在对目标进行测量时主要感兴趣的 3 个辐射量是辐射功率、辐照度和表观辐亮度,所以,相应地有 3 种响应度:即辐射功率响应度 $R_P=U/P$(单位 V·W^{-1})、辐照度响应度 $R_E=U/E$(单位 V·W^{-1}·m^2)和辐亮度响应度 $R_L=U/L$(单位 V·W^{-1}·m^2·Sr^{-1})。

不同的响应度适用于不同的测量场合,但 3 种响应度之间又有一定的联系。如,当测量未充满视场的远距离点源目标表观辐射强度时,适用辐照度响应度。当测量充满辐射计视场的扩展目标的表观辐射亮度和背景亮度时,适用辐亮度响应度。在既非典型的点源又非典型的扩展源目标的测量中,适用功率响应度。对于给定的辐射计而言,其视场角 Ω 和入瞳面积 A_c 是已知的,则可以证明 3 种响应度满足下列关系:

$$R_L = \Omega \cdot R_E = A_c \cdot \Omega \cdot R_P \qquad (2-7-15)$$

理论上讲,校准这 3 个响应度中的任何一个都可以。但是,我国国防系统目前所用的辐射计的主要测量对象大都是未充满视场的远距离目标,而且所关心的光谱区间是 3 个大气窗口,所以,主要校准参数是红外辐射计的辐照度响应度 R_E,光谱范围为 $1\sim3~\mu m$、$3\sim5~\mu m$、$8\sim14~\mu m$。

校准时所用的已知辐射源称为校准源。在理想情况下,校准源应是理想的黑体辐射源。然而,完美的黑体源是得不到的,真正切实可行的校准源通常使用温度与待测目标温度相差不大的腔型黑体辐射源、标准辐射板或面状黑体。由于标准辐射板和面状黑体的温场均匀性很难保证,所以,选用腔型黑体辐射源并且使用高性能的一级标准黑体作为校准源,一级标准黑体的量值直接溯源到国际公认的辐射基准——金属凝固点黑体上,可以使校准的不确定度得到有效控制。

对于视场角小于 10 mrad 的红外辐射计,由于此时辐射计的最近聚焦距离比较远,一般为几十米,所以,对响应度的校准采用"远距离小源法",其基本原理如图 2.48 所示。

把标准源置于离开辐射计足够远的位置上,为了获得等效的远距离小源,校准时使用准直光管,利用光学成像质量非常好的非球面光学元件组成准直光学系统,一级标准黑体作为标准辐射源,将一级标准黑体放置在一个精密转台上,这样,当不需要使用准直系统校准时,由计算机控制转台转动,可以实施"近距离小源法"来进行校准,将 3 个标准探测器置于一个滑动平台上,其主要目的是对准直光源出射口的辐射照度进行验证。

辐射计入瞳上的光谱辐照度为

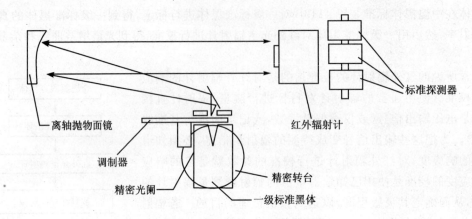

图 2.48 "远距离小源法"校准原理图

$$E_{\lambda bb}(T) = M_{\lambda bb}(T) \cdot \tau(\lambda) \cdot \rho_1(\lambda) \cdot \rho_2(\lambda) \cdot A_s/(\pi \cdot f^2) \quad (2-7-16)$$

式中：$M_{\lambda bb}(T)$——校准源的辐射出射度；

$\tau(\lambda)$——大气透射比；

A_s——校准源的光阑孔面积；

f——准直光管的焦距；

$\rho_1(\lambda)$——次镜的光谱反射率；

$\rho_2(\lambda)$——抛物面反射镜的光谱反射率。

$$M_{\lambda bb}(T) = \varepsilon \cdot c_1 \cdot \lambda^{-5} (e^{\frac{c_2}{\lambda \cdot T}} - 1)^{-1} \quad (2-7-17)$$

式中：ε——黑体辐射源的有效发射率；

c_1——第一辐射常量，其值为 3.741844×10^{-16} W·m²；

c_2——第二辐射常量，其值为 1.438833×10^{-2} cm·K；

T——黑体辐射源有效辐射面的绝对温度，单位为 K。

通过改变黑体辐射源的温度和光阑孔的面积，在辐射计的入瞳上就产生了不同的辐照度，辐射计也会有不同的输出值，则可得红外辐射计的响应度 R_E：

$$R_E = \Delta U_S / \Delta E_{\lambda bb}(T) \quad (2-7-18)$$

由于校准源不能充满辐射计的视场，所以，背景辐射将直接进入视场，当移走黑体辐射源时，辐射计的输出即为背景辐射的贡献，记为 ΔU_{bg}，那么，红外辐射计的响应度 R_E 则应表示为

$$R_E = \frac{\Delta U_S - \Delta U_{bg}}{\Delta E_{\lambda bb}(T)} \quad (2-7-19)$$

注意：在"远距离小源法"校准中，准直光管的口径必须大于辐射计的入射光瞳，辐射源像的角尺寸应该和辐射计的视场相匹配，以便尽可能缩小因准直光管的像差对校准结果带来的影响。

上文提到，3 个标准探测器的主要目的是对准直光源出射口的辐射照度进行验证，这是因为辐射计入瞳上的光谱辐照度值仅仅是理论计算的结果，由于黑体的出射能量经过两次反射，而且在大气中有一定传输距离，这样，理论值是往往和实际有差别。那么，辐射计入瞳上的光谱辐照度到底是多少，这可由标准探测器来验证。3 个标准探测器分别为硫化铅、碲镉汞、锑化铟，其光敏元前面分别加上 1～3 μm，3～5 μm，8～14 μm 的带通滤光片，当它接收到来自准

直光管的光辐射后,经过选频放大,就可以得到电压信号。而标准探测器的量值又可以溯源到低温辐射计,这样,准直光管出射口上的量值是否准确就可以得到验证。

标准探测器的结构组成如图 2.49 所示。

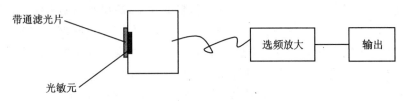

图 2.49　标准探测器的结构组成

当红外辐射计的视场角大于 10 mrad 时的,采用传统的"近距离小源法"校准红外辐射计。为了降低其校准不确定度,仍然采用一级标准黑体作为校准源,用一个一级标准黑体近距离直接对着红外辐射计进行校准,其校准原理如图 2.50 所示。

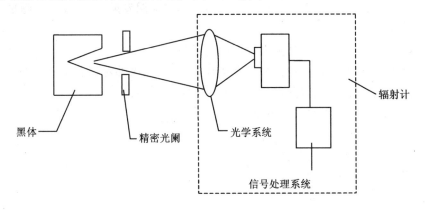

图 2.50　"近距离小源法"校准原理图

设辐射计距离校准源光阑孔的距离为 l,那么,同"远距离小源法"类似,辐射计入瞳上的光谱辐照度为

$$E_{\lambda bb}(T) = M_{\lambda bb}(T) \cdot \tau(\lambda) \cdot A_s / (\pi \cdot l^2) \qquad (2-7-20)$$

其计算方法和"远距离小源法"的计算方法完全一致。

2.8　瞬态光辐射源参数测量与校准

2.8.1　瞬态光及其评价参数

瞬态光辐射源是指光源的发光特性随时间变化而变化,一般有上升和下降两个阶段,光强时间曲线为钟形。瞬态光辐射源包括各种闪光灯、脉冲光源、航空、航海中防撞指示灯、警车、救护车上开路指示灯等。另外还包括炸药爆炸光辐射等。

随着现代科学的发展,人们对瞬态光辐射源应用的光谱范围,已由可见光区推向紫外、红外区;应用方式亦由直接的光强应用型推向作为物质研究的表征参数应用型,即将所辐射的瞬态光作为物质内在可进行测量操作的表征参数来认识物质内部构造或其变化特征。

瞬态光除在可见光区和红外区的上述光强型应用外,在紫外区已从早期对生物作用的消毒、局部杀菌治疗到利用短波的穿透特性,如指纹识别的防伪鉴定、工业零部件探伤、电真空的检漏、对集成电路中储存信号的消除等。特别是倍频 YAG 激光器(输出为 266 nm)问世以后,各种类型的紫外光用于不适于热加工的高分子材料的加工,涂层和印刷干燥、粘接、密封,及一些大型自动化装置上。像一些光致发光激励谱决定于辐照源紫外线(200~400 nm)的标准选择一样,也需要通过对紫外线辐射本身进行精确的监测来实现最佳应用效果。

将瞬态光作为表征物质内在构造和变化的参数应用,在现代科学研究中已经很普遍了,如枪炮膛内气体温度及有关烧蚀效应的研究,必须知道膛口火焰温度的时间分布特性。这一难以近身、又无法直接测得的数据,当前最精确、可靠的手段就是通过测量膛口随时间瞬态变化的数据来计算膛口火焰温度随时间变化的特征。又如,火炸药在极短的时间内能完成大量的功,表征其组成和变化特性的瞬态爆轰温度参数,也是通过测量瞬态爆炸的闪光光谱参数计算出的。爆炸效应机理的研究手段亦类同。物质结构的光谱分析方法更是这方面应用的典型。

瞬态闪光的应用已如此广泛,现代科学又带动其向纵深发展,这就要求其测量手段也必须跟上实际应用的需要。

原则上,常规光辐射参数及其测量过程同样适用于瞬态光辐射源。但由于瞬态光辐射源特性随时间变化,评价参数和测量方法具有特殊性,所以国内外对瞬态光辐射源参数计量测试非常重视,已建立了评价体系和测量仪器。

实际应用的瞬态辐射特性表征参数有:
① 闪光光度参数。
➢ 闪光光强、峰值光强、有效光强;
➢ 闪光光强随时间的变化曲线;
➢ 闪光照度、峰值照度、瞬时照度。
② 闪光光谱参数。
➢ 闪光光谱相对能量分布曲线;
➢ 闪光光谱的峰值坐标及相对强度。
③ 闪光光色参数。其表示形式类似于稳态光源色素参数,包括色坐标、主波长、色温、色纯度、显色指数等。

2.8.2 瞬态光谱测量

传统的光谱测试仪器,由于采用机械式的波长扫描技术,无法满足瞬间采集瞬态光光谱的要求。如火炸药的爆炸闪光光谱、导弹尾部火焰的瞬时光谱、脉冲氙灯的闪光光谱,以及各种脉冲激光器的光谱等。

我国对瞬态光谱测试的研究是从 20 世纪 80 年代后期开始的,随着阵列元件硅靶摄像管及 CCD 器件研制和应用技术的发展,使瞬态光的空间分布及光谱测量技术得到迅速发展,各种测量瞬态光源光谱特性的仪器也相继问世。近几年,真空紫外光栅刻线技术的提高以及电子技术的发展为高分辨率瞬态光谱测试仪器的研制扫除了障碍,使之得到了突飞猛进的发展。

瞬态光谱测量系统原理如图 2.51 所示。系统采用光电手段,通过一次闪光获得光源辐射光谱。具体工作原理是:被测光源通过分光后,在 CCD 表面成像,进行光电转换,然后经放大器放大,被放大的模拟信号再经过 A/D 转换和数据采集,最后由微机进行数据处理,通过监测系统输出测试结果(包括相对光谱功率曲线、色坐标、主波长、色温、色纯度和显色指数等)。

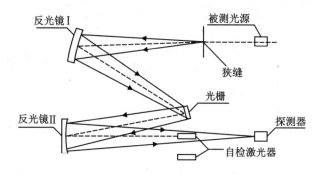

图 2.51 瞬态光谱测定仪光路图

测量装置由以下部分构成:

(1) 闪光光路系统

闪光光路是专用闪耀光栅摄谱仪。其作用是将从入射狭缝射入的复色光色散成所需的光谱带,再聚焦到出射狭缝外成像于探测器的光敏面上。

(2) 探测器件

根据所测波长范围的不同,选用光谱响应不同的 CCD 作为阵列探测器件,同闪光光路配合使用。探测器件由列阵光电转换器件(CCD),驱动电路和处理电路 3 部分组成。其功能是将在光谱面上并行排列的光谱带转换成为与光谱分布强弱成正比的串行光电信号输出。

(3) 微机系统

微机系统与探测系统之间所用的模/数转换电路须采用程控手段,以便控制进入转换器前放大电路的放大量,确保模/数转换电路在高精确度的中心数字区进行运转,使强光谱区大电荷数据不会溢出,弱光谱区小电荷数据能采取多次曝光的办法采集到,从而得到高精度相对光谱功率分布的测量结果。以硬、软件手段保证闪光这一高速测量过程的全自动化操作,用程控手段保证探测器驱动电路、处理电路、模数转换电路以及光电转换器件的电器元器件在其性能最佳的高精度区进行运转,确保测量数据的精度。微机应具备不低于 5 套测量数据的容量;微机除承担测量中的全部数据采集处理外,还应配有所测结果曲线和有关数据显示、输出的外部设备。

(4) 外光路系统

在实际测量中,有时瞬态光源在室外,有时光源发散无法有效地直接进入测量仪器,这就要求用特定的外光路把光导入测量仪器。一般可选用如下外光路部件:

① 积分球导光光路。采用积分球导光的外光路如图 2.52 所示。用于消除偏振光和入射方向偏离光轴光的影响。

② 光纤导光光路。

当光源在室外无法直接进入仪器时,采用光导纤维导光,其原理如图 2.53 所示。在测量如火炸药等难以近身的光源光谱特性时采用这种导光方式。

③ 椭球聚光光路。在测量弱光光谱特性时,采用椭球聚光光路,其原理如图 2.54 所示。如小型爆炸样品,样品置于后焦点 F_1 处,前焦点 F_2 处位于入射狭缝口,特点是最大限度利用

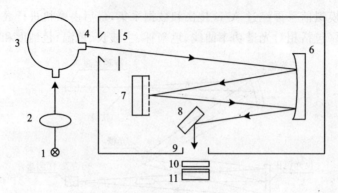

1—光源;2—会聚透镜;3—积分球;4—测量仪器入口;5—光阑;6—球面反射镜;
7—光栅;8—平面反射镜;9—测量仪器出口;10—衰减器;11—探测器。

图 2.52　积分球导光外光路图

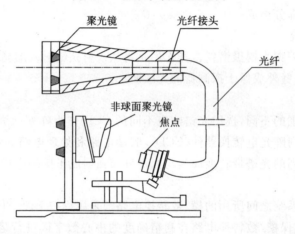

图 2.53　光纤导光部件图

弱点光源的光能。

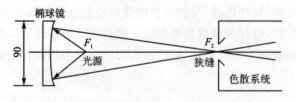

图 2.54　椭球聚光光路图

2.8.3　瞬态有效光强测量

瞬态有效光强测量采用高精度硅光电二极管,配以余弦修正器和 $V(\lambda)$ 滤光片作为接收器,每 5 μs 采集一次瞬态光强,从而获得瞬时光强随时间变化的曲线,再以峰值光强的三分之一处所对应的时间为 t_1、t_2,按下式计算出有效光强 I_e。

$$I_e = \frac{k\int_{t_1}^{t_2} I \mathrm{d}t}{\left(\dfrac{1449.3}{E}\right)^{0.81} + (t_2 - t_1)} \quad (2-8-1)$$

式中:E——两个三分之一峰值之间的平均照度;

k——色修正系数;

$$k = \frac{\int E_{s\lambda} \cdot V_\lambda \mathrm{d}\lambda \cdot \int E_{s\lambda} \cdot S_\lambda \mathrm{d}\lambda}{\int E_{s\lambda} \cdot V_\lambda \mathrm{d}\lambda \cdot \int E_{s\lambda} \cdot S_\lambda \mathrm{d}\lambda} \quad (2-8-2)$$

$E_{s\lambda}$——被测灯的相对光谱功率分布;

$E_{s\lambda}$——标准灯的相对光谱功率分布;

V_λ——光谱光视效率;

S_λ——带有滤光器的接收器的相对光谱灵敏度。

瞬态有效光强测定仪原理图如图 2.55 所示。

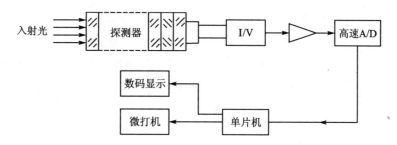

图 2.55 瞬态有效光强测定仪原理图

2.8.4 瞬态光辐射参数校准

瞬态光辐射参数校准包括对光源光谱辐亮度校准和对光谱测量仪器校准两方面。
瞬态光谱辐射标准装置工作原理框图如图 2.56 所示。

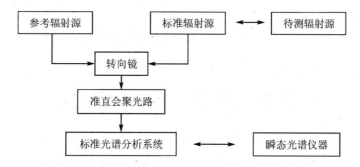

图 2.56 瞬态光谱辐射量校准装置工作原理框图

瞬态光谱辐射校准装置如图 2.57 所示,主要由三大部分组成:

(1) 标准辐射源系统

标准辐射源系统由标准辐射源、参考辐射源、准直光路、会聚光路构成。此系统可提供绝

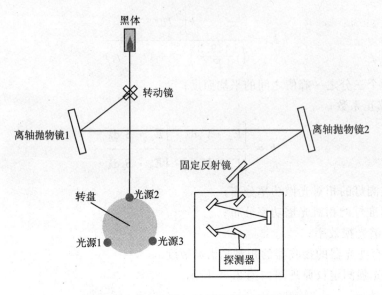

图 2.57　瞬态光谱辐射量校准装置原理图

对能谱辐射源,还可将参考辐射源和待测辐射源准直会聚,实现对待测辐射源和瞬态分光辐射仪的校准。标准辐射源为 1 800～3 200 K 标准高温辐射黑体,用于对参考辐射源进行标定。参考辐射源包括色温为 2 856 K 的钨带灯和紫外氖灯,用于对待测辐射源、瞬态光谱仪器进行标定。

（2）标准光谱分析系统

标准光谱分析系统由 3 个专用摄谱仪和光电高速采集系统构成,分别工作在紫外、可见光、近红外波段。此系统可将瞬态或稳态辐射源色散为紫外、可见光、近红外光谱 3 个波段。3 个专用摄谱仪分别用相对应的线阵探测器按光谱进行全波段接收,大大提高了系统的测量速度,然后运用闪光光谱采集技术,采用高速数据采集系统将光谱数据采集存诸。

（3）专用软件系统

专用软件可独立运行,程控整个装置。此系统利用通过一次闪光采集到的原始数据,经过修正处理获得瞬态光谱曲线;再利用瞬态光谱曲线按照国际 CIE 推荐的方法计算出瞬态色坐标、显色指数和色温等色度学参数。

瞬态光谱辐射校准装置的校准过程为:首先利用高温黑体对参考辐射源钨带灯和紫外氖灯校准,经过校准的参考辐射源再对标准光谱分析系统进行校准。

2.9　光度计量与测试

光度计量是光学计量最基本的部分,在人类得知光是一种辐射以前就开始测光。光度量仅限于人眼能够见到的一部分辐射量,通过人眼的视觉效果衡量。对不同的波长,人眼的视觉效果不同,通常用 V_λ 表示,定义为人眼视见函数或光谱光视效率。光度量不是一个纯粹的物理量,而是一个与人眼视觉有关的生理和心理物理量。

2.9.1 光度学基本概念

1. 人眼视见函数

通过前面的介绍可知,辐射通量代表了光辐射源面积元在单位时间内辐射的总能量的多少,在光度学中只研究其中能够引起视觉的部分,相等的辐射通量,由于波长不同,人眼的感觉也不同。为了研究客观的辐射通量与人眼所引起的主观感觉强度之间的关系,必须了解眼睛对不同波长的光的视觉灵敏度。人眼对黄绿色光最灵敏;对红色和紫色光较差;而对红外光和紫外光,则无视觉反应。在引起强度相等的视觉情况下,若所需的某一单色光的辐射通量越小,则说明人眼对该单色光的视觉灵敏度越高。设任一波长为 λ 的光和波长为 555 nm 的光产生相同亮暗视觉所需的辐射通量分别为 $\Delta\Phi_\lambda$ 和 $\Delta\Phi_{555\,nm}$,则比值 $V(\lambda)$ 称为视见函数。

图 2.58 所示为明视觉和暗视觉的相对视见函数实验图线,其纵坐标为视见函数。

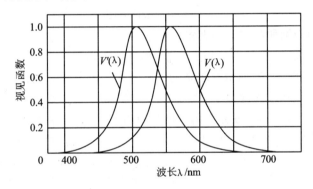

图 2.58 明视觉和暗视觉的相对视见函数实验曲线

明视觉以明视见函数 $V(\lambda)$ 表示,暗视觉以暗视见函数 $V'(\lambda)$ 表示。暗视见函数曲线的峰值向短波移动约 50 nm,当不同的单色光辐射通量能够产生相等强度的视觉时,$V(\lambda)$ 与这些单色光的辐射通量成反比。

根据多次对正常眼的测量,当波长为 555 nm 时,曲线具有最大值,通常取此最大值作为单位 1。例如对于 600 nm 的波长来说,视见函数的相对值是 0.631,为了使它引起和 555 nm 相等强度的视觉,所需的辐射通量是 555 nm 的 1/0.631 倍,即 1.6 倍左右。也就是说,为产生同等强度的视觉,视见函数 $V(\lambda)$ 与所需的辐射通量 $d\Phi_\lambda$ 成反比。

2. 光度学主要参数

(1) 光通量

光通量(Φ,Flux),单位流[明],即 lm。

定义:光源在单位时间内发射出的光能量(功率)称为光源的发光通量。

这个量是对光源而言,是描述光源发光总量的大小,与光功率等价。光源的光通量越大,则发出的光线越多。对于各向同性的光,即光源的光线向四面八方以相同的密度发射,则 $\Phi=4\pi I$。也就是说,若光源的 I 为 1 cd,则总光通量为 $4\pi=12.56$ lm。若要被照射点看起来更亮,不仅要提高光通量,而且要增大会聚的手段,实际上就是减少面积,这样才能得到更大的强度。

(2) 发光强度

发光强度(I,Intensity),单位坎[德拉],即 cd。

定义:光源在给定方向的单位立体角中发射的光通量定义为光源在该方向的发光强度。

$$I = d\Phi/d\Omega \tag{2-9-1}$$

式中:$d\Phi$——光源在给定方向上的立体角元 $d\Omega$ 内发出的光通量。

发光强度是针对点光源而言的,或者发光体的大小与照射距离相比比较小的场合。这个量是表明发光体在空间发射的会聚能力的。可以说,发光强度描述了光源到底有多"亮",因为它是光功率与会聚能力的一个共同的描述。发光强度越大,光源看起来就越亮,同时在相同条件下被该光源照射后的物体也就越亮。

(3) 光亮度

光亮度(L,Luminance),单位为坎德拉每平方米,cd/m^2,有时也称尼特,即 nt。

定义:光源在给定方向上的光亮度是在该方向上的单位投影面积上、单位立体角内发出的光通量。

$$L = dI/dA \cos\theta \tag{2-9-2}$$

式中:θ——给定方向与面源法线间的夹角。

亮度是针对光源而言,而且不是对点光源,而是对面光源。无论是主动发光还是被动(反射)发光,亮度是一块比较小的面积看起来到底有多"亮"的意思。这个多"亮",与取多少面积无关,但为了均匀,把面积取得比较小,因此才会出现"这一点的亮度"这样的说法。事实上,点光源是没有亮度概念的。另外,发光面的亮度与距离无关,但与观察者的方向有关。说一个手电很"亮",并不是说该手电的亮度高(因为手电是没有亮度概念的),而是说其发光强度大,或者是说被它照射的物体亮。亮度不仅取决于光源的光通量,更取决于等价发光面积和发射的会聚程度。比如激光指示器,尽管其功率很小,但可会聚程度非常高,因此亮度非常高。

(4) 光照度

光照度(E,Illuminance),单位勒克斯,即 lx

定义:被照明物体给定点处单位面积上的入射光通量称为该点的照度。

$$E = d\Phi/dA \tag{2-9-3}$$

式中:$d\Phi$——给定点处的面元 dA 上的光通量。

光照度是对被照地点而言的,但又与被照射物体无关。一个流明的光,均匀射到 $1\ m^2$ 的物体上,照度就是 1 lx。照度的测量用照度表,或者叫勒克斯表、lux 表。为了保护眼睛,便于生活和工作,在不同场所下到底要多大的照度都有规定,例如机房不得低于 200 lx;一个房间面积为 $(3.8 \times 6.5)\ m^2$,有 12 个 20 W 的日光灯管,桌面照度大约为 400 lx。

(5) 光出射度

光出射度(M),单位:Lm/m^2

定义:扩展源单位面积向 2π 空间发出的全部光通量。

$$M = \frac{\partial \Phi}{\partial A} \tag{2-9-4}$$

式中:A——扩展源面积。

2.9.2 光度学基准

1. 坎德拉的最新定义

光度学的基本单位是发光强度的单位——坎德拉(cd),英文是"蜡烛"的意思。光通量、光照度、光亮度及光出射度等的单位都由坎德拉推导出来。在近200年的光度学历史中,光度基准及其单位的演变经历了漫长岁月。从最初的烛光基准,经过白炽灯基准,到现在坎德拉的最新定义。

由于辐射度学的飞跃发展以及电子测量技术的日益提高,有关国家分别对最大光谱效能做了精确的测量,经过讨论一致同意"最大光谱光视效能"为683 Lm/W,可用光谱辐射来实现坎德拉的基准,因此,1979年10月第十届国际计量大会通过决议如下:坎德拉是发光单色辐射的频率 540.0154×10^{12} Hz 的光源,在给定方向上的发光强度,在该方向的辐射度为(1/683) W/Sr。

新定义最大优点在于坎德拉的大小不受光谱光效率的影响,也就是说,光度单位本身可以不受人眼因素的影响。

2. 光度基准装置

根据坎德拉的新定义,可以通过多种途径来复现光度基准。目前技术上最成熟的方法是在绝对辐射计前加 $V(\lambda)$ 滤光器,使它具有标准光度观察者的光谱响应特性,复现装置如图2.59所示。

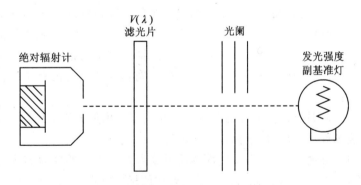

图 2.59　用绝对辐射计复现坎德拉的实验装置原理图

复现装置由一组辐射计-$V(\lambda)$滤光器系统组成光度基准,用于标定一组色温为2 856 K的标准灯的发光强度值,作为次级标准,即发光强度副基准,保持发光强度单位——坎德拉。

将灯丝平面、光阑、滤光器和辐射计的限制光阑的中心精心调整在同一测量轴线上,且使灯丝平面和限制光阑垂直于该轴线,辐射计放置在热屏蔽箱内,待其温度分布均匀后再开始测量。

当不放 $V(\lambda)$ 滤光器时,辐射计限制光阑处的光照度为

$$E_v = K_m \int E_{e,\lambda} V(\lambda) d\lambda \tag{2-9-5}$$

放入 $V(\lambda)$ 滤光器时,辐射计限制光阑处的光照度为

$$E_e = \left(\frac{l}{l-\Delta}\right)^2 \tau_{555} \int E_{e,\lambda} \tau(\lambda) \mathrm{d}\lambda \qquad (2-9-6)$$

式中:K_m——明视觉最大光谱光视效能;

$E_{e,\lambda}$——不放 $V(\lambda)$ 滤光器时,在限制光阑处的光谱辐照度;

τ_{555}——滤光器在 555 nm 处的透射比;

$\tau(\lambda)$——滤光器的光谱透射比;

Δ——光线通过滤光器后的光程修正;

l——灯丝平面到限制光阑的距离。

由式(2-9-5)及式(2-9-6)可知,不放 $V(\lambda)$ 滤光器时,辐射计限制光阑处的光照度为

$$E_v = E_e K_m \frac{1}{\tau_{555}} \left(\frac{l-\Delta}{l}\right) \frac{\int E_{e,\lambda} V(\lambda) \mathrm{d}\lambda}{\int E_{e,\lambda} \tau(\lambda) \mathrm{d}\lambda} \qquad (2-9-7)$$

式中,E_v,τ_{555},l,Δ 等都可以精确测定,则比值为

$$\alpha = \frac{\int E_{e,\lambda} V(\lambda) \mathrm{d}\lambda}{\int E_{e,\lambda} \tau(\lambda) \mathrm{d}\lambda} \qquad (2-9-8)$$

可看做是 $V(\lambda)$ 滤光器配置不尽善尽美而引起的一个修正系数。计算时,不需要知道 $E_{e,\lambda}$ 的准确的绝对数值,只要知道光源的相对光谱辐射功率分布就可以了。

E_v 求得后,根据距离平方反比定律,可得光源的发光强度:

$$I_v = l^2 E_v \qquad (2-9-9)$$

在实际工作中,往往需要测量光源发出的总光通量,因此要求建立相应的计量标准。用分布光度计,根据发光强度副基准测量一组总光通量标准灯发光强度的空间分布,再计算标准灯发出的总光通量,作为用相对法(如用球形光度计)测量光源总光通量的最高标准,叫作总光通量副基准。副基准标定相应的工作基准,工作基准将副基准所保持的单位量值传递给各级标准,供实际工作中使用。

发光强度标准灯同时也是光照度标准灯。它在一定距离处的面上所建立的光照度可以根据距离平方反比法则计算得出,用来标定光照度计。

当光照射均匀漫反射面时,若漫反射面的反射比为 ρ,面上的照度为 E,则它的亮度为 $L = \rho E/\pi$。因此可用发光强度标准灯照射已知漫反射比的标准漫反射板来标定亮度计。

2.9.3 光度计量标准

光度学计量测试研究光度学参数的测量及光度学测量仪器和光度学参数的标定和校准两个方面的内容。本节主要介绍如何从光度学基本概念和发光强度基准出发建立光度学计量标准,如何利用光度学计量标准对测量仪器如照度计、亮度计等进行标定和校准。

1. 发光强度标准装置

发光强度的标定依据发光强度检定规程。对下级发光强度标准灯的检定工作在光轨上进

行,用等距离方法。等距离法系指标准灯、待测灯、参考灯到光电光度计探测面距离皆相等,且位于同侧。如图 2.60 所示,一只参考灯、一组标准灯、一组待测灯交替排序,放于距接收器相同远处,各灯先后对准光电接收器,分别测出参考灯、标准灯、待测灯照射接收器产生的光电流 $i_{标}$、$i_{待}$,根据下式计算:

$$I_{待} = (i_{待}/i_{标}) \cdot I_{标} \quad (2-9-10)$$

式中:$I_{标}$——标准灯的发光强度;

$I_{待}$——待测灯的发光强度。

参考灯用来监视测量系统的稳定性,根据光电流 $i_{参}$ 的变化规律对测量数据进行修正。

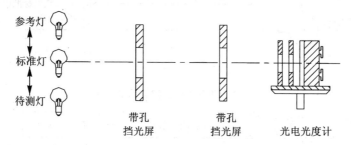

图 2.60 发光强度标准装置示意图

2. 光亮度标准装置

光亮度标准装置主要由发光强度标准灯光源、光轨测量系统、标准白板、稳压电源及数字电压表等组成。工作原理框图如图 2.61 所示。

图 2.61 光亮度标准装置示意图

当移动标准灯时,在被测的亮度计上产生大小不同的标准亮度值,其标准亮度值 L 由下式计算:

$$L = \rho I/\pi l^2 \quad 或 \quad L = \tau I/\pi l^2 \quad (2-9-11)$$

式中:ρ——标准白板的反射比;

τ——标准白板的透射比;

I——标准灯的发光强度值,单位为 cd;

l——标准白板迎光面与标准灯的灯丝平面间的距离,单位为 m。

亮度的标定依据亮度计检定规程,其装置如图 2.62 所示。亮度计一般分为成像式亮度计和排成像式亮度计,其检定原理分别如图 2.62(a) 和图 2.62(b) 所示。

3. 光照度标准装置

光照度标准装置主要由发光强度标准灯、光轨测量系统、稳压源及数字电压表等组成。工作原理框图如图 2.63 所示。

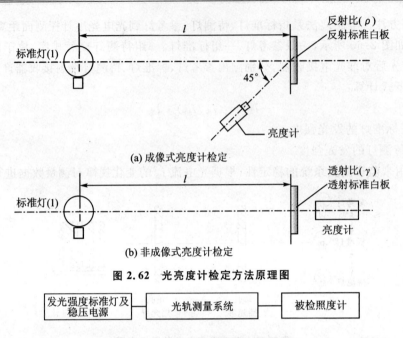

图 2.62 光亮度计检定方法原理图

图 2.63 光照度标准装置原理框图

当移动标准灯时,会在被测照度的接收器上产生不同的标准照度值,由下式计算:

$$E = I/l^2 \qquad (2-9-12)$$

式中:E——在测试面上产生的照度,单位为 lx;

I——标准灯的发光强度,单位为 cd;

l——标准灯的灯丝平面到光度头测试面的距离,单位为 m。

光照度的检定依据光照度计检定规程,其装置如图 2.64 所示。

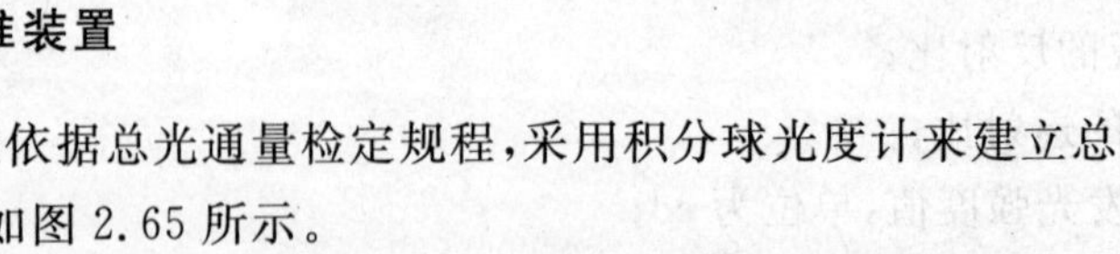

图 2.64 光照度标准装置上标定照度计的示意图

4. 总光通量标准装置

总光通量的标定依据总光通量检定规程,采用积分球光度计来建立总光通量标准,用替代法测量灯的光通量,如图 2.65 所示。

将标准灯和待测灯依次放入积分球内同一位置,测出相应的照度值后进行计算,得到待测灯的总光通量值,则有:

$$E_s = \frac{\rho}{1-\rho} \cdot \frac{\Phi_s}{4\pi rR^2} \qquad (2-9-13)$$

$$E_t = \frac{\rho}{1-\rho} \cdot \frac{\Phi_t}{4\pi rR^2} \qquad (2-9-14)$$

由此得

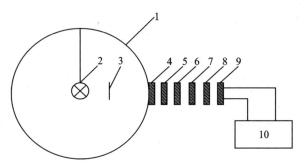

1—积分球；2—灯；3—挡屏；4—窗口；5—可变光阑；6—快门；
7—减光器；8—$V(\lambda)$滤光片；9—光电接收器；10—示数仪表。

图 2.65　球形光度计示意图

$$\Phi_t = \frac{E_t}{E_s} \cdot \Phi_s \quad (2-9-15)$$

式中：Φ_t, Φ_s——待测灯和标准灯的总光通量值；

E_t, E_s——待测灯和标准灯相应的照度；

ρ——积分球壁的反射率；

R——积分球半径。

由此可测出光源的总光通量值。

5. 弱光度标准装置

弱光照度计的照度值范围一般为 $1\times 10^{-1} \sim 1\times 10^{-7}$ lx。

弱光度计量标准装置如图 2.66 所示，由弱光度测试台和标准探测器两部分组成。在测试台中溴钨灯和积分球组成了 2 856 K 稳定光源，积分球入射口和出射口处的可变光阑以及光路中的五片中性减光片组成减光系统，检定时将标准探测器或照度计的探头放置于测试台的探测面处。

该装置的检定方法是在保持光源与探测面的距离不变的情况下，先用标准探测器标定减光系统不同组合时在测试台探测面上的照度值。然后用待测照度计替换标准探测器采用减光系统的不同组合，实现对照度计的标定。

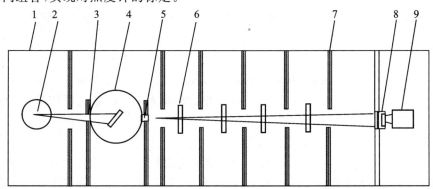

1—暗箱；2—光源；3—入射光可调光阑；4—积分球；5—出射光可调光阑；
6—中性减光片；7—挡板；8—法兰盘；9—标准弱光度计。

图 2.66　弱光度标准装置示意图

2.9.4 光度学测量仪器

1. 照度计

照度计是依照照度定义而设计制作的,其结构原理如图 2.67 所示,由 6 部分构成。

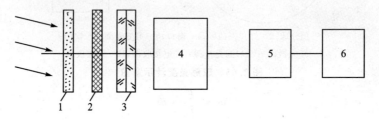

1—光漫射器;2—减光器;3—校正滤光片;4—光电探测器;5—放大器;6—显示器。

图 2.67 照度计结构原理

(1) 光漫射器

它作为余弦校正器使用,当有与光轴不平行的光束入射时,通过漫射器进行余弦校正,以满足光度量之间的变换关系。同时,漫射器也起到均匀照射光敏面的作用。

(2) 减光器

照度计中使用减光器是为扩大量程。采用叠加发黑处理后的铜网作为减光器,其减光倍数为 10^{-4} 倍。

(3) 校正滤光片

任何光电探测器的光谱特性和人眼视见函数都不会完全一致,因此采用光电探测器作为光度测量元件时,必须进行光谱校正。使该滤光片和后面的探测器的组合光谱特性尽可能与人眼视见函数一致。一般采用 CB 和 LB_6 两种有色玻璃的滤光片和长波截止膜组合而成。

(4) 光电探测器

为了实现大量程测量,可选用高灵敏度的多碱光阴极光电倍增管。

(5) 放大器和显示器

它们将光电倍增管输出的电信号进行直接放大,测量结果由数字显示器输出。

2. 亮度计

亮度的测量较照度测量复杂,从亮度的定义可知待测表面的亮度和观察距离无关。所设计的亮度计在测量发光面的亮度时,测量值应与测试距离无关。测量亮度按原理不同分为成像和非成像两种类型。

(1) 成像型亮度计

图 2.68 所示为成像型亮度测量原理。设发光面 s 均匀发光,亮度计由物镜 L 和组合光电接收器组成。组合光电接收器又由光阑 B、漫射光器 M、校正光器 S 和光电探测器件 GD 组成。s 面发光经物镜 L 成像在光阑 B 上,通过光阑 B 的光通量由光电探测器接收。光阑 B 为视场光阑,光阑孔面积为 A_2,对应被测发光面面积为 A_1。改变光阑 B 的孔径,可改变所测发光面的面积。图中 r 为物距,r_0 为像距,当 r 改变也就是测量距离改变时,r_0 也随之变化。按照

几何光学中物、像亮度不变原理,待测发光面亮度为 L 时,对应像的亮度 L',有:

$$L' = \tau L \tag{2-9-16}$$

式中:τ——物镜系统对光束的透射比。

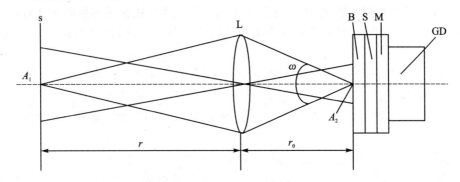

图 2.68 成像型亮度测量原理图

(2) 非成像型亮度计

非成像型亮度计的结构原理如图 2.69 所示,在光电接收器组的前面增加一个两端开孔的圆筒,远离接收器一端所开孔叫入射孔,孔的半径为 r_1,面积为 A_1;与接收器紧接的开孔叫限制孔,开孔半径为 r_2,对应面积为 A_2;筒长 l,内壁涂无光黑漆。

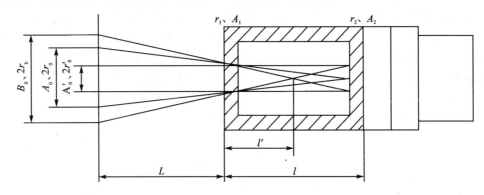

图 2.69 非成像型亮度计的原理图

设目标 s 的亮度为 L_0,这时探测器所接收到的光通量 Φ 为

$$\Phi = \pi L_0 A_1 \cdot r_2^2/(r_2^2 + l^2) \tag{2-9-17}$$

则:

$$L_0 = \frac{\Phi}{\pi A_1} \cdot \frac{r_2^2 + l^2}{r_2^2} = \frac{\Phi}{\pi A_1}\left[1 + \left(\frac{l}{r_2}\right)^2\right] \tag{2-9-18}$$

由上式可知,非成像型测亮度装置对一定亮度所获光通量值与测量距离无关,满足了亮度计的基本要求。此外,要提高装置的灵敏度,可增大入射孔面积 A_1 或缩短圆筒的长度 l 来实现。但应注意上述变化将增大被测面的面积。测量距离 l 对测量结果没有直接影响,但应考虑被测面是否包含在均匀发光面之中。

上述非成像型亮度计结构简单,造价相对低廉。特别方便的是在一般光照度接收头前,附加一个这样的圆筒就可用于测量亮度。

3. 光强空间分布测量仪器

合理、舒适的照明,不仅可以满足人们日常生活的物质需要,更能提供一个安全、节能、高效工作的环境,满足人们的精神需要。照明灯具的分布光度性能是影响照明质量的重要因素。随着各种照明光源的出现,对光源分布光强测量提出了新的要求,出现了各种分布光度测量装置。

在分布光度测量中,一般光源位于测量中心,探测器处于离开测量中心一定距离的位置上,通常有下面几种方式实现光源在空间各方向上的光度分布特性的测量:

① 探测器固定,测量灯具可分别绕着垂直轴或水平轴旋转,垂直轴和水平轴的交点即为光度测量中心。

② 光源固定不动,探测器可分别绕着垂直轴或水平轴作圆周运动。

③ 光源绕某一轴线旋转,而探测器则可绕另一轴线作圆周运动,且两轴线互相垂直。

④ 通过反射镜或者是相互运动装置实现前面的等效运动。

下面分别予以介绍:

(1) 旋转灯具式

图 2.70 和图 2.71 分别为两种旋转灯具式光强空间分布测量装置。如图所示,该结构中探测器固定在离灯具一定距离的位置上,灯具安装在可两个方向旋转的转台上。该转台的垂直主轴线是固定的,水平轴线可以转动。在计算机控制下,电机驱动垂直主轴旋转时,光度探头测量灯具在水平面上各方向的发光强度值。当一个平面测量完毕后,水平轴电机驱动灯具转过某一角度,然后光度探头再测量另一平面上的光强分布。如此反复,垂直主轴连续旋转,水平轴间断运动,实现灯具在空间各个方向上的光强分布数据的测量。

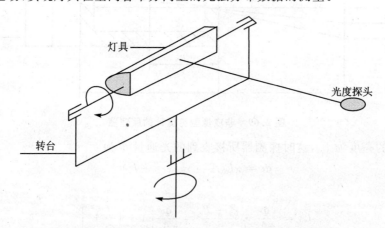

图 2.70 双立柱旋转灯具式光强空间分布测量装置

旋转灯具式结构原理简单,操作方便,可以适用于不同光束角和中心光强灯具的测量要求。但是由于测量过程中灯具发生翻转运动使灯具工作状态发生改变,会导致不同位置时测得的结果发生改变,因此,该结构一般只适用于灯具自身翻转对工作状态影响极小的灯具。

(2) 运动反光镜式

光度探头固定,并位于光视轴线上,灯具绕垂直轴线旋转光源的燃点方向保持不变,反光镜绕着测量灯具运动,并将光信号反射到探测器上。在这种结构中,测量光线与光度探头的法

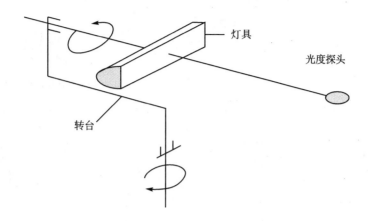

图 2.71　单立柱旋转灯具式光强空间分布测量装置

线成一定圆锥角入射,光度探头的角度响应一致性要求高,而且探头离开灯具的距离固定。在光源与探测器之间需要使用挡板,使光源发出的光线不直接到达光度探头。图 2.72 是这种结构的原理图。

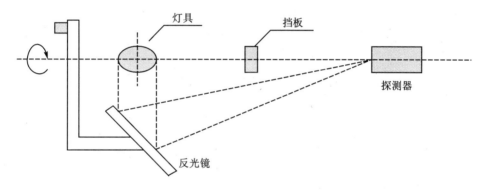

图 2.72　运动反光镜式分布光度计

该结构设计巧妙,被测灯具只需绕竖直轴旋转,工作状态不变,适用于多种类型灯具的测量。但是该结构采用测量光线以与光度探头的法线成一定圆锥角的方式入射,探测器位置固定,测量距离不可改变,因此只能测量有限大小的灯具。

(3) 旋转反光镜式

图 2.73 为旋转反光镜式分布光度计原理图。该结构有 3 个旋转轴。主轴驱动反光镜绕其中心点旋转,将灯具出射光反射到探测器上。与此同时,灯臂调整轴同步逆向旋转保持灯架始终处于垂直位置,从而实现灯具在 Y 方向的测量,探测器与旋转轴处于同一直线上。根据测量灯具的类型及功率,可以调节探测器离开反光镜的距离。C-Y 轴旋转实际等效于探测器围绕以灯具为中心的垂直球面旋转主轴的旋转,实现灯具在 Y 方向的测量,它的运动轨迹相当于地球的纬线方向,探测器测量各经纬线交叉点上的照度值。

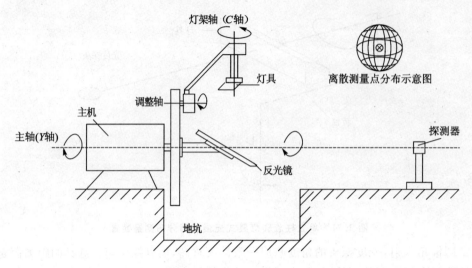

图 2.73 旋转反光镜式分布光度计原理图

第3章 激光参数计量与测试

激光参数计量测试主要是指激光功率、激光能量、激光空域特性和激光时域特性。在激光器输出的诸多参数当中,激光功率和能量是两个最基本的参数,激光功率和能量的准确计量是激光参数计量研究的重点内容。到目前为止,计量标准比较完善的是激光功率和能量。激光空域特性和时域特性也非常重要,评价体系也很完整,但还没有建立起计量标准。本章首先介绍激光计量参数,介绍激光功率标准和能量标准,然后介绍激光工程中的测试问题,最后简单介绍激光测距机主要参数的校准问题。

3.1 激光计量参数

(1) 激光功率(P)

定义:以受激辐射形式发射、传播和接收的功率。单位:W。

(2) 激光能量(Q)

定义:以受激辐射形式发射、传播和接收的能量。单位:J。

(3) 连续输出功率(P_{out})

定义:连续激光器件从输出端发射的激光功率或单位时间传输的能量。单位:W。

(4) 脉冲输出能量(Q_{out})

定义:脉冲激光器件从输出端发射的每个脉冲所包含的激光能量。单位:J。

(5) 脉冲平均功率(P)

定义:激光脉冲能量与脉冲持续时间(半宽度)之比。单位:W。

(6) 脉冲峰值功率(P_p)

定义:脉冲激光器发射的功率时域函数的最大值。单位:W。

(7) 平均激光功率(P_m)

定义:脉冲激光能量与脉冲重复率之积。单位:W。

(8) 激光波长(λ)

定义:激光功率的频谱分布曲线中最大值所对应的波长,也是激光谱线宽度对应的波长限内的平均光谱波长。单位:m。

(9) 光束直径(d_u)

定义:在垂直于光束轴的平面内,以光束轴为中心且包含规定为$u\%$总激光束功率百分数的圆域直径。单位:m。

(10) 光斑尺寸(d_s)

定义:激光靶面含有86.5%或$(1-e^{-2})$光束功率或能量的最小圆域的直径。单位:m。

(11) 束宽(d_{sx}和d_{sy})

定义:在非圆光束横截面的情况下,在给定的相互正交且垂直于束轴而分别在x和y方向透过$u\%$光束功率的最小宽度。单位:m。

(12) 激光功率密度($P(x,y)$)

定义:穿过光束横截面的激光功率除以该光束横截面。单位:W/m^2。

(13) 激光能量密度($E(x,y)$)

定义:穿过光束横截面的激光能量除以该光束横截面。单位:J/m^2。

(14) 激光束散角(q, q_{sx}, q_{sy})

定义:由于激光束宽度在远场增大形成的渐进面所构成的角度。单位:rad。

(15) 脉冲重复率(f)

定义:重复脉冲激光器单位时间发出的激光脉冲数。单位:Hz。

(16) 脉冲持续时间(t)

定义:激光时域脉冲上升和下降到它的50%峰值功率点之间的时间间隔。单位:s。

(17) 激光功率稳定度(S_P, S_Q)

定义:在规定时间内,激光最大和最小功率的差与和之商。

3.2 激光参数计量基准

激光参数计量基准主要指激光功率和激光能量基准。所谓基准指计量标准器具能最大限度地对所测物理量实现绝对测量,也就是测量准确度最高。由于人的认识是在不断发展,科学技术和测量手段也在不断发展,在不同的发展时期,基准是不同的。较早时候,激光功率基准建立在绝对量子探测器基础上,近几年,开始考虑把激光功率基准建立在低温辐射计基础上。美国、英国等发达国家已开始建立以低温辐射计为基础的激光功率和能量量传体系。

3.2.1 激光功率基准

1. 建立在绝对量子探测器基础上的激光功率基准

绝对量子探测器形式的基准器是一种基于硅光电二极管自校准技术的标准器,该标准器采用3只硅光电二极管组成特殊的结构,也叫硅光电二极管陷阱探测器,示意图如图3.1所示。入射光束在其内经历3次反射,恰好旋转360°。这不仅保证陷阱探测器的总吸收比超过4个9(即99.99%),减少了原单只硅光电二极管自校准中的反射比测量误差,而且消除了光的偏振对测量数据的影响。

量子型光功率基准器的绝对灵敏度$R(\lambda)$可由量子效率$\eta(\lambda)$、总吸收比$\alpha(\lambda)$、激光波长λ以及硅光电二极管在各种偏压下的饱和电流比值,按下式求得:

$$R(\lambda) = \frac{\lambda \cdot \eta(\lambda) \cdot \alpha(\lambda)}{1.23985} \quad (3-2-1)$$

$$\eta(\lambda) = \varepsilon_0(\lambda) \cdot \varepsilon_R(\lambda) \cdot \{1 - [1-\varepsilon_0(\lambda)] \cdot [1-\varepsilon_R(\lambda)]\}^{-1} \quad (3-2-2)$$

式中:ε_0——二极管在零偏压和饱和偏压下的光电流之比;

ε_R——二极管反偏压为零和反偏压使光电流饱和时光电流之比。

2. 以低温辐射计作为激光功率基准

第2章介绍了低温辐射计的工作原理和主要性能,它利用光功率和电功率的等效性实现

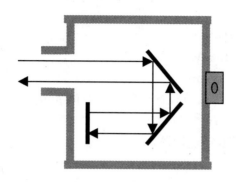

图 3.1 绝对量子探测器形式的基准器示意图

光功率的绝对测量。正由于低温辐射计实现了光功率的绝对测量,测量功率的不确定度达到 0.01%,比工作标准激光功率计高两个数量级。因此,近年来,各发达国家已把它作为功率测量的基准,同时把硅光电二极管陷阱探测器作为传递标准,建立激光功率量传体系。其装置原理如图 3.2 所示。

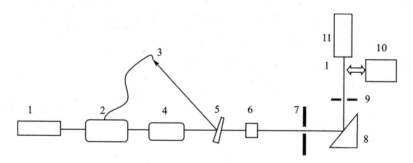

1—激光器;2—稳功仪;3—监视探测器;4—空间滤波器;5—楔型分束器;6—起偏器;
7—斩波器;8—转向镜;9—孔径光阑;10—陷阱探测器;11—低温辐射计。

图 3.2 用低温辐射计标定激光功率计原理图

以低温辐射计作为激光功率基准的测量装置主要由 4 部分构成:

(1) 激光稳功率系统

激光稳功率系统包括激光器和稳功率仪,激光器输出功率在毫瓦量级的连续激光束,稳功率仪使激光进一步稳定,稳定度达到 0.01%。

(2) 低温辐射计

低温辐射计是主基准器,第 2 章中介绍了低温辐射计的工作原理和使用方式,这里不再重复。

(3) 空间滤波器及配套光学系统

空间滤波器及配套光学系统是在输出光束中,选择中间均匀性较好的部分,入射到探测器。

(4) 陷阱探测器

陷阱探测器为传递标准,低温辐射计把量值通过测量装置传递给陷阱探测器。

标定过程:激光经稳功率仪稳定后,经过空间滤波器,通过快门控制通断,由低温辐射计测量其输出功率。陷阱探测器和低温辐射计交替进入光路,实现标定,而后由陷阱探测器标定下一级激光功率计。

目前达到的主要技术指标如下：
- 功率范围　10 μW～10 mW；
- 测量波长范围　0.3～20 μm；
- 定标波长　0.35 μm，0.53 μm，0.6328 μm，1.06 μm；
- 测量不确定度　0.01%；
- 传递标准测量不确定度　0.05%。

3. 激光中功率基准

上面介绍的激光功率基准测量范围在毫瓦以下，在毫瓦以上直到几十瓦的中功率范围，采用另外的基准。中功率基准接收器结构如图 3.3 所示。接收器设有两个独立对称的加热区，还可串联工作。两组对称热电堆用于双表面温差测量，串联温差电势反映加热功率，温差比反映加热区位置和表面温度分布。接收器严格的绝热设计使热损失主要发生在腔体接收孔轴方向上。热屏蔽窗口和腔体接收孔形成另一对称结构，并通过热电堆监测热功率流向。

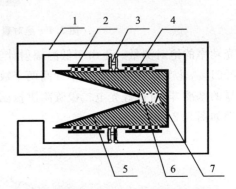

1—散热体；2—绝热层；3—热电堆；4—加热丝；
5—锥腔体；6—消光纹；7—全反面。

图 3.3　激光中功率基准器结构图

4. 激光大功率基准

采用绝对型流水式功率计作为激光大功率基准器。其结构如图 3.4 所示。锥体腔由电铸铜制成，内壁涂以碳黑。锥体内外壁镀有镍或铬，以防泡水后产生铜锈。热电堆采用串联镍铬-康铜对。这种流水式功率计的特点是：激光功率使流过双层锥体内的水流温度上升，水流与作为吸热面的内锥面接触，使内锥面保持接近于室温的温度，这样，它的辐射和对流便可忽略。流经接收器锥体前后的水温有一温差，由流水进出口处安置的热电堆感测出来。激光功率按量热法公式进行计算：

$$P = 4.186 c Q \frac{\Delta E}{dE/dT} \tag{3-2-3}$$

式中：c——水的比热容；

Q——水的流量；

ΔE——功率计热电堆的输出；

dE/dT——热电堆的热电势率。

为了保证测量准确度，流速稳定非常重要。因此，需在高处配置水位恒定器，并不断检测水的流量。

3.2.2　激光能量基准

激光能量基准是一种电校准的光热型能量计。在光热型能量计中，用电能比较和校准激

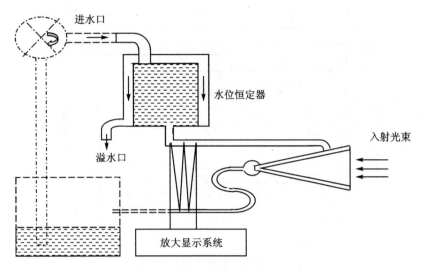

图 3.4 配有恒压水源的标准大功率计

光能量。在激光能量 $Q_光$ 的作用下,探测器的输出响应为 $(\Delta T_c)_光$;而在相近量级的电能 $Q_电$ 的作用下,监测器的输出响应为 $(\Delta T_c)_电$,并令吸收体的吸收系数为 A,光能和电能对探测器作用的光电不等效系数为 B,显然,有以下关系式:

$$Q_光 = \frac{B(\Delta T_c)_光}{A(\Delta T_c)_电} \cdot Q_电 \qquad (3-2-4)$$

由于激光加热和电能加热不可能完全相同,同时,电脉冲和光脉冲的宽度也不可能完全相同。因此,一般来说,式(3-2-4)中的 ΔT_c 是一项比较复杂的量,通常把它叫做修正温升,它同时包含能量计在光能或电能作用下的内在变化以及在这一过程中量热器同周围环境的热交换。可以证明:

$$\Delta T_c = T_F - T_1 + \varepsilon \int_{t_1}^{t_F}(T - T_\infty)\mathrm{d}t \qquad (3-2-5)$$

式中: T_1, T_F——分别为初测期温度和终测期温度;

T_∞——收敛温度;

ε——冷却常数,其倒数即为时间常数。

$\varepsilon = 1/\tau$,它们由能量计的热容 c 及其热交换系数 μ 来确定:

$$\varepsilon = \frac{\mu}{c_p}$$

一个好的能量计在冷却过程中,遵从下列牛顿冷却规律:

$$\frac{\mathrm{d}T}{\mathrm{d}t} = -\varepsilon(T - T_\infty) \qquad (3-2-6)$$

在标准能量计中,用电能模拟和替代光能,以达到校准的目的。测出加到能量计内的电加热器上的电流、电压及其脉冲宽度或持续时间,则可计算出其电校准能量。

图 3.5 所示为 N 型激光能量基准的结构示意图。

图 3.6 所示为 B 型能量计剖面图。

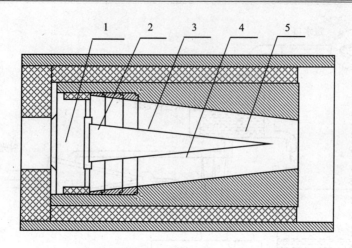

1—光阑;2—绝热支撑;3—热电偶;4—锥腔;5—热沉。

图 3.5　N 型激光能量基准示意图

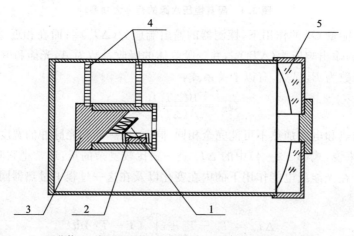

1—吸收体;2—侧反凹面镜;3—铝座;4—尼龙螺杆;5—大凹面镜。

图 3.6　B 型能量计剖面图

3.3　激光参数计量标准

3.3.1　激光功率标准

上一节介绍了激光参数计量基准。在激光功率基准中,把低温辐射计作为基准器,陷阱探测器作为传递标准开展量值传递。本节介绍的激光功率标准最终溯源于低温辐射计。值得注意的是,低温辐射计工作在毫瓦以下量级功率测量,在毫瓦以上需要标准衰减器进行量值扩展。目前,根据测量量程和范围,把激光功率计量又分为小功率、中功率、大功率和强功率。

1. 激光小功率标准

激光小功率标准装置一般由一台稳功率激光器和一台标准功率计组成,其原理如图 3.7

所示。激光器、光阑和稳功仪组成稳定光源部分,提供所需波长的连续稳定激光输入辐射,目前定标波长有 0.632 8 μm、1.06 μm、1.54 μm 等。衰减器衰减倍数可根据被标功率计量程确定。

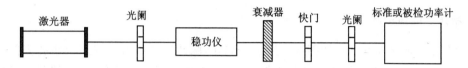

图 3.7 激光小功率标准装置示意图

目前达到的技术指标如下:
➢ 测量波长范围　0.3～15 μm;
➢ 测量功率范围　0.1～100 mW;
➢ 定标波长　0.632 8 μm;1.06 μm;1.54 μm;
➢ 测量不确定度　1%～2%。

2. 激光中、大功率标准

激光中功率和大功率标准如图 3.8 所示。

检定(或校准)原理:定标波长的激光器输出激光束经衰减器后,达到所需激光功率值,入射到待测激光功率计,根据事先测量得到的楔型分束器对标准激光功率计和监视激光功率计的分束比、标准激光功率计的功率灵敏度、衰减倍数及监视激光功率计的值,可计算得到待测激光功率计修正值或功率灵敏度值。

数据测量系统用于显示光热电势和自动数据采集与数据处理。

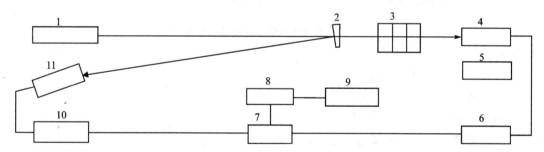

1—定标激光器;2—楔型分束器;3—衰减器;4—标准功率计;5—待测功率计;6—数字电压表;
7—数据采集系统;8—微机;9—打印机;10—数字电压表;11—监视功率计。

图 3.8 激光中、大功率标准装置测试原理图

主要技术指标如下:
➢ 测量波长范围　0.4～12 μm;
➢ 定标波长　1.06 μm,10.6 μm;
➢ 测量功率范围　100 mW～15 000 W;
➢ 测量不确定度约为　2%。

3.3.2 激光能量标准

1. 激光小能量标准

一种激光小能量标准装置如图 3.9 所示。YAG 脉冲激光经过反射镜及小孔光阑入射到分束镜,其中主光束经衰减器入射到标准探测器,另一束入射到监视探测器,测量分束比。移去标准探测器,代以待测探测器,发射一激光脉冲,由监视探测器以能量值按分束比可计算得到待测能量计的入射能量。移入频率转换器可进行 $0.53\,\mu m$ 波长测量,而移入移动反射镜,则可进行 $1.54\,\mu m$ 波长的测量。标准探测器的量值由激光平均功率和能量一级标准装置传递,并由电定标进行量值保存。

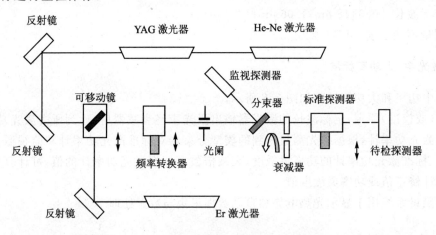

图 3.9 激光小能量标准装置示意图

主要技术指标如下:
- 工作波长 $0.53\,\mu m$, $1.06\,\mu m$ 及 $1.54\,\mu m$;
- 光谱范围 $0.4 \sim 2.0\,\mu m$;
- 能量范围 $10^{-3} \sim 1.0\,J$;
- 脉冲宽度 $10^{-3} \sim 10^{-9}\,s$;
- 测量不确定度 0.5%。

2. 激光中能量标准

一般激光中能量标准原理如图 3.10 所示。脉冲激光经过衰减器及分束器,入射到标准能量计,输出信号经直流放大单元,用数字电压表测定其热电势值,同时监视能量计获得相应的监视信号,算出能量监视比 R,再用被测能量计替代标准能量计,读出热电势或能量示值,同时测出监视能量计输出的热电势,根据计算公式得到激光灵敏度。

主要技术指标如下:
- 测量波长范围 $0.3 \sim 15\,\mu m$;
- 测量能量范围 $0.1 \sim 30\,J$;
- 定标波长 $1.06\,\mu m$;

第 3 章 激光参数计量与测试

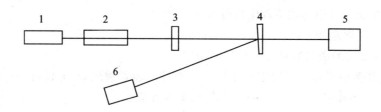

1—He-Ne 激光器；2—Nd 玻璃激光器；3—衰减器；
4—分束器；5—标准或被检能量计；6—监视能量计。

图 3.10 激光能量标准装置示意图

➤ 测量不确定度 2.5%。

根据激光能量计检定规程的规定，用做标准器的激光能量计的测量参数为灵敏度，直读式激光能量计的测量参数为修正系数。

被检激光能量计的灵敏度可由下式求出：

$$S = \frac{u}{Q_{标}} = \frac{uS_Q}{u'\overline{R}}$$

直读式激光能量计的修正系数按下式求出：

$$C = \frac{Q_{标}}{Q_{检}} = \frac{u'\overline{R}}{Q_{检}S_Q}$$

式中：S——被检能量计的灵敏度；

u——被检能量计的净响应；

u'——监视能量计的净响应；

$\overline{R}$——监视比测量的算术平均值；

S_Q——标准能量计的灵敏度；

C——被检能量计的修正系数；

$Q_{标}$——检定时的实际能量；

$Q_{检}$——被检能量计示值能量。

激光能量计检定中测量不确定度来源分析如下：

(1) 用做标准器的激光能量计的灵敏度检定测量不确定度来源

由用做标准器的激光能量计灵敏度检定的测量数学模型可以看出影响测量不确定度的分量主要有：

➤ 监视比测量引起的不确定分量 u_1；

➤ 标准能量计引入的不确定分量 u_2；

➤ 监视能量计测量不准引起的不确定度分量 u_3；

➤ 被检能量计测量不准引起的不确定度分量 u_4；

➤ 由于测量重复性引起的不确定度分量 u_5。

(2) 直读式激光能量计的校准不确定度来源

由直读式激光能量计校准的测量数学模型可以看出影响测量不确定度的分量有：

➤ 监视比测量引起的不确定分量 u_1；

➤ 标准能量计引入的不确定分量 u_2；

➤ 监视能量计测量不准引起的不确定度分量 u_3；

➢ 由于测量重复性引起的不确定度分量 u_4。

测量不确定度评定如下:

(1) 用做标准器的激光能量计灵敏度的检定

① 监视比的测量引起的不确定度分量 u_1。在标准装置预热 30 分钟后,开始测量监视比,连续测量 6 次,其不确定度属 A 类不确定度,由下式计算:

$$u_A(R) = S(R) = \sqrt{\frac{1}{n(n-1)}\sum_{i=1}^{n}(R_i - \overline{R})^2}$$

② 标准能量计引入的不确定度分量 u_2。标准能量计的灵敏度 S_Q 由计量部门给出,其扩展不确定度为 $1.5\%(k=2)$,属 B 类不确定度,则:

$$u_B(S_Q) = 0.75\%$$

因其灵敏度系数为 $\left|\frac{\partial S}{\partial S_Q}\right| = 1$,所以 $u_2 = \left|\frac{\partial S}{\partial S_Q}\right|u(S_Q) = 0.75\%$。

③ 监视能量计测量不准引起的不确定度分量 u_3。用于接收监视能量计输出信号的数字电压表的扩展不确定度由计量部门给出,其值为 $0.16 \times 10^{-4}(k=3)$,属 B 类不确定度,则

$$u_B(u') = \frac{0.16 \times 10^{-4}}{3} = 53 \times 10^{-6}$$

因其灵敏度系数为 $\left|\frac{\partial S}{\partial u'}\right| = 1$,所以 $u_3 = \left|\frac{\partial S}{\partial u'}\right|u_B(u') = 5.3 \times 10^{-6}$。因其太小,不足以影响结果的不确定度,可忽略不计。

④ 被检能量计测量不准引起的不确定度分量 u_4。用于接收被检能量计输出信号的数字电压表的扩展不确定度由计量部门给出,其值为 $1.7 \times 10^{-4}(k=3)$,属 B 类不确定度,则

$$u_B(u) = \frac{1.7 \times 10^{-4}}{3} = 0.57 \times 10^{-4}$$

因其灵敏度系数为 $\left|\frac{\partial S}{\partial u}\right| = 1$,所以 $u_4 = \left|\frac{\partial S}{\partial u}\right|u_B(u) = 0.57 \times 10^{-4}$。因其太小,不足以影响结果的不确定度,可忽略不计。

⑤ 测量重复性引起的测量不确定度分量 u_5。测量标准重复性引起的 A 类不确定度为 $u_5 = 0.27\%$。

(2) 直读式激光能量计的校准

① 由监视比测量引起的不确定度分量 $u_1 = 0.56\%$。
② 由标准能量计引入的不确定度分量 $u_2 = 0.75\%$。
③ 由监视能量测量不准引起的不确定度分量 $u_3 = 5.3 \times 10^{-6}$,可忽略不计。
④ 测量标准重复性引起的不确定度为 $u_4 = 0.56\%$。

合成标准不确定度:

(1) 用做标准器的激光能量计灵敏度的检定

由于各分量之间独立不相关,所以

$$u_c = \sqrt{u_1^2 + u_2^2 + u_5^2} = \sqrt{0.56\%^2 + 0.75\%^2 + 0.27\%^2} = 0.97\%$$

(2) 直读式激光能量计的校准

由于各分量之间独立不相关,所以

$$u_c = \sqrt{u_1^2 + u_2^2 + u_4^2} = \sqrt{0.56\%^2 + 0.75\%^2 + 0.56\%^2} = 1.09\%$$

扩展不确定度：

(1) 用做标准器的激光能量计灵敏度的检定

要求置信水平为 0.95%，取 $k=2$，则扩展不确定度为 $U=k u_c=1.94\%$。

(2) 直读式激光能量计的校准

要求置信水平为 0.95%，取 $k=2$，则扩展不确定度为 $U=k u_c=2.18\%$。

3. 激光微能量标准

脉冲激光微能量标准装置原理如图 3.11 所示。采用分束比法复现标准脉冲激光微能量单位，此标准脉冲激光微能量值与待校准或检定的脉冲激光微能量计所测值进行比较，可得到修正系数或能量灵敏度，从而达到量值传递的目的。

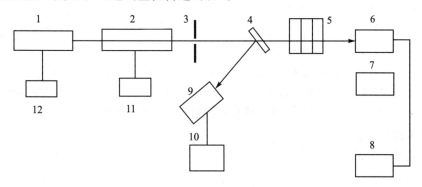

1—He-Ne 激光器；2—Nd:YAG 激光器；3—光阑；4—楔型分束器；5—衰减器；6—标准能量计；
7—待测能量计；8—显示器；9—监视能量计；10—数字电压表；11—激光电源；12—驱动电源。

图 3.11　脉冲激光微能量标准装置原理图

测量装置由 Nd:YAG 调 Q 脉冲激光器、标准能量计、监视能量计、数字电压表、光衰减器、光阑、屏蔽罩等部分组成。

脉冲激光微能量标准装置的测量原理和激光能量标准装置原理相同，这里不再重复。

需要说明的是，微能量校准要求大倍率衰减器，要求严格的光屏蔽和电磁屏蔽，严格控制环境温度，这与常规能量校准不同。

主要技术指标如下：

➢ 测量波长范围　$0.4\sim12\ \mu m$；

➢ 能量范围　$10^{-3}\sim10^{-12}\ J$；

➢ 定标波长　$1.06\ \mu m$；

➢ 测量不确定度　6.0%。

3.3.3　脉冲激光峰值功率标准

1. 单脉冲激光峰值功率标准装置

单脉冲激光峰值功率标准装置如图 3.12 所示。由图可知，用标准能量计和监视能量计测出分束比 α，然后用待检峰值功率计代替标准能量计，同时在旁路用监视能量计和光电探测器及瞬态数字化波形分析仪分别测出监视能量值 Q、脉冲波形的峰值电压 U_m 和波形积分面积 S，记录其待检峰值功率计读数 Y，利用下式计算出脉冲峰值功率之标准值：

$$P_\rho = U_m \alpha Q' / SR_s \qquad (3-3-1)$$

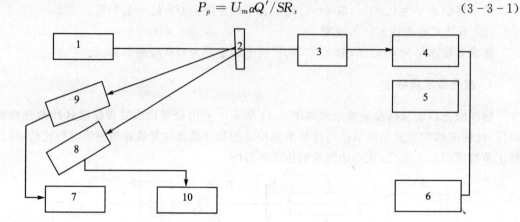

1—单脉冲激光器；2—楔型分束器；3—衰减器组；4—标准激光能量计；5—受检脉冲激光峰值功率计；6—直流数字纳伏表；7—直流数字纳伏表；8—光电探测器；9—监视能量计；10—瞬态数字化波形分析仪。

图 3.12　单脉冲激光峰值功率计标准装置示意图

主要技术指标如下：
- 峰值功率　1 W～50 mW；
- 脉宽　10～100 ns；
- 波长　1.06 μm，10.6 μm；
- 扩展不确定度　5.0%，6%。

2. 重复频率激光峰值功率标准装置

重复频率激光峰值功率标准装置如图 3.13 所示。该标准装置采用输出功率稳定和频率稳定的模拟光源、标准微功率计（平均功率）、标准频率计、光电探测器及瞬态数字化波形分析仪进行峰值功率校准。其过程为：首先用微功率计测量由输出稳定模拟光源发出的经分束后主光路上光平均功率 P，然后用待检峰值功率计替换标准微功率计，并记录其显示值 Y，与此同时旁路随机抽样测量其脉冲波形的峰值电压 U_m 和波形面积 S，标准频率计测量光源的触发频率 f，利用下式计算脉冲峰值功率之平均值：

$$P_\rho = U_m P / fS \qquad (3-3-2)$$

标准装置示意图如图 3.13 所示。

主要技术指标如下：
- 峰值功率　0.1 μW～1 W；
- 脉冲宽度　10～100 ns；
- 主要校准波长　0.91 μm，10.6 μm；
- 扩展不确定度　5.0%。

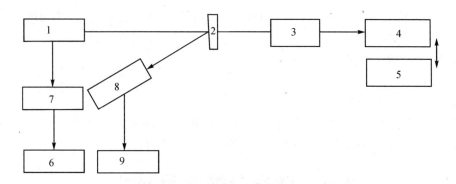

1—重复频率激光光源；2—楔型分束器；3—衰减器组；4—标准激光功率计；5—受检激光峰值功率计；
6—数字频率计；7—脉冲激光电源；8—光电探测器；9—瞬态数字化波形分析仪。

图 3.13　重复频率激光功率标准装置示意图

3.3.4　激光平均功率和能量标准装置

图 3.14 为一种激光平均功率和能量标准装置原理图。

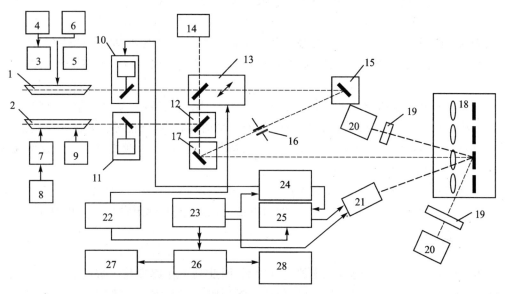

1—λ 为 488.0 nm 的激光器；2—λ 为 10.6 μm 的激光器；3—电源；4—步进电机转换器；5—空气冷却装置；
6—水过滤器；7—负载阻抗；8—电源；9—水过滤器；10—λ 为 488.0 nm 的探测器；11—λ 为 10.6 μm 的探测器；
12—反射镜；13—波长转换装置；14—光吸收器；15—反射镜；16—小孔光阑；17—反射镜；18—衍射分束器；
19—电子快门；20—待检探测器；21—标准探测器；22—控制单元；23—高精度稳压电源；24—换向装置；
25—数字电压表；26—处理器；27—显示器；28—打印机。

图 3.14　激光平均功率和能量标准装置原理图

由图 3.14 可知，连续激光经反射镜及光阑射向衍射光栅，把激光束按衍射级分成两束，其中一束入射到标准探测器，另一束入射到待测功率计。衍射光束的强度比已精确测定，通过标准探测器的输出可计算得到入射到待测功率计的标准值。在检定能量计时，电子快门的控制时间 t 值，由数字频率计精确测定，因此得到输入到待测能量计的标准值。对于不同的波长，移动相应的反射镜及衍射光栅后,再进行测量。标准探测器可事先进行电定标测量。

主要技术指标如下:
- 工作波长 $0.488\ \mu m, 1.06\ \mu m$;
- 光谱范围 $0.4\sim 12\ \mu m$;
- 测量范围 $0.01\sim 2\ W; 0.01\sim 2\ J$;
- 扩展不确定度 0.15%,波长为 0.488 mm,测量范围为 $0.01\sim 2\ W,0.01\sim 2\ J$ 时;0.5%,波长为 1.06 mm,测量范围为 $0.01\sim 2\ W,0.01\sim 2\ J$ 时。

3.4 激光参数测量技术

前面几节介绍了激光参数计量基准和标准,重点介绍激光功率和能量计量问题。本节介绍激光参数测量技术,包括激光功率、激光能量、激光空域参数、激光时域参数和激光测距机参数的测量技术。在介绍常规量限测量基础上,也简要介绍强激光测量技术和超短脉冲激光测量技术。

3.4.1 激光功率能量测试技术

激光功率能量的测量是随着激光技术的发展而发展的。早在 20 世纪 60 年代,伴随着第一台激光器的产生,就提出了量化激光器输出特性的要求,与之相对应的,激光参数测量技术也提到了议事日程。

激光功率和能量这两个基本参数是相互联系的,从原理上讲,功率是能量对时间的微分,而能量是功率对时间的积分。因此,通过测量功率,对时间积分,就能够得到激光能量值;通过测量能量,对时间求平均,就可以获得激光平均功率值。通常而言,激光功率是指连续激光平均功率,而激光能量则是指单脉冲激光能量。

本节重点介绍为解决激光功率能量测量而提出的各种实用方法以及测试仪器等。按照工作方式的不同,可将现有的激光功率能量测量方法分成光电型、辐射计型和量热型等。

1. 光电型

光电型激光功率计利用光电探测器进行探测,因此其工作原理与一般的光电探测器工作原理相同,均基于光电探测器材料的光电效应。激光照射探测器,探测器产生与入射光强度成正比的电流输出。

在一定的功率范围内,光电二极管有良好的线性输出。对于普通的光电二极管,其线性范围在纳瓦至毫瓦量级,因此,光电型激光功率计主要用于激光小功率和微能量的检测。

作为最高计量标准的激光功率计,以光陷阱型绝对式量子探测器为代表。

2. 热释电型

热释电型激光功率能量计利用材料热释电效应进行探测。探测器的热敏单元通常为热电晶体,晶体的两个表面镀金属膜,吸收所有入射激光能量,相应输出与入射光束形状或位置无关,热释电效应产生的所有电荷都被收集起来,通过相应电路输出。

热释电探测器对测量重复脉冲大于 5 000 Hz 的激光能量非常有用,但这类探测器耐用性差,因此,只要不是用来测量单脉冲激光能量,且平均功率已经满足要求的情况下,不使用此类探测器。

在激光功率能量计量当中,热释电型探测器的作用是扩展主基准的量程,探测器被主基准标定后,作为传递标准而使用。

图 3.15 所示是一种实用的、利用热释电效应制作而成的激光能量计光学测量头的结构示意图。该能量计为透射式激光能量计,在通光光路中安装有分束器,将入射激光分束。一部分光透过能量计,另一部分光经过分束器取样后,漫射到热释电探测器上,探测器信号经过放大后输出。

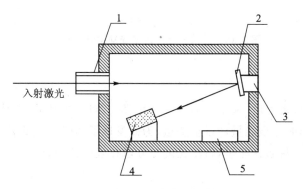

1—入射窗;2—分束器;3—出射窗;4—热释电探测器;5—前置放大器。

图 3.15　热释电型激光能量计示意图

3. 光辐射计型

光辐射计型激光功率计利用辐射度学中绝对辐射计技术实现激光功率测量。绝对辐射计是测量光源辐射度的仪器,在激光功率探测中,通常为光热型绝对辐射计,利用辐射加热和电加热的等效性来测量辐射功率,其基本工作原理为:被测辐射经过限制光阑后,辐射到辐射计接收面,接收面上的黑层吸收光辐射后产生温升,使热敏单元产生热电势输出。切断光辐射,接通接收面上加热器的电源,使加热器在接收面产生的热与辐射照射吸收后所产生的热相等。测出加热器两端的电流和电压,求出电功率 $P_e = IV$,对此值作光电不等效的修正后,就获得被测光源的辐射照度,为

$$E = IV/F \tag{3-4-1}$$

式中:F——光电不等效修正量。

图 3.16 所示是一种补偿式锥形腔激光功率计。采用两个锥腔,其中一个锥腔的作用是接收激光辐射,另一个锥腔则是提供补偿,两个锥腔之间绝热。此设计的优点是,当外界环境并不完全稳定时,补偿腔能反映出与辐射吸收腔同样的温度漂移,因此,它可以提供一个更好的参考点。激光功率计采用热电堆测量锥腔的温度升高,锥腔内表面安置加热电阻丝,提供电标定。

由辐射计工作原理可知,电加热与辐射加热的不等效性从原理上限制了光辐射计型功率计的测量精度。一种改善光电等效性的方法,是将吸收腔维持在很低的温度,为此发展了以低温辐射计为核心的激光功率计。

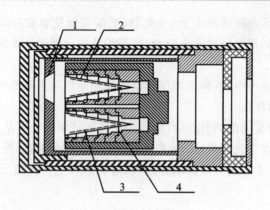

1—光阑；2—锥型腔；3—加热丝；4—热电堆。
图 3.16 补偿式锥形腔激光功率计结构图

4. 体吸收型

激光入射金属材料表面后，被很薄的一层区域吸收，对于短脉冲、高功率激光，不能使用光电型、热释电型和光辐射计型能量计进行测量，为此发展了体吸收型能量计。体吸收型激光能量计利用体吸收材料吸收激光能量，将激光能量分散在吸收体内，避免造成损伤，因此，可承受较高的激光辐射功率。

吸收材料可以是气体、液体或固体，具有不同的优缺点。气体、液体吸收材料的优点是由激光造成的损伤是可逆的，缺点是需要封装，会导致窗口的反射损失。固体吸收体的优点是不需要外加窗口，但由激光造成的损伤是不可逆的。

第一台激光能量的基准器是基于液体的体吸收效应。该器件的量能器为液体吸收盒，窗口为石英玻璃，盒内盛放液态 $CuSO_4$，吸收如红宝石激光器、Nd 玻璃激光器的激光脉冲，在吸收液中加入少量墨水，用来提高光谱吸收范围。吸收液中埋置有热电偶和电加热器，热电偶用来测量由于吸收激光能量而导致的吸收体温升，电加热器用来标定器件的响应输出。脉冲激光能量可根据液体盒的比热和温升计算出来，也可以利用已知能量的电脉冲加热液体，与由激光造成的温度上升相比较，根据电能量得到光能量。设计此测量仪用于测量脉冲激光的能量，也可用于测量连续波激光的能量或平均功率。测量仪的测量上限，能量为 30 J 或峰值功率为 200 MW。

体吸收型激光能量计尤其适用于脉冲时间为几十微秒或更短的激光，由于激光脉冲的持续时间非常短，热量在很短的时间内聚集起来，在脉冲持续时间内，热量无法传导出去。金属材料对激光的吸收为表面吸收，热能将全部聚集在材料表面很薄的一层范围内，容易造成材料的损伤，在这种条件下，体吸收是非常有效的手段。

目前使用的体吸收型激光能量计中，体吸收探头通常由中性玻璃与热传导金属基底两部分构成为一个整体。中性玻璃吸收激光辐射，由于玻璃按指数规律吸收激光辐射，吸光范围为 1～3 mm，而不是在一个微米范围内，因此，即使在短脉冲条件下，光和热也将在金属基底内沉积一定深度。

NIST 建立了 Q 系列高功率脉冲激光能量计，用于标定脉冲激光能量计，尤其是用于测量调 Q 型激光器或脉冲持续范围为 20 ns 的短脉冲激光输出的激光功率、能量。仪器剖面图和吸收腔剖面图分别如图 3.17 和图 3.18 所示。体吸收材料为中密度玻璃,系统配置有两块吸收体,呈 60°角,第二块吸收体吸收来自第一块吸收体费涅尔反射的激光,利用热电堆测量吸收体温升,得到入射激光能量。

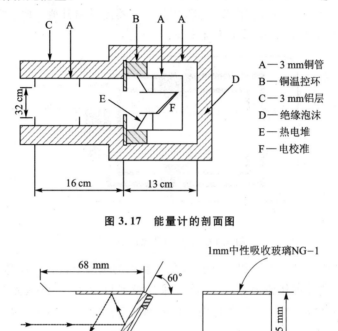

A—3 mm铜管
B—铜温控环
C—3 mm铝层
D—绝缘泡沫
E—热电堆
F—电校准

图 3.17 能量计的剖面图

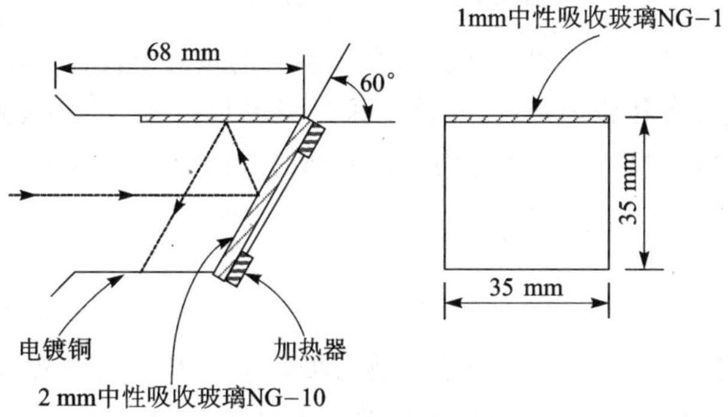

图 3.18 能量计吸收腔侧面和横截面剖面图

能量计可测量从可见到近红外波长范围的激光能量,测量激光能量密度上限为 $3\,\text{J/cm}^2$。为了适应短波长(输出波长如 248 nm 和 193 nm)准分子脉冲激光能量计的测试和标定,设计了 Q 系列的改进型,采用的工作原理相同。

5. 量热计型

量热计型激光功率能量计主要应用于高功率连续波激光测量。在高功率条件下,抗激光损伤阈值是研究的重点。量热计型功率能量计,工作原理也是激光的热效应,吸收体吸收全部入射激光辐射后,产生温升,通过测量吸收体的温升,利用相应的计算公式来获得激光功率能量值。与上述的几种测量方法的不同之处在于吸收腔的结构设计,目前,基于恒温环境的量热计被世界各国各计量机构广泛采用。

20 世纪 70 年代,NIST 建立了一系列的基于该原理的激光功率能量计,用来测量连续波激光输出。

图 3.19 所示是 NIST 建立的用于低、中功率激光输出测量的量热计剖面图,测量波长范围为可见和近红外,功率范围为 1 mW～1 W,测量不确定度约为 0.25%。

功率计的核心是圆柱形吸收腔,吸收腔包围着温控壳,提供绝热(恒温)环境,吸收腔与壳层之间安装真空窗口,窗口有一定的楔角,以消除相干光源的干涉效应。吸收腔末端有一定角度,激光辐射进入后,绝大多数能量被吸收,未被吸收的光功率反射至第二个吸收表面。吸收的光能量转换为热能,导致吸收腔温度升高,用热探测器测量温升值。吸收腔外壁安置电加热器,通过注入已知数量的电能量,实现仪器标定。

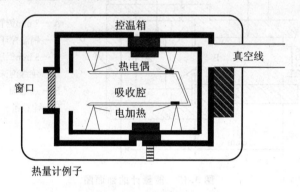

图 3.19 C 系列量热计剖面图

为了满足更高功率(1 000 W 以上)测量,在 C 系列的基础上设计和制造了 K 系列功率计。该系列与 C 系列量热计工作原理相同,吸收腔采用锥形反射镜,可将激光辐射扩展到较大的吸收区域,因此可减少辐射照度,避免损伤。该系列的量热计主要用于辐射功率大于 1 kW 连续波激光功率计的标定。

6. 流水式

流水式激光功率能量计针对特大功率的激光器而设计,激光能量被吸收后转换成热,为避免吸收体温度过高造成热损伤,在吸收腔外壁绕制循环水冷却装置,将能量带走,通过测量流入与流出端水温的改变量得到入射激光功率能量值。

NIST 设计的流水式激光功率计,可测量功率大于 100 kW 的连续波激光输出,该装置的吸收腔结构示意图如图 3.20 所示。

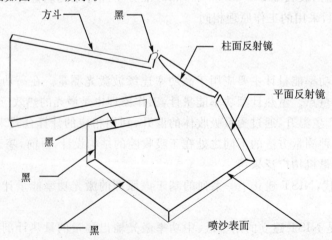

图 3.20 流水式激光功率计吸收腔结构示意图

装置采用方斗状的入口,以避免圆锥形入口可能产生的线聚焦,方斗的内表面镀金,形成高反射膜。吸收腔为多边形结构,入射激光主要照射在镀金的柱面反射镜上,并以发散的方式投射在邻近的平面反射镜或喷沙的镀金铜板,后者把光辐射散射于量热计的内腔面。

该装置可测量 $1\sim11\ \mu m$ 波长范围的激光能量值,测量能量上限为 10^7 J,系统采用电定标方式复现量值,整个仪器重约 500 kg。该仪器原型的测量时间为 20 min,不确定度为 13.2%,冷却时间长达 32 h,改进型的测量时间缩短为 3 min。

流水式测量方法中,受水流速度稳定性的影响,测量准确度较低。

3.4.2 高能激光功率与能量测量技术

上节介绍所述激光功率和能量测量的各种方法适用于常规量限激光测量,对于近年来普遍关注的连续波高能激光不能完全适用,必须采用其他测量手段。本节主要介绍与连续波高能激光有关的功率与能量测量方法。

高能量激光研究是一项要求投资巨大和多学科、长期研究的大型科学实验工程。准确的计量数据对于激光器研制技术的进步、激光实验系统的调整和故障排查以及实验结果的分析评价至关重要。

由于高能量激光应用主要集中在国防领域,国外对其研究进展和测量方法采取严格的技术保密,报道很少,且都是早期的研究工作。我国也有相关的研究,但在测量准确度方面还不能满足要求。在高能量激光的研制和实验过程中,研制单位一直都同时配备两套以上不同原理的测量仪器,以保证能提供准确可靠的实验数据。

高能量激光的显著特点是输出功率极强,足以造成材料的熔化损伤以及气化损伤,在设计高功率或高能量激光测试装置时,必须考虑确保吸收表面可以承受激光辐射而不受到损伤。这是高能量激光计量的难点,也是高能量激光与普通激光计量的区别之处。

目前,高能量强激光能量的测量方法主要有烧蚀法、相对法和绝对法等。

本节介绍国内现有的高能量激光功率、能量的计量方法和测量手段,比较各种测试方法的优缺点,重点描述绝对式高能量激光能量测量方法。

1. 烧蚀法

烧蚀称量法的工作原理是用高能量激光烧蚀有机玻璃,根据有机玻璃重量的减少来估计能量值。一般吸收比为 3 000 J/kg。这种方法的优点是成本低,操作简单,方便易行;缺点显而易见,测量误差大,定标困难,属于半定量的测量方法,经常作为一种辅助的参考手段来使用。

2. 相对取样法

相对式测量方法是通过对激光的时间或空间取样,仅获取一小部分激光能量,因此,可承受较高的激光辐射。但是,采用衰减和取样等间接方法进行测量时,需要高精度的衰减器或取样器,为了满足测量要求,衰减或取样比至少要达到 $10^{-3}\sim10^{-4}$ 量级。在高能量强激光的作用下,衰减和取样元件的取样比非常容易变化,取样比的微小变化,会导致能量测量有很大误差,如测量兆瓦级激光辐射时,元件取样比由 1/1 000 变为 2/1 000,造成的测量误差就会达到兆瓦量级。因此,在需要对高能量激光的功率和能量进行高精度测量时,一般采用绝对式测量方法,衰减和取样测量只能用做激光束的在线监测使用,并需要经常用直接测量仪标定取样比,才能保证测量的准确性。

积分球法和斩波法是两种现有的空间取样的相对测量方法,其中前者利用积分球对高能量激光进行取样,后者则利用空间斩波器实现取样。

(1) 积分球形测量法

这种方法利用积分球作为激光的衰减器,经积分球的多次反射使激光均匀地分布在积分球内表面,通过测量功率并记录脉冲时间,获得激光能量值,工作原理如图 3.21 所示。激光进入积分球内,经过多次反射,其中一小部分激光辐射被贴置在球腔壁上的探测器接收,其输出信号由指示器显示出来。球腔内的反射均匀,一般为漫反射壁。为了避免高能量激光造成损伤,球腔内表面为高反射面。球腔内的挡屏旨在遮去入射激光在腔壁上的第一次反射光。

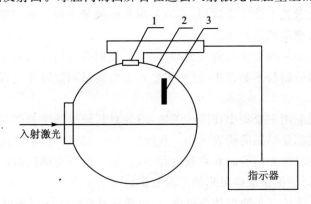

1—探测器;2—积分球;3—挡屏。

图 3.21 积分球测量原理图

假定球内壁为漫射型,窗口与球壁面积相比很小,则探测器所在窗口处得到的激光辐射功率 P 可以由式(3-4-2)描述,并由式(3-4-2)得到入射激光总功率 P_0。

$$P = P_0 \frac{r^2}{4R^2} \cdot \frac{\rho}{1-\rho} \quad (3-4-2)$$

式中:P_0——入射激光总功率;

r, R——分别为探测器窗口和球腔的半径;

ρ——球的内壁漫反射系数。

根据入射功率,记录脉冲时间,得到总能量。由于该方法是通过测量功率得到激光能量,因此,严格而言,这是一种相对型的激光功率计。

(2) 斩波法激光能量测量装置

斩波法是通过对激光在空间取样的方法,实现激光能量的测量。图 3.22 所示是一种扇形取样法的空间取样原理。取样器为高速旋转的扇形指针,指针的两端连接在金属空腔上。由于仪器采用了空腔式结构,绝大多数激光将透过能量计,只有少量的激光辐射能量被扇形指针反射到侧面的吸收体上,产生温升,通过测量温升得到待测能量。

扇形指针在空腔内部高速旋转,对激光束进行空间和时间采样,然后,根据指针的取样比、反射率以及旋转速度等参数,利用相应的控制电路将信号读出,换算出激光能量值。

为了消除探测器输出信号的起伏或闪烁带来的误差，保证测量精度，扇形指针的转速必须相当稳定，且应当足够高。

3. 绝对式测量法

绝对式测量法利用全吸收型探测器，使高能量激光全部照射进探测器中进行测量。绝对式测量方法吸收了全部的入射激光，因此测量准确度高，但由于激光功率和能量密度很高，因此，常规的光压法、光电法等测量方法难以直接应用，通常采用量热法进行直接测量。由于量热式测量方法具有平坦的波长特性，因而可作为高精度的测量方法使用。

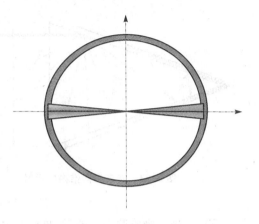

图 3.22　斩波法测量激光能量原理图

基于直接量热式原理的激光能量测量系统对中小激光器而言是成熟技术，但在高能激光测量中还存在一定的问题，其关键是测量系统的抗激光损伤问题。目前，通常采用流水式测量方法和绝对式量热法。流水式测量方法的工作原理详见 3.4.1 小节，这种方法利用循环冷却水将吸收体吸收的热能带走，通过测量入口端与流出端水温的差别得到激光功率值。

绝对式量热法采用吸收腔直接吸收全部入射激光，将光能转化为热能，通过在吸收腔的外壁缠绕测温电阻丝直接测量吸收体的温升，在已知材料质量和比热的条件下，计算出能量。测量装置中，吸收腔的有效吸收系数，即吸收腔吸收能量与入射总能量之比，直接关系测量准确度。

通常采用两种结构的吸收腔：锥形腔和球形腔。这两种结构有较高的吸收效率，可以吸收绝大多数的激光辐射。

(1) 锥形激光量热计

锥形量热计结构如图 3.23 所示，圆锥多采用铜或铝材料制作而成。为了提高吸收效率，吸收腔内壁发黑形成高吸收面。

当吸收锥的内表面为镜面时（图 3.23 中实线），即便吸收锥表面的吸收系数较低，入射激光在吸收锥内反射多次后几乎全被吸收，因此吸收腔的总吸收率非常高。

若吸收锥内表面为漫射面时（图 3.23 中虚线），则由于散射和反射造成的能量损失将不可忽略。

(2) 球形激光能量计

球形激光能量计利用光在球内的多次反射吸收实现测量，球内部发黑形成吸收面，吸收全部入射激光，光束在球内的反射如图 3.24 所示。

若球内表面为严格镜面，则约有 1/3 的激光束经历一次反射后从球开口处逃逸出去，而其他光束将在球内多次反射后被吸收腔所吸收。若球内壁为漫反射，则从球内反射出去激光能量约为 $0.25(r_h/r_s)^2$，其中 r_h 与 r_s 分别为球开口半径和积分球半径。

可见，为提高吸收腔的吸收率，必须减小球腔开口半径与球腔半径之比。目前采用如图 3.25 所示结构。在入射口有一个喇叭口形反射体，保证入射激光经过几次反射进入吸收球，在入射光束正对的球内表面装一个半球形反射体，减小入射强激光对表面的损伤。球体在强激光照射下产生的温升由测温电阻测量。温度升高的量值与吸收的激光能量之间满足：

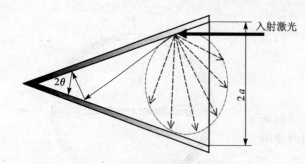

图 3.23 光束在圆锥内的反射　　　　图 3.24 吸收球内光束的反射

$$E = M \cdot C_p \cdot \Delta T / \alpha(\lambda) \tag{3-4-3}$$

式中：E——进入吸收腔激光能量，单位为 J；

　　　M——吸收腔质量，单位为 kg；

　　　C_p——吸收腔材料的比热，单位为 J/kg·C；

　　　ΔT——吸收腔温升，单位为 ℃；

　　　$\alpha(\lambda)$——吸收腔吸收系数。

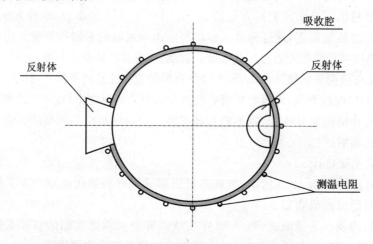

图 3.25 球形腔高能量激光能量测量装置示意图

3.4.3 绝对式测量法中影响因素分析

绝对式测量法是高能激光能量测量中最可靠、准确度最高的方法，但其制作和测量过程控制难度很大，影响测量不确定度的因素也很多。高能量激光入射至能量计吸收腔，激光能量转换为热能，使吸收腔温度升高。通过测温电阻丝测量温升值，进而计算得到入射激光总能量。由式（3-4-3）可知，影响激光能量测量不确定度的因素有：吸收腔的质量、吸收腔材料的比热、测温准确度、测量重复性及其他因素，高能量激光能量计测量不确定度可用式（3-4-4）来计算。以式（3-4-3）为基础进行分析，得到能量计测量不确定度。

$$u(E) = \sqrt{\left(\frac{\partial E}{\partial M}\right)^2 u_B^2(M) + \left(\frac{\partial E}{\partial (c_p)}\right)^2 u_B^2(c_p) + \left(\frac{\partial E}{\partial (\Delta T)}\right)^2 u_B^2(\Delta T) + u_B^2(\text{oth}) + u_A^2}$$

$$\tag{3-4-4}$$

相对不确定度为

$$u(E)/E = \sqrt{u_{相对}^2(M) + u_{相对}^2(c_p) + u_{相对}^2(\Delta T) + u_{相对}^2(oth) + u_{相对}^2(A)} \quad (3-4-5)$$

式中，oth 表示其他因素。

1. 不确定度分量

(1) 吸收腔质量

吸收腔的质量由计量单位检测后给出。根据计量检定结果，同时根据吸收腔质量可计算出由吸收腔称重引入的相对不确定度 $u_{相对}(M)$。由于现有质量测量准确度很高，这一项因素影响非常小，大约为 0.01%，即：

$$u_{相对}(M) = u_B(M)/M < 0.01\%$$

(2) 吸收腔材料比热

采用比热测量结果或文献给出的比热值，可计算出测量相对不确定度。

(3) 温度测量不准确

温度测量的不确定度包括：测温元件测量不准确引入的不确定度；热阻导致吸收腔内外壁温度差引入的不确定度；电阻温度标定引入的不确定度。

(4) 其他因素

以上介绍的各种不确定度源可通过计量单位进行精确计量后，直接予以分析和计算，而影响测量结果的更重要的不确定度因素主要有吸收腔的热损失和后向散射能量损失，这两部分能量损失是造成高能量激光能量测量偏差的重要因素。

2. 绝对式测量法中的热损耗

热损耗是由于吸收腔温度高于环境温度引起的，根据吸收腔的所处环境，吸收腔与外界存在热辐射、热传导和热对流三种热量交换关系。由于各自遵守不同的传热规律，需分别进行分析计算，以得出不同热传递方式对能量损耗的影响大小，将各种因素造成的热损耗相加后，就得到在激光维持照射过程中，吸收腔总能量损耗。

热传导的规律由傅里叶定律给出，根据给定的初始条件和边界条件就可以得到材料的温度分布以及热流量变化等；在分析热对流和热辐射时，由于吸收腔与空气之间的表面换热系数、表面发射率并非材料的物理参数，它与环境温度、表面状况等多种参数有关，无法像分析热传导过程一样，根据手册给定的数值进行分析计算，因此情况比较复杂。

根据传热学等有关方面的知识，要准确获得高能量激光能量计吸收腔与外界之间的热交换量，需要首先分析和确定出材料与外界换热系数满足的数学函数关系，然后再进行计算。确定材料与外界换热系数是分析热交换的难点和关键，往往需要通过大量的数学分析和复杂的实验过程，如确立材料的表面换热系数。在传热学中，常采用的分析法、比拟法等方法，需要首先通过求解复杂的偏微分方程，得到流体中的温度分布，再经过流场分析等，得到表面换热系数。实验法则须经过大量实验获得表面换热系数。因此，准确确定材料与外界的换热系数是一个十分复杂的过程。

虽然吸收腔与外界间的导热系数、表面换热系数以及发射率等都不是常量，但是总表面换热系数是仅与系统有关的一个参数，即仅与吸收腔与外界的连接情况、热接触、封装以及环境温度等有关。当这些情况基本不变时，该系数是一个相对不变的数值，因此，吸收腔的温度与热损耗量之间存在唯一确定的对应关系,通过一次实验研究得到的热损耗规律,可应用到不同工作条件下,而不必考虑激光功率以及脉冲持续时间等参数。

首先测量在激光停止加热后,吸收腔在自然处置条件下的温度下降曲线,此时吸收腔的温度仅由吸收腔与隔热材料之间的热传导、吸收腔与空气之间的热对流以及吸收腔的热辐射决定;根据热交换满足的规律建立热损耗的方程,得到某一温度下,某一时间微元内由于吸收腔与外界的热交换而造成的温度损失,该方程中温度是唯一的变量,但温度满足不同的变化规律,其各自对应系数也是一个未知数;利用测量得到的温度下降规律,对热损耗方程做数据拟合,得到各个不同温度变化规律对应的系数,由此就得到了某一时间微元内,由于热损耗而造成的温度与温度下降之间的关系。

根据得到的温度与温度下降的对应关系,就可得到在激光加热过程中(吸收腔升温过程中)温度与温度损失的关系,对时间进行积分就得到在整个激光加热过程中的能量损耗。具体分析过程如下所述。

(1) 热辐射损失

假设吸收腔的热辐射遵循黑体辐射规律,而材料表面发射率是一个未知参数,则在 dt 时间范围内吸收腔由于热辐射所损耗的能量为

$$dE = A\varepsilon\sigma(T^4 - T_0^4)dt \tag{3-4-6}$$

式中:dE——辐射损耗的能量;

A——吸收腔的表面积;

ε——表面发射率;

σ——斯忒藩-玻耳兹曼常量;

T——吸收腔对应的温度;

T_0——环境温度,也是吸收腔最终所达到的温度。

(2) 热传导损失

热传导损失主要是指吸收腔通过隔热材料向外传递热量。吸收腔通过隔热性能较好的有机材料圆筒将其与外面的金属材料隔离开,尽管有机材料圆筒的导热系数很小,但仍然有一部分热量通过隔热材料损失掉,对测量结果带来一定的影响。

用圆柱坐标系研究热传导方程,隔热材料热传导方程为

$$\rho c \frac{\partial T}{\partial t} = \frac{1}{r}\frac{\partial}{\partial r}\left(kr\frac{\partial T}{\partial r}\right) + \frac{1}{r^2}\frac{\partial}{\partial \varphi}\left(k\frac{\partial T}{\partial \varphi}\right) + \frac{1}{r}\frac{\partial}{\partial z}\left(k\frac{\partial T}{\partial z}\right) + \dot{\Phi} \tag{3-4-7}$$

由于对称性,可简化导热系数为常数、无内热源、稳态的导热问题,导热微分方程式(3-4-7)可简化为

$$\frac{\partial}{\partial r}\left(r\frac{\partial T}{\partial r}\right) = 0 \tag{3-4-8}$$

边界条件的表达式为:$r=r_1$ 时,$T=T$;$r=r_0$ 时,$T=T_0$。

对式(3-4-8)积分两次,并利用边界条件得到其温度分布为

$$T(r) = T + \frac{T_0 - T}{\ln(r_0/r_1)}\ln(r/r_0) \tag{3-4-9}$$

由此得单位面积的热损失为

$$q = -k\frac{dT}{dr} = \frac{k}{r}\frac{T - T_0}{\ln(r_0/r_1)} \tag{3-4-10}$$

则通圆筒的热流量为

$$\Phi = 2\pi r q = \frac{2\pi k(T - T_0)}{\ln(r_{0j}/r_1)} \quad (3-4-11)$$

(3) 空气热对流(传导)方程

吸收腔置于空气中,将以热对流(热传导)的方式向空气传递热量,通过建立吸收腔与空气的导热方程,可推出相关的关系式。由导热微分方程,可得笛卡儿坐标系中三维直角坐标下(也可为球坐标系或圆柱坐标系)非稳态导热微分方程的一般形式:

$$\rho c \frac{\partial T}{\partial t} = \frac{\partial}{\partial x}\left(k \frac{\partial T}{\partial x}\right) + \frac{\partial}{\partial y}\left(k \frac{\partial T}{\partial y}\right) + \frac{\partial}{\partial z}\left(k \frac{\partial T}{\partial z}\right) + \dot{\Phi} \quad (3-4-12)$$

式中:ρ——吸收腔微元体的密度;

$\dot{\Phi}$——单位时间内单位体积中内热源的生成热;

k——导热系数;

t——时间。

材料的导热系数可认为为常数,则式(3-4-12)简化为

$$\frac{\partial T}{\partial t} = a\left(\frac{\partial^2 T}{\partial x^2} + \frac{\partial^2 T}{\partial y^2} + \frac{\partial^2 T}{\partial z^2}\right) + \frac{\dot{\Phi}}{\rho c} \quad (3-4-13)$$

式中,$a = k/\rho c$ 为热扩散系数。

由于铜的导热系数远大于铜和空气间的导热系数,因此可忽略物体内部导热热阻,那么吸收腔的温度与位置无关,所以式(3-4-13)中对位置的导数项均为零。于是式(3-4-13)简化为

$$\frac{dT}{dt} = \frac{\dot{\Phi}}{\rho c} \quad (3-4-14)$$

其中 Φ 应看成广义热源。吸收腔和空气之间的热交换可折算成一个体热源的热交换,则有

$$-\dot{\Phi} V = Ah(T - T_0) \quad (3-4-15)$$

式中:h——对流换热表面传热系数;

A——吸收腔的表面积。

因为吸收腔被冷却,当时间趋近无穷大时,温度趋近 T_0,于是有

$$\rho c V \frac{dT}{dt} = -hA(T - T_0) \quad (3-4-16)$$

式中:V——吸收腔的体积。

对微分方程(3-4-16)从 0 到 t 积分,有

$$\frac{T - T_0}{T_s - T_0} = \exp\left(-\frac{hA}{\rho c V}t\right) \quad (3-4-17)$$

式中:T_s——吸收腔所达到的最高温度,也是计算的初始温度;

V——吸收腔的体积。

由此可得到在 dt 时间内传导热量:

$$\Phi = (T_s - T_0)hA \exp\left(-\frac{hA}{\rho c V}t\right) \quad (3-4-18)$$

(4) 热能损失方程

通过上述分析过程,可知不同热传递方式造成的热量损耗,吸收腔热能损失方程由上述3种热传递方式共同决定。根据式(3-4-6)、式(3-4-11)和式(3-4-18)建立热损失方程,得到由于热能量损耗造成的吸收腔温度下降与吸收腔温度和时间所满足的关系,对吸收腔的温度下降量进行补偿,改善激光能量测量结果。

在吸收腔冷却过程中,由于能量损耗造成的温度下降,仅由热损失唯一确定,因此,通过对冷却阶段能量损失方程做数据拟合,就可得到温度损失的补偿模型,将该模型应用到激光加热阶段,可得到激光加热过程中,由于热损耗造成的吸收腔温度的下降量。

尽管热传导和热对流之间存在一定的关联,在此认为它们是相互独立的。由式(3-4-6)、式(3-4-11)和式(3-4-18)可以得出在热辐射、热传导、热对流的共同作用下,吸收腔温度下降与时间之间的关系为

$$\rho c V \mathrm{d}T = s\sigma(T^4 - T_0^4)\mathrm{d}t + (T_s - T_0)hA\exp\left(-\frac{hA}{\rho c V}t\right)\mathrm{d}t + \frac{2\pi k(T - T_0)}{\ln(r_0/r_1)}\mathrm{d}t \tag{3-4-19}$$

式中,各系数(对流换热表面传热系数、导热系数等)不是已知常数,且式(3-4-19)的具体数学表达式很难精确确定。吸收腔的温度减少量由热损耗唯一决定,吸收腔温度下降与时间之间的关系是仅与吸收腔本身相关的一个参数,因而温度的下降量与吸收腔温度存在唯一确切的对应关系。在温度、热对流等环境条件相同时,通过热传导、热辐射和热对流等方式造成的能量损耗相同,则可通过测量得到吸收腔温度下降阶段,温度随时间的变化关系,用数据拟合的方式对测量数据进行处理,得到激光照射吸收腔后由于热损耗造成的吸收腔温度下降与吸收腔温度的关系。

在进行数据拟合时,式(3-4-19)中的常数项可以合并,使物理模型简化为

$$\frac{\mathrm{d}T}{\mathrm{d}t} = a_0 + a_1 T + a_2 T^4 + a_3 \exp(-a_4 t) \tag{3-4-20}$$

通过对测量得到的激光照射过程中温升及照射后的温度下降曲线,即吸收腔温度随时间变化曲线,由式(3-4-20)对温度-时间曲线进行最小二乘法拟合,得到温度与时间的关系。只要测量一段吸收腔温度随时间变化曲线,便可得到吸收腔整个温度下降的曲线;从而进一步得到温度上升时间范围内,不同温度点由于热辐射和热传导损失导致的温度减小量,对此量积分得到没有热传导及热辐射时吸收腔达到的温度,对激光能量的测量结果进行修正。

3. 绝对式测量法中的后向散射影响

后向散射会造成激光能量在测量过程中的能量损失,引起测量误差。要减小测量误差,提高高能量激光能量计的测量精度,从理论上分析和计算后向散射激光的能量尤为重要。依据吸收腔内表面与入射激光相互作用所遵从的光学原理,从理论上详细分析吸收腔开口处的后向散射激光能量分布函数,以及由于后向散射而造成的总能量损失,对得到的复杂的数学表达式进行计算,可得到后向散射能量分布规律和后向散射总能量损失。

后向散射与吸收腔形状、吸收腔内表面光洁度、光斑形状、激光波长和光束入射角等多种因素有关,须分别予以分析计算。针对高能量激光入射锥形和球形吸收腔的具体问题,可以从以下几个方面研究后向散射。

① 吸收腔形状：当各种参数均相同的两束激光分别入射到两种不同结构的吸收腔时，吸收腔的后向散射必然不同，为此需要对锥形和球形两种不同结构的吸收腔的后向散射问题分别进行讨论。

② 吸收腔表面光洁度：当光束入射到不同光洁度的吸收腔内表面后，反射规律不同，因此需要分理想镜面反射和非理想镜面反射两个方面研究后向散射。

③ 光斑形状：后向散射与入射光斑的大小和光斑形状等均有关系，不同形状的光斑入射相同的吸收腔后，后向散射也不同。高能量激光输出光斑通常为圆形和矩形两种，对这两种形状的高能量激光的后向散射问题分别进行讨论。

④ 光斑能量分布

光斑能量分布影响后向散射的能量。对于普通激光，其输出光斑服从高斯分布，计算后向散射时，按照高斯分布进行分析；对于高能量激光，其输出光斑分布不均匀，目前尚无统一评价高能量激光光束质量的标准，在实际的高能量激光调试、测量中，通常认为均匀光斑是较理想的激光输出。

以锥形腔为例。锥形吸收腔是目前应用广泛的一种激光功率/能量计结构，通常被用做激光能量计的基准。不过，被广泛采用的锥形吸收腔能量计主要应用在小口径激光能量测量领域，当利用这种结构吸收腔测量大口径高能量激光能量时，后向散射就是必须研究的问题。

在理想镜面条件下和非理想镜面条件下对锥形吸收腔的后向散射分别进行讨论。对于理想镜面，在多次反射后，逸出吸收腔的能量非常小；在非理想镜面条件下，后向散射的能量相当高。

(1) 理想镜面条件下激光束在圆锥内的反射

在理想镜面条件下，光在锥形吸收腔内的反射遵守反射定律，入射角等于反射角。则垂直锥形吸收腔开口的光线在入射到吸收锥表面后，将按照等于入射角的方向反射。不计算光束在吸收锥内的反射情况，而将吸收锥在平面内展开，计算光线在平面内的反射情况就可得到光在锥内的反射。光在吸收锥内的反射如图 3.26 所示。r 为入射光距中心的位置；r_1 为吸收锥展开后顶点距中心的距离；a 为锥开口半径；θ 为锥半顶角。

由图 3.26 可知，距离吸收锥中心半径 r 小于 r_1 的光线在锥内经过的反射次数满足：

$$2n\theta = \pi - \beta + \theta \quad (3-4-21)$$

式中：n——整数；

β——满足式 $\beta = \pi - (2n-1)\theta$ 大于零的最小值，$0 \leqslant \beta \leqslant 2\theta$。

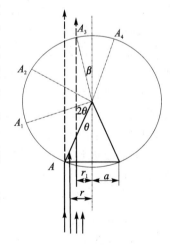

图 3.26 光在吸收锥内的反射

由图 3.26 可知，在 $0 \leqslant r \leqslant r_1$ 范围内的光束将经过 n 次反射，而在 $r_1 \leqslant r \leqslant a$ 范围内的光束经历的反射次数少一次，为 $n-1$ 次。

当 $\beta \geqslant \theta$ 时，r_1 包含了整个锥体，所有的光束都将经过 n 次反射，吸收腔有效反射系数 ρ' 为

$$\rho' = \rho^n \quad (3-4-22)$$

式中：ρ——吸收锥表面反射系数。

有效吸收系数 A' 为

$$A' = 1 - \rho' = 1 - \rho^n \quad (3-4-23)$$

当 $\beta < \theta$ 时,在 $0 \leqslant r \leqslant r_1$ 范围内的光束和 $r_1 \leqslant r \leqslant a$ 范围内的光束将经过不同的反射次数,则吸收腔的有效反射系数为

$$\rho' = (r/a)^2 \rho^n + [1 - (r/a)^2] \rho^{n-1} = \rho^{n-1}[1 - (1-\rho)(r/a)^2] \quad (3-4-24)$$

又因为:

$$r = (a \sin \beta)/\sin \theta = \frac{a \sin[\pi - (2n-1)\theta]}{\sin \theta} = \frac{a \sin(2n-1)\theta}{\sin \theta} \quad (3-4-25)$$

则有:

$$\rho' = \rho^{n-1}\left[1 - (1-\rho)\frac{\sin^2(2n-1)\theta}{\sin^2\theta}\right] \quad (3-4-26)$$

比较式(3-4-22)与式(3-4-26),可得顶角为任意角度的吸收锥的有效反射系数为

$$\rho' = \rho^{n-1}\left\{1 - (1-\rho)\left[\frac{\sin^2(2n-1)\theta}{\sin^2\theta}\right]^{1-\delta(\beta/\theta)}\right\} \quad (3-4-27)$$

$$\delta(\beta/\theta) = \begin{cases} 1 & \beta < \theta \\ 0 & \beta \geqslant \theta \end{cases}$$

则顶角为任意角度的吸收锥的有效吸收系数为

$$A' = 1 - \rho' = 1 - \rho^{n-1}\left\{1 - (1-\rho)\left[\frac{\sin^2(2n-1)\theta}{\sin^2\theta}\right]^{1-\delta(\beta/\theta)}\right\} \quad (3-4-28)$$

一般能量计吸收腔的吸收锥,锥顶角为 $20°\sim30°$,吸收腔有效反射系数为 $\rho^9\sim\rho^6$,因此,即使吸收腔的表面吸收系数很低,按照 0.8 来计算,吸收腔有效反射系数也将小于 0.00006,因而有效吸收系数接近 1。对于高吸收率的发黑材料,吸收系数更高,则有效吸收系数可认为等于 1,由此可见,在理想镜面反射条件下,锥形吸收腔的后向散射非常小。

(2) 散射表面条件下光束在吸收锥内的反射

实际反射锥表面光洁度通常在与光波长可比拟的范围内,并非理想的反射面,当光入射到其表面后,有一部分光将被表面散射掉,由圆锥的开口处反射出去,造成有效反射系数远大于理想表面反射的情况。下面讨论在非理想表面情况下光束的反射情况。

由散斑统计光学的理论知,像面上光强度分布为入射面域内光强度分布的傅里叶变换与漫射表面高度起伏造成自相关函数的傅里叶变换的乘积。根据该理论,当漫反射面表面光洁度接近 $\lambda/2$(λ 指入射光波长)时,表面的反射特性表现为弱漫反射,而表面光洁度明显大于 $\lambda/2$ 时,表面的反射特性为强漫反射,此时反射规律接近朗伯定律。在高能量激光能量计的加工中,实际吸收腔的内表面光洁度要大于入射激光波长,因此,表面的反射遵守强漫反射定律。

下面以均匀分布激光入射强漫反射面来分析锥形吸收腔的后向散射问题。如图 3.27 所示,设一束光斑半径为 b,功率密度均匀为 p_0 的激光入射到锥形吸收腔表面,吸收腔锥顶角为 2θ,开口直径为 $2a$。

光束达到锥形吸收腔表面后,光斑表面积 A_c 变为

$$A_c = \pi b^2/\sin\theta \quad (3-4-29)$$

锥形腔表面接收到的光功率密度 p_1 为

$$p_1 = \pi b^2 p_0/A_c = p_0 \sin\theta \quad (3-4-30)$$

入射到锥形吸收腔内的激光能量被吸收腔内表面散射,一部分光返回到吸收腔体内,另一部分光从吸收腔体内散射出去。根据朗伯散射定律,可以计算出在吸收腔内表面,位置为 r_c 处单位面元 dA_c 在单位立体角 $d\omega$ 范围内散射的光功率:

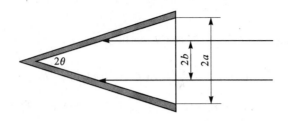

2θ—吸收腔锥顶角;$2a$—吸收腔开口直径;$2b$—光斑直径。

图 3.27 光与锥形腔的几何关系图

$$dP = (\rho p_1/\pi)\cos\alpha \cdot d\omega dA_c \tag{3-4-31}$$

式中：α——出射光束与法线的夹角；

ρ——吸收腔内表面的反射系数。

后向散射计算图如图 3.28 所示。

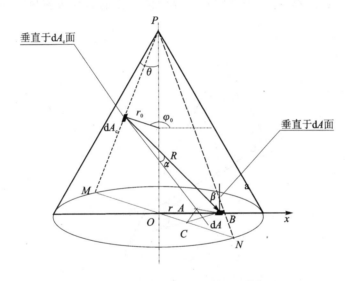

图 3.28 后向散射计算图

将 $d\omega = dA \cdot (\cos\beta)/R^2$ 带入式(3-4-31)，得吸收腔开口处，距离中心为 r 处单位面元 dA 接收到的光功率 dP_r 为

$$dP_r = \frac{\rho p_1}{\pi}\frac{\cos\alpha\cos\beta}{R^2}dA_c dA \tag{3-4-32}$$

式中：β——入射光束与法线的夹角；

R——dA 与 dA_c 之间的距离。

到达 r 处单位面元 dA 上的光功率密度为

$$dp_r = \frac{\rho p_1}{\pi}\frac{\cos\alpha\cos\beta}{R^2}dA_c \tag{3-3-33}$$

过 B 点作 dA_c 面法线的垂线，交点为 A；过 A 点作吸收锥侧棱 PM 的平行线，交直线 MN 于 C 点，得到三角形 ABC（图 3.28 中虚线），因为 dA_c 面法线垂直于直线 AB 和 AC，所以直线 BC 垂直于该法线，又因为轴线 PO 垂直于直线 BC，所以得到直线 BC 垂直于直线 MN。由此

可得

$$\cos\alpha = \frac{a - r\cos\varphi_0}{R}\cos\theta \qquad 0 \leqslant r \leqslant a, 0 \leqslant \varphi_0 \leqslant 2\pi$$

$$\cos\beta = \frac{a - r_0}{R}\cot\theta \qquad 0 \leqslant r_0 \leqslant b$$

$$R = [r^2 + r_0^2 - 2rr_0\cos\varphi_0 + (a-r_0)^2\cot^2\theta]^{1/2}$$

$$dA_c = r_0/\sin\theta \, dr_0 \, d\varphi_0$$

将以上各计算结果代入式(3-4-33),得到单位面元 dA_c 散射到单位面元 dA 处的光功率密度为

$$dp_r = \frac{\rho p_1}{\pi} \frac{r_0(a - r\cos\varphi_0)(a - r_0)\cot^2\theta}{[r^2 + r_0^2 - 2r_0 r\cos\varphi_0 + (a - r_0)^2\cot^2\theta]^2} dr_0 \, d\varphi_0 \qquad (3-4-34)$$

$$0 \leqslant r_0 \leqslant b, 0 \leqslant \varphi_0 \leqslant 2\pi$$

对式(3-4-34)中 r_0 和 φ_0 积分,得到光束在吸收腔内经过一次反射后,出射光的功率密度分布情况。同理,应用相同的分析过程,可得到返回吸收腔内的激光的光功率密度分布,如图 3.29 所示。

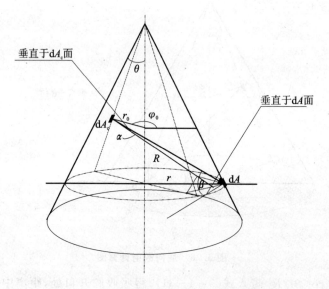

图 3.29 返回吸收腔的光功率密度计算图

图 3.29 中,dA 为吸收腔内表面位置为 r 处的单位面元,有:

$$\cos\alpha = \frac{(r - r\cos\varphi_0)\cos\theta}{R}$$

$$\cos\beta = \frac{(r_0 + r_0\cos\varphi_0)\cos\theta}{R}$$

$$R = [r_0^2 + 2rr_0\cos\varphi_0 + r^2 + (r - r_0)^2\cot^2\theta]^{1/2}$$

$$dA_c = r_0/\sin\theta \cdot dr_0 \, d\varphi_0$$

将以上各表达式带入式(3-4-34),得单位面元 dA_c 散射到吸收腔内表面单位面元 dA 处的光功率密度为

$$dp_n = \frac{\rho p_1}{\pi} \frac{r_0 \cot\theta \cos\theta(r - r\cos\varphi_0)(r_0 - r_0\cos\varphi_0)}{[r_0^2 + r^2 - 2rr_0\cos\varphi_0 + (r - r_0)^2\cot^2\theta]^2} dr_0 d\varphi_0 \quad (3-4-35)$$

$$0 \leqslant r_0 \leqslant b, 0 \leqslant \varphi_0 \leqslant 2\pi$$

对式(3-4-35)中 r_0 和 φ_0 积分,得到光束经过一次反射后,返回吸收腔的激光功率密度分布。

式(3-4-34)与式(3-4-35)分别计算了激光光束经过锥形吸收腔反射后,从吸收腔开口逸出与返回吸收腔内部的光束的激光功率密度分布。激光束入射到吸收腔后,会经过反复的向外反射出射和向内反射过程,根据逸出吸收腔与返回吸收腔内激光光功率密度分布,就可以计算出总的逸出出射光功率密度分布。

经过漫反射后的激光束将充满能量计的吸收腔,通过改变式(3-4-34)的积分域,可得到经过 n 次反射后吸收腔开口处 r 位置单位面元的光功率密度:

$$dp_n(r) = \frac{\rho p_{n-1}(r_i)}{\pi} \frac{r_i \cot\theta \cos\theta(r - r\cos\varphi_0)(r_i + r_i\cos\varphi_0)}{[r_i^2 + r^2 + 2rr_i\cos\theta_0 + (r - r_i)^2\cot^2\theta]^2} dr_i d\varphi_0$$

$$(3-4-36)$$

$$0 \leqslant r_i \leqslant a, 0 \leqslant \varphi_0 \leqslant 2\pi$$

式中: $p^{n-1}(r_i)$——经过 $n-1$ 次漫射后返回到吸收腔内表面激光束的光功率密度分布,是位置 r_i 的函数。

当 $n \geqslant 3$ 时,有:

$$p_{n-1}(r_i) = \int p_1(r_0) \frac{\rho^{n-1}}{\pi^{n-1}} \cot^{2n-1}\theta \frac{r_0(a - r_1\cos\varphi_0)(a - r_0)}{[r_1^2 + r_0^2 - 2r_0 r_1 + (a - r_1)^2 \cot^2\theta]^2} \times$$

$$\frac{r_1(a - r_2\cos\varphi_1)(a - r_1)}{[r_2^2 + r_1^2 - 2r_1 r_2 + (a - r_2)^2 \cot^2\theta]^2} \times \cdots \times$$

$$\frac{r_{n-3}(a - r_i\cos\varphi_{n-3})(a - r_{n-3})}{[r_i^2 + r_{n-3}^2 - 2r_{n-3} r_i + (a - r_i)^2 \cot^2\theta]^2} dr_0 d\varphi_0 dr_1 d\varphi_1, \cdots, dr_{n-3} d\varphi_{n-3} \quad (3-4-37)$$

$$0 \leqslant r_0, r_1, \cdots, r_{n-3} \leqslant a, \quad 0 \leqslant \varphi_0, \varphi_1, \cdots, \varphi_{n-3} \leqslant 2\pi$$

当 $n = 2$ 时, $p_{n-1}(r_i) = p_1(r_i)$。

对式(3-4-36)的 r_i 和 φ_0 积分得到经过 n 次漫反射后的后向散射的光功率密度分布,将各次计算结果求和,可得总后向散射功率密度分布;将后向散射的光功率密度分布对吸收腔的开口面积积分,可得到后向散射的总功率。

以上讨论了均匀实心光斑入射锥形能量计后的后向散射能量损失情况,但是后向散射激光能量与入射激光束的形状密切相关。对于实际中的大口径高能量激光,输出光斑通常为空心光斑,其后向散射光功率密度分布情况与实心光斑有所不同,讨论空心光斑后向散射,须对式(3-4-36)的分析结果进行修正。

图 3.30 所示为实际遇到的两种高能量激光的输出光斑形状,可分别计算其后向散射能量损失。

与均匀实心光束入射锥形吸收腔后的后向散射不同之处在于,空心光斑到达吸收腔表面后光斑形状以及光功率分布不同。当激光在吸收腔内反射一次后,反射光将充满吸收腔,此时,计算后向散射公式中的空心光斑与实心光斑的积分区间相同,因此,空心光斑与实心光斑的后向散射具有相同的数学表达式,对于不同形状激光光斑,只需改变积分域,计算首次入射到吸收腔表面后的后向散射激光功率密度分布和返回吸收腔的激光功率密度分布。

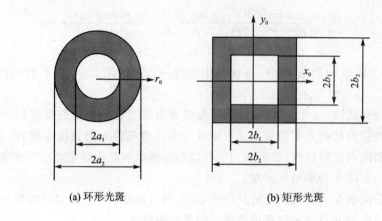

(a) 环形光斑   (b) 矩形光斑

图 3.30 两种不同形状的高能量激光光斑形状

环状空心光斑与均匀实心光斑的后向散射非常相似。设如图 3.30 所示环状空心高能量激光垂直入射如图 3.27 所示的锥形激光能量计。设激光功率密度均匀，大小为 p_0，到达吸收腔内表面后，激光功率密度变为 $p_1 = p_0 \sin\theta$。仍可采用式(3-4-34)与式(3-4-35)分别计算激光首次入射吸收腔后，后向散射和返回吸收腔的激光功率密度分布，但此时 r_0 的积分区间发生改变，计算环形空心光斑时，r_0 的积分域为 $a_1 \leqslant r_0 \leqslant a_2$，其他条件不变。

矩形光斑高能量激光到达锥形能量计吸收腔内表面后，光斑形状比较复杂，计算后向散射时与环状光斑有所不同。设如图 3.30 所示功率密度均匀为 p_0 的矩形光束垂直吸收腔开口入射，到达吸收腔内表面后，光束的表面积变为 $A_c = 4(b_2 - b_1)^2 / \sin\theta$，则吸收腔表面的光功率密度 p_1 为：

$$p_1 = (b_2^2 - b_1^2) p_0 / A_c = p_0 (b_2 + b_1) \sin\theta / 4(b_2 - b_1)$$

利用式(3-4-34)与式(3-4-35)的计算结果，改变积分域，用 $\mathrm{d}x_0 \mathrm{d}y_0$ 替换 $r_0 \mathrm{d}r_0 \mathrm{d}\varphi_0$，并将 $r_0 = \sqrt{x_0^2 + y_0^2}$，$\cos\varphi_0 = \dfrac{x_0}{\sqrt{x_0^2 + y_0^2}}$ 带入式(3-4-34)可得单位面元 $\mathrm{d}A_c$ 散射到单位面元 $\mathrm{d}A$ 处的光功率密度 $\mathrm{d}p_r$：

$$\mathrm{d}p_r = \frac{\rho p_1}{\pi} \frac{\cot^2\theta \left(a - r\dfrac{x_0}{\sqrt{x_0^2 + y_0^2}}\right)\left(a - \sqrt{x_0^2 + y_0^2}\right)}{\left[r^2 + x_0^2 + y_0^2 - 2rx_0 + (a - \sqrt{x_0^2 + y_0^2}\cot^2\theta)\theta\right]^2} \mathrm{d}x_0 \mathrm{d}y_0 \quad (3-4-38)$$

x_0、y_0 满足 $\begin{cases} b_1 \leqslant x_0 \leqslant b_2, & x_0 > 0 \\ -b_2 \leqslant x_0 \leqslant -b_1, & x_0 \leqslant 0 \end{cases}$，$\begin{cases} b_1 \leqslant y_0 \leqslant b_2, & y_0 > 0 \\ -b_2 \leqslant y_0 \leqslant -b_1, & y_0 \leqslant 0 \end{cases}$

对 x_0、y_0 积分，得到经过一次漫反射后的后向散射光功率密度分布情况。

同理，利用式(3-4-35)可得单位面元 $\mathrm{d}A_c$ 散射到吸收腔内表面单位面元 $\mathrm{d}A$ 处的光功率密度为：

$$\mathrm{d}p_{r_i} = \frac{\rho p_1}{\pi} \frac{\cot\theta\cos\theta \left(r_i - r_i\dfrac{x_0}{\sqrt{x_0^2 + y_0^2}}\right)\left(\sqrt{x_0^2 + y_0^2} - x_0\right)}{\left[x_0^2 + y_0^2 + r_i^2 - 2r_i x_0 + (r_i - x_0^2 - y_0^2)^2 \cot^2\theta\right]^2} \mathrm{d}x_0 \mathrm{d}y_0 \quad (3-4-39)$$

通过对 x_0 和 y_0 积分，得到经过一次漫反射后，返回吸收腔内表面的激光功率密度分布。

光在吸收腔内漫反射一次后将充满吸收腔，对于各种形状的光斑，后向散射的积分域相同，因此经过 $n(n > 1)$ 次反射后的后向散射光功率密度分布的微分表达式与式(3-4-36)所示形式相同。利用该式就可分析和计算大口径高能量激光入射锥形吸收腔后的后向散射的能量损失。

4. 高能激光能量计校准

对于各类高能激光能量计,需要利用高能激光能量校准装置对能量计进行校准,高能激光能量校准装置如图 3.31 所示。

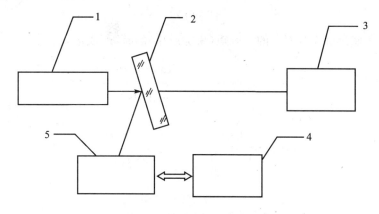

1—激光器;2—分束器;3—监视能量计;4—待检能量计;5—标准能量计。
图 3.31 高能激光校准装置原理图

校准装置主要由高能激光器、分束器、监视能量计和标准能量计 4 部分组成。

① 高能激光器:作为校准光源,要求输出功率和能量相对稳定,在要求的校准量限范围内功率或能量连续可调,目前主要用化学激光器。

② 分束器:高能激光器的输出稳定性达不到校准要求,一般采用分束器把输入光分成两束,利用监视能量计检测光源稳定性变化对校准结果的影响。

③ 监视能量计:用于监测光源稳定性变化对校准结果的影响。

④ 标准能量计:标准能量计是校准装置的核心,是标准器具。一般采用绝对量热方式制作,通过直接或间接方式标定后使用。

高能激光光束由分束镜分成两束。与普通激光能量计校准装置不同的是,采用高反射、低透射的分束器。透射光束由监视能量计接收,反射光束进入标准能量计,由此定出分束比。然后放入待检能量计,通过分束比和监视能量可得到被校能量值。

3.4.4 激光空域特性测量技术

激光空域参数包括光束直径、发散角、束形(光束横截面上的相对功率能量分布)、束腰直径(宽度)、束腰位置、传播因子(M^2)、功率密度和能量密度等。其中,光束直径、发散角和束形是最基本的特性参数,是测量的重点。传播因子是评价光束质量的重要参数,也是测量的重点。

1. 光束直径与发散角测量

从原理上讲,应先测出激光束在特定位置横截面上的功率或能量分布,再计算光束直径。

对于连续激光,光束在横截面的一阶矩(光束重心)$\overline{x}$和$\overline{y}$为

$$\overline{x} = \frac{\iint xE(x,y)\mathrm{d}x\mathrm{d}y}{\iint E(x,y)\mathrm{d}x\mathrm{d}y} \quad (3-4-40)$$

$$\overline{y} = \frac{\iint yE(x,y)\mathrm{d}x\mathrm{d}y}{\iint E(x,y)\mathrm{d}x\mathrm{d}y} \quad (3-4-41)$$

然后,计算光束在该光束横截面上的二阶矩(束宽或束径)σ_x^2,σ_y^2或σ_z^2,为

$$\sigma_x^2(z) = \frac{\iint (x-\overline{x})^2 E(x,y,z)\mathrm{d}x\mathrm{d}y}{\iint E(x,y)\mathrm{d}x\mathrm{d}y} \quad (3-4-42)$$

$$\sigma_y^2(z) = \frac{\iint (x-\overline{y})^2 E(x,y,z)\mathrm{d}x\mathrm{d}y}{\iint E(x,y,z)\mathrm{d}x\mathrm{d}y} \quad (3-4-43)$$

$$\sigma_r^2(z) = \frac{\iint r^2 E(r,z)r\mathrm{d}r\mathrm{d}\varphi}{\iint E(r,z)r\mathrm{d}r\mathrm{d}\varphi} \quad (3-4-44)$$

式中:r——光束至光束中心的距离。

以上各式中的积分计算应在整个光束横截面内进行。最后根据二阶矩求得光束宽d_{σ_x}、d_{σ_y}或d_σ为

$$d_{\sigma_x} = 4\sigma_x$$
$$d_{\sigma_y} = 4\sigma_y$$
$$d_\sigma = 2\sqrt{2}\sigma_r$$

实践中,由于直接测得各类激光光束横截面上功率或能量分布函数有一定困难,因此,国际标准允许采取一些变通方法测量和计算激光束径。

光束直径测量方法包括可变光阑法、移动刀口法、移动狭缝法、CCD法等多种。

(1) 可变光阑法

用可变光阑法测量束宽的测量装置如图3.32所示。实际测量时,首先将可变光阑的中心与待测光束中心重合,然后由大到小变化光阑直径,用探测器测量透过的激光功率(能量),当通过光阑的功率(能量)为激光束总功率(能量)的86.5%时,光阑口径则对应于激光光束直径,也即束宽。这一方法仅适用于旋转对称光束,即光束二主轴上束宽之比大于1.15∶1。

(2) 移动刀口法

用移动刀口法测量束宽的测量装置如图3.33所示。在一个机械平台上沿光束截面移动刀口,探测器测量出的透射激光功率(能量)为刀口位置的函数。由透射激光功率(能量)的84%和16%的刀口位置可确定激光光束直径。

(3) 移动狭缝法

图3.34为移动狭缝法测量束宽装置示意图,与图3.33的区别是用狭缝代替了刀口,狭缝宽度应不大于被测光束宽度的1/20。此时,探测器测出的透射激光功率(能量)为狭缝位置的

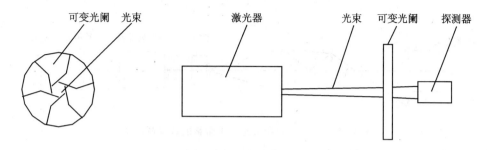

图 3.32　可变光阑法测量束宽的测量装置

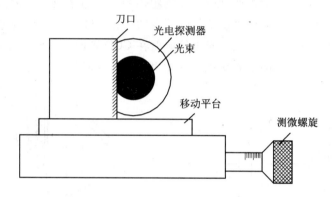

图 3.33　移动刀口法测量激光束宽的测量装置

函数,由测量透过总功率(能量)13.5%的两个位置可确定束宽。

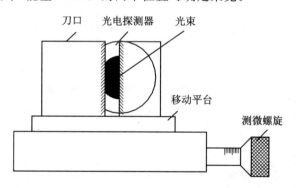

图 3.34　移动狭缝法测量束宽的装置示意图

(4) CCD 法测量光束直径与发散角

这是实验中常用来测量束宽的一种方法。用 CCD 相机测量和记录激光束光强分布,并配以计算机数值图像处理系统,可快速得到包括束宽在内的激光光束参数。图 3.35 所示为用 CCD 法测量激光光束质量的装置原理图。

被测激光光束经高像质准直透镜会聚,再经高像质显微系统放大后成像在 CCD 靶面上,通过图像采集与处理得 CCD 靶面上的光斑大小 d_1,再根据显微系统放大率 β 和准直透镜焦距 f,可求得被测光束的束散角为

$$\theta = \frac{d_1}{\beta \cdot f} \tag{3-4-45}$$

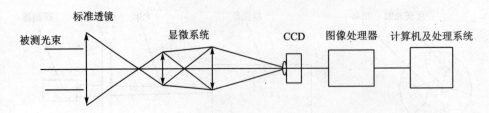

图 3.35 CCD 法测量激光光束质量的装置原理图

如果去掉标准透镜，直接测量光束光强分布就可得到包括束宽在内的激光光束参数。考虑到光束较强时对 CCD 靶面的损伤，要在 CCD 靶面前加衰减器，图 3.36 所示为加特殊结构衰减系统的 CCD 法测量激光光束质量装置的原理图。在该装置中，用一套中性衰减器和棱镜衰减器组成衰减系统，防止宽光束强激光直接照射在 CCD 靶面上。该方法不但适用于一般激光器，也适用于带有光学系统的激光整机系统光束分布特性测量。

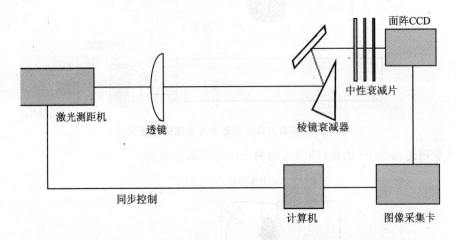

图 3.36 具有衰减系统的 CCD 法测量激光光束质量装置原理图

2. M^2 因子的测量

(1) 三点法

由光束传输方程可知，一般通过测量三处 z_i 的束宽 $w_i(i=1,2,3)$，就可确定 M^2 因子、束腰宽度 w_0 和束腰位置 L_0，即三点法。采用这一方法时，要作三次测量，或者用三个探测器同时测量。

(2) 两点法

当束腰所在位置 L_0 已知时，测量次数可减少到两次，故称为两点法。测得束腰宽度 w_0 和距束腰 z_1 处束宽 w_1 后，M^2 因子为

$$M^2 = \frac{\pi w_0}{\lambda} \cdot \frac{\sqrt{w_1^2 - w_0^2}}{|z_1 - L_0|} \tag{3-4-46}$$

(3) 双曲线拟合法

为提高测量精度，采用多点测量双曲线拟合计算 M^2 因子。至少测量 10 次，其中必须有 5 次以上位于瑞利范围之内。沿传输轴测量束宽 w 的双曲线拟合公式为

$$w^2 = Az^2 + Bz + c \tag{3-4-47}$$

式中，A、B、C 为拟合系数，与光束参数关系满足：

$$M^2 = \frac{\pi}{\lambda}\sqrt{AC - \frac{B^2}{4}} \tag{3-4-48}$$

$$w_0 = \sqrt{C - \frac{B^2}{4A}} \tag{3-4-49}$$

$$L_0 = -\frac{B}{4A} \tag{3-4-50}$$

$$\theta_0 = \sqrt{A} \tag{3-4-51}$$

测量 M^2 因子和激光束相关参数的仪器称为 M^2 因子测量仪或激光光束诊断仪，有产品出售。实际测量中应当研究的主要问题是使用不同测量方法和对不同分布光束在测量中引入的误差及解决方法。理想的激光光束诊断仪应满足如下条件和要求：

有足够的测量准确度，即可靠性好；使用操作方便，能满足测量环境要求；动态工作范围大，线性性能好；具有高空间和时间分辨能力；较宽的工作波长范围；能用于连续和脉冲激光测量；为理想光学系统，不引入附加相差和衍射；计算机图像处理功能强，能实现一维、二维实时动态显示。

3.4.5 强激光空域特性测量技术

一般激光空域特性的评价参数和测量方法对于强激光，特别是连续波高能激光及激光武器系统不能完全适用，需要新的评价体系和测量方法。

在强激光的应用中，如工业材料的激光加工、激光功率空间输运和惯性约束核聚变驱动器等，激光的作用效果主要取决于传输到目标上的功率密度，而目标上的功率密度不仅与激光输出功率有关，也与激光束的质量有关。因此，光束质量也是决定强激光系统综合性能的重要指标。长期以来，强激光光束质量的评价没有统一的标准和规范的测量方法，给试验鉴定带来很大困难，也给科学研究和工程应用带来不便。建立统一规范的光束质量评价标准和测量方法，不仅能满足测试要求和客观、准确评价系统性能的要求，而且必将促进我国强激光技术的发展和应用。

1. 光束质量的评价

（1）评价参数

在激光发展的历史上，曾针对不同应用目的提出多种参数以评价激光束的光束质量，常用的有光束远场发散角 θ、焦斑尺寸、衍射极限倍数 β、M^2 因子、Strehl 比和环围功率比 B_Q 值等。对这些评价标准的合理性和适用性，在学术界还颇有争议。而且，光束质量评价参数的不统一，造成应用中的不确定性乃至混乱。在理想光束有明确定义的条件下，衍射极限倍数 β 和环围功率比 B_Q 值是比较理想和实用的光束质量评价参数，也是建议采用的评价标准。衍射极限倍数 β 因子定义为

$$\beta = \theta/\theta_0 \tag{3-4-52}$$

式中：θ——被测实际光束的远场发散角；

θ_0——理想光束（也称参考光束）的远场发散角。

式(3-4-52)表明,衍射极限倍数 β 以理想光束作为参照标准,表征被测激光束的光束质量偏离同一条件下理想光束质量的程度,其值不随光束通过理想光学系统的变换而变化,因而可以从本质上反映光束质量。同时只要光束不是太宽,β 因子的准确测定一般也比较方便。环围功率比 B_Q 值被定义为

$$B_Q = P_0/P \quad (3-4-53)$$

式中:P_0——靶目标上规定尺寸内理想光束光斑环围功率;

P——被测实际光束光斑环围功率。

这里理想光束取为与被测光束具有相同发射孔径的均匀光束,其发射光强等于实际光束平均强度。由上述定义,环围功率比 B_Q 值直观反映目标上光束的能量集中度,因此最适合于评价目标处的光束质量。

(2) 评价程序

在强激光应用中,要将激光输出能量最大限度地集中到目标上。因此,强激光系统除了高能激光器外,还需要有能把激光束扩束、校正、发射到远场并聚焦在目标上的光束控制系统(也称光束定向器)。强激光光束质量的本质最终反映在远场靶目标处光束的能量集中程度。激光束在传输到靶目标上之前,要经过光束控制系统的多次光学变换和较长距离的大气传输,在这个过程中,由于实际传输和变换的非理想性,每一环节都会使激光束的光束质量退化。从而影响强激光的光束质量,因此决定最终作用效果的因素除了激光器本身外,还有光束控制系统以及大气传输。

为此,对强激光光束质量的评价应包括依次对高能激光器输出光束质量、强激光系统发射光束质量和靶目标处光束质量的评价。这种评价程序有利于分析和发现影响强激光光束质量的主要原因,可直接反映激光器在输出光束质量方面的性能优劣。发射光束质量则是激光器性能和光束控制系统传输性能的综合体现。而靶目标处的光束质量不仅取决于强激光系统的性能,还包含了大气湍流和热晕效应等对强激光传输的影响。

在评价高能激光器输出光束质量和强激光系统发射光束质量时均可采用衍射极限倍数 β 指标。在评价目标处光束质量时,可以采用环围功率比 B_Q 值或 β 指标。

2. 光束质量的测量

(1) 光斑的测量方法

不管是衍射极限倍数 β 值的测定,还是环围功率比 B_Q 值的测定,最后都归结为聚焦光斑光强分布的测量,为此首先讨论强激光光斑的测量方法。其测量方法有多种,下面主要介绍和评述烧蚀法、CCD 测量法和专用的强激光光斑面阵探测器法。

① 烧蚀法:用被测激光在一定时间内辐照已知烧蚀能的材料,测量材料上产生烧蚀分布,结合烧蚀深度、辐照时间、材料密度和烧蚀能便可计算材料上的激光光强分布。由被烧蚀掉的材料质量,通过标定还可得到激光的输出功率。采用这种方法需要一种在辐照条件下已知烧蚀能的材料,而且该材料在烧蚀机理上最好是高度一维的。例如对于 CO_2 激光和氟化氢、氟化氘化学激光器,可采用有机玻璃作为烧蚀材料。

这种方法存在的问题是标校比较复杂。

② CCD 测量法:在利用红外 CCD 测量强激光光斑时,通常把强激光分光取样并进一步衰减后用红外 CCD 直接接收光束,通过测量,得到低功率光强分布,再由图像处理系统分析处

理,得到各种光束特性参数。另外,通过标校后还可以得到绝对光强分布。这种方法为直接接收测量法,其缺点在于将强激光大幅度衰减后,光强分布的大量高阶分量被滤掉,无法得到完整的光强分布和准确的光斑尺寸,测量误差很大。

另一种方法是利用红外CCD相机拍摄强激光照射在漫反射屏上的光斑以得到相对的空间光强分布,经过标校还可以得到绝对光强分布。这种测量方法除了存在CCD直接接收测量法的缺点外,还存在着因各方向漫反射不均匀带来的测量误差,同时其标校更困难。

美国空军武器实验室研制了专用测量强激光光强分布的金属靶盘,用被测激光照射已知热传导性质的薄金属靶盘,通过测量靶盘后表面上各点的温度和照射时间,求得靶盘上激光强度分布。对靶盘材料的要求是能经得起强激光照射、响应快,在数据采样时间内热传导是高度一维的,这样就可以将靶盘后表面上任意一点的响应直接和前表面对应点的辐射联系起来。对于 30 μm 厚的靶盘,当吸收的激光束强度低于 1.4 kW/cm^2 时,可用钢盘(SS304);吸收量为 2 kW/cm^2 水平时,可用镍盘(Ni200);若盘吸收量超过 7 kW/cm^2,则可采用倾斜靶盘的方法。对于不同的光强水平,靶盘前表面上采用不同的涂层,如石墨等。利用靶盘技术可测量的光强范围为 50 W/cm^2 ~ 912 kW/cm^2。标准靶盘测量误差随峰功率密度增加而增加,当激光功率密度为 50~400 W/cm^2 时其测量误差相应为 7% ~ 9.5%。

③ 光斑阵列探测器:国内研制了专用的量热型强激光光斑阵列探测器。该探测器阵列由252个探测单元构成,可直接测量强激光光斑能量分布。此外,还研制了32单元快响应强激光测试系统原理样机,将强激光衰减后,采用光电二极管探测,提高了响应速度,可测量瞬时光强分布。

(2) 高能激光器光束质量的测量

在实际测量光束的衍射极限倍数时,通常采用近场方法,即利用聚焦光学系统将被测激光束聚焦或用扩束聚焦系统将光束扩束聚焦后,在焦平面上测量光束宽度 w_f,利用

$$\theta = w_f/f \tag{3-4-54}$$

求得远场发散角(这里 f 为聚焦光学系统焦距),再按定义计算得到衍射极限倍数 β。然而对于高能激光器,因为直接输出的激光功率过高,设功率为 104 W,光束直径 φ 为 100 mm,则相应的平均光强约 120 W/cm^2,聚焦后约增 8 个量级。对于这样的光强水平,任何光学元件和探测器件都要被烧坏,所以不能直接聚焦测量,而需要对输出光束分光取样并进一步衰减后再聚焦。根据衰减聚焦后的光强水平不同,可用红外CCD直接接收测量焦平面上的光斑或对焦面处漫反射屏上的光斑成像(为了避免探测器饱和,有时还需要利用衰减片对漫反射光进一步衰减后才能测量),最后通过图像处理系统对低功率光斑图像进行分析处理后得到焦斑半径。

(3) 发射光束质量的测量

由于发射望远镜本身就是一个扩束聚焦系统,因此可用于测量发射望远镜处光束的衍射极限倍数 β。测量时,为尽可能排除大气影响,把发射望远镜焦距调至最短,在焦平面上测量光斑并得到光斑半径,利用式(3-4-52)和式(3-4-54)求得 β,式(3-4-54)中的 f 此时为发射望远镜系统的焦距。焦平面上的光斑半径可用前述的任意一种方法测量。β 值由激光器性能和光束控制系统的光学质量共同决定,它标志着整个强激光系统的发射光束质量。

由于发射望远镜调焦范围有限,其最短焦距仍有一定长度,在这段光路上大气湍流和热晕效应等对光束质量会有明显影响,所以需要对测量结果加以修正。测量时可首先通过低功率传输排除热晕效应的影响,再以测量的焦斑半径作为大气湍流强度的函数,经外推得到无湍流

时的焦斑半径,从而得到相应的无湍流时的光束质量。

为了克服上述方法引入大气影响的问题,还可以利用大口径短焦距反射镜在发射望远镜出口处直接聚焦光束以缩短光束传输路径的方法测量发射光束质量。

(4) 靶目标处光束质量的测量

在强激光的应用中,通常将发射系统调焦至目标上,使目标上得到最大功率密度,以达到最大作用效果。因此与测量发射光束质量类似,原则上可以通过测量靶目标上焦斑光强分布得到束宽,利用式(3-4-52)和式(3-4-54)求得目标处光束的衍射极限倍数 β。此时望远镜的焦距即光束传输距离;焦斑尺寸是激光束经过远距离大气传输后得到的焦斑尺寸,包含了大气湍流和热晕效应等引起的光束扩展,所以相应的衍射极限倍数 β 反映了大气传输对光束质量的影响。

尽管原则上在靶目标处仍然可采用衍射极限倍数 β 衡量光束质量,但在实际应用中,一方面因为焦斑尺寸随传输距离增大而增大,当靶目标距离比较远时,焦斑尺寸远大于探测器接收面;另一方面由于高能激光器腔模的非理想性,光束控制系统的非理想变换以及大气传输过程中的各种线性和非线性效应,导致远场目标处的光束扩展非常严重,光场分布极其复杂,其中含有大量高阶空间频率分量。这些高阶分量的强度远小于峰值强度,通常的光强分布测量方法,如烧蚀法、CCD 测量法或专用的强激光光斑面阵探测器,由于受灵敏度、测量动态范围、探测面尺寸等所限,不可能探测出来,但所有这些高阶分量加起来在光束总能量中占有相当大的比例。在这种情况下不可能得到完整的光强分布,也不可能得到准确的焦斑尺寸和相应的衍射极限倍数 β。

所以在远场靶目标处,实际上无法准确测量衍射极限倍数。为此,在评价远场目标处的光束质量时只能采用 B_Q 值指标。实际上,评价靶目标处光束质量时采用 B_Q 值的最大优点在于,它的测定只需要测量靶目标上一定规范尺寸内的能量值,无需整个光斑的能量分布信息,比测定衍射极限倍数容易得多。为此建议在评价远距离靶目标处的光束质量时,统一采用一定规范尺寸的环围功率比 B_Q 值作为评价指标。决定远场靶目标上激光功率密度的因素很多,如激光发射功率、光束质量和传输距离等,另外不同应用目的对光强水平的要求也不同。所以靶目标处激光光强分布应根据具体情况和实际光强水平,采用能探测相应光强水平的方法或面阵探测器来测量。根据测得的光强分布可以得到不同尺寸环围功率,再按衍射积分公式计算出理想光束传输到目标距离处的光强分布,得到理想光束的不同尺寸环围功率,再按定义得到各种规范尺寸的 B_Q 值。

3.4.6 激光时域特性测试

激光时域参数主要包括激光时域的脉冲波形、脉冲宽度、上升时间、峰值功率及脉冲重复频率等,参数测量方法一般有两种。

一种是直接测量法,采用快速探测器将光信号转换成电信号,通过存储示波器记录其波形,根据各参数定义计算得到所测参数值。

另一种是采用相关函数法将时间函数转换为空间函数,利用标准延迟器和光的速度换算出时域脉冲波形参数,并依据脉冲激光的时域波形,测得以上参数。

1. 直接测量法

图 3.37 所示为直接测量法示意图,测量装置主要由三部分构成。

① 激光衰减器:根据待测激光波长和脉冲功率选用合适的衰减器,衰减器有漫射式、反射式、透射式及组合体形式。衰减器既要保证探测系统具有足够的信号输出,又要使探头不受激光损伤,不工作在饱和区。

② 快速探测器:根据待测激光波长、脉冲功率及脉冲宽度选用合适的光电探测器,所选探测器响应时间比待测激光脉冲的上升时间至少快 3 倍。

③ 波形记录处理系统:根据待测激光的脉冲宽度选择快速宽带示波器、数字波形处理系统或条纹相机等。

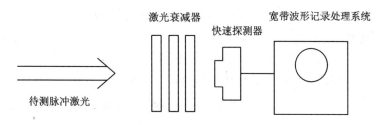

图 3.37　直接测量法示意图

利用该装置可测量时域脉冲形状、半宽度和上升时间。

(1) 脉冲宽度

脉冲持续时间,即脉冲宽度 τ_H,根据激光时域的脉冲波形,由半峰值功率确定的两点之间的时间间隔决定。

$$\tau_H = \sqrt{\tau_1^2 - \tau_2^2 - \tau_3^2} \qquad (3-4-55)$$

式中:τ_1——波形记录处理系统读出的脉冲宽度或上升时间;

τ_2——波形记录处理系统本身的上升时间;

τ_3——快速探测器的响应时间。

(2) 上升时间

上升时间,在上述时域波形上,由 10% 峰功率点至 90% 峰功率点之间的时间间隔决定。

(3) 脉宽稳定性

由相对脉冲持续时间波动 $\Delta\tau_H$,测量 N 次脉冲宽度,得脉宽稳定性:

$$\Delta\tau_H = \pm\frac{S_H}{\overline{\tau_H}} \qquad (3-4-56)$$

式中,

$$S_H = \sqrt{\frac{\sum_{i=1}^{N}(\tau_{iH} - \overline{\tau_H})^2}{N-1}} \qquad (3-4-57)$$

$$\overline{\tau_H} = \frac{\sum_{i=1}^{N}\tau_H}{N} \qquad (3-4-58)$$

2. 脉冲激光峰值功率测量

脉冲激光峰值功率测量有两种方法,一种是直接法,直接用激光峰值功率计测量,其装置如图 3.38 所示。峰值功率计是关键部分,包括快速探测功能、数字存储功能和能量测量功能,是一个复杂的系统,有专用仪器。其他部分与图 3.37 所示相同。

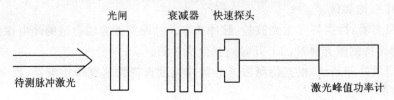

图 3.38 直接用峰值功率计测量示意图

另一种是间接法,同时测量激光能量和脉冲波形,通过计算得到峰值功率。其装置如图 3.39 所示。其中,输入光束用分束器分开,一路到能量计,探测能量,一路到快速探测器及波形记录系统,用于记录脉冲波形,通过计算得到峰值功率。

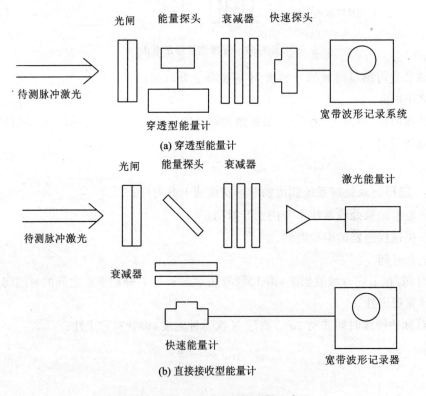

图 3.39 激光峰值功率间接测量示意图

脉冲激光的峰值功率 P_{pk} 按下式计算:

$$P_{pk} = \frac{U_{max} Q_0}{\int_{t_1}^{t_2} U(t) \, dt} \qquad (3-4-59)$$

$$Q_0 = \frac{1}{\tau_1 \tau_2} Q \qquad (3-4-60)$$

式中：Q_0——脉冲激光能量；

$U_{\max}$——快速探测器信号的峰值；

τ_1——能量计前面放置的衰减器在该波长下的透射比；

τ_2——分束器对于原激光能量的分束比；

Q——激光能量计测得的分束衰减后的激光能量；

t_1,t_2——积分时间限。

3. 脉冲激光重复率测量

脉冲激光重复率测量装置如图 3.40 所示。需要使用频率计测量激光脉冲频率。激光重复率为：

$$f_p = \frac{1}{T} \tag{3-4-61}$$

式中：T——二相邻脉冲之间的时间间隔。

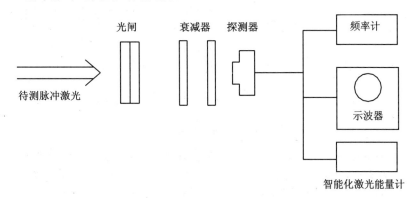

图 3.40　脉冲激光重复率测量装置示意图

4. 超短脉冲激光时间特性测量

前面介绍的激光时域特性测量方法主要适用于纳秒以上激光脉冲特性测量，对于皮秒、飞秒级激光时域特性测量，需要研究新的测量方法。目前，脉冲时间特性测量很多，主要有：光电采样法、直接测量法、双光子荧光法和自相关法。下面介绍采用条纹相机的直接测量法。

条纹相机把激光信号在时间上的变化以空间变化的形式记录下来，其工作原理如图 3.41 所示。

随时间变化的光信号在条纹相机的光电阴极上变成电子束，电子束进入偏转区，被同步偏转电场偏转，并以非常高的扫描速度通过管屏，则光脉冲的时域信号便变成荧光屏上的空域信号。该信号耦合给 CCD，通过对 CCD 光信号进行图像采集、存储、处理得到相应的光强分布，即时间分布曲线。采用条纹相机的皮秒级激光时域特性测量装置如图 3.42 所示。

测量装置由 3 部分组成。

① 激光器：激光器产生皮秒级脉冲激光，脉冲宽度保持稳定。

② 光延迟器：光延迟器的作用是对条纹相机进行标定，由 4 块反射镜 M_1、M_2、DM_1、DM_2

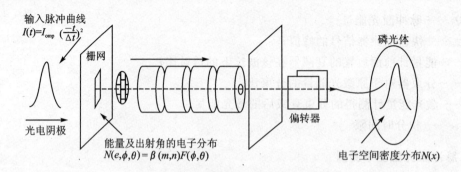

图 3.41 条纹相机成像及图像处理原理图

和 4 块光学延迟器 OM_1、OM_2、OM_3、OM_4 组成。

③ 条纹相机。条纹相机用于激光脉冲宽度测量。

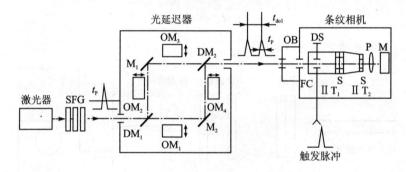

图 3.42 ps 级激光时域特性测量装置

测量装置的测量原理：一束激光经过适当的衰减后进入光延迟器，在光延迟器第一个半透半反镜 DM_1 上，光束分成两束，这两束光在两条光路上经过不同的玻璃延迟器 OM，最后在第二个半透半反镜 DM_2 上会合，进入条纹相机，由条纹相机完成测量。

假设一路光不加延迟器，另一路引入长为 L，折射率为 n 的玻璃光延迟器，两个脉冲之间的延迟时间为

$$\tau = \frac{L(n-1)}{c} \tag{3-4-62}$$

光延迟器的折射率 n 和长度 L 都预先精确标定，光速 c 是常数；所以通过延迟器可实现对条纹相机的标定，标定后的条纹相机可进行脉冲宽度的测量。

3.4.7 激光损伤阈值测试

1. 损伤阈值

损伤阈值是可引起光学表面损伤几率为零的最大激光辐照能量密度或功率密度。这里说的光学表面主要指光学元件表面、光电探测器表面和光学薄膜表面。

2. 损伤阈值测试方法

激光损伤阈值测试的基本原理如图 3.43 所示。一台性能稳定、可靠的激光器，将其输出

能量(或功率)用可变衰减器调整到所需的数值,然后辐照到位于聚焦系统焦点或焦点附近的试样光学表面上。

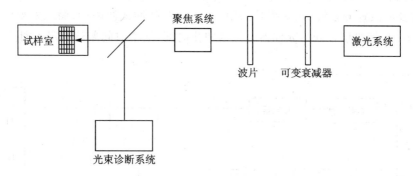

图 3.43　激光损伤阈值测试的基本原理框图

聚焦系统的作用是使激光束在试样上能够产生损伤的能量密度或功率密度。试样放置在一个可调的样品架上,该装置可调节试样使激光束辐照时获得不同的测试点和入射角。光束的偏振度用合适的波片来调节。入射的激光束用分束器取样,并将其引到光束诊断系统,该系统可同时测定激光束的脉冲能量或连续总功率及其空间分布和时间分布。

3.5　激光测距机参数校准

3.5.1　激光测距机概述

激光测距机一般有两种形式,一种为脉冲时间延迟型,一种为相位测距型。

1. 脉冲激光测距机

激光测距是激光应用最成熟的范例。激光测距机在军事、工程、科学研究上应用非常广泛,如战地目标测距、工程测量、月球到地球测距等。激光测距方式较多,一般有脉冲激光测距、相位激光测距。军事上应用最多的是脉冲测距,并已经制定了相关技术规范和标准。脉冲激光测距是测量激光从发射到到达目标后反射回来所用的时间,即

$$R = \frac{1}{2}ct \tag{3-5-1}$$

式中:R——被测目标距离;

　　　c——真空中光速;

　　　t——来回一次经历的时间。

激光测距机原理图如图 3.44 所示。由图可知,脉冲激光测距机主要由 4 部分构成。

① 脉冲激光器:产生具有一定能量、一定脉冲宽度、一定激光发散角的激光光束。目前应用最多的是输出波长为 1.06 μm 的 YAG 激光器,输出能量在几十焦耳,脉冲宽度在几十纳秒。近年来出现了对人眼安全的 1.54 μm 铒玻璃激光测距机和 10.6 μm 二氧化碳激光测距机。

② 发射光学系统:把激光束准直后向目标发射,其作用是进一步压缩发散角,把光束适当

扩束。

③ 接收光学系统：把目标的反射和散射光进行会聚，送达接收器接收面。

④ 取样及回波探测系统：该系统是测距的核心，在脉冲式测距中，激光发射的同时，取样器记录起始时间，接收信号到达取样器时记录中止时间，两个时间差就决定了测量到的距离。

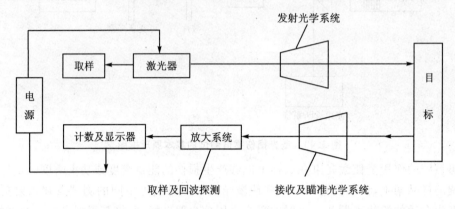

图 3.44　激光测距机原理图

2. 相位式激光测距机

相位式激光测距机用无线电波段的频率，对激光束进行幅度调制并测定调制光往返测线一次所产生的相位延迟，再根据调制光的波长，换算此相位延迟所代表的距离。即用间接方法测定光经往返测线所需的时间。

相位式激光测距机一般应用在精密测距中。由于其精度高，一般为毫米级，为了有效地反射信号，并使测定的目标限制在与仪器精度相称的某一特定点上，对这种测距机配置了被称为合作目标的反射镜。

若调制光角频率为 ω，在待测量距离 D 上往返一次产生的相位延迟为 φ，则对应时间 t 可表示为

$$t = \varphi/\omega \tag{3-5-2}$$

将式(3-5-2)代入下式可得距离 R 为

$$R = (1/2)ct = (1/2)c\varphi/\omega = c/(4\pi f)(N\pi + \Delta\varphi) = c/4f(N + \Delta N) = U(N + \Delta N) \tag{3-5-3}$$

式中：φ——信号往返测线一次产生的总的相位延迟；

ω——调制信号的角频率，$\omega = 2\pi f$；

U——单位长度，数值等于 1/4 调制波长；

N——测线所包含调制半波长个数；

$\Delta\varphi$——信号往返测线一次产生相位延迟不足 π 的部分；

ΔN——测线所包含调制波不足半波长的小数部分，$\Delta N = \varphi/\omega$。

在给定调制和标准大气条件下，频率 $c/(4\pi f)$ 是一个常数，此时距离的测量变成了测线所包含半波长个数的测量和不足半波长的小数部分的测量，即测 N 或 φ，由于近代精密机械加工技术和无线电测相技术的发展，已使 φ 的测量达到很高的精度。

为了测得不足 π 的相角 φ，可通过不同的方法测量。通常应用最多的是延迟测相和数字

测相,目前短程激光测距机均采用数字测相原理来求 φ。

一般情况下相位式激光测距机使用连续发射带调制信号的激光束,为了获得测距高精度还需配置合作目标,而目前推出的手持式激光测距仪是脉冲式激光测距仪中又一新型测距机,它不仅体积小,重量轻,还采用数字测相脉冲展宽细分技术,无需合作目标即可达到毫米级精度,测程已经超过 100 m,且能快速准确地直接显示距离。是短程精度精密工程测量、房屋建筑面积测量中最新型的长度计量标准器具。

不论对脉冲激光测距机,还是相位激光测距机,主要参数都是:最大测程、最小测程、测距准确度、激光束散角和重复频率。其中激光束散角的测量在前面已经介绍,这里不再重复,下面主要介绍和距离特性有关的测量和校准问题。

3.5.2 最大测程校准

最大测程是激光测距机最主要的参数,是测距机测距能力的综合反映。最大测程校准最早采用室外标杆法,也就是在室外选一目标,事先测好距离,用测距机测量,不断增大距离,直到测不出来为止,此时对应的距离就是最大测程。这种方法一方面受气候条件影响,另一方面很难找到合适的目标进行校准和测量。为了解决这个问题,提出了室外消光比校准方法,用消光比与最大测程的对应关系校准最大测程。

1. 最大测程与消光比的关系

在大目标漫反射条件下,测距基本方程式为

$$p_r = (p_t \tau_t)(\rho e^{-2aR})(A_r/\pi R^2)\tau_r \tag{3-5-4}$$

在最大测程条件下的测距方程变为

$$\frac{p_t}{p_{r\min}}\tau_t\tau_r A_r = \frac{\pi R_{\max}^2}{\rho}e^{2aR_{\max}} \tag{3-5-5}$$

以上两式中:

R——激光测距机至目标的距离;

P_t——激光测距机发射功率;

p_r——激光测距机接收功率;

$p_{r\min}$——测距机接收到的最小可探测功率;

τ_t——发射系统的透射比;

τ_r——接收系统的透射比;

A_r——接收的有效面积;

$R_{\max}$——最大测程;

ρ——目标靶板反射率;

a——大气衰减系数(dB/km),$e^{-2aR_{\max}}$。

式(3-5-5)中两侧取对数再乘以 10,定义为激光测距机的消光比 s,即有:

$$s = 10\lg_1\left(\frac{p_t}{p_{r\min}}\tau_t\tau_r A_r\right) = 10\lg_1\frac{\pi R_{\max}^2}{\rho}e^{2aR_{\max}} \tag{3-5-6}$$

消光比的大小反映了测距机的测距能力。

考虑到有些测距机具有自动增益功能,增益与探测功率成反比,即

$$p_{r\min}G_{\max} = p_2 G_2 \tag{3-5-7}$$

则消光比定义为

$$s = 10 \lg\left(M_1 \frac{G_{\max}}{G_2} \frac{\pi R_2^2}{\rho_2} e^{\psi/V_2 \cdot R_2}\right) \tag{3-5-8}$$

式中:V_2——大气能见度;

G——测距机增益;

M_1——衰减倍数,dB 值;

$G_{\max}$——最大增益。

式(3-5-8)中,第一项 $10 \lg M_1$ 由消光比校准得到;第二项 $10 \lg(G_{\max}/G)$ 由时序增益消光比校准得到;第三项 $10 \lg(\pi R_2^2/\rho_2)$ 和最后一项分别由靶板漫反射率、大气能见度、大气衰减系数和靶距给定。

其中靶板漫反射率通过预先标定得到,一般是在靶板上取一小块作为样品,定期标定。大气能见度、大气衰减系数通过以往积累的数据库得到,在测量中,对天气条件做了规定,以规定条件下的大气资料作为依据。靶距事先测量准确。最后根据测出的消光比值,通过计算机由式(3-5-4)计算最大测程 $R_{\max}$。

在实际工作中,往往以消光比的大小表示最大测程,为此已经制定了国家军用标准,下面主要介绍消光比校准方法。

2. 最大测程大气传输消光比校准

(1) 测量装置的构成

大气传输消光比法是国军标"脉冲激光测距仪最大测程模拟测试方法"规定的方法,在靶场试验和产品出厂时普遍采用。标准还规定,消光比试验应选择无雨、无雪、平均风速小于 10 m/s,能见度大于 3 km 的天气条件下测量。

测量方法为:在激光测距机的正前方 500 m 处,在垂直于激光测距机的发射光轴上依次放置衰减片组、分光镜组、漫反射板。进行校准工作时,由小至大地改变激光测距机发射物镜前放置的衰减片组衰减值,直至激光测距机达到临界稳定测距状态。此时,根据衰减片组的衰减值、500 m 靶距、靶板反射率、大气衰减系数等外部参数可以推算出该激光测距机在指定大气条件、指定目标靶板情况下的最大测程。

测量装置如图 3.45 所示,由如下几部分构成。

① 衰减器组:衰减器是消光比测量的核心,也是测量装置的主要部件。一般由固定衰减器和连续变化衰减器组成。固定衰减器可设定为:10 dB、20 dB、30 dB 和 40 dB,衰减器用中性灰玻璃加工制成,经过一定时间的时效处理后标定,标定值作为今后测量时的依据。

连续变化衰减器衰减范围为 0~10 dB,采用特殊镀膜工艺,制成圆形渐变衰减器,利用两块同样形式平板玻璃相对转动的方式实现细分衰减。

固定衰减器和连续变化衰减器放置在同一光路中,固定支架保证每次放置不发生倾斜。整个衰减器装在一个盒子内。

② 反射靶:反射靶是大气消光比测量装置的另一核心,它模拟目标反射激光,由于大多数目标都是漫射体,所以规定反射靶漫反射率大于 85%。反射靶由 4 块 $(0.8 \times 0.8) m^2$ 的标准靶

板拼接而成,在每一块靶板边角处设有一块 $\phi50$ mm 的测试块,用来测量靶面的标准漫反射系数。靶板由专用支架固定。

③ 反射板安装支架:靶板架设机构由模拟测试标准靶板挂架、斜拉支撑杆及底座组成。

④ 激光测距机承载车:用于放置待测激光测距机,一般把衰减器组也放置在承载车上。

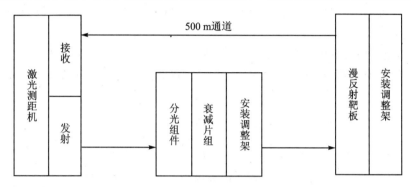

图 3.45 大气传输消光比校准系统原理

(2) 校准过程

① 校准准备:将(0.8×0.8) m^2 靶板按自下而上的顺序靠在靶板架上,形成一块 1.6×1.6 m^2 的模拟测试标准靶;将枪瞄镜组件固定在便于瞄准的测试块安装孔上;用枪瞄镜的十字分划中心瞄准被测仪器的中心位置,保证靶面与被测仪器发射的激光束垂直度在$\pm5°$以内。

② 校准:测试中,衰减度的改变可通过定值衰减片和连续可变衰减器完成。

➤ 先把 20 dB 或 30 dB 定值衰减片插入图 3.45 衰减装置中,将测距机对准靶板中心测距,显示器应显示距离$(500\pm\Delta)$m,记录和统计测量数据。

➤ 逐渐增加衰减片的数量,使测距机达到临界测距状态,记录和统计测量数据。

➤ 最后逐渐减少衰减片的衰减度,使测距机达到临界稳定测距状态,记录和统计测量数据。

采用连续可变衰减片可使测距机最大测程模拟测试连续或分段进行,是定值衰减片的补充。校准步骤与定值衰减器相同。

③ 衰减度计算

测距机最大测程模拟校准衰减片的衰减度为

$$N = N_1 + N_2 + N_3 + N_4 \quad (3-5-9)$$

式中:N_1——第一块衰减片的衰减度;
N_2——第二块衰减片的衰减度;
N_3——第三块衰减片的衰减度;
N_4——第四块衰减片的衰减度;
N——衰减片组的衰减度。

④ 最大测程模拟测试消光比计算:消光比测量原理公式为

$$S = 10\lg(M_1) + 10\lg\left(\frac{\pi R_2^2}{\rho_2}\right) + 10\lg\left(e^{\frac{R_2}{V_2}}\right) = S_1 + S_2 + S_3 \quad (3-5-10)$$

式中:S_1, M_1——目标靶离开测距机 R_2 处测得临界稳定测距状态时的光衰减器分贝值及衰减倍数;

S_2——室外靶在漫反射立体角 π、一定靶距 R_2 和靶反射率 ρ 造成的消光比分贝值;

S_3——大气能见度 V_2、大气衰减系数 ψ 和一定靶距 R_2 造成的消光比分贝值;

ρ_2——消光试验靶的反射率;

R_2——消光试验时的距离,单位为 km;

ψ——待定的与大气衰减有关的系数,波长为 1.06 μm 时近似为 2.7,波长为 1.54 μm 和 1.57 μm 时近似为 2.14;

V_2——消光试验时的大气能见度,单位为 km。

分别测得 S_1、计算得 S_2 和 S_3,由式(3-5-10)得 S 值。由 S 值再按下式可求得最大测程 R_{max}。

$$S = 10 \lg \left[\frac{\pi R_{max}^2}{\rho_2} e^{\frac{\psi R_{max}}{v_2}} \right] \qquad (3-5-11)$$

式(3-5-10)中,第一项为 N。第二项中 R_2 为 500 m,ρ_2 为靶板实际反射率值,约 85%。第三项中 ψ 为 2.7 或 2.14,V_2 为实测大气能见度值。代入以上各值即可由式(3-5-10)计算出消光比值。得到消光比值后,可由式(3-5-11)换算出最大测程。

3. 时序增益消光比校准

(1) 系统构成

时序增益消光比校准主要校准具有时序增益特性的测距机,由于时间延迟可以任意设定,则可以在任何需要的时间间隔下测量,即可以在任何测量距离下校准。

该校准系统主要包括:被校激光测距机安装架、被校激光测距机、分光组件、光电接收与脉冲形成电路、精密定时延迟器、脉冲触发式模拟激光器、激光准直扩束器、衰减器组件等。系统的构成如图 3.46 所示。

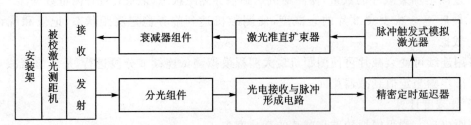

图 3.46 时序增益消光比校准系统

系统工作原理为:激光测距机发射的激光经分光组件输入光电接收与脉冲形成电路转换成电信号,该电信号触发精密定时延时器,经过一个延迟时间(延迟时间对应于一定距离)后,电路自动打开模拟激光光源,该模拟激光光源发射激光波长与激光测距机波长一致;模拟激光经过准直扩束器、衰减器组件,由被校激光测距机接收。改变衰减器衰减值,测量达到临界状态时标准衰减器的分贝值,也即消光比值。调整延迟电路的延迟时间,就可以获得一系列与距离对应的消光比值。将最大测程的消光比值与最小测程的消光比值相减就可得出激光测距机的时序增益消光比,通过换算可获得激光测距机的最大测程。

① 分光组件:由分光镜、支架和耦合窗口组成,其作用是把测距机输出的激光束有效地耦合进光电探测器,同时屏蔽杂散光,防止因散射光引起测距机的接收触发。

② 光电接收与脉冲形成电路:将激光信号转换成电信号,形成电脉冲。

③ 精密定时延迟器：用延时电路模拟距离，一个 Δt 对应一个距离 L，$L=\Delta t\, C$。时序增益消光比是测量不同距离时的消光比值，具有自动增益功能的测距机，增益是随距离增加而增加的。由于延迟时间和距离对应，所以延迟时间要预先校准。

④ 脉冲触发模拟激光器：当电脉冲延迟一定时间，达到预定距离时，触发模拟激光器产生激光脉冲，模拟激光器的工作波长应与校准测距机波长一致。

⑤ 准直扩束器：把模拟激光器输出光束准直、扩束，变成平行光束。模拟激光器的发光面位于准直扩束器镜头的焦平面上。

⑥ 调整支架：对模拟激光进行精密调整，使其与激光测距机接收光路准直。

⑦ 衰减器组：与图 5.45 所示大气传输消光比系统相同，可以通用。

(2) 校准过程

校准步骤如下：

① 连接好系统的每台设备，把高精度定时延迟器设定正确；
② 用待校测距机瞄准光路进行测量；
③ 每个显示距离重复测量 6 次，取平均值。

3.5.3 最小测程校准

最小测程反映测距机的盲区大小，采用不断改变距离的方法测量。在室外瞄准大于最小测程的目标，逐渐减小距离，直到测不出距离为止，此时显示的距离为最小测程。将待校激光测距机距离选通设置在最小测程以内进行测距，测距结果大于最小测程时，说明该激光测距机最小测程指标满足要求。

3.5.4 测距准确度校准

1. 装置构成

测距准确度是衡量测距性能的主要参数，也是测距机校准的核心之一。传统测量方法采用固定目标测量，一方面受气候影响，另一方面，固定目标难以寻找。现采用光导纤维模拟距离进行测距准确度校准，其原理如图 3.47 所示。

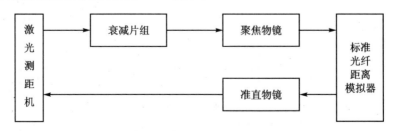

图 3.47 测距准确度校准装置原理框图

激光在光纤中的传输损耗模拟激光在大气中的传输损耗，光纤与其他光学元件组成一个光学系统。激光测距机瞄准光纤端面中心，在激光测距机的发射或接收天线前加标准衰减片，通过光纤介质测距，由被校激光测距机指示距离值，与标准光纤距离模拟器的标准距离相比较,即可获得测距准确度的量值。设标准光纤距离模拟器的光纤长度为 L_0、折射率 n,光经光纤距离模拟器来回对应的实际距离为

$$L = nL_0/2 \qquad (3-5-12)$$

式中:L_0——光纤的标准距离,单位为 m;

L——和 L_0 对应的实际距离,单位为 m;

n——光纤的折射率。

根据波长不同,石英光纤折射率取值如表 3.1 所列。

表 3.1 石英在不同工作波长的折射率

波长/μm	折射率
1.06	1.449
1.54	1.444
1.57	1.444

测量装置由以下几部分构成。

① 衰减器组:衰减器组的作用与最大测程校准不同。当光纤距离较短时,光纤输出功率有可能使测距机探测器饱和,适当衰减,可使接收系统保持正常工作状态。

② 聚焦物镜:作用和衰减器组的作用刚好相反。当光纤距离太长,接收信号太弱而不能正常工作时,把测距机输出激光适当聚焦,保证测距机处于正常工作状态。

③ 标准光纤距离模拟器:用于标准距离的模拟和量值传递,是标准器,也是装置的核心。采用通信用单模光纤制成。光纤两端为标准 FC 插头,长度固定,绕在标准盘上。一般选取长度为:10 000 m、5 000 m、3 000 m、1 000 m。光纤长度和折射率要严格标定,放置在专用包装箱内。当校准距离大于 10 000 m 时,可以把几段光纤对接起来使用,总长度是几段长度的叠加。

④ 准直物镜:由于光纤输出为发散光束,在输出信号比较弱时,采用准直物镜压缩光束发散角,保证输出光信号被测距机接收器有效接收。

2. 校准过程

校准步骤如下:

① 把待校测距机按图 3.47 所示光路对准距离模拟器。调整衰减倍数,保证测距机处于正常工作状态。

② 打开测距机开关,测量距离,用测距机显示值与距离模拟器标定值比较,实现测距准确度校准。

③ 连续测量 5 次,取平均值,作为测距准确度校准值。

第4章 光辐射探测器参数计量与测试

光辐射探测器在现代光学技术和光学工程中发挥着重要作用，对光辐射探测器参数的准确计量和测试已成为光学计量一个重要方面。光辐射探测器计量主要涉及探测器灵敏度特性，如响应度、量子效率、时间响应、频率响应等，以及探测器探测弱信号能力，如信噪比、探测率等。

4.1 光辐射探测器概述

光辐射探测器在现代光学技术和光学工程中发挥着重要作用。光辐射探测器把光辐射转换成电量，其作用是发现信号、测量信号，并为应用提取必须的信号，所以光辐射探测器是实现光电转换的关键部件，其性能的优劣将影响整个探测系统的性能。光辐射探测器在通信、气象卫星、工业控制、科研生产、军工等方面有着广泛的应用。光辐射探测器的军事应用主要有紫外监测与制导、红外成像与制导、军事遥感、星跟踪器、靶场测量应用等，特别是红外探测器和红外焦平面阵列，在军事上有着广泛而重要应用。

光辐射探测器的种类很多，最常用的探测器一般可分为以光电效应为理论基础的光子探测器和以热效应为理论基础的光热探测器两大类型。

光电效应分为内光电效应与外光电效应。入射的光子流激发载流子（电子或空穴）仍保留在材料内部为内光电效应；而入射的光子流引起材料表面发射光子效应的为外光电效应。一般来说，光电探测器具有响应度高、响应速度快特点。由于单位入射辐射功率产生的光电信号与入射光子的波长有关，所以它们是对波长有选择性的器件。常使用的内光电探测器有光导型探测器（PC 型）、光伏型探测器（PV 型）、光磁电探测器（PME）和光子牵引探测器等。近年来内光电探测器已从单元探测器发展到多元阵列探测器，如已研制出的面阵电荷耦合器件（CCD）、超大规模镶嵌式焦平面列阵器件等。目前普遍使用的光电管、光电倍增管和微光像增强管则属于外光电效应探测器。

热效应是指由于受入射光辐射照射，材料的温度发生变化，使材料的某些特性发生变化的现象。利用热效应探测入射辐射的器件称为热探测器。该类探测器的特点是响应时间长，对各种不同波长的辐射有较平坦的响应，是无选择性探测器。主要有热敏电阻、辐射热电偶和热电堆、热释电探测器、气动式热探测器和绝对辐射计等。

4.2 光辐射探测器性能的主要表征量

光辐射探测器的性能主要表现在：探测器的响应度、探测器探测弱信号的能力、探测器响应度直线性、探测器面响应度均匀性、探测器时间特性和温度特性。

4.2.1 描述探测器灵敏度特性的主要表征量

用于描述探测器灵敏度特性的主要表征量有响应度、光谱响应度、量子效率、时间响应和频率响应等。

(1) 响应度

响应度又称积分灵敏度或积分响应度,表示输入单位光(辐射)通量在探测器上产生的电流(电压)量,即

$$R = i/\Phi \tag{4-2-1}$$

式中:Φ——入射光(辐射)通量,单位为 W;

i——探测器输出电流(电压),单位为 A(V);

R——探测器响应度,单位为 A/lm 或 A/W。

由于探测器波长选择性的存在,其响应度与接收的光辐射的光谱成分有关。一般情况下,它是指以 A 光源,即色温为 2 856 K 的钨带灯作为标准源获得的结果。如果是在其他光源下得到的结果均应特别注明。

(2) 光谱响应度

实际探测器对光辐射的反应存在波长选择性,光谱响应度就是指不同波长处的响应度,又称光谱响应。如果探测器对波长为 λ 的光辐射通量 $\Phi(\lambda)$ 产生的输出电流(电压)量为 i,则其光谱响应度为

$$R(\lambda) = i/\Phi(\lambda) \tag{4-2-2}$$

单位为 A/W。

很显然,只有 $R(\lambda)$ 不为零的光谱区才是探测器的可利用光谱区。实际上,一般工作中关心的是 $R(\lambda)$ 随波长的相对变化,即相对光谱响应度:

$$S(\lambda) = \frac{R(\lambda)}{R(\lambda_0)} \tag{4-2-3}$$

式中:λ_0——某一选定的波长,一般为响应峰值波长;

$S(\lambda)$——相对光谱响应度或相对光谱响应,是无量纲量。

(3) 量子效率

量子效率是评价光电探测器性能的重要指标,是在某一特定波长上 1 秒钟内产生的光电子数与入射光量子数之比。即

$$\eta(\lambda) = \frac{\text{探测器 1 秒产生的光电子数}}{1 \text{ 秒接收到的波长为 } \lambda \text{ 的光量子数}} \tag{4-2-4}$$

单个光量子的能量为 $h\nu = h\dfrac{c}{\lambda}$,单位波长的辐射通量为 $\Phi_{e\lambda}$,波长增量 dλ 内的辐射通量为 $\Phi_{e\lambda}$dλ,所以在此窄带内的辐射通量换算成量子数为

$$N = \frac{\Phi_{e\lambda} d\lambda}{h\nu} = \frac{\lambda \Phi_{e\lambda} d\lambda}{hc} \tag{4-2-5}$$

式中:h——普朗克常量;

ν——光辐射频率;

c——光在真空中的速度。

在探测器上每秒产生的光电子数为

$$\frac{I_S}{e} = \frac{R(\lambda)\Phi_{e\lambda}\mathrm{d}\lambda}{e} \qquad (4-2-6)$$

式中:I_S——探测器的输出电流;

　　e——电子电荷;

　　$R(\lambda)$——光谱响应度;

　　$\Phi_{e\lambda}$——特定波长处单位波长间隔内的光辐射功率;

　　$\mathrm{d}\lambda$——波长间隔。

由式(4-2-4)~式(4-2-6)得:

$$\eta(\lambda) = \frac{I_S/e}{N} = \frac{R(\lambda)hc}{e\lambda} \qquad (4-2-7)$$

有时,运算中式(4-2-7)的分母不是采用接收到的量子数,而是采用吸收的量子数表示量子效率,这时得到的量子效率较高。从使用者的角度看,仍应采用接收到的量子数。值得注意的是,量子效率是对探测器的最初过程而言,有些器件在最初过程后经过增益才输出信号,比如光电倍增管,从阳极输出的信号经过多级放大后获得的。在这种情况下,若用最终输出计算量子效率,其值可能会远远大于1。因此,仍应使用以最初过程的输出计算,光电倍增管使用阴极输出计算量子效率。

(4) 时间响应

用于描述探测器时间特性的表征量是响应时间。当探测器接收到光辐射时,其输出电信号要经过一定时间上升到与该光辐射功率相对应的稳定值;当辐射消失时,探测器输出信号也要经过一定时间才能下降到接收光辐射前的原有值。一般来说,上升时间和下降时间是相等的,称为响应时间,又称时间常数或弛豫时间,常以 τ 表示。用探测器进行快速探测时响应时间是一个重要的特征量。

(5) 频率响应

光辐射探测器的响应随入射辐射的调制频率变化的特性称为频率响应,利用时间常数可得到探测器响应与入射调制频率的关系,其表达式为

$$S(f) = \frac{S_0}{[1+(2\pi f\tau)^2]^{1/2}} \qquad (4-2-8)$$

式中:$S(f)$——频率为 f 时的响应;

　　S_0——频率为零时的响应;

　　τ——时间常数。

4.2.2　描述探测器探测弱信号能力的主要表征量

通常用于描述探测器探测弱信号能力的表征量有暗电流、噪声、信噪比、噪声等效功率和探测率等。

(1) 暗电流

当探测器没有接收到光辐射时,输出的电流为暗电流,常取其平均值,以 I_d 表示。

(2) 噪声

从响应度的定义看,无论怎样小的光辐射作用于探测器,都能产生响应并被探测出来。事

实并非如此,实际上,探测器都存在噪声,这是一种杂乱无章、无规则起伏的输出信号,其对时间的平均值为零,但其均方根值却不为零,因此将其均方根值称为噪声信号。一般情况下,探测器是探测不到低于噪声信号的光辐射的,亦即噪声信号限制了探测器的灵敏度阈值。

(3) 信噪比

信噪比是判定噪声大小的参数,是在探测器上光辐射产生的输出信号 S 和噪声产生的输出信号 N 之比 S/N。

(4) 噪声等效功率

如果探测器接收辐射功率产生的均方根电流(电压)值正好与噪声产生的均方根电流(电压)值相等,该辐射功率就称为噪声等效功率,常以 NEP 表示。由于 NEP 与带宽的平方根成正比,所以将其归一化到 1 Hz 带宽来评价,单位为 $W \cdot Hz^{-\frac{1}{2}}$(瓦·(赫兹)$^{-\frac{1}{2}}$)。

(5) 探测率

探测率 D 定义为噪声等效功率 NEP 的倒数,即

$$D = \frac{1}{\text{NEP}} \tag{4-2-9}$$

D 越高,器件性能越好。为了在不同带宽内对测得的不同光敏面积的探测器件进行比较,使用了归一化的探测率,通用符号为 D^*(单位为 $cm \cdot Hz^{1/2}/W$)。

$$D^* = \frac{\sqrt{A \cdot \Delta f}}{\text{NEP}} = D\sqrt{A \cdot \Delta f} \tag{4-2-10}$$

式中:A——光敏面面积;

Δf——测量带宽。

4.2.3 其他表征量

(1) 响应度直线性

用于描述探测器响应度直线性的表征量是探测器的非线性。如果探测器是完全线性的,当它分别接收到光辐射通量 Φ_0、Φ_i 时,探测器相应的电信号输出 I_0、I_i 应满足:

$$\frac{I_i}{\Phi_i} = \frac{I_0}{\Phi_0} \text{ 或 } I_i = \frac{\Phi_i}{\Phi_0} I_0$$

实际探测器不可能是完全线性的,如果以第一次得到的电信号 I_0 为准,那么改变光辐射通量后得到的电信号 I_i 与上式就会有一个差 $I_i - \frac{\Phi_i}{\Phi_0} I_0$,这个差值与 $\frac{\Phi_i}{\Phi_0} I_0$ 之比,可表明探测器接收的光辐射通量从 Φ_0 变化到 Φ_i 时,探测器的非线性:

$$d = \frac{I_i - \frac{\Phi_i}{\Phi_0} I_0}{\frac{\Phi_i}{\Phi_0} I_0} \cdot 100\% = \left(\frac{I_i/\Phi_I}{I_0/\Phi_0} - 1 \right) \cdot 100\% \tag{4-2-11}$$

(2) 温度特性

探测器的温度特性通常用单位温度变化所导致其灵敏度、暗流、噪声等表征量的变化率来描述,称为温度系数,即

$$R_T = \left(\frac{\Delta Q}{Q}\right)/\Delta T \qquad (4-2-12)$$

式中：T——温度变化量；

Q——某一特征量；

ΔQ——温度所导致特征量的变化量；

R_T——温度系数。

(3) 面响应度均匀性

探测器的面响应度均匀性指探测器光敏面上不同位置响应度的不一致性。对单元探测器，用一确定小面积的响应度与整个面积内响应度的平均值之比衡量探测器的面响应度均匀性。对面阵探测器，如 CCD 或焦平面探测器，用每一个光敏元的响应度与整个面积内响应度的平均值之比衡量探测器的面响应度均匀性。

4.3 光辐射探测器光谱响应度测量

由响应度的定义，只要知道探测器接收到的光辐射通量 Φ 以及相应的输出电流值 i，即可得到探测器的响应度 R。输出电流(电压)值的测量是很容易获得的，关键是如何获得探测器接收到的光辐射通量。光辐射通量用精密辐射计测量，也可用定标后的辐射源计算。

响应度是光辐射探测器最重要的一个参数，无论是制造方，还是使用方都很关心它的测量。但从工程使用和计量测试角度考虑，更关心的是光谱响应度，下面主要介绍光谱响应度计量测试。

光谱响应度有相对光谱响应度和绝对光谱响应度之分。探测器的一般使用者大多关心相对光谱响应度；光学计量工作者主要关心绝对光谱响应度。相对光谱响应度测量只要求测量规定波长范围内的相对光谱响应曲线，绝对光谱响应度不仅要求测量规定波长范围内的光谱响应曲线，而且要把量值溯源于最高标准，得到光谱响应的绝对值。

探测器相对光谱响应度有比较法和滤光器法两种基本测量方法。

(1) 比较法

该方法把被测探测器与已知光谱响应度的基准探测器比较。这种方法中，需要一个辐射源、一台单色仪和一个基准探测器。

(2) 滤光器法

该方法利用已知光谱功率分布的标准光源和一组已知光谱透射比函数的滤光器进行测量。

依照上面两种基本方法，有各种测量方案，下面介绍国内外普遍采用的几种方案。

4.3.1 相对光谱响应度测量

相对光谱响应度测量装置必须包含标准光源、分光单色仪、光学系统及标准探测系统几部分。

选用无光谱选择性的腔体热释电探测器为基准，首先将腔体热释电探测器置于双单色仪出射狭缝后面，转动光栅使需要的各种单色辐射依次入射到腔体热释电探测器接收面上，其输

出电信号 $i_{st}(\lambda)$ 与光源的光谱功率分布 $\phi(\lambda)$、单色仪的仪器函数 $F(\lambda)$、单色仪的透射比 $\tau(\lambda)$ 以及腔体热释电探测器的灵敏度 $R_{st}(\lambda)$ 成正比。即

$$i_{st}(\lambda) \propto \phi(\lambda) \cdot F(\lambda) \cdot \tau(\lambda) \cdot R_{st}(\lambda) \tag{4-3-1}$$

在保持光源和单色仪不变的情况下,用待测探测器代替腔体热释电探测器,其输出的电信号有:

$$i_t(\lambda) \propto \phi(\lambda) \cdot F(\lambda) \cdot \tau(\lambda) \cdot R_t(\lambda) \tag{4-3-2}$$

比较式(4-3-1)和式(4-3-2),整理得:

$$R_t(\lambda) = K \cdot \frac{i_t(\lambda)}{i_{st}(\lambda)} \cdot R_{st}(\lambda) \tag{4-3-3}$$

式中,K 为比例常数。通常腔体热释电探测器无光谱选择性,所以 $R_{st}(\lambda)$ 也等于常数。由式(4-3-3)可计算出待测探测器的相对光谱响应度 $R_t(\lambda)$。一般在相对光谱响应度最大的地方进行归一化,可得百分比光谱响应度。

图 4.1 所示为探测器相对光谱响应度测量装置图,该装置中央位置是一个双单色仪,前部是光源和输入光学系统,后部是探测器系统及输出光学系统。

考虑到腔体热释电探测器还是有光谱选择性的,且这种选择性越到远红外波段越明显,为了提高探测器光谱响应度的测量准确度,需对腔体热释电探测器的光谱选择性进行测量(测量腔体热释电探测器的相对光谱响应度)。腔体热释电探测器相对光谱响应度的自校准可以解决这个问题,其原理为:辐射功率为 P、波长为 λ 的入射光入射到热释电探测器上,令热释电探测器黑涂层的反射率为 $r(\lambda)$,则黑涂层在同一波长处的吸收率为 $[1-r(\lambda)]$,由黑涂层吸收的辐射功率为 $P[1-r(\lambda)]$。将内表面镀铝或镀金的半球反射镜安装在热释电探测器上,构成如图 4.2 所示的结构。现假定半球反射镜在波长 λ 处的有效反射率为 $R_e(\lambda)$,之所以叫有效反射率是因为半球反射镜上开了一个 3 mm 的孔径,有一部分辐射被损失掉。由于半球反射体不理想的成像特性,因此 $R_e(\lambda)$ 总是小于镀金的半球反射镜的反射率。由于黑涂层吸收的辐射功率为 $P[1-r(\lambda)]$,则有 $Pr(\lambda)$ 的辐射被反射到半球反射镜,再由半球反射镜反射到热释电探测器的辐射功率为 $R_e(\lambda)Pr(\lambda)$,如此反复下去,最后得到由黑涂层吸收的辐射功率 P_a 为

$$P_a = [1-r(\lambda)]P\{1 + R_e(\lambda)r(\lambda) + [R_e(\lambda)r(\lambda)]^2 + [R_e(\lambda)r(\lambda)]^3\} \tag{4-3-4}$$

上式可近似为

$$P_a = \frac{[1-r(\lambda)]P}{1-R_e(\lambda)r(\lambda)} \tag{4-3-5}$$

通过安装半球反射镜引起的增益 $G(\lambda)$ 为

$$G(\lambda) = \frac{1}{1-R_e(\lambda)r(\lambda)} \tag{4-3-6}$$

因为 $r(\lambda)$ 很小,因此上式又可简化为

$$G(\lambda) = 1 + R_e(\lambda)r(\lambda) \tag{4-3-7}$$

式中,$G(\lambda)$ 可以利用红外探测器相对光谱响应度测量装置在相同条件下分别测量全波段腔体热释电探测器和去掉腔体的热释电探测器的输出信号而得到,$R_e(\lambda)$ 可以被测量或估算,$r(\lambda)$ 可通过计算得到。则可得到腔体热释电探测器全波段的吸收率(相对光谱响应度)。

光源部分用一个直径 150 mm、焦距 300 mm 的球面反射镜(聚光镜 A)将光源(氘灯、钨带灯、硅碳棒)于双单色仪入口狭缝处成一实像(1∶1),两个直径 75 mm 的平面反射镜(C、D)用于改变光束方向,并使球面反射镜(A)尽可能工作于最小的离轴角度以减小像差。

探测器及输出光学系统的光路与光源部分相似,从双单色仪出口狭缝出射的单色辐射经球面反射镜(聚光镜 B)和两个平面反射镜(E、F)成像于标准探测器和待测探测器的光敏面上。探测器均安装在一个高精度自动平移滑台上,当需要对某个探测器进行测量时,该探测器将被自动移入光路。光源和斩波器 2 也各安装在一个精密自动滑台上,根据测量时的需要可自动移入移出光路。在该测量装置上可以标定紫外到红外波段的探测器的相对光谱响应度。

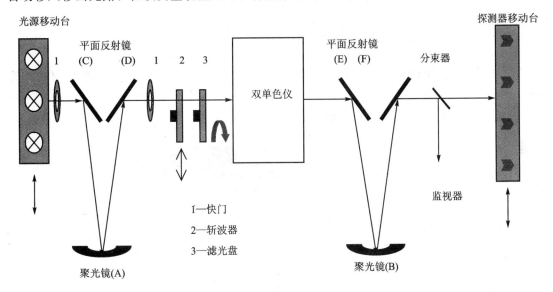

图 4.1 光辐射探测器相对光谱响应度测量装置图

在探测器光谱响应度测量中,腔体热释电探测器作为基准器,发挥关键作用。

图 4.2 所示为腔体热释电探测器结构示意图。一个大面积(直径 16 mm)涂有漫反射性很好的铂金黑吸收层的热释电探测器安装在一个直径 25 mm 的半球反射镜(根据测量波段需要选择镀铝或镀金的半球反射镜)中央。反射半球上有一个直径为 3 mm 的小孔,孔径中心轴与腔体热释电探测器的中心轴重合。热释电接收表面与入射光束之间的夹角为 47°,这样可以确保 F/4 光束能够在反射半球的 3 mm 的孔径平面上聚焦成 2 mm 的光斑,使入射到热释电

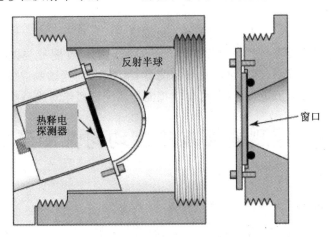

图 4.2 腔体热释电探测器结构示意图

探测器的光不会反射到小孔上损失掉。入射光束经过小孔由热释电探测器接收,少量辐射会被反射到半球反射镜表面再重新反射回探测器表面。当然这些少量辐射还会有极少量再次从探测器表面反射到半球反射镜而又一次被反射回探测器表面。

从原理上讲,腔体热释电探测器工作波段在紫外到红外全波段,所以上面所述方法适用于紫外波段和红外波段。只是,在设计光学系统时要考虑工作波长范围。

4.3.2 绝对光谱响应度测量

绝对光谱响应度的测量是把探测器的响应值溯源到最高标准或基准。用低温辐射计测量 He-Ne 激光器的激光功率标定探测器在 632.8 nm 处的绝对光谱响应(也可选其他波长的激光器,根据需要和实际条件确定)。实验装置图如图 4.3 所示。

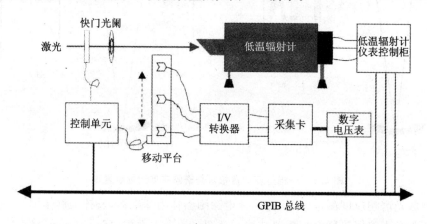

图 4.3 绝对光谱响应度测量装置

由高精度激光稳功率系统出射的激光经光阑分别由低温辐射计和陷阱探测器接收。陷阱探测器接收的光信号经过 I/V 转换由采集卡采集信号,再由数字电压表读取电压值 V 输入计算机。低温辐射计测得激光功率 $\Phi(632.8)$ 后,可得陷阱探测器在 632.8 nm 处的绝对光谱响应 $R(632.8)$ 为

$$R(632.8) = i/\Phi(632.8)$$

日常测量中,用陷阱探测器替代低温辐射计在绝对光谱响应度测量装置上标定探测器在 632.8 nm 处的绝对光谱响应度,再通过测量该探测器归一化相对光谱响应曲线,由 632.8 nm 处的绝对光谱响应 $R(632.8)$ 值进行计算,可实现探测器所测波段绝对光谱响应度的测量。

4.4 探测器面响应度均匀性测量

4.4.1 探测器面响应度均匀性的定义

面响应度均匀性是指探测器光敏面上不同位置响应度的不一致性。对单元探测器,用确定小面积的响应度与整个面积内响应度的平均值之比衡量探测器的面响应度均匀性。对面阵

探测器如 CCD 或焦平面探测器,用每一个光敏元的响应度与整个面积内响应度的平均值之比衡量探测器的面响应度均匀性。由此可见,探测器面响应度均匀性的测量是在光谱响应度基础上,测量接收面上不同部位的相对响应度。与光谱响应度测量不同的是,要在接收面上用小光点进行扫描测量。

4.4.2 探测器面响应度均匀性的测量原理及装置

探测器面响应度均匀性可表示为

$$u(x,y,\lambda) = \frac{S(x,y,\lambda)}{S(x_0,y_0,\lambda)} \times 100\% \tag{4-4-1}$$

式中:$S(x,y,\lambda)$——波长 λ 处,探测器上任一点的响应度;

$S(x_0,y_0,\lambda)$——探测器有效光敏面几何中心的光谱响应度。

由式(4-4-1)可知,$u(x,y,\lambda)$ 的值越趋近 1,探测器的面响应度均匀性越好,$u(x,y,\lambda)=1$ 是理想情况。

一般采用小光点法测量,测量中,保持小光点的辐射通量不变,在指定波长上等间距地逐点扫描小光点在探测器光敏面上的位置,并测得对应点上探测器的光电流值 $i(x,y,\lambda)$,就可求得该探测器的面响应度均匀性:

$$u(x,y,\lambda) = \frac{S(x,y,\lambda)}{S(x_0,y_0,\lambda)} \times 100\% = \frac{i(x,y,\lambda)\Phi(\lambda)}{i(x_0,y_0,\lambda)\Phi(\lambda)} \times 100\% = \frac{i(x,y,\lambda)}{i(x_0,y_0,\lambda)} \times 100\%$$

$$(4-4-2)$$

典型的测量装置如图 4.4 所示。该装置主要由 5 部分组成。

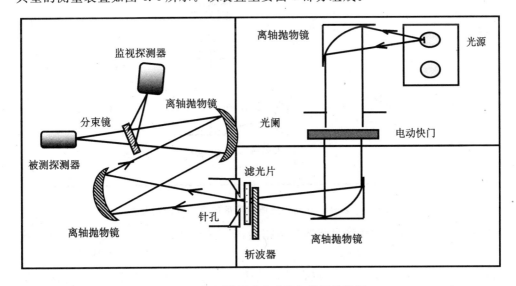

图 4.4 探测器面响应度均匀性测量装置

① 标准光源系统:包括所需测量波长范围的标准光源及聚光系统。光源包括硅碳棒和钨带灯,可提供很宽的波长范围,覆盖了从可见到红外 0.4~20 μm。

② 前置成像系统:包括一对离轴抛物面镜、快门、光阑、滤光片和针孔。离轴抛物面镜把光源成像在针孔上,滤光片用于波长选择。一组针孔光阑提供了一组大小不同的扫描光点,可

根据测量的需要,选取理想的光点对探测器的光敏面进行均匀等距的扫描。

③ 后置成像系统:包括一对离轴抛物面镜和一个平面反射镜,其作用是把针孔成像在探测器接收面。

④ 探测器系统:包监视探测器和被检探测器。

⑤ 控制及数据采集与处理系统:包括放大电路、驱动器、控制软件和计算机系统,其作用是实现控制、测量与数据处理。

4.5 光辐射探测器响应度直线性测量

线性有时也可定义为在规定范围内探测器的响应度是常数。对大多数光度、辐射度的测量,往往采用比值测量。探测器可用已知特性的标准光源标定,然后从对未知光源的响应比值计算出未知光源的性能。

4.5.1 双孔法测量

采用双孔法测量探测器响应度直线性的测量装置如图 4.5 所示。

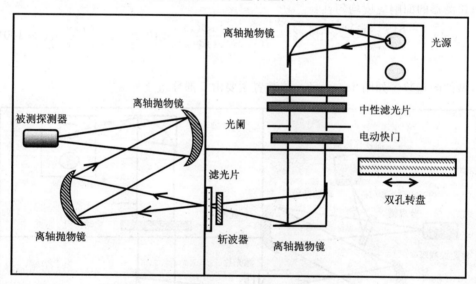

图 4.5 双孔法探测器光谱响应度的直线性测量装置

该装置与面响应度均匀性测量装置基本相同,最大的区别是在光学系统中加入双孔转盘和中性滤光片,同时去掉了参考部分。

双孔法测量原理如图 4.6 所示,双孔转盘结构如图 4.7 所示。在可转动的圆盘上,开有两对圆孔,每对圆孔的面积相等,转动圆盘使每对圆孔依次对准光源,从光源发出的光经过该对圆孔后,被均分成两束光斑,经离轴抛物镜(或透镜)成像后汇聚,在探测器表面叠加。分别测量探测器对应于两束光及每一单束光的输出电流,有如下关系:

$$L = \frac{i(1+2)}{i_1 + i_2} = 1 + \delta \tag{4-5-1}$$

式中:$i(1+2)$——两束光叠加时探测器的输出电流;

i_1 和 i_2——分别表示某一单束光入射时探测器的输出电流。

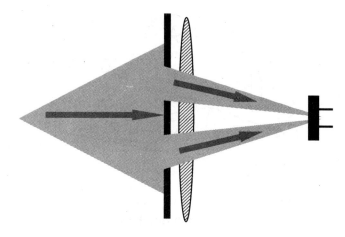

图 4.6 双孔法测量响应度直线性原理图

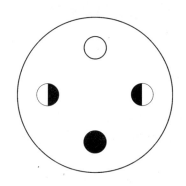

图 4.7 双孔转盘结构图

当 δ 为零时表示该探测器在照度变化 2 倍范围内严格线性,δ 的值是对传感器在某一特定辐照度变化范围内非线性的评价。改变衰减片的衰减倍率(两倍变化),便可得到不同辐照度范围内探测器的非线性,累积得到所要求范围内探测器的总的非线性:

$$L = 1 + \delta_{总} = \prod_{i=1}^{n} L_i \qquad (4-5-2)$$

4.5.2 多光源法测量

多光源法测量探测器响应度直线性的装置如图 4.8 所示。两个光源分别为 S_1 和 S_2,辐射探测器为 D。光源 S_1 经透镜 L_1 会聚,通过玻璃分束器 B 后到达探测器 D。光源 S_2 经透镜 L_2 会聚,经过分束器 B 反射到达探测器 D。S_2 在 D 上产生的辐照度应等于 S_1 在 D 上产生的辐照度的很小的一部分。光源 S_2 保持不变,而光源 S_1 可变换不同值。两光阑 SH_1 和 SH_2 能分别遮挡两光源来的辐射,使光线不能照射到探测器上。

假设 S_2 产生的辐照度量为 E_2,且保持常数。S_1 产生的辐照度为 E_1。直接测量 $E_1 = 0$ 时,由 S_2 产生的 E_2。关闭 S_2,调节 S_1,使 S_1 的辐照度 $E_1 = E_2$。若探测器是线性的,打开 S_2 应得

到 E_1+E_2 的读数。关闭 S_2，把 S_1 调至 $E_1=2E_2$，再打开 S_2，读数应为 $3E_2$。重复这一过程，每次递增 E_2。也可从高的值开始，依次递减 E_2。

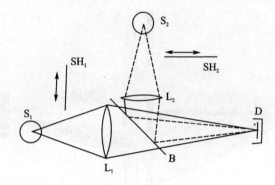

S_1，S_2—光源；L_1，L_2—透镜；SH_1，SH_2—光阑；B—分束器；D—探测器。

图 4.8　多光源法测量响应度直线性原理图

4.6　光辐射探测器时间特性与温度特性测量

4.6.1　时间特性测量

时间特性是表征光辐射探测器高速响应的重要参数。描述探测器时间特性的表征量是响应时间，定义其阶跃脉冲前沿的幅度从最大值的 10% 上升到 90% 所需的时间为上升时间，其阶跃脉冲后沿的幅度从最大值的 90% 下降到 10% 所需的时间为下降时间。

响应时间的测量装置原理如图 4.9 所示，通常将在高频信号发生器下工作的发光二极管作为脉冲信号发射到探测器 T 的光敏面上，探测器输出端接示波器，通过示波器波形获得响应时间值。

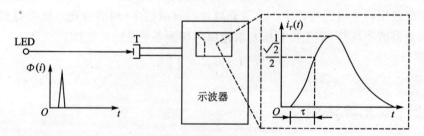

图 4.9　响应时间测量示意图

由图 4.9 可知，响应时间测量中的关键设备是示波器，因此应当对示波器进行校准，校准示波器的频率特性和时间特性，溯源于时间频率标准。

4.6.2　温度特性测量

一般温度特性的测量是将探测器放入温度可调的恒温箱中，使恒温箱分别工作在几个不同的稳定温度下观察探测器的响应度以及暗流、噪声、阻值等特性的变化情况。恒温箱要求温度稳定可调,在放入探测器后温度场分布不应有大的变化,恒温箱要进行校准,溯源于热力学温度标准。

4.7 红外探测器参数测量

上面介绍的探测器参数测量方法原则上适用于紫外、可见和红外。在以上几种探测器中,红外探测器有其特殊性,影响探测性能的因素较多。因此,国家专门制定了红外探测器测量方法标准。

4.7.1 黑体响应率测量

黑体响应率是指探测器输出电信号的基频电压的均方根值(开路时)或基频电流的均方根值(短路时)与入射辐射功率的基频分量的均方根值之比,用 R_{bb} 表示。图 4.10 所示为黑体响应率测量装置框图。测量装置由黑体辐射源、前置放大器、标准信号发生器等部分构成。

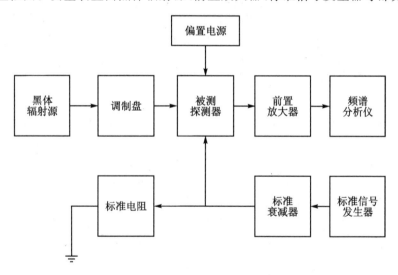

图 4.10 黑体响应率测量装置框图

(1) 黑体辐射源

黑体温度为 500 K,从腔底到腔长 2/3 处的温差小于 1 K,温度稳定性优于 ±0.5 K;黑体辐射源的有效发射率优于 0.99;带有调制盘并给出调制转换因子。优选下列值为各调制频率:1 Hz、10 Hz、12.5 Hz、60 Hz、300 Hz、400 Hz、600 Hz、800 Hz、1 000 Hz、1 250 Hz、2 500 Hz 和 20 000 Hz。优选下列各值为黑体辐射孔径:0.5 mm、1 mm、2 mm、3 mm、4 mm、5 mm、6 mm、7 mm、8 mm 和 10 mm。被测探测器与黑体辐射孔径之间的距离可调,入射到被测探测器整个灵敏面上的黑体辐照应是均匀的。

(2) 前置放大器

前置放大器与被测探测器实现最佳源阻抗匹配,其噪声系数应小于 1 dB,前置放大器应工作在线性范围,并具有平坦的幅频特性,其带宽和增益应满足测量要求,增益的稳定性优于

±0.1%。

(3) 标准信号发生器

标准信号发生器输出均方根值确知的正弦波电压,其精度应优于±1%,输出电压可调,对 50 Ω 负载能输出不小于 1 V 的均方根值,频率可调,其可调范围应满足测量要求。

(4) 标准衰减器

标准衰减器的频率范围应满足测量要求,其精度应优于±1%。

(5) 偏置电源

偏置电源采用电池,其内阻与负载电阻相比可忽略不计,偏置电源应装有一只高阻电压表或一只低阻电流表,当这些仪表装在偏置电路中时,它的内阻应不影响测量精度。

(6) 探测器电路

探测器电路包括探测器、探测器的负载电阻、联结偏置电源和联结探测器。

(7) 频谱分析仪

频谱分析仪的频率范围应满足测量要求,其带宽应小于中心频率的 1/10,电压读数精度应优于±1%。

测量过程如下:

① 将被测探测器置于黑体辐射源的光轴上,使辐射信号垂直入射到被测探测器上,被测探测器光敏面的法线与辐射信号的入射方向的夹角应小于 10°,调节黑体辐射孔径与被测探测器之间的距离,使被测探测器输出足够大的信号。

② 调节偏置电源,确定出被测探测器的偏置范围,但不得超过被测探测器连续工作时的最大偏置值。

③ 调节频谱分析仪的中心频率与调制频率 f 相同,调整标准信号发生器的输出为零,记下频谱分析仪的读数;移去辐照,将标准信号发生器的频率置于 f,调节标准衰减器,使频谱分析仪的读数不变,记下标准信号发生器的输出信号电压和标准衰减器的衰减值,从输出信号电压中扣除标准衰减器的衰减量,得出被测探测器的信号电压 V_S。对各种偏压值重复上述测量,得出不同偏置下的信号电压 V_S。通过计算得到黑体响应率。

④ 计算黑体辐照度 E 为

$$E = a \frac{e\sigma(T^4 - T_0^4)A}{pl^2} \quad (4-7-1)$$

式中:e——黑体辐射源的有效发射率;

a——调制因子;

σ——斯忒藩-玻耳兹曼常量;

T——黑体温度,单位为 K;

T_0——环境温度,单位为 K;

A——黑体辐射源的光阑面积,单位为 cm^2;

l——黑体辐射源的光阑至被测探测器之间的距离,单位为 cm;

E——黑体辐照度,单位为 W/cm^2。

⑤ 计算入射到探测器上的辐射功率 P 为

$$P = A_n E \quad (4-7-2)$$

式中:P——辐射功率,单位为 W;

A_n——探测器标称面积,单位为 cm²。

⑥ 计算黑体响应率 R_{bb} 为

$$R_{bb} = \frac{V_S}{P} \qquad (4-7-3)$$

式中:R_{bb}——黑体响应率,单位为 V/W;

V_S——信号电压,单位为 V。

4.7.2 噪声测量

探测器的噪声指探测器在无穷大负载时,扣除前置放大器的噪声后,探测器两端的噪声,用 V_n 表示。其测量装置框图如图 4.11 所示。

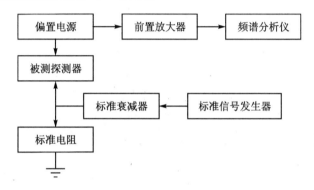

图 4.11 探测器噪声测量装置原理框图

测量步骤如下:

偏压加在探测器上,调整标准信号发生器的输出信号为零,用频谱分析仪测量噪声 V_n,改变频谱分析仪的中心频率,记录不同频率下的 V_n。

用阻值约等于被测探测器阻值的精密线绕电阻代替被测探测器,该线绕电阻器的温度应保持在使其产生的热噪声远小于放大器的噪声,对于很高阻值的探测器(例如热释电探测器),应将被测探测器连同其阻抗变换器作为探测器整体,用频谱分析仪测量噪声 V_n,改变频谱分析仪的中心频率,记录不同频率下的噪声 V_n。

标准信号发生器的频率置于 f,把标准衰减器调到比被测探测器的噪声约大 100 倍的标准信号,跨接到标准电阻 R_{cal} 上,将频谱分析仪调到标准信号的频率,测量跨接在 R_{cal} 上的电压和频谱分析仪上的电压,后者被前者除,得出增益 G。

通过计算,得到探测器噪声 V_n 为

$$V_n = \frac{(V_N^2 - V_n^2 - V_{Ln}^2 R_d^2 / R_L^2)^{1/2}}{G(\Delta f)^{1/2}} \qquad (4-7-4)$$

式中:V_N——表示包括被测探测器在内的测试系统的噪声,单位为 V;

V_{Ln}——负载电阻的热噪声,单位为 V;

R_L——标准电阻,单位为 W;

R_d——探测器电阻,单位为 W;

Δf——频谱分析仪带宽,单位为 Hz;

G——测试系统增益。

4.7.3 探测率测量

探测率是响应率除以均方根噪声,折算到放大器的单位带宽,并按平方根面积关系折算到探测器的单位面积的值。用黑体辐射源测得的探测率称为黑体探测率,用 D_{bb}^* 表示。用单色辐射源测得的探测率称为光谱探测率,用 D_λ^* 表示。

(1) 计算黑体探测率

探测器的黑体探测率 D_{bb}^* 为

$$D_{bb}^* = \frac{R_{bb}}{V_n} \sqrt{A_n \Delta f} \tag{4-7-5}$$

式中:A_n——探测器标称面积,单位为 cm^2;

Δf——频谱分析仪带宽。

(2) 计算光谱探测率

光谱探测率 D_λ^* 为

$$D_\lambda^* = \frac{D_{bb}^*}{\sum_\lambda F_\lambda R_\lambda} R_\lambda \tag{4-7-6}$$

式中:F_λ——黑体光谱能量因子;

R_λ——探测器的相对光谱响应。

4.7.4 噪声等效功率测量

噪声等效功率是指使探测器的输出信噪比为 1 时,所需入射到探测器上的入射功率,用 NEP 表示。NEP 计算步骤如下:

① 按式(4-7-2)计算入射到探测器上的辐射功率 P。

② 计算探测器的噪声等效功率 NEP 为

$$\text{NEP} = \frac{P}{V_s/V_n} \tag{4-7-7}$$

式中:P——入射到探测器上的辐射功率,单位为 W;

V_s——信号电压,单位为 V;

V_n——噪声电压,单位为 V。

4.7.5 频率响应测量

频率响应指探测器的响应率随调制频率变化的关系。

如果探测器的响应率与调制频率的关系满足下式:

$$R(f) = \frac{R(0)}{\sqrt{1 + 4\pi^2 f^2 \tau^2}}$$

$$\tau = \frac{1}{2\pi f} = \frac{1}{\omega} \tag{4-7-8}$$

式中：ω——角频率，单位为 rad/s；

则时间常数是指响应率下降到最大值的 0.707 时的角频率 ω 的倒数值，与该角频率对应的频率 f 就是探测器的响应率下降到最大值的 0.707 时的调制频率（即截止频率），如图 4.12 所示。

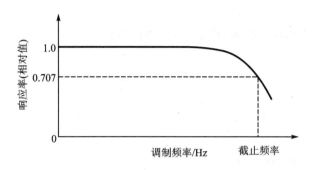

图 4.12　探测器频率响应曲线

探测器频率响应测量装置原理框图如图 4.13 所示。

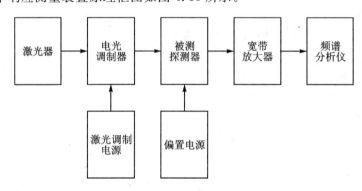

图 4.13　探测器频率响应测量装置原理框图

在测量装置中，激光器应选单模、偏振的连续波激光器，其波长应在被测探测器的工作波段范围内，功率稳定度应优于±4%。激光调制电源应能输出电压确知的正弦波信号，输出电压的大小应能满足测量要求。

4.7.6　红外探测器参数测量装置的校准

从 4.7.1～4.7.5 小节的介绍可以看到，红外探测器参数测量中用到的与测量量值直接有关的主要设备是：黑体辐射源、标准信号发生器、标准衰减器和频谱分析仪等。因此，应当对这些设备进行校准，对黑体辐射源的校准采用第 2 章介绍的黑体辐射源校准方法，标定其发射率和等效温度。对标准信号发生器、标准衰减器和频谱分析仪的校准采用相应的无线电校准设备，溯源于无线电计量标准。

4.8　红外焦平面阵列参数测量

红外焦平面阵列探测器广泛应用于新一代热像仪和其他红外探测系统，为此国家专门制定了相关标准。

4.8.1 特性参数及相关量的定义

(1) 积分时间

像元累积辐照产生电荷的时间,符号为 t_{int},单位为 s。

(2) 帧周期

面阵焦平面一帧信号读出所需要的时间,符号为 t_{frame},单位为 s。

(3) 行周期

线列焦平面一行信号读出所需要的时间,符号为 t_{line},单位为 s。

(4) 最高像元速率

焦平面像元信号读出的最高速率,符号为 f_{max},单位为 Hz。

(5) 电荷容量

焦平面像元能容纳的最大信号电荷数,符号为 N_s,单位为电子电荷(e)。

(6) 辐照功率

入射到一个像元上的恒定辐照功率,符号为 P,单位为 W。

(7) 辐照能量

辐照功率 P 与积分时间之积,符号为 E,单位为 J,表示式为

$$E = P \times t_{int} \tag{4-8-1}$$

(8) 饱和辐照功率

焦平面在一定帧周期或行周期条件下,输出信号达到饱和时的最小辐照功率,符号为 P_{sat},单位为 W。

(9) 响应率

① 像元响应率:焦平面在一定帧周期或行周期条件下,在动态范围内,像元每单位辐照功率产生的输出信号电压,符号为 $R(i,j)$,单位为 V/W。表示式为

$$R(i,j) = \frac{V_S(i,j)}{P} \tag{4-8-2}$$

式中:$V_S(i,j)$——第 i 行第 j 列像元对应于辐照功率 P 的响应电压,单位为 V;

P——第 i 行第 j 列像元所接收到的辐照功率,单位为 W。

② 平均响应率:焦平面各有效像元响应率的平均值,符号为 $\overline{R}$,单位为 V/W。表示式为

$$\overline{R} = \frac{1}{MN-(d+h)} \sum_{i=1}^{M} \sum_{j=1}^{N} R(i,j) \tag{4-8-3}$$

式中:M,N——焦平面像元的总行数和总列数;

d,h——死像元数和过热像元数。

求和中不包括无效像元。

③ 响应率不均匀性:焦平面各有效像元响应率 $R(i,j)$ 均方根偏差与平均响应率 $\overline{R}$ 的百分比,符号 U_R 的单位为%。表示式为

$$U_R = \frac{1}{\overline{R}} \sqrt{\frac{1}{MN-(d+h)} \sum_{i=1}^{M} \sum_{j=1}^{N} [R(i,j)-\overline{R}]^2} \times 100\% \tag{4-8-4}$$

求和中不包括无效像元。响应率不均匀性可归纳为空间噪声。

(10) 无效像元

无效像元包括死像元和过热像元。

① 死像元:像元响应率小于平均响应率 1/10 的像元,死像元数记为 d。

② 过热像元:像元噪声电压大于平均噪声电压 10 倍的像元,过热像元数记为 h。

(11) 像元总数与有效像元率

① 像元总数:焦平面像元的总行数 M 与总列数 N 之积,记为 MN。

② 有效像元率:焦平面的有效像元数占总像元数的百分比,符号为 N_{ef},单位为%。表示式为

$$N_{ef} = \left(1 - \frac{d+h}{MN}\right) \times 100\% \tag{4-8-5}$$

(12) 噪声

① 像元噪声电压:焦平面在背景辐照条件下,像元输出信号电压涨落的均方根值,符号为 $V_n(i,j)$,单位为 V。

② 平均噪声电压:焦平面各有效像元噪声电压的平均值,符号为 $\overline{V}_n$,单位为 V。表示式为

$$\overline{V}_n = \frac{1}{MN - (d+h)} \sum_{i=1}^{M} \sum_{j=1}^{N} V_n(i,j) \tag{4-8-6}$$

求和中不包括无效像元。

(13) 噪声等效辐照功率

信噪比为 1 时,焦平面像元所接收的辐照功率。即焦平面的平均噪声电压 $\overline{V}_n$ 与平均响应率 $\overline{R}$ 之比,符号为 NEP,单位为 W,表示式为

$$\text{NEP} = \frac{\overline{V}_n}{\overline{R}} \tag{4-8-7}$$

(14) 噪声等效温差

平均噪声电压与目标温差产生的信号电压相等时,该温差称为噪声等效温差,即目标温差与信噪比之比,符号为 NETD,单位为 K,表示式为

$$\text{NETD} = \frac{T - T_0}{(V_S/\overline{V}_N)} \tag{4-8-8}$$

式中:T——面源黑体温度,单位为 K;

T_0——背景温度,单位为 K;

V_S——对应面源黑体与背景温差的焦平面信号电压,单位为 V。

(15) 探测率

① 像元探测率:当 1 W 辐照,投射到面积为 1 cm² 的像元上,在 1 Hz 带宽内获得的信噪比。即像元响应率 $R(i,j)$ 与像元噪声电压 $V_n(i,j)$ 之比,并折算到单位带宽与单位像元面积之积的平方根值,符号为 $D^*(i,j)$,单位为 cm·Hz$^{1/2}$·W^{-1},表示式为

$$D^*(i,j) = \sqrt{\frac{A_D}{2t_{int}}} \frac{R(i,j)}{V_n(i,j)} \tag{4-8-9}$$

式中:A_D——像元面积,单位为 cm²

t_{int}——积分时间,单位为 s。

② 平均探测率:焦平面各有效像元探测率的平均值,符号为$\overline{D^*}$,单位为 cm·Hz$^{1/2}$·W^{-1},表示式为

$$\overline{D^*} = \frac{1}{MN-(d+h)} \sum_{i=1}^{M} \sum_{j=1}^{N} D^*(i,j) \qquad (4-8-10)$$

求和中不包括无效像元。

(16) 动态范围

饱和辐照功率与噪声等效辐照功率 NEP 之比,符号为 D_R,表示式为

$$D_R = \frac{P_{sat}}{NEP} \qquad (4-8-11)$$

(17) 相对光谱响应

焦平面在不同波长 λ,相同辐照能的单色光照射下的光谱响应 $S(\lambda)$ 与最大值 S_m 之比值,符号为 $S_r(\lambda)$,表示式为

$$S_r(\lambda) = \frac{S(\lambda)}{S_m} \qquad (4-8-12)$$

(18) 光谱响应范围

相对光谱响应为 0.5 时,所对应的入射辐照最短波长与最长波长之间的波长范围。

(19) 串　音

由于像元对相邻像元的串扰,使相邻像元引起的信号 V_{NB} 与本像元信号 V_{LC} 之百分比,为该像元对相邻像元的串音,符号为 $C_T(\%)$,表示式为

$$C_T = \frac{V_{NB}}{V_{LC}} \times 100\% \qquad (4-8-13)$$

4.8.2　响应率、噪声、探测率和有效像元率等参数测量

1. 原理概要

响应率等参数的测试,可归结为两种辐照条件下的响应电压测量。即背景辐照条件下的响应电压测试及背景加黑体辐照条件下的响应电压测试,简称背景响应电压测试及黑体响应电压测试。这两种辐照都必须是恒定均匀的。在测得背景响应电压和黑体响应电压后,响应率等各特性参数可根据定义计算得到。

2. 测量系统

焦平面参数测量系统如图 4.14 所示,包括黑体源、杜瓦瓶、电子电路及计算机 4 大部分。

3. 测量条件

黑体源温度范围:室温～1 000 K,输出不加调制;黑体辐射孔到焦平面的距离应大于辐射孔径的 20 倍,以保证点光源辐照;黑体辐射入射方向与焦平面光敏面的法线夹角小于 5°;焦平面的输出信号电压经放大和预处理后,不得超过 A/D 转换器的动态范围。

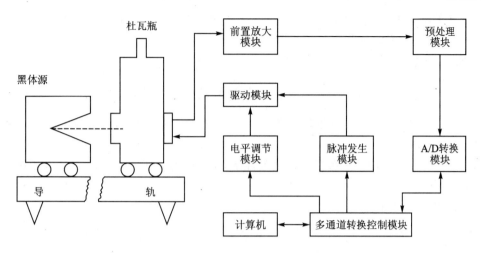

图 4.14 焦平面参数测量系统

4. 响应电压测量

利用图 4.14 所示的测试系统,分别在背景条件下及黑体加背景条件下,连续采集 F 帧数据,得到如图 4.15 所示的两组 F 帧两维数组;在背景条件下,测得的 F 帧两维数组为 $V_{DS}[(i,j)$,背景,$f]$;在黑体加背景条件下,测得的 F 帧两维数组为 $V_{DS}[(i,j)$,背景+黑体,$f]$。

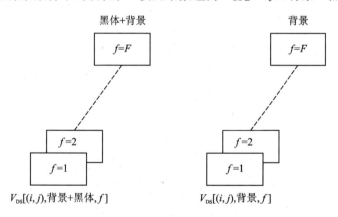

图 4.15 响应电压测量

5. 响应率等参数计算

在测得如图 4.15 所示两组 F 帧两维数组后,响应率等参数可按定义计算得到。
(1) 像元黑体响应电压计算
① 像元(黑体+背景)响应电压为

$$\overline{V}_{DS}[(i,j),黑体+背景] = \frac{1}{F}\sum_{f=1}^{F}V_{DS}[(i,j),黑体+背景,f] \qquad (4-8-14)$$

式中:$\overline{V}_{DS}[(i,j)$,黑体+背景]——在黑体+背景辐照条件下,第 i 行第 j 列像元输出信号电压,F 次测量的平均值,单位为 V;

$V_{DS}[(i,j)$,黑体+背景,f]——在黑体+背景辐照条件下,第 i 行第 j 列像元输出信号

电压第 f 次的测量值,单位为 V;

F——采样总帧数(或行数),不小于 100。

② 像元(背景)响应电压为

$$\overline{V}_{DS}[(i,j),背景] = \frac{1}{F}\sum_{f=1}^{F} V_{DS}[(i,j),背景,f] \qquad (4-8-15)$$

式中:$\overline{V}_{DS}[(i,j),背景]$——在背景辐照条件下,第 i 行第 j 列像元输出信号电压 F 次测量的平均值,单位为 V;

$V_{DS}[(i,j),背景,f]$——在背景辐照条件下,第 i 行第 j 列像元输出信号电压第 f 次的测量的值,单位为 V。

③ 像元黑体响应电压为

$$V_S(i,j) = \frac{1}{K}\{\overline{V}_{DS}[(i,j),黑体+背景] - \overline{V}_{DS}[(i,j),背景]\} \qquad (4-8-16)$$

式中:K——系统增益。

上述式(4-8-14)、式(4-8-15)和式(4-8-16)的运算,可用图 4.16 表示。

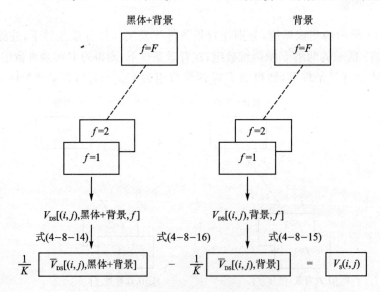

图 4.16 像元黑体响应电压计算图示

(2) 像元响应率计算

像元响应率按式(4-8-2)计算,为

$$R(i,j) = \frac{V_S(i,j)}{P} \qquad (4-8-17)$$

式中:$V_S(i,j)$——由式(4-8-16)求得;

P——像元所接收到的辐照功率,

$$P = \frac{\sigma \times (T^4 - T_0^4) \times d^2 \times A_D}{4 \times L^2} \qquad (4-8-18)$$

σ——斯忒藩-玻耳兹曼常量,$\sigma = 5.673 \times 10^{-8}$ W/(m² · K⁴);

T——黑体温度,单位为 K;

T_0——背景温度,单位为 K;

第 4 章 光辐射探测器参数计量与测试

d——黑体辐射孔径,单位为 cm;
A_D——焦平面像元面积,单位为 cm²;
L——黑体出射孔至焦平面像元面垂直距离,单位为 cm。

(3) 像元噪声电压计算

根据定义,将图 4.17 所示背景条件下采集的 F 帧二维数组 $V_{DS}[(i,j),\text{背景},f]$ 及由式(4-8-15)求得的二维数组 $\overline{V}_{DS}[(i,j),\text{背景}]$ 代入下式,求得像元噪声电压 $V_N(i,j)$ 为

$$V_N(i,j) = \frac{1}{K}\sqrt{\frac{1}{F-1}\sum_{f=1}^{F}\{\overline{V}_{DS}[(i,j),\text{背景}] - V_{DS}[(i,j),\text{背景},f]\}^2} \qquad (4-8-19)$$

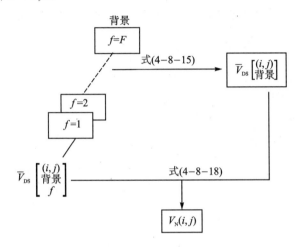

图 4.17 像元噪声电压计算图示

(4) 像元探测率计算

像元探测率按式(4-8-9)计算:

$$D^*(i,j) = \sqrt{\frac{A_D}{2t_{\text{int}}}} \cdot \frac{R(i,j)}{V_n(i,j)}$$

(5) 有效像元率计算

根据定义,有效像元率 N_{ef} 的计算涉及 4 个参数:死像元 d、过热像元 h、平均响应率 $\overline{R}$ 和平均噪声电压 $\overline{V}_n$。这 4 个参数,前两个分别与后两个相互牵制,即要想求出前两个,必须先知道后两个;反之,要想求出后两个,又必须先知道前两个,因此,只能采取近似,引入响应率和噪声电压的中间平均值 $\overline{R}'$ 和 $\overline{V}'_n$,按下列步骤求出死像元和过热像元。

① 死像元:按下式,所有像元参加运算,求得中间平均响应率为

$$\overline{R} = \frac{1}{MN}\sum_{i=1}^{M}\sum_{j=1}^{N}R(i,j) \qquad (4-8-20)$$

根据死像元定义,符合下列不等式的像元为死像元,记为 d。

$$R(i,j) - \frac{1}{10}\overline{R}' < 10 \qquad (4-8-21)$$

② 过热像元:按下式,扣除死像元 d 后,余下的像元参加运算,求得中间平均噪声电压为

$$\overline{V}'_n = \frac{1}{MN-(d+h)}\sum_{i=1}^{M}\sum_{j=1}^{N}V_n(i,j) \qquad (4-8-22)$$

根据过热像元定义,符合下列不等式的像元为过热像元,记为 h。

$$V_n(i,j) - 10\overline{V'_n} > 0 \qquad (4-8-23)$$

③ 有效像元率：由式(4-8-21)和式(4-8-23)求得死像元 d 和过热像元 h，代入式(4-8-5)，可求得有效像元率 N_{ef}。

(6) 平均黑体响应电压计算

$$\overline{V}_S = \frac{1}{MN-(d+h)} \sum_{i=1}^{M} \sum_{j=1}^{N} V_S(i,j) \qquad (4-8-24)$$

求和中不包括无效像元。

(7) 平均响应率计算

平均响应率按式(4-8-3)计算为

$$\overline{R} = \frac{1}{MN-(d+h)} \sum_{i=1}^{M} \sum_{j=1}^{N} R(i,j)$$

求和中不包括无效像元。

(8) 平均噪声电压计算

平均噪声电压按式(4-8-6)计算为

$$\overline{V}_n = \frac{1}{MN-(d+h)} \sum_{i=1}^{M} \sum_{j=1}^{N} V_n(i,j)$$

求和中不包括无效像元。

(9) 平均探测率计算

平均探测率按式(4-8-10)计算为

$$\overline{D^*} = \frac{1}{MN-(d+h)} \sum_{i=1}^{M} \sum_{j=1}^{N} D^*(i,j)$$

求和中不包括无效像元。

(10) 响应率不均匀性计算

响应率不均匀性，按式(4-8-4)计算为

$$U_R = \frac{1}{\overline{R}} \sqrt{\frac{1}{MN-(d+h)} \sum_{i=1}^{M} \sum_{j=1}^{N} [R(i,j) - \overline{R}]^2} \times 100\%$$

求和中不包括无效像元。

6. 测量装置的校准

红外焦平面探测器响应率、噪声、探测率和有效像元率等参数测量装置的校准主要是对辐射功率测量、信号和噪声测量溯源。

(1) 辐射功率的校准

影响辐射功率的参数有：标准黑体源的辐射温度、环境温度、黑体的有效发射率、辐射光阑孔直径、辐射距离等。其校准可归结为温度、长度和黑体发射率的校准。

(2) 响应信号和噪声测量校准

测量响应信号和噪声的主要设备有前置放大器和数据处理系统，这些仪器可溯源于电流、电压标准。

4.8.3 噪声等效温差测试

1. 测量装置

如图 4.18 所示,条状孔板作为目标,经透镜聚焦,成像在焦平面的像元上。条状孔板的孔内温度为面源黑体温度 T,条状孔板的温度为 T_0,故目标温差为 $T-T_0$,焦平面信号由图 4.14 所示测试系统采集处理。

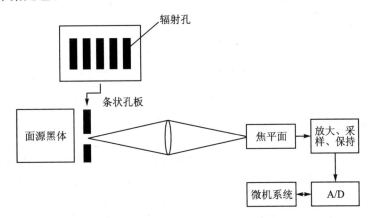

图 4.18 噪声等效温差测量装置

(1) 必要条件
① 条状孔板及面源黑体应分别进行温度控制。
② 聚焦在焦平面上的条状孔和条状板的像的宽度,不得小于焦平面 4 个像元的宽度。
(2) 测量方法

条状孔板的像聚集在焦平面上时,得到的焦平面某一行的输出信号,如图 4.19 所示。噪声等效温差按式(4-8-8)计算为

$$\text{NETD} = \frac{T - T_0}{(V_\text{S}/\overline{V}_\text{N})}$$

$$V_\text{S} = V_\text{B} - V_\text{G}$$

式中:$\overline{V}_\text{N}$——由式(4-8-6)求得。

V_B——对应条状"孔"的各像元信号的平均值,即对应温度 T 的面源黑体的平均信号;

V_G——对应条状"板"的各像元信号的平均值,即对应温度 T_0 板的平均信号。

2. 测量装置的校准

由图 4.18 可知,测量装置主要由面源黑体、条状孔板和放大电路等部分组成。因此,对测量装置的校准主要是对面源黑体、条状孔板、放大器等校准。面源黑体的校准采用第 2 章面源黑体校准装置,校准黑体的发射率、等效温度和面均匀性。对条状孔板的校准溯源于几何量计量标准,放大器溯源于电学计量标准。

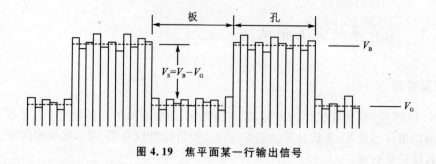

图 4.19　焦平面某一行输出信号

4.8.4　动态范围测试

根据定义，只要分别测得饱和辐照功率 P_{sat} 和噪声等效辐照功率 NEP，动态范围可由式(4-8-11)求得。

1. 饱和辐照功率测试

利用图 4.14 所示测试系统，通过改变黑体与焦平面的距离，或改变黑体出射孔径，从而改变黑体投射在焦平面像元上的辐照功率 P；按响应电压测试方法和平均黑体响应电压计算公式，测出各 P 值条件下的平均黑体响应电压 $\overline{V}_S$，得到如图 4.20 所示的关系曲线。

按最小二乘法，分别在曲线的线性区和饱和区拟合出两条直线，两直线的交点 A 对应的横坐标 P_{sat} 为饱和辐照功率的测量值。

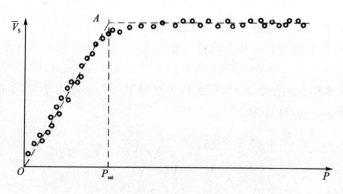

图 4.20　平均黑体相应电压与辐照功率关系曲线

2. 噪声等效辐照功率计算

将由式(4-8-6)和式(4-8-3)求得的 $\overline{V}_n$ 及 $\overline{R}$，代入式(4-8-7)，求得噪声等效辐照功率：

$$\text{NEP} = \frac{\overline{V}_n}{\overline{R}}$$

3. 动态范围计算

将由图 4.20 所示曲线求得的 P_{sat} 和由式(4-8-7)求得的 NEP，代入式(4-8-11)求得动

态范围为

$$D_R = \frac{P_{sat}}{NEP}$$

4.8.5 相对光谱响应测试

1. 测量装置

如图 4.21 所示,相对光谱响应测试装置由辐射源、单色仪、分束光路、参考探测器、信号处理电路及微机系统组成。

(1) 辐射源

一般采用硅碳棒。

(2) 单色仪

单色仪的波长鼓,由微机通过步进电机控制,以实现波长的逐点扫描。

(3) 分束光路

由单色仪输出的单色光,经反射镜分成两束,一束输入参考探测器,一束输入被测焦平面。

(4) 参考探测器

一般选用热释电器件,其相对光谱响应 $S_{or}(\lambda)$ 是已知的。

(5) 信号处理电路

焦平面的信号必须先经过采样保持,而且,采样保持电路只对焦平面接收到单色仪出射的单色光的像元中的某一个或某几个进行采样。经过采样保持后的信号,才进行与参考探测器信号一样的处理,即选放及相敏检波。

(6) 微机系统

步进电机的步进脉冲、采样保持电路的采样脉冲、切换开关的控制脉冲及 A/D 转换脉冲均由微机系统统一协调产生;整个数据的采集处理和输出也由微机完成。

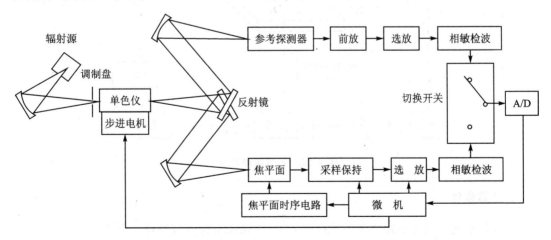

图 4.21 相对光谱响应测量装置

2. 测试方法

当单色仪的波长鼓在微机控制下，进行全波段扫描时，数据采集系统同时测得各波长点下参考探测器的信号电压 $V_0(\lambda)$ 和被测焦平面的输出信号电压 $V(\lambda)$。被测焦平面的相对光谱响应 $S_r(\lambda)$，为

$$S_r(\lambda) = \frac{S(\lambda)}{S_m} = \frac{1}{S}\left[\frac{V(\lambda)}{V_0(\lambda)} S_{0r}(\lambda)\right] \tag{4-8-25}$$

式中：S_m——焦平面峰值波长处的相对响应值，即规一化基数；

$S_{0r}(\lambda)$——参考探测器的相对光谱响应（已知）。

以波长为横坐标，相对光谱响应 $S_r(\lambda)$ 为纵坐标，绘制出相对光谱响应曲线，从曲线上查出光谱响应范围。

4.8.6 串音测试

1. 测试装置

如图 4.22 所示，串音测试装置由红外小光点光路、低温杜瓦瓶、微动台及电子电气 4 部分组成。

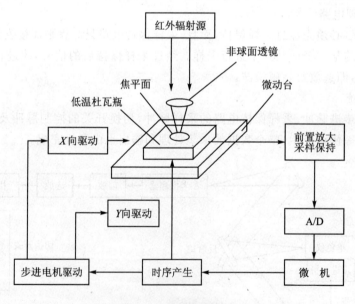

图 4.22 串音测量装置

2. 必要条件

① 红外小光点直径必须小于焦平面像元尺寸，保证小光点只照到一个像元。
② 微动台定位误差须小于焦平面像元尺寸的十分之一。

3. 测试方法

如图 4.23 所示,当红外小光点入射在第 i 行第 j 列像元中心时,测定该像元的信号 $V_{LC}(i,j)$;同时,测得该像元相邻上下左右 4 个像元的信号 $V_{NB}(i\pm1,j)$ 与 $V_{NB}(i,j\pm1)$。

根据定义,该像元对相邻各像元的串音为

$$C_T(i\pm1,j) = \frac{V_{NB}(i\pm1,j)}{V_{LC}(i,j)} \times 100\% \qquad (4-8-26)$$

$$C_T(i,j\pm1) = \frac{V_{NB}(i,j\pm1)}{V_{LC}(i,j)} \times 100\% \qquad (4-8-27)$$

该像元对相邻像元的平均串音为

$$C_T(i,j) = \frac{1}{4}[C_T(i+1,j) + C_T(i-1,j) + C_T(i,j+1) + C_T(i,j-1)]$$

$$(4-8-28)$$

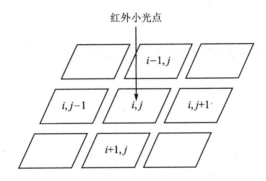

图 4.23 串音测试示意图

4. 测量装置的校准

红外焦平面阵列串音测量装置的校准主要是对辐射功率的稳定性测量以及响应信号测量进行溯源。

辐射功率的稳定性校准是利用红外辐射计测量辐射源的功率稳定性,红外辐射计的校准溯源于第 2 章红外辐射计校准装置。

响应信号测量仪器溯源于电学计量标准。

第5章 光学材料参数计量与测试

光学材料一般指在光学仪器和光学系统中用做窗口、透镜、棱镜、衰减器、光电调制元器件等的透光传输介质,包括光学玻璃、光学塑料和光学晶体。

光学材料的评价参数有:光谱透射比、反射比、折射率、色散系数、折射率温度系数、应力双折射、光学均匀性、吸收系数、散射系数、消光比、条纹度、气泡度和线膨胀系数等。针对不同材料性能评价参数影响不一样。对光学玻璃而言,主要关心折射率、色散系数、光学均匀性、应力双折射、光谱透射比、条纹和气泡;对晶体材料,特别是对激光晶体材料,折射率、双折射、光谱透射比、消光比和散射系数是其主要评价参数;对红外光学材料,除光学玻璃关心的评价参数外,折射率温度系数是另一重要评价参数。

因此,针对不同的光学材料应利用不同的参数评价体系。

5.1 光学材料折射率和色散系数计量测试

折射率 n 是光在真空中的传播速度 c 与光在介质中的传播速度 v 之比,即 $n=c/v$;n 是波长 λ 的函数,在实际使用中,一般采用钠光的 d 线($\lambda=587.6$ nm)的折射率 n_d 表示光学材料的折射率。

光学材料由于光波长不同而引起折射率的变化现象称为色散,色散系数计算式为

$$v_d = \frac{n_d - 1}{n_F - n_c}$$

式中,n_d、n_F、n_c 分别为波长 587.6 nm、486.1 nm 和 656.3 nm 时的折射率值。

5.1.1 光学材料折射率和色散系数测量方法

光学材料折射率测量一般是把材料制成棱镜样块,利用光的折射现象测量,其测量方法主要有阿贝法、V棱镜法、自准直法、最小偏向角法、直角照射法等。

1. 阿贝折光法

阿贝折光法测量原理为将被测试样与已知折射率的折射棱镜贴在一起,根据全反射临界角求得试样的折射率 n,图 5.1 所示为阿贝折光法测量原理示意图。

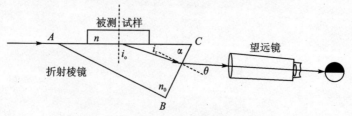

图 5.1 阿贝法折射率测量原理示意图

试样按图 5.1 所示置于折射棱镜上,二者之间有很薄一层浸液。折射棱镜的折射率 n_0 大于试样折射率 n,因此,当光线沿分界面 AC 入射(即入射角为 90°)时,将以全反射临界角 i_c 进入折射棱镜,然后以折射角 θ 从棱镜射出。以这根光线为限,所有对分界面 AC 的入射角小于 90° 的光线,从折射棱镜射出以后都指向下方;而上方则没有光线。所以用望远镜对向射出光束,可看到视场被分为明暗两部分,且两部分间有明显的分界线。此分界线正好对应于以 θ 角出射的光线。

被测试样折射率 n 与 θ 角的关系为

$$n = \sin\alpha \sqrt{n_0^2 - \sin^2\theta} \pm \cos\alpha\sin\theta \tag{5-1-1}$$

式中:α——折射棱镜顶角;

θ——折射角。

式(5-1-1)说明,对折射率 n 不同的试样,临界光线有不同的 θ 角。折射棱镜可以绕仪器主轴(垂直于图面的轴)旋转,因此不论 θ 角大小如何,通过棱镜的转动总可以使临界光线如图 5.1 所示沿望远镜瞄准轴的方向射入望远镜,使明暗分界线对准望远镜的叉丝中心。当折射棱镜旋转时,折光仪的度盘随之转动,度盘上按照式(5-1-1)所示的关系标出不同 θ 角对应的一系列 n 值。所以当望远镜的叉丝中心对准明暗分界线后,就可直接由度盘读出被测试样的折射率数值。

2. V 棱镜法

V 棱镜是一块带有"V"形缺口的长方形棱镜,由两块材料完全相同,折射率均为 n_0 的直角棱镜胶合而成。V 棱镜法测量折射率的原理如图 5.2 所示。V 形缺口的张角 $\angle AED = 90°$,两个尖棱的角度为 $\angle BAE = \angle CDE = 45°$。将被测玻璃样品磨出构成 90° 的两个平面,放在 V 形缺口内。由于样品角度加工误差,被测样品的两个面和 V 形缺口的两个面之间会有空隙,需要在中间填充一些折射率和被测样品折射率接近的液体,这种液体称为折射率液。其作用一是防止光线在界面上发生全反射;二是即使样品加工 90° 角不准确,加上折射率液之后,近似于一个准确的 90° 角;第三是样品表面只需细磨,免去抛光的麻烦。

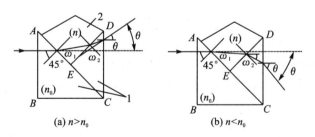

1—V 形棱镜;2—被测样品。

图 5.2 V 棱镜法测量折射率

单色平行光垂直射入 V 棱镜的 AB 面。如果被测样品的折射率和已知的 V 棱镜折射率 n_0 相同,则整个棱镜加上被测玻璃样品就像一块平行平板玻璃一样,光线在两接触面上不发生偏折。所以最后的出射光线也将不发生任何偏折。如果两者折射率不相等,则光线在接触面上发生偏折,最后的出射光线相对于入射光线就要产生一偏折角 θ,偏折角的大小和被测样品的折射率 n 有关。V 棱镜法就是通过测量偏折角 θ 准确计算出被测玻璃的折射率。

图 5.2(a)表示被测玻璃折射率大于已知的 V 棱镜材料折射率($n>n_0$)情况下,垂直入射的光线通过各分界面时光线偏折的方向。在各分界面,依次应用折射定律可得:

$$\left.\begin{array}{l} n_0 \sin 45° = n \sin(45°-\omega_1) \\ n \sin(45°+\omega_1) = n_0 \sin(45°+\omega_2) \\ n_0 \sin \omega_2 = \sin \theta \end{array}\right\} \quad (5-1-2)$$

式中:ω_1——光线在 AE 界面上的折射方向和最初入射光线方向的夹角;

ω_2——光线在 ED 界面上的折射方向和最初入射光线方向的夹角。

消去 ω_1 和 ω_2,可得被测玻璃折射率 n 和光线偏折角 θ 之间的关系式:

$$n = (n_0^2 + \sin \theta \sqrt{n_0^2 - \sin^2 \theta})^{1/2} \quad (5-1-3)$$

如果 $n<n_0$,则光线通过时的偏折方向如图 5.2(b)所示,此时可得:

$$\left.\begin{array}{l} n_0 \sin 45° = n \sin(45°+\omega_1) \\ n \sin(45°-\omega_1) = n_0 \sin(45°-\omega_2) \\ n_0 \sin \omega_2 = \sin \theta \end{array}\right\} \quad (5-1-4)$$

同样方法消去 ω_1 和 ω_2,可得:

$$n = (n_0^2 - \sin \theta \sqrt{n_0^2 - \sin^2 \theta})^{1/2} \quad (5-1-5)$$

综合式(5-1-3)和式(5-1-5),得

$$n = (n_0^2 \pm \sin \theta \sqrt{n_0^2 - \sin^2 \theta})^{1/2} \quad (5-1-6)$$

式(5-1-6)是 V 棱镜法的原理公式。测得出射光线相对于最初入射光线方向的偏折角 θ,根据已知的 V 棱镜材料折射率 n_0,就可以计算出被测玻璃的折射率 n。

当 $n>n_0$ 时,式中取正号;当 $n<n_0$ 时,式中取负号。由于在测量前并不知道是 $n>n_0$,还是 $n<n_0$,式(5-1-6)中的正负号可根据出射光线的偏折方向来确定。如图 5.2(a)所示方向偏折时取正号,如图 5.2(b)所示方向偏折时,取负号。对于应用这种原理的专用测量仪器——V 棱镜折射仪,则利用度盘上的度数区分正负号。对于 $n>n_0$ 的情况,度盘上 θ 角的读数在 0°~30°范围内;对于 $n<n_0$ 的情况,θ 角的读数在 360°~330°范围内。

3. 自准直法

自准直法测量折射率的原理如图 5.3 所示。

一束平行光入射到直角棱镜的 AB 面后,当折射光垂直于 AC 面时,将按原光路返回,此时折射率与入射角及顶角的关系为

$$n = \frac{\sin i}{\sin \theta} \quad (5-1-7)$$

式中:n——棱镜折射率;

i——在 AB 面上的入射角;

θ——棱镜顶角。

角度测量采用精密测角仪,光路如图 5.4 所示。

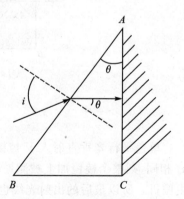

图 5.3 自准直法测量原理图

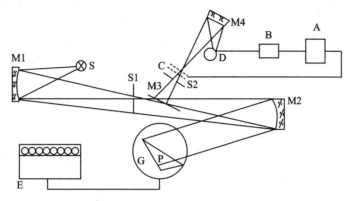

S—光源；M1，M2，M4—抛光面镜；S1，S2—狭缝；M3—反射镜；G—载物台；P—样品；
C—调节器；D—接收器；B—前置放大器；A—放大器；E—角度显示器。

图 5.4　精密测角仪光路图

4. 最小偏向角法

图 5.5 所示为最小偏向角法测量原理。设三角形 ABC 为由玻璃制成的三棱镜的主截面，其周围是空气，$\angle A$ 称棱镜顶角，用 θ 表示，光束由 AB 面入射，入射角为 i，经棱镜折射后，由 AC 面出射，出射角为 e，入射光束和出射光束相交所成的角 δ 为偏向角。根据折射定律及最小偏向角的条件：

$$\begin{cases} i = e \\ \delta_{\min} = 2i - \theta \end{cases}$$

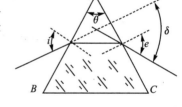

图 5.5　最小偏向角法测量原理

可得：

$$n = \frac{\sin \dfrac{\theta + \delta_{\min}}{2}}{\sin \dfrac{\theta}{2}} \qquad (5-1-8)$$

如果测出棱镜角 θ 和最小偏向角 $\delta_{\min}$，就可求得折射率 n。

用最小偏向角法测量玻璃折射率的准确度主要取决于测角仪的准确度。如果要求 $\Delta n \leqslant \pm (1 \times 10^{-5})$，必须用准确度高于 $2''$ 的大型精密测角仪进行测量，折射率的测量不确定度主要来自样品顶角和最小偏向角的测量不确定度。

将式 (5-1-8) 微分得

$$\Delta n = \frac{1}{2} \frac{\cos \dfrac{1}{2}(\theta - \delta_{\min})}{\sin \dfrac{\theta}{2}} \Delta \delta_{\min} - \frac{1}{2} \frac{\sin \dfrac{1}{2} \delta_{\min}}{\sin^2 \dfrac{\theta}{2}} \Delta \theta \qquad (5-1-9)$$

对式 (5-1-8) 取对数，并对变数 n、θ、$\delta_{\min}$ 微分，将微分式用标准偏差表示，得

$$s_n = \frac{n}{2} \sqrt{\cot^2 \frac{\theta + \delta_{\min}}{2} \left(\frac{s_\delta}{\rho}\right)^2 + \left(\cot \frac{\theta + \delta_{\min}}{2} - \cot \frac{\theta}{2}\right)^2 \left(\frac{s_\theta}{\rho}\right)} \qquad (5-1-10)$$

式中：ρ——弧度-度的变换系数；

s_n，s_δ，s_θ——折射率 n、最小偏向角 $\delta_{\min}$ 和棱镜角 θ 的标准偏差。

样品棱镜顶角和偏向角测量方法至关重要。顶角测量方法主要有自准直法和反射法,对于反射率较低的光学玻璃来说,反射法的测量不确定度一般高于自准直法。

最小偏向角的测量方法主要有单值法、两倍角法、互补法和三像法等,分别如图 5.6、图 5.7、图 5.8 所示。

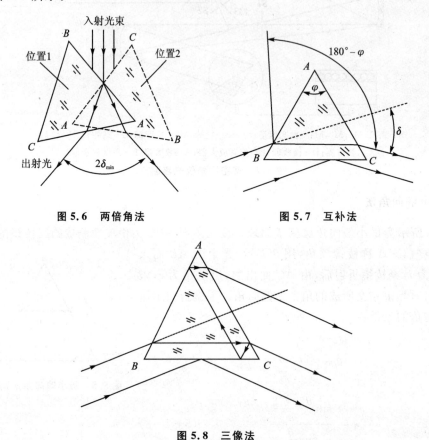

图 5.6　两倍角法　　　　　图 5.7　互补法

图 5.8　三像法

两倍角法通过测量二倍最小偏向角值,求出平均值而减少了测量不确定度。互补法基于入射面的反射光和处于最小偏向角位置的折射光线之间的夹角和顶角互补原理,采用逐步逼近的步骤,以提高偏向角的测量准确度。三像法是一种较实用的测量方法,由于棱镜的三个顶角不可能严格相等,对等边三棱镜在视场中可看到折射像、内反射像和外反射像,并且 3 个像是容易区分的。测量中可分别对棱镜三个顶角测得 3 个折射率值 n_1、n_2、n_3,然后取平均值,这样可以消除顶角测量不确定度带来的影响,在同样条件下可使测量不确定度减小一倍。

5. 直角照射法

多年来人们广泛采用最小偏向角法测量光学玻璃折射率,直角照射法是北京理工大学提出的一种新方法。使用同等准确度的测角仪,直角照射法要比最小偏向角法测量折射率的准确度高,而且较适合于自动测量,目前已成功应用于折射率的自动测量中。测量原理如图 5.9 所示。

对一个三棱镜的被测样品,要求平行光束对向一个棱(如棱 A)并垂直底面(如 BC 面)照射,入射平行光束被分成两半,分别经 AB、BC 面和 AC、BC 面折射后,产生两束折射光,测角仪测出两束光的夹角 ψ_A 后，可以由公式求出被测试样的折射率。由于本方法要求平行光束垂直底面照射，故称为直角照射法。

下面导出本方法的原理公式。

由光路 1 得

$$\sin B = n \sin i_b$$
$$i'_b = B - i_b$$
$$n \sin i'_b = \sin t_b$$

由光路 2 得

$$\sin C = n \sin i_c$$
$$i'_c = C - i_c$$
$$n \sin i'_c = \sin t_c$$

并有

$$\psi_A = t_b + t_c$$

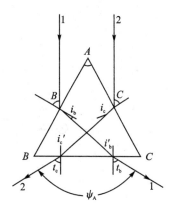

图 5.9　直角照射法测量原理图

同理依次以 B、C 为顶角，可得与上述 7 个公式类似的两组共 14 个公式。

因三角形三个内角之和 $A+B+C=180°$，故有 $\tan A + \tan B + \tan C = \tan A \cdot \tan B \cdot \tan C$。利用这个关系式可导出本方法的原理公式为

$$\frac{\sin t_c}{\sqrt{n^2-\sin^2 t_c}-1} + \frac{\sin t_b}{\sqrt{n^2-\sin^2 t_b}-1} + \frac{\sin t_a}{\sqrt{n^2-\sin^2 t_a}-1} = \frac{\sin t_c}{\sqrt{n^2-\sin^2 t_c}-1} \cdot \frac{\sin t_b}{\sqrt{n^2-\sin^2 t_b}-1} \cdot \frac{\sin t_a}{\sqrt{n^2-\sin^2 t_a}-1} \tag{5-1-11}$$

当直接测 ψ_A、ψ_B、ψ_C 时，利用下列关系式：

$$t_c = \frac{\psi_A + \psi_B - \psi_C}{2}$$

$$t_b = \frac{\psi_A + \psi_C - \psi_B}{2}$$

$$t_a = \frac{\psi_C + \psi_B - \psi_A}{2}$$

求出 t_c、t_b、t_a，代入式(5-1-11)，利用计算机精确地求出被测玻璃的折射率 n。

直接测 ψ_A、ψ_B、ψ_C 与直接测 t_c、t_b、t_a 比较，可以减少瞄准次数并且受入射光束与底面垂直度的影响较少，故准确度较高。

上述分别通过 A、B、C 三个顶角入射，测出 ψ_A、ψ_B、ψ_C 的方法，称为封闭测量法。

当玻璃的折射率较高，若试样做成等边三棱镜，则光束会在棱镜内发生全反射。为此可做成顶角大于 60°的等腰棱镜，平行光束对向这个大角入射，则不会发生全反射。但不能进行封闭测量，只能得到一组 7 个方程，由这组方程可得到如下等式：

$$\frac{\sin t_b}{\sin B \sqrt{n^2-\sin^2 B}-\cos B \sin B} = \frac{\sin t_c}{\sin C \sqrt{n^2-\sin^2 C}-\cos C \sin C} = 1$$

$$(5-1-12)$$

测出角度 t_c、t_b、B、C 后，应用计算机也可以求出折射率 n，但其准确度不如封闭测量法高。

直角照射法测量光路图如图 5.10 所示。

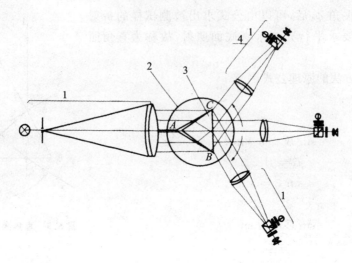

1—平行光管;2—工作台;3—被测三棱镜;4—自准直望远镜。

图 5.10　直角照射法测量光路图

6. 任意偏折法

任意偏折法用于测量红外光学材料折射率,其原理如图 5.11 所示。

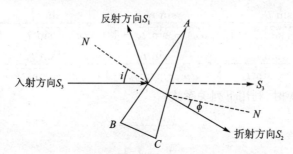

图 5.11　任意偏折法测量红外光学材料折射率的原理图

把待测材料加工成如图 5.11 所示的棱镜。通过测量入射方向、折射方向和反射方向光线对应角度值 S_3、S_2、S_1 来确定入射角 i 和折射角 ϕ,则折射率为

$$n = \frac{1}{\sin A}(\sin^2\phi + 2\sin\phi\cos A\sin i + \sin^2 i)^{1/2} \tag{5-1-13}$$

式中 A 是棱镜角,是已在精密测角仪上测量得出的已知量,入射角 i 的计算公式为

$$i = 90° - 0.5(S_3 - S_1) \tag{5-1-14}$$

折射角 ϕ 的计算公式为

$$\phi = S_2 - 0.5(S_3 + S_1) - (90° - A) \tag{5-1-15}$$

7. 光学材料色散系数的测量

应用折射率测试方法,分别测出对应各种波长的材料折射率,即可算出材料的色散系数和相对色散系数。色散系数 v_d 按下式计算,即

$$v_d = \frac{n_d - 1}{n_F - n_c} \tag{5-1-16}$$

式中 n_d、n_F、n_c 分别为波长等于 587.6 nm、486.1 nm、656.3 nm 时的材料折射率值。

相对色散系数可表示为：$\frac{n_F-n_d}{n_F-n_c}$，$\frac{n_F-n_e}{n_F-n_c}$，$\frac{n_g-n_F}{n_F-n_c}$，$\frac{n_c-n_r}{n_F-n_c}$，$\frac{n_h-n_g}{n_F-n_c}$ 等。

这些常数是标志材料光学性能的重要参数，也是光学仪器设计者所必备的参考数据。

表 5.1 所列为各常用谱线的波长及对应光源。

表 5.1 折射率测量常用波长及符号

光谱线	汞紫线 h	汞蓝线 g	镉蓝线 F′	氢蓝线 F	汞绿线 e	氦黄线 d	钠黄线 D	镉红线 c′	氢红线 c	氦红线 r
元素	Hg	Hg	Gd	H	Hg	He	Na	Cd	H	He
波长/nm	404.7	435.8	480.0	486.1	546.1	587.6	589.3	643.9	656.3	706.5

5.1.2 光学材料折射率计量标准

对于各种测量光学材料折射率的方法，通过分析可知，阿贝法测量不确定度为 3×10^{-4}，V 棱镜法测量不确定度为 2×10^{-5}，精密测角法(包括最小偏向角法、自准直法和直角照射法)测量不确定度为 2×10^{-6}。由于阿贝法和 V 棱镜法测量过程简单，仪器造价低，对样品要求简单，一般工厂均采用此类仪器。因此，光学材料折射率计量标准是用精密测角法对标准样块进行精确测量，用定值后的样块对 V 棱镜折射仪和阿贝折射仪进行检定。国防工业系统的折射率标准由一台直角照射法测量装置和一组玻璃材料折射率标准样块组成。

折射率标准样块一组含有 5 种材料，即 QK1、K9、F2、ZF2、ZF6，并测得 d、D、c、F、e 等 5 条谱线的折射率。样块棱镜为等边三角形，利用样块的 90°棱角检定 V 棱镜折射仪。

标准装置框图如图 5.12 所示，由 4 部分组成：

① 单色光源系统：由灯、单色仪和准直系统组成，系统功能主要是产生测量所需要的单色平行光光源。

② 精密测角系统：由精密测角仪、角度测量和输出电路组成，可对被测件的光学角度进行精确测定。

③ 光电探测瞄准系统：由离轴抛物面反射镜、振动狭缝、探测器及信号控制采集电路组成，主要完成高精度光电角度自动采集等功能。

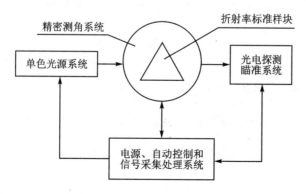

图 5.12 光学材料折射率标准装置框图

④ 电源自动控制:信号采集处理系统:主要完成各部分电源的供给,瞄准部分自动控制、角度采集、信号放大采集处理等功能。

5.2 光学材料折射率温度系数测量

光学材料折射率随温度的变化现象称作热光效应,单位温度折射率的变化量称为折射率温度系数:

$$\beta = \mathrm{d}n/\mathrm{d}T \tag{5-2-1}$$

β 是波长的函数。折射率随温度的变化在红外材料中尤为明显,因而近年来国内外都很重视光学材料折射率温度系数的测量。

5.2.1 光学玻璃折射率温度系数测量

采用激光干涉法测量光学玻璃折射率温度系数。将测试材料制成平行平板,利用斐索干涉原理,通过测量平板前后表面光辐射形成的干涉条纹的变化来确定光学材料光学厚度的变化,以确定折射率温度系数值。

1. 测量原理

斐索干涉原理如图 5.13 所示。

当一束单色平行光垂直照射前后表面几乎平行的玻璃样品时,从两表面反射回的光束相干涉产生等厚干涉条纹,其光程差与干涉条纹之间关系为

$$2nl = K\lambda - \frac{1}{2}\lambda \tag{5-2-2}$$

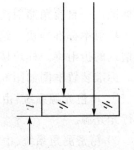

图 5.13 光从平板表面反射发生干涉

式中:λ——测量谱线的波长,单位为 nm;

n——样品的常温折射率;

l——样品厚度,单位为 mm;

K——干涉条纹级数。

当样品温度改变时,其折射率 n 及厚度 l 均发生变化,即光程差发生变化,因而干涉条纹亦随之变化。则有:

$$\frac{\Delta n}{\Delta T} = \frac{\lambda}{2l} \cdot \frac{\Delta K}{\Delta T} - n\frac{\Delta l}{l \cdot \Delta T}$$

式中:$\frac{\Delta n}{\Delta T}$——折射率温度系数 β;

$\frac{\Delta K}{\Delta T}$——温度变化 1 ℃时干涉条纹的变化量;

$\frac{\Delta l}{l \cdot \Delta T}$——温度变化 1 ℃时单位长度的变化量(即膨胀系数 α)。

则上式可写为

$$\beta = \frac{\lambda}{2l} \cdot \frac{\Delta K}{\Delta T} - n\alpha \tag{5-2-3}$$

α 值用同样的干涉原理测得,如图 5.14 所示。

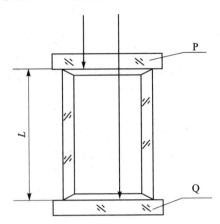

图 5.14 光从上下干涉板表面反射发生干涉

垂直入射的光线,从与样品接触的上干涉板 P 的下表面及下干涉板 Q 的上表面反射,反射回的两束光线产生干涉,有:

$$2n_a L = M_\lambda - \frac{1}{2}\lambda \qquad (5-2-4)$$

式中:n_a——空气的折射率;

L——样品长度,单位为 mm。

置样品于变化的温度场中,有:

$$\alpha = \frac{\Delta L}{L \cdot \Delta T} = \left(\frac{\lambda}{2l} \cdot \frac{\Delta M}{\Delta T} - \frac{\Delta n_a}{\Delta T}\right)/n_a \qquad (5-2-5)$$

式中:$\Delta n_a/\Delta T = \beta_a$——空气的折射率温度系数。

各温度下的空气折射率及其温度系数计算式为

$$(n_t - 1) = (n_s - 1)\frac{1 + \alpha_a t_a}{1 + \alpha_a t} \cdot \frac{P}{P_s} \qquad (5-2-6)$$

n_t 为所求温度 t 时空气折射率,P 为所求状态下的气压。标准状态下,$t_S = 20\ ℃$,$n_S = 1.000270$,$\alpha_a = 0.003671$ 为空气膨胀系数,则式(5-2-5)中:

$$\frac{\Delta n_a}{\Delta T} = \begin{cases} -0.8 \times 10^{-6}/℃ & (温度为 +20 \sim +80\ ℃) \\ -1.2 \times 10^{-6}/℃ & (温度为 -40 \sim +20\ ℃) \end{cases}$$

若把样品放入真空系统中,$n_a = 1$,$\Delta n_a/\Delta T = 0$,则有:

$$\alpha = \frac{\lambda}{2L} \cdot \frac{\Delta M}{\Delta T} \qquad (5-2-7)$$

本方法就是把测得的 $\Delta M/\Delta T$ 及 $\Delta K/\Delta T$ 代入式(5-2-5)或式(5-2-7)以及式(5-2-3)中求得 β 值。若样品置于真空系统中,则测得的 β 值为绝对折射率温度系数 β_{abs}。

2. 测量装置

测量装置由光学系统、高/低温炉及其控制系统、记录及数据处理系统 3 部分组成,如图 5.15 所示。

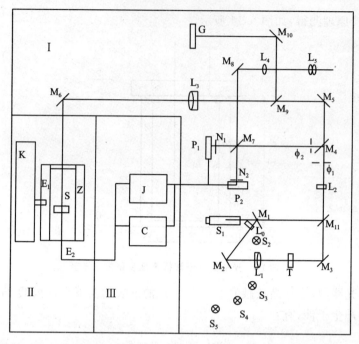

Ⅰ—光学系统；$S_1 \sim S_3$—光源；M_1, M_4, M_7, M_9—半透半反镜；$M_2, M_3, M_5, M_6, M_8, M_{10}, M_{11}$—全反镜；$M_9, M_{10}$—可移动反射镜；$L_0$—扩束镜；$L_1, L_2$—聚光镜；$L_3$—准直物镜；$L_4, L_5$—物镜，目镜；T—滤光片；$\varphi_1, \varphi_2$—光阑；$N_1, N_2$—狭缝；$P_1, P_2$—光电倍增管；G—显示屏；Ⅱ—直空炉及控制系统；Z—真空炉；K—自动控制系统；S—样品；E_1, E_2—控温偶，测量偶；Ⅲ—记录及数据处理系统；J—双笔记录仪；C—单板计算机。

图 5.15　折射率温度系数测量装置图

3. 样品制备与数据处理

测量样品的制备有一定的要求，测量过程中需对测量数据进行处理。

(1) 样品制备要求

① β 样品：材料条纹度 1c、气泡度 A 级、应力双折射 1 类、两大面抛光▽14、B 为Ⅲ级、平行度 θ 为 15″、平面度 N 为 0.25、ΔN 为 0.1，其余表面▽6，尺寸为 $\phi25$ mm、厚度为 5 mm，如图 5.13 所示。

② α 样品：与 β 样品为同一块玻璃条纹度 1c，应力双折射 1 类，外观如图 5.14 所示。

(2) 测量过程及数据处理

① 用折射率测量仪测量玻璃的 c′、d、e、F′ 和 g 线的折射率。

② 用千分尺分别测量 β 样品和 α 样品的厚度。

③ 先后将 α 样品、β 样品置于高、低温炉中，测量 $\Delta M/\Delta T$、$\Delta k/\Delta T$。

④ 由计算机打印出测量结果并填写测试报告单。

5.2.2　红外材料折射率温度系数测量

1. 测量原理

在红外波段，光学材料的折射率温度系数 β 比在可见光波段大一个数量级，进行红外光学系统设计时必需精确知道 β 值。另外,在大功率激光通过红外窗口时,会产生非均匀加热,使得红外窗口变成一个热透镜而产生波前畸变,影响成像质量。因此,近年来,各国都很重视 β 的测量,美国和英国建立了红外材料折射率温度系数标准装置,波长为 $3\sim13.5~\mu m$,不确定度为 1.2%。红外材料折射率温度系数测量大多以自准直法为基础,自准直原理参考图 5.3。

设棱镜材料折射率为 n、自准直角为 i、棱镜顶角为 θ。首先依据自准直原理在测角仪上测量出 n。β 的测量按两步进行,第一步,在 20℃ 条件下,对不同波长得到其折射率 n 和棱镜顶角 θ;第二步,将棱镜移入折射率温度系数测量装置中,测量折射率随温度的变化量 δ_n。

对式(5-1-7)微分得:

$$\delta_n = \frac{\delta i (1 - n^2 \sin^2 \theta)^{1/2}}{\sin \theta} \qquad (5-2-8)$$

将式(5-2-8)对温度求导即得:

$$\beta = \delta n / \delta T = \frac{\delta i}{\delta T} \cdot \frac{(1 - n^2 \sin \theta)^{1/2}}{\sin \theta} \qquad (5-2-9)$$

改变温度,可求得 β-T 曲线,改变波长,可得到 $\beta(\lambda, T)\sim T$ 曲线。

2. 测量装置

测量装置原理如图 5.16 所示,由红外光源、光学准直系统、测角仪、温控系统和光电探测器组成。

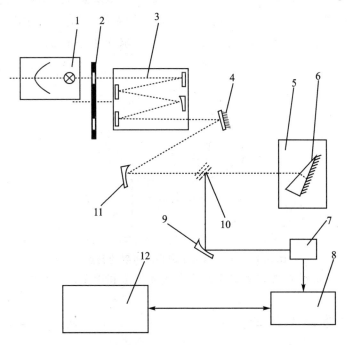

1—光源;2—斩波器;3—单色仪;4,10—平面反射镜;5—测角仪及温控器;6—样品;7—锁相放大器;8—探测器;9—聚光镜;11—离轴抛物面镜;12—计算机系统。

图 5.16 红外材料折射率温度系数测量装置原理图

3. 样品制备与数据处理

(1) 样品要求

① 棱镜顶角的确定:按照有关标准,样品顶角依照选取要求为

$$\theta = \arcsin\left(\frac{0.866}{n}\right) \qquad (5-2-10)$$

② 棱镜加工要求:根据自准直的测试要求,棱镜前表面镀增透膜,后表面必须镀全内反射膜。

(2) 数据处理

① 用红外材料折射率测量仪测量在 20 ℃对应相应波长的折射率。
② 用精密测角仪测量棱镜顶角 θ。
③ 将测试样品置于精密温控炉内,测量自准直角随温度的改变量 δi。
④ 由计算机打印出测量结果并填写测试报告单。

5.3 光学材料应力双折射计量测试

光学材料中由于残余应力的存在而引入的双折射现象称为应力双折射,应力双折射用单位长度上的光程差 δ(nm/cm)来度量。

玻璃的应力双折射标准有玻璃中部标准和玻璃边缘标准两种。前者以玻璃块最长边中部单位长度上的光程差 δ(nm/cm)表示;后者以距玻璃边缘为 5%的直径或边长处各点中最大的单位厚度上的光程差 $\delta_{\max}$(nm/cm)表示。两者均要求光束垂直试样表面入射,如图 5.17 所示。

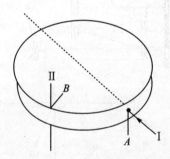

Ⅰ—测中部应力的光束方向;Ⅱ—测边缘应力的光束方向。
图 5.17 圆玻璃板中应力双折射的测量方向

光学材料应力双折射测量方法主要有简易偏光仪法和单 1/4 波片法等。

5.3.1 简易偏光仪法

简易偏光仪由起偏器和检偏器组成,二者的偏振轴互相垂直或平行。将有应力的圆玻璃板置于两个偏振器之间,根据视场中看到的亮暗条纹判断玻璃试样中应力双折射的大小及主应力的方向。

为了有效地应用简易偏光仪,首先要对玻璃退火后应力分布的一般规律有所了解。假设

圆玻璃板是放在圆柱形退火炉的中心进行退火的,而且炉内温度对称于炉轴线分布,这样退火后的玻璃的应力是对称于圆玻璃板中心分布的,如图 5.18(a)所示。

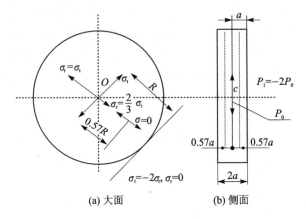

图 5.18　圆玻璃板大面和侧面的应力分布

图中 σ_t 和 σ_r 分别表示切向应力和径向应力;圆玻璃板侧面的应力分布如图 5.18(b)所示,图中 P_0 表示中部应力(无论是 σ_t、σ_r 还是 P_0、P_e 都是指光束通过玻璃板整个厚度或沿直径通过后的综合应力,不是玻璃表面或某一层的应力。若玻璃板不放在炉子中央,或玻璃不是圆形的,应力分布都不同)。可见,测边缘应力时,测量点应选在距大面边缘为直径的 5‰处,这时近似只有一个主应力,为切向压应力 σ_t;测中部应力时,光线应垂直于 c 点通过玻璃,这时也只有一个主应力,为拉应力 P_0。沿厚度方向距中心各 $0.57a$($2a$ 为玻璃板厚度)的两个截面上,应力为零,即有两个零应力面(图 5.18(b)中的虚线所示),光线沿这两个面入射时,其双折射光程差皆为零。若光线垂直于大面入射,由于中心 O 点受到各方向相等的拉应力,故 $\delta_n=0$。距中心 O 为 $0.57R$(R 为圆玻璃板的半径)的圆周上各点的切向应力 $\sigma_t=0$,仅有径向拉应力 σ_r。根据图 5.18 所示的应力分布,可知通过起偏器的平行单色线偏振光分别通过圆玻璃板的大面和侧面后,经正交的检偏器看到的亮暗条纹分布情况,如图 5.19 所示。

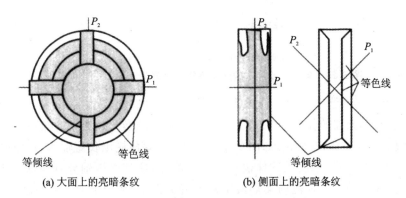

图 5.19　圆玻璃板大面和侧面的亮暗条纹

有应力的玻璃试样放在正交的起偏器 P_I 和检偏器 P_{II} 之间可以看到亮暗条纹,大面中心因双折射光程差为零故为暗圆斑;由中心到边缘双折射光程差逐渐增加,条纹变亮,应力较大时还会出现一至数个同心的亮暗相间的圆条纹,如果改用白光照射,亮暗条纹将变为彩色条纹,颜色相同的某一圆条纹的光程差也相同,这种因光程差变化而产生的条纹称为等色线。相邻两同色或等亮度的等色线之间的光程差 Δ 的变化量为 1λ,相位差 φ 的变化量为 2π。在大面上还可以看到一个暗十字形的条纹,并且绕中心转动玻璃板时,暗十字条纹不动,若玻璃板不动,起偏器和检偏器一起转动,则暗十字条纹同步转。这是因为玻璃板上对应暗十字条纹中心的各点的径向应力 σ_r 和切向应力 σ_t 的方向,不是平行于偏振轴 P_1,就是垂直于 P_1(平行于 P_2)。由前述应力与双折射的关系知,e 光振动方向平行于应力方向,所以通过了玻璃板上对应暗十字条纹中心各点的光线不是仅有 e 光,就是仅有 o 光,而且它们的振动方向都平行于 P_1,因而都通不过检偏器而呈现暗纹。称因应力方向平行或垂直于偏振轴 P_1 而产生的暗纹为等倾线。图 5.19 的(a)(b)(c)上都标出了等色线和等倾线,可以看出等倾线是暗线,而且不是平行就是垂直于 P_1。由等倾线的位置可知该处的主应力方向。知道了 $\Delta=0$ 的等色线的位置后,即可根据等色线的分布情况估计出玻璃板的双折射光程差的分布情况。

5.3.2 单 1/4 波片法

若要定量测量双折射光程差,推荐采用单 1/4 波片法,如图 5.20 所示。

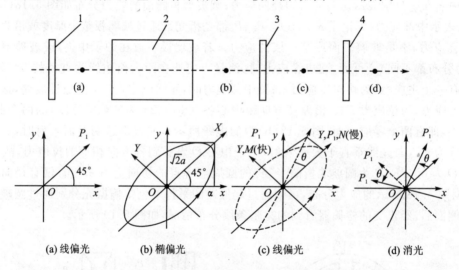

1—起偏器;2—试件;3—1/4 波片;4—检偏器。

图 5.20 单 1/4 波片法的光学系统及透射光束偏振态变化情况

单色自然光经起偏器成为单色线偏振光,经被测试件一般成为椭圆偏振光,只要试件的快、慢方向 x、y 与起偏器的偏振轴 P_1 成 45°角,经试件后的椭圆偏振光的椭圆长、短轴 X、Y 必有一个与起偏器的偏振轴 P_1 平行,如图 5.20(b)所示。要使椭圆长短轴 X、Y 分别与 1/4 波片的快慢轴 M、N 平行,只需未放入试件前调整 1/4 波片,使其快慢轴分别与起偏器、检偏器的偏振轴 P_1、P_2 平行即可(此时视场又复最暗),若慢方向 N 平行于 P_1,则如图 5.20(c)所示。这时,通过 1/4 波片后,椭圆偏振光在 X、Y 轴上二分量之间原有的 $\pi/2$ 相位差刚好被 1/4 波片产生的相位差抵消,于是合成线偏振光,其振动方向与 X 轴夹角为 θ,$\theta=\varphi/2$(φ 为玻璃被测点的双折射相位差)。以上所述过程可用图 5.20(a)~(c)直观地表示出来。由图 5.20(d)可以看出,须逆时针转动检偏器,至玻璃被测点最暗时,转过的角度 θ 才等于 $\varphi/2$。被测点的双折射光程差 Δ 为

$$\Delta = \frac{\phi}{2\pi}\lambda = \frac{\lambda}{\pi}\theta \qquad (5-3-1)$$

当 P_1 与快方向 M 平行或者试件的慢方向为 x 方向时,经 1/4 波片后,椭圆偏振光 X、Y 轴上二分量之间的相位差增加到 π,也合成线偏振光,其振动方向与 X 轴夹角也是 θ,但 θ 角的方位有所不同,如图 5.20 所示,这时检偏器须顺时针旋转使试件被测点处最暗,转过的角度才是所需 θ 角。若逆时针旋转,转角将为 $180°-\theta$。光束通过各偏光器及试件的偏振态变化情况如图 5.21 所示。

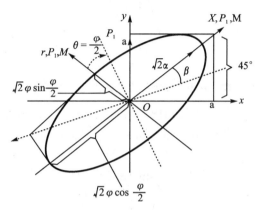

图 5.21 P_1 平行于 1/4 波片快方向 M 的偏振态变化情况

测出试件中部的 θ_0 或边缘的 θ_{max} 值以后,再测出试件通光方向的长度 l(cm),则试件每厘米长的双折射光程差 δ 或 δ_{max} 为

$$\delta = \frac{\Delta}{l} = \frac{\lambda\theta_0}{\pi l} \qquad (5-3-2)$$

$$\delta_{max} = \frac{\Delta_{max}}{l} = \frac{\lambda\theta_{max}}{\pi l} \qquad (5-3-3)$$

当试件被测点的双折射光程差 $\Delta > \lambda$ 时,首先应找到试件通光面上 $\Delta = 0$ 的点,这时用白光代替单色光,则可看到彩色的等色线,其中无颜色的暗点或暗纹即为试件上 $\Delta = 0$ 的位置。为区别于暗的等倾线,使起偏器、1/4 波片、检偏器一起转动(试件不动),不动的即为 $\Delta = 0$ 的暗点或暗纹。测量时改用单色光,数出从零点到被测点之间的暗条纹的数目 N(整数),再用前述方法测出分数部分对应的 θ 角,被测点的双折射光程差为

$$\Delta = N\lambda + \frac{\lambda\theta}{\pi} \qquad (5-3-4)$$

由算出的 δ 或 δ_{max} 与标准 GB 903—87 给出的数值对照,即可定出被测试件的应力双折射类别。

5.3.3 数字移相全场测量法

数字移相全场测量法是现代光测弹性学中进行应力自动化测量的一类重要方法。其特点是能够使用计算机自动控制移相过程,采用数字图像处理技术实现试样全测量口径范围内的应力分析,测量精度和效率较高。这里以最简单的平面偏光仪为例介绍数字移相测量法。

如图 5.22 所示,起偏器 P、检偏器 A、试样主应力 σ_1 的方向(即快轴方向)分别与参考坐标

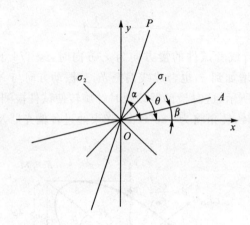

图 5.22 移相法中的平面偏光仪光学元件布局图

系 x 轴方向成 α、β、θ 角。设试样由于受到内应力作用,在主应力 σ_1 方向多引入了双折射相位差 φ。取 α 为 $\pi/2$,β 分别为 $\pi/2$、0、$\pi/4$,可以得到 3 个光强计算式:

当 $\alpha=\pi/2$,$\beta=\pi/2$ 时:
$$I_1 = I_0[1-\sin^2(\varphi/2)\sin(2\theta)]$$

当 $\alpha=\pi/2$,$\beta=0$ 时:
$$I_2 = I_0\sin^2(\varphi/2)\sin^2(2\theta)$$

当 $\alpha=\pi/2$,$\beta=\pi/4$ 时:
$$I_1 = I_0[1-\sin^2(\varphi/2)\sin(4\theta)]/2$$

式中,I_0 是起偏器产生的线偏振光的光强。求解上述方程组,可以得到:

$$\theta = \frac{1}{2}\arctan\left(\frac{2I_2}{I_1+I_2-2I_3}\right) \tag{5-3-5}$$

要求 $\sin^2(\varphi/2)\neq 0$;

$$\varphi = \arccos\left(\frac{A-A^2-B^2}{1-A}\right) \tag{5-3-6}$$

其中,$A=\dfrac{I_1-I_2}{I_1-I_2}$,$B=\dfrac{I_1+I_2-2I_3}{I_1+I_2}$。

这是一种非常简单的三步移相算法。实际测量中,还需要考虑由于起偏器、检偏器并不理想(消光比不等于零)以及环境杂散光等造成的背景光强的影响。此外,由式(5-3-5)可知,当双折射相位差 $\varphi=2k\pi(k=0,1,2,\cdots)$ 时,不能简单地求出等倾角参数 θ;由式(5-3-6)知,双折射相位差 φ 的测量范围仅为 $0\sim\pi$。为扩大双折射相位差的测量范围,一般可采用相位解包裹算法。

平面偏光仪移相算法有多种,如基于单 1/4 波片偏光仪和双 1/4 波片偏光仪的移相算法,如 Kihara 八步移相法、Patterson-Wang 六步移相法、Sandro 移相法等,这里不再详细介绍,有兴趣的读者可以查阅参考文献[79,80]。

5.3.4 光学材料应力双折射计量标准

前面介绍了应力双折射的基本概念和几种测量方法,国内大多数工厂使用的仪器均沿用以上几种方法,为了检定测量仪器,必须建立相应的标准装置和标准样品,并制定相应的检定规程。

1. 检定装置

采用单1/4波片法,用光电探测器代替人眼,实现客观测量。光路如图 5.23 所示。

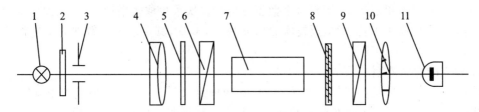

1—光源;2—毛玻璃;3—光阑;4—准直物镜;5—单色滤光片;
6—起偏器;7—试样;8—1/4波片;9—检偏器;10—聚光透镜;11—光电探测器。

图 5.23 光学材料应力双折射标准装置系统图

一束振幅为 E_0 的单色自然光(波长为 λ),经起偏器后变成线偏振光。其偏振方程为

$$E = \sqrt{2}E_0\cos\omega t \qquad (5-3-7)$$

经过样品后变成椭圆偏振光,样品的快慢轴(X,Y 轴)和起偏器的偏振轴成 45°角,通过试样后的偏振方程为

$$E_x = E_0\cos\omega t \qquad (5-3-8)$$
$$E_y = E_0\cos(\omega t - \phi) \qquad (5-3-9)$$

设样品的双折射光程差为 Δ,则式(5-3-9)中的 $\phi = \Delta\pi/\lambda$,将式(5-3-9)转换到与 X-Y 坐标成 45°的 X'-Y' 坐标上:

$$E_{x'} = E_x\cos 45° + E_y\sin 45° = \sqrt{2}E_0\cos(\omega t - \phi/2)\cos(\phi/2) \qquad (5-3-10)$$
$$E_{y'} = -E_x\cos 45° + E_y\sin 45° = \sqrt{2}E_0\sin(\omega t - \phi/2)\sin(\phi/2) \qquad (5-3-11)$$

通过1/4波片(其快慢轴和起检偏器偏振轴平行)后,式(5-3-10)和式(5-3-11)为

$$E_{x'} = \sqrt{2}E_0\sin(\omega t - \phi/2)\cos(\phi/2) \qquad (5-3-12)$$
$$E_{y'} = \sqrt{2}E_0\cos(\omega t - \phi/2)\sin(\phi/2) \qquad (5-3-13)$$

两振动的相位差为 π,合成为线偏振光,转动检偏器至视场全暗时,转过的角度 $\theta = \phi/2$,应力双折射光程差为

$$\Delta = \phi\lambda/2\pi = \theta\lambda/\pi \qquad (5-3-14)$$

用云母片作为光程差标准器,云母片双折射光程差在 38～200 nm 范围内近似等间隔分布。

2. 数据处理

该装置的关键是找出最小值位置并准确定位,由于起检偏器的偏振度很高,要用探测器来实现准确定位是很困难的。同时,光源的功率在波动,为准确定位造成很大困难,为此除光学系统和电路有严格要求外,采用以下数据处理方法。

(1) 多次平均法

数学表达式为

$$\overline{V} = V_i/n \tag{5-3-15}$$

式中：$\overline{V}$——平均值；

V_i——单次测量值；

n——测量次数。

该方法主要是对单点数据，即对每个数据点进行多次采集取其平均，以消除因光源及电路瞬间波动而引入的噪声干扰，根据反复实验取 n 为 1 300 次，其单点测量数据的重复性达万分之几。

(2) 建立的数学模型

该模型是结合实际的情况提出并采用的，其物理意义为：以光强最小时的角度 θ_0 为对称点，角度 $\theta_0 - \theta$ 和角度 $\theta_0 + \theta$ 所对应的光强值应相等。根据此原理建立数学模型。

① 检偏器转动时光强与角度的关系为

$$I_1 = A + I_0 \sin^2(\theta_1 - \theta_0) \tag{5-3-16}$$

② 样品转动时光强和角度的关系为

$$I_2 = A + I_0 \sin(2\theta_2 - 2\theta'_0) \tag{5-3-17}$$

式中：I_1, I_2——透过光学系统后到探测器的光强；

A——常数项（包括各种噪声）；

I_0——光源组件出射光强；

θ_1——检偏器所在位置角度；

θ_0——光强最小值时，检偏器所在位置角度；

θ_2——样品所在位置角度；

θ'_0——光强最小值时，样品所在位置角度。

(3) 数值拟合法

建立了数学模型后，根据测量的数据按式(5-3-16)和式(5-3-17)进行最小二乘拟合，并根据模拟多个半影器方法找最小值点角度值。以检偏器转动为例具体说明。式(5-3-16)可化简为

$$2I_1 = (2A + I_0) - I_0\cos(2\theta_1)\cos(2\theta_0) - I_0\sin(2\theta_1)\sin(2\theta_0) \tag{5-3-18}$$

令 $x = -\cos(2\theta_1), y = -\sin(2\theta_1), z = 2I_1, a_0 = 2A + I_0, a_1 = -I_0\cos(2\theta_0), a_2 = -I_0\sin(2\theta_0)$，则式(5-3-18)可写作：

$$z = a_0 + a_1 x + a_2 y \tag{5-3-19}$$

因为每一个 θ_1 都对应一个 I_1，即每一个 θ_1 都对应一个 x、y 和 z。根据式(5-3-19)对所测数据进行拟合得出 a_1 和 a_2，有：

$$\tan(2\theta_0) = 2a_2/a_1$$

得

$$\theta_0 = \frac{1}{2}\arctan(a_2/a_1)$$

θ_0 为光强最小点的角度的准确位置。

5.4 光学材料传输特性测量

当一束准直光通过光学材料时，由于材料的反射和吸收，透过样品的通量发生了改变。由

于样品的漫射性能,使通量的传递方向发生改变。因此,研究光在材料中的传输过程及透、反射性能测量方法对于材料研制、生产和使用非常重要。光学材料的传输特性检测主要包括透射特性检测、反射特性检测和吸收特性检测等,它们通常是波长的函数,当用于检测光学材料随波长变化的传输特性时,称为材料光谱特性检测。

5.4.1 透射比测量

1. 透射比测量原理

透射比分为总透射比、漫透射比和规则透射比,如图5.24所示。

总透射比测量原理如图5.24(a)所示,将透射样品紧贴于积分球入射窗口,经过样品的规则透射部分和漫透射部分,均收集在2π立体角的积分球内。分别测出放置样品前后的入射辐射通量和透射辐射通量,即可得到包含规则透射和漫透射的总透射比。

漫透射比测量原理如图5.24(b)所示,在积分球对应于入射窗口的出射口放置光学陷阱,将透射样品紧贴于积分球入射窗口,使透过样品的规则透射部分全部进入光学陷阱被全部吸收。分别测出放置样品和光学陷阱前后的入射辐射通量和透射辐射通量的漫透射部分,即可得到漫透射比。

规则透射比测量原理如图5.24(c)所示,将透射样品放置于积分球入射窗口前一定距离处,使透射通量的漫透射部分落在积分球外,只有规则透射部分通过入射窗口被积分球收集。通过测量放置样品前后的入射辐射通量和规则辐射通量,即可得到规则透射比。

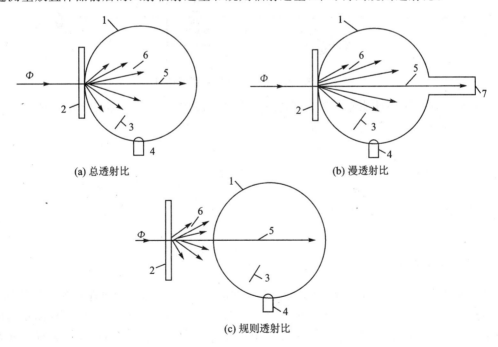

1—积分球;2—样品;3—屏;4—探测器;5—规则透射分量;6—漫射分量;7—光陷阱。

图 5.24 透射比测量原理图

2. 光谱透射比标准装置

光谱透射比标准装置采用直接测量法,即用双光束分光光度计直接检定被测中性滤光片的光谱透射比值,其原理如图 5.25 所示。光源采用钨带灯和氘灯,入射光束经过 M_1、M_2、M_3 反射后进入单色仪,从单色仪出射的光束由 M_4 反射,经偏振器透射后,通过特制的斩波器,将光分成两束,一束为测量光束(光束 1),一束为参考光束(光束 2),分别经过多次反射后到达探测器。

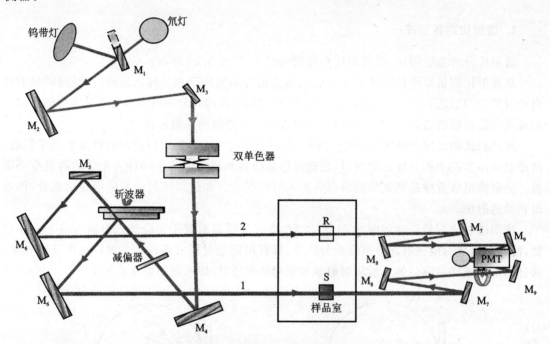

图 5.25 光谱透射比标准装置原理图

利用此方法检定中性滤光片的光谱透射比值,再用此中性滤光片标定分光光度计。

光谱透射比标准装置技术指标如下:
- 波长范围为 250～2 500 nm;
- 测量不确定度为 0.6%。

5.4.2 光谱反射比测量

1. 反射比测量原理

从前面的介绍可以看到,反射比有总反射比和漫反射比之分,测量原理如图 5.26 所示。

总反射比测量原理如图 5.26(a)所示,将反射样品紧贴积分球样品窗口,经样品反射的规则反射部分和漫反射部分,均收集在 2π 立体角的积分球内,其测量值为包含规则反射比和漫反射比的总反射比。

漫反射比测量原理如图 5.26(b)所示,在积分球相应于样品镜面反射方向放置光学陷阱,将反射样品紧贴积分球样品窗口,经样品反射的规则反射部分全部进入光陷阱被完全吸收,积分球只收集漫反射部分,其测量值为漫反射比。

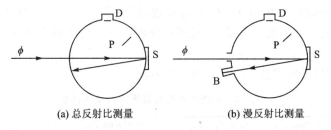

图 5.26 反射比测量示意图

采用双光束光路测量时,用一块与标准反射板一致的参考反射板放在参考窗口,将标准反射板放在样品窗口,进行 100% 基线校正,然后用待测样品替换标准反射板,测出样品相对于参考反射板的读数 ρ_0,那么待测样品的反射比可由下式得到:

$$\rho = \rho_B \rho_0 \qquad (5-4-1)$$

式中:ρ_B——标准板的反射率;

ρ_0——参考板的反射率;

ρ——待测样品的反射率。

2. 光谱漫反射比标准装置

光谱漫反射比标准装置采用相对测量法,即被测量漫反射白板相对标准漫反射白板进行测量,从而计算出被测漫反射白板的反射比值。测量装置采用紫外、可见、近红外分光光度计,其测量光路如图 5.27 所示。

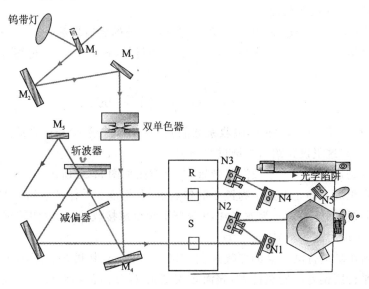

图 5.27 光谱漫反射比标准装置测量原理图

测量装置为双光路,带有特定的自动波长测光值补偿器,所以用标准漫反射白板和参考漫反射白板校准仪器,由被测漫反射白板取代标准漫反射白板,仪器扫描即可直接测量出被测反射板的相对比值 ρ,从而可得:

$$\rho = \rho_B \rho_0$$

紫外、可见、近红外分光光度计采用钨带灯作为光源,入射光经 M_1、M_2、M_3 反射后进入单色仪,从单色仪出射的光束由 M_4 反射,偏振器透射后,通过特制的斩波器,将光分成两束,一束为测量光束(绿线),一束为参考光束(红线),分别经过多次反射后进入积分球,由积分球上的探测器测量。

光谱漫反射比标准装置技术指标如表 5.2 所列。

表 5.2 光谱漫反射比标准装置技术指标

波长范围/nm	测量不确定度/%	波长范围/nm	测量不确定度/%
250～380	4.0	800～2 000	2.0
380～800	0.9	2 000～2 500	5.0

5.4.3 光吸收系数测量

光在介质中传播时,由于本征吸收和杂质吸收引入光强变弱的现象称作吸收,用单位长度内吸收损失与入射光之比的自然对数来度量。

光线通过透明的介质时,其光通量随着光线在介质中通过的光程增大而减小,当光束垂直入射时,吸收系数 k 可表示为

$$k = \frac{1}{L}\left\{2\ln\left[1-\left(\frac{n-1}{n+1}\right)^2\right]+\ln\left[1+\left(\frac{n-1}{n+1}\right)^4\right]-\ln T\right\} \quad (5-4-2)$$

式中:n——介质的折射率;

L——光束通过介质的路程;

T——介质的白光总透过率,用出射光强与入射光强的比值表示。

对光吸收系数大于 0.002 或折射率低于 1.75 的材料,式(5-4-2)可简化为(忽略二次反射项的影响)

$$k = \frac{1}{L}\left\{2\ln\left[1-\left(\frac{n-1}{n+1}\right)^2\right]-\ln T\right\} \quad (5-4-3)$$

由式(5-4-2)和式(5-4-3)可知,吸收系数的测量归纳为折射率和白光透过率测量,由于折射率测量已介绍,在这里仅介绍白光透过率测量。

球形光度计是通用光吸收系数测量装置,其示意图如图 5.28 所示。

物镜 2 将白炽灯 1 的光聚焦于物镜 3 的焦点上,在物镜 3 一侧装有可变光阑 4,物镜 5 将光束会聚后,通过待测样品 7,6 为滤光片,9 为球形积分球接收器,其内侧装有光电池 10,接收信号由检流计 11 读出或数字显示。

测量吸收所用玻璃待测样品的厚度应为 (100 ± 10) mm,其横截面不小于 (25×25) mm²,两通光平面的平行度偏差不能超过 1°,表面必须抛光,样品内部不允许有条纹、气泡和结石等疵病存在。测量时,被测样品表面必须保持洁净。在测量中采用交流调制、选频放大的电学原理和技术使测量精度明显提高;同时,应用单片机控制,可实现自动计算和打印输出。

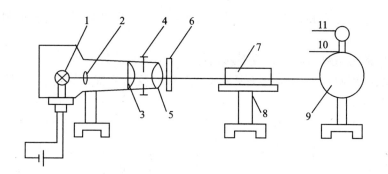

图 5.28 白光吸收仪

5.4.4 光学材料散射系数测量

由于材料对光具有吸收现象,使透过材料的光强降低,同时,在材料中存在微区折射率不均匀和散射颗粒时,会引起光的侧向散射,使输出光强降低,这就是散射损耗。散射在晶体材料和红外材料中尤其明显,下面以激光晶体棒为例进行讨论。

由于激光棒内微区折射率不均匀和散射颗粒的存在,引起光的侧向散射。将这些侧向散射的能量用积分球收集起来进行测量,作为侧向散射测量的方法。

光在透明介质中传播时,遵守布格尔(Bouguer)指数衰减定律:

$$I = I_0 e^{-\alpha L} \tag{5-4-4}$$

式中:I——透射光强,单位为 mW;

I_0——入射光强,单位为 mW;

α——光损耗系数,单位为%/cm;

L——光所通过介质的长度,单位为 cm。

当介质均匀一致时,其损耗系数 α 可视为吸收所致,则 α 为吸收系数 k:

$$k = \frac{1}{L}\ln\frac{I_r}{I_0(1-\rho)^2} \tag{5-4-5}$$

式中:ρ——介质端面的反射系数;

I_r——透射光强,单位为 mW。

当光通过有散射颗粒的激光晶体时,棒中不但存在着吸收,而且还存在着很强的散射光,其损耗系数 α 是吸收光和散射光之和:

$$\alpha = (k+h) = \frac{1}{L}\ln\frac{I_r}{I_0(1-\rho)^2} \tag{5-4-6}$$

由式(5-4-6)可知,吸收和散射同时存在激光棒中,不可能同时准确地测量出吸收和散射系数。为此,将散射光强 I_h 加在透射光强 I_r 中,将二者都看做透射光来处理,引入透射光强 I'_t。

$$I'_t = I_r + I_h \tag{5-4-7}$$

根据布格尔定律推导出散射光强系数公式:

$$-h = \frac{1}{L}\ln\left(1-\frac{I_h}{I'_t}\right) \tag{5-4-8}$$

将测得的散射光强 I_h 和光强 I_r 代入式(5-4-8)可计算出被测激光棒散射系数 h,单位是%/cm。

激光棒侧向散射系数测量装置由下列元件和仪器组成:波长为 632.8 nm 的氦氖激光光源、扩束平行光管、可调光阑、激光棒夹具支架、积分球、反射光锥、光电接收元件及显示仪器。其光学系统如图 5.29 所示。

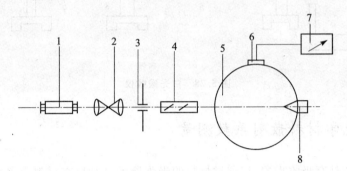

1—氦氖激光光源;2—扩束平行光管;3—可调光阑;4—被测激光棒;
5—积分球;6—光电接收元件;7—显示仪器;8—反射光锥。
图 5.29 激光棒散射系数测量原理装置图

5.5 光学材料均匀性测量

光学材料中,不同部位透过率、折射率等性能的变化情况称为光学均匀性,均匀性有两种表示方法。一种以光路中放入玻璃后的分辨率 α 与不放玻璃分辨率 α_0 之比表示;另一种以各部位间折射率微差最大值 $\Delta n_{\max}$ 表示。

5.5.1 平行光管测试方法

光学均匀性平行光管测试方法是采用一对平行光管装置,其一作为准直管,其二作为望远镜,用分辨率确定玻璃的光学均匀性。平行光管装置如图 5.30 所示。

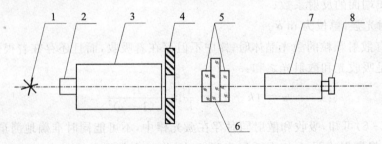

1—光源;2—分辨率板或星点板;3—准直管;4—光阑;5—贴置玻璃;6—样品;7—望远镜;8—目镜。
图 5.30 平行光管测试装置原理图

根据衍射理论,可导出物镜的直径 D 和理论分辨率 α_0 之间的关系式:

$$\alpha_0 = \frac{120''}{D} \tag{5-5-1}$$

在放入测量样块后,实际分辨率表示为

$$\alpha = \frac{2x}{f} \tag{5-5-2}$$

式中：x——分辨率板条纹宽度，单位为 μm；

f——准直光管焦距，单位为 mm。

由式(5-5-1)和式(5-5-2)可求出比值 η。η 的大小反映材料均匀性的好坏。

$$\eta = \frac{\alpha}{\alpha_0} \tag{5-5-3}$$

5.5.2 干涉测量方法

1. 泰曼-格林干涉仪法

泰曼-格林干涉仪常用来检测光学元件的表面平整度、光学材料的内部光学质量和光学镜头的波像差。图 5.31 所示为泰曼-格林干涉仪光路原理图。

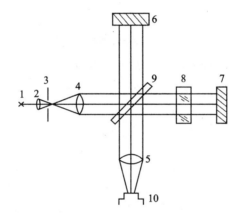

1—单色光源；2—聚光镜；3—小孔光阑；4—准直物镜；5—成像透镜；
6,7—平面反射镜；8—试样；9—分光镜；10—照相机。

图 5.31 泰曼-格林干涉仪光路

将厚度为 h，折射率为 n 的试样放进干涉仪的一条光路中，光线往返一次，样品引起的光程改变为

$$\Delta S = h(n-1) \tag{5-5-4}$$

微分得：

$$h\Delta n + (n-1)\Delta h = \frac{1}{2}m\lambda \tag{5-5-5}$$

这就是泰曼-格林干涉仪测量光学均匀性的基本方程，由式(5-5-5)可得

$$\Delta n = \frac{m\lambda - 2(n-1)\Delta h}{2h} \tag{5-5-6}$$

测量在零场条件下进行，干涉条纹的出现是 Δn、表面平整度和样品楔角 3 个因素共同造成的。平整度和楔角可分别用干涉法测量。楔角也可从条纹图中用下式计算：

$$\theta = \frac{\lambda}{2nd} \tag{5-5-7}$$

式中:d——干涉条纹的间隔。

2. 马赫-曾德尔干涉仪法

马赫-曾德尔干涉仪和泰曼-格林干涉仪在测量原理上是相同的。光路原理如图5.32所示。

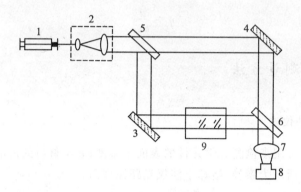

1—He-Ne光源;2—扩束系统;3,4—平面反射镜;5,6—分光镜;7—聚光系统;8—照相机;9—样品。
图5.32 马赫-曾德尔干涉仪

在泰曼-格林干涉仪中光线两次通过样品,马赫-曾德尔干涉仪中光线只通过一次,因此马赫-曾德尔干涉仪灵敏度比泰曼-格林干涉仪低一倍。将式(5-5-5)右边的系数1/2去掉就变成马赫-曾德尔干涉仪的干涉方程,即

$$\Delta h(n-1) + h\Delta n = m\lambda$$
$$\Delta n = \frac{m\lambda - \Delta h(n-1)}{h} \tag{5-5-8}$$

式中:h——样品厚度;
m——干涉条纹级数。

$m\lambda$包含Δn和Δh两种变化,Δh又包含面形平整度和楔角两个因素。面形平整度用干涉仪测量。样品楔角可以从干涉图直接计算(当楔角不大时),即

$$\theta = \frac{\lambda}{(n-1)d} \tag{5-5-9}$$

式中:d——干涉条纹间距。

马赫-曾德尔干涉仪具有独特优点,对于大尺寸光学元件或纵向尺寸远大于横向尺寸的光学元件,采用马赫-曾德尔干涉仪比较方便。因为He-Ne激光光源的相干性很好,干涉仪两臂可以伸得足够长,所以被检样品尺寸基本不受限制。

5.6 光学材料其他参数测量

除前面介绍的几个主要参数的计量测试外,还有许多参数需要测量,包括消光比、条纹度、气泡度和膨胀系数等。

5.6.1 光学材料消光比测量

线偏振光在光学材料中传播时,由于固有双折射的存在使线偏振光变为椭圆偏振光,其退偏程度用消光比度量,定义为起偏方向和检偏方向平行时的光强与相互垂直时光强之比的常用对数。

消光比测量装置如图 5.33 所示。

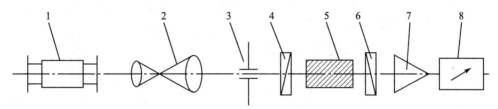

1—He-Ne 激光器;2—扩束平行光管;3—可调光阑;4—起偏器;
5—被测晶体;6—检偏器;7—光电接收元件;8—显示仪器。

图 5.33　消光比测量装置

一束波长为 632.8 nm 的光波沿被测晶体光轴方向,透过一个置于正交偏光系统中被测晶体时,以光轴旋转晶体,得透射光强最小值 I_{min}。然后转动检偏器成平行偏光系统,得透射光强的最大值 I_{max}。光强 I_{max} 和 I_{min} 之比的常用对数值定义为被测晶体的消光比 $E_x \cdot R$。消光比计算式为

$$E_x \cdot R = 10 \lg(I_{max}/I_{min}) \quad (5-6-1)$$

5.6.2 光学材料线膨胀系数测量

线膨胀系数指样品在一定温度范围内温度升高 1 ℃ 时每单位长度的伸长量。

转变温度指样品从室温至软化温度间的伸长曲线上,将低温区域直线部分延伸相交,其交点所对应的温度。

本方法采用石英比较法。将样品与石英推杆放入一端封闭的透明石英玻璃管内,由于石英玻璃相对于玻璃样品有很小的膨胀,在温度变化时,它们之间产生相对移动。当测量出样品的温度、伸长量及长度时,用式(5-6-2)计算玻璃的线膨胀系数。

用石英膨胀仪测量得到玻璃样品从室温至软化温度间的温度与伸长的关系曲线,由作图求得玻璃的转变温度 Ts。

$$\alpha_L = \frac{L_2 - L_1}{L_0(T_2 - T_1)} + \alpha'_L \quad (5-6-2)$$

式中:α_L——样品在 $T_1 \sim T_2$ 温度范围的平均线膨胀系数,单位为 ℃$^{-1}$;

T_1, T_2——分别表示样品加热前后的温度,单位为 ℃;

L_1, L_2——分别表示在 T_1、T_2 时样品的长度,单位为 cm;

L_0——温度 20 ℃ 时样品的长度,单位为 cm;

α'_L——石英玻璃在 $T_1 \sim T_2$ 温度范围的平均线膨胀系数,单位为 ℃$^{-1}$。

5.6.3 光学材料条纹度测量

光学材料中存在的肉眼可见的条纹状缺陷称作条纹,用规定体积内条纹的长度和数量来表示。光学玻璃的条纹度用投影条纹仪检测,在投影屏上检测条纹形状、数目和长度。常用玻璃检验仪如图 5.34 所示。

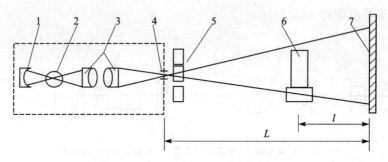

1—反射镜;2—光源;3—聚光镜;4—光阑;5—滤光片;6—被检玻璃;7—投影屏。
图 5.34 玻璃条纹测量仪

图 5.34 中光源为 500 W 球状氙灯或溴钨灯。屏幕上的照度为 50~100 lx,若检测边长或直径小于 150 mm 的玻璃时,聚光镜的组合焦距为 40~50 mm;检测边长或直径大于 200 mm 的玻璃时,则组合焦距为 80~100 mm。

影响条纹检验灵敏度的主要因素有:点光源到观察屏的距离(L)、样品到屏幕距离(l)和点光源尺寸(D)。

① D 对灵敏度影响:在一定条件下,D 变小,灵敏度提高。在光源亮度不变的情况下,D 不能任意变小,一般在 1~2 mm 较合适。

② l 对灵敏度影响:对于一定的条纹,l 有一个最佳位置,随着条纹本身性质的变化,l 值也相应变化。一般样品放在 $l=L/3$ 的地方,灵敏度较高。

③ L 对灵敏度影响:在观测屏上照度不变的条件下,灵敏度随 L 的增大而提高。但实际上很难做到照度不变,因而 L 不能任意增大。

根据上述情况,当需要严格检查玻璃的无条纹性时,光孔到屏幕的距离应大些,光孔应适当小,照明灯的亮度适当提高。

5.6.4 光学玻璃气泡度检测

光学材料中存在的肉眼可见的气泡状缺陷称作气泡,用规定体积内气泡的多少来度量。

玻璃中的气泡和结石在光学系统中将使光线产生散射而降低玻璃的透光率,所以在光学系统设计中,希望玻璃中不存在这种散射源,因此,玻璃中的气泡和结石是其重要的质量指标。

光学玻璃气泡检查仪如图 5.35 所示。

被检验的玻璃样品 1,其中的气泡 2 由照明器照明。照明器由 300~500 W 的光源 6、聚光镜 5 及可开启的活动狭缝 4 组成。眼睛直接从试样侧面观察。样品后置放黑色屏幕 3。被检查的玻璃样品应于检查方向及通光方向四面抛光,亦可以采用细研磨后的样品进行检查,这时

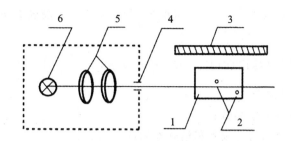

1—被测玻璃;2—气泡;3—黑屏;4—活动狭缝;5—聚光镜;6—光源。
图 5.35　光学玻璃气泡检查仪

样品必须浸没在浸液槽内,或两面用浸液涂上,此时对微小气泡较难发现。

5.6.5　材料非线性光学性能测试

1. 光学材料的非线性效应

所谓非线性光学效应是指,当强光通过介质时,波的线性叠加原理不再成立,这种强光光学效应便被称为非线性光学效应。非线性光学材料是指在强光作用下能产生非线性效应的一类光学介质。

在宏观理论中,不涉及介质的单个原子(分子、离子)的极化性质,而是引入一个新的宏观物理量——介质的极化强度矢量 P,并假设 P 与入射光波场 E 成简单的线性关系,即:

$$P = \varepsilon_0 \chi E \qquad (5-6-3)$$

式中:χ——极化系数(极化率);

ε_0——真空介电常数。

理论和实验都证明,当 E 较小时,$P=\varepsilon_0\chi E$ 的关系与实验符合得很好,但当 E 很大时,P、E 就偏离线性关系,而呈现出一种非线性关系 $P=f(E)$。这种非线性关系一般无法用显函数形式表示出来,通常都把它们展成 E 的幂级数形式,即

$$P = \varepsilon_0(\chi^{(1)}E + \chi^{(2)}EE + \chi^{(3)}EEE + \cdots)$$

式中:$\chi^{(1)}$——原来的线性极化系数;

$\chi^{(2)}$,$\chi^{(3)}$——非线性极化系数,称为二阶、三阶、…非线性极化系数,分别对应于二次谐波(SHG)等二阶非线性光学效应。

普通光是一种弱光,它所能提供的光波场强与原子内部场强相比很小,因此极化强度公式中除了第一项外,其余项可忽略,与此相应,如果采用量子理论,则把入射光视为极弱的微扰,而取一级近似就可以了。而激光与物质的相互作用,属于强光与物质的相互作用,激光所产生的光波场强可达到与原子内部场强相比拟的程度。此时电极化强度公式中的非线性项已不能忽略,必须视具体情况,保留至二次项或三次项。在采用量子理论处理时,一般均需考虑二阶以上的微扰。这些非线性项正是产生各种非线性光学现象的根源。

非线性光学系数可利用 Maker 条纹进行确定,倍频光强度随着样品转动而出现近似周期性的条纹,并称为 Maker 条纹。通过对这些条纹的分析,可以测定材料的非线性光学系数。

1970 年 J. Jerphagnon 和 S. K. Kurtz 重新推导了倍频光功率随转角 θ 而变化的 Maker 公式,即

$$P_{2\omega}(\theta) = \left(\frac{512\pi^2}{R_0^2 c}\right) d_{il}^2 T_\omega^4(\theta) T_{2\omega}(\theta) R(\theta) p^2(\theta) p_\omega^2 \left(\frac{1}{n_\omega^2 - n_{2\omega}^2}\right) \left(\sin \frac{\pi l}{2 l_c(\theta)}\right) \quad (5-6-4)$$

式中:R_0——激光束束斑大小;

d_{il}——试样的非线性光学系数;

$T_\omega(\theta), T_{2\omega}(\theta)$——分别为基频光和倍频光的透射因子;

$R(\theta)$——反射修正因子;

$p(\theta)$——投影因子;

$l_c(\theta)$——相干长度;

θ——入射角。

连接 $\sin \frac{\pi l}{2 l_c(\theta)} = 1$(即 $P_{2\omega}$ 的诸峰值)的曲线就是 Maker 条纹的包迹,可以得到在 $\theta=0$ 点时的包迹的最大值。如选石英晶体作为参考,则待测样品的非线性光学系数的相对值 $d_r = d_{il}/d_{11}^q$(其中 d_{11}^q 表示石英晶体的非线性系数)为

$$d_r^2 = \left[\frac{l_c^q(0)}{l_c(0)}\right]^2 \frac{I_m(0)}{I_m^q(0)} \frac{f(n_\omega, n_{2\omega})}{f^q(n_\omega, n_{2\omega})} \quad (5-6-5)$$

其中:

$$f(n_\omega, n_{2\omega}) = \frac{(n_\omega + 1)^3 (n_{2\omega} + 1)^3 (n_\omega + n_{2\omega})}{n_{2\omega} R(0)} \quad (5-6-6)$$

$$l_c(0) = \frac{\lambda}{4 | n_\omega - n_{2\omega} |} \quad (5-6-7)$$

由此可见,只要测得 Maker 条纹包络极大值 $I_m(0)$ 和相干长度 $l_c(0)$,并将有关折射率 n_ω、$n_{2\omega}$ 等代入式(5-6-5)式中,即可得到 d_r,从而求得 d_{il} 值。

由于玻璃在宏观上各向同性,而具有反演对称中心的介质,偶阶非线性电极化率应为零,不具有二阶非线性极化率($\chi^{(2)} = 0$),即在理论上玻璃中是不会出现二阶非线性光学效应的,因此在较长时间内被认为不会产生二阶非线性效应,只有压电和铁电晶体才会出现这种效应。1986 年,Osterberg 和 Margulis 在强激光诱导的掺 Ge 和 P 的石英单模光纤中首次发现了异乎寻常的倍频现象,加之玻璃具有在大部分波段透明、较好的化学稳定性和热稳定性、较高的光损伤阈值、较高的非线性光学系数、较快的光响应时间、易于成纤成膜、易于机械光学加工等优点,而使其作为一类新型的二阶非线性光学材料具有重要的学术价值和潜在的应用前景,受到研究者的普遍关注,掀起了国内外学者的研究热潮。目前,主要有 3 种方法用于在玻璃中产生非线性光学效应:激光诱导极化法、电场/温度场极化法和电子束辐射极化法。

2. 非线性性能测量

测试材料二阶非线性光学效应装置如图 5.36 所示。其中,Nd:YAG 脉冲激光器作为光源输出基频光,其输出基频光波长为 1.064 μm,脉冲宽度为 10 ns,光束直径为 1 mm。基频光作为入射光通过极化样品后,产生二次谐波,然后通过红外截止滤光片将基频光和倍频光分离开,用配有光电倍增器的单色仪探测谐波信号的大小,最后经过盒式激光光度计积分器,用记录仪自动记录。基频光入射角 θ 的大小范围为 $-50°\sim 50°$。入射基频光和最后探测到的倍频

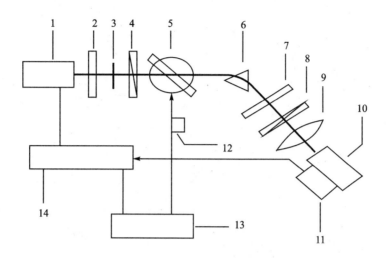

1—Nd:YAG 激光器;2—滤波器;3—光阑;4—偏振片;5—样品台;6—棱镜;7—红外镜截止滤光片;8—偏振片;
9—透镜;10—532 nm 单色仪;11—光电倍增管;12—样品旋转控制器;13—计算机;14—Boxcar 积分器。

图 5.36　材料二阶非线性光学效应测试装置框图

光的偏振方向均为 p，即平行于入射面（由玻璃表面法线方向和基频光入射方向决定的一个平面）。

5.6.6　椭圆偏振仪测量薄膜厚度和折射率

椭圆偏振仪法测量的基本思路是：起偏器产生的线偏振光经取向一定的 1/4 波片后成为特殊的椭圆偏振光，将椭圆偏振光投射到待测样品表面时，只要起偏器取适当的透光方向，样品表面反射出来的将是线偏振光。根据偏振光在反射前后的偏振状态变化，包括振幅和相位的变化，便可以确定样品的许多光学特性。

1. 椭圆偏振方程与薄膜折射率和厚度的测量

图 5.37 所示为一光学均匀和各向同性的单层介质膜。它有两个平行的界面，通常，上部是折射率为 n_1 的空气（或真空），中间是一层厚度为 d 折射率为 n_2 的介质薄膜，下层是折射率为 n_3 的衬底，介质薄膜均匀地附在衬底上，当一束光射到膜面上时，在界面 1 和界面 2 上形成多次反射和折射，并且各反射光和折射光分别产生多光束干涉，其干涉结果反映了膜的光学特性。

设 φ_1 表示光的入射角，φ_2 和 φ_3 分别为在界面 1 和 2 上的折射角。根据折射定律有：

$$n_1 \sin \varphi_1 = n_2 \sin \varphi_2 = n_3 \sin \varphi_3 \qquad (5-6-8)$$

光波的电矢量可以分解成在入射面内振动的 p 分量和垂直于入射面振动的 s 分量。若用 E_{ip} 和 E_{is} 分别代表入射光的 p 和 s 分量，用 E_{rp} 及 E_{rs} 分别代表各束反射光 $K_0, K_1, K_2, \cdots$ 中电矢量的 p 分量之和及 s 分量之和，则膜对两个分量的总反射系数 R_p 和 R_s 定义为

$$R_p = E_{rp}/E_{ip}, R_s = E_{rs}/E_{is} \qquad (5-6-9)$$

经计算可得：

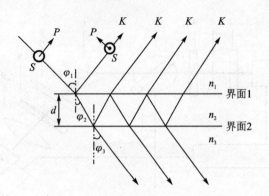

图 5.37 光在单层介质膜中传播过程

$$E_{rp} = \frac{r_{1p} + r_{2p}e^{-j2\delta}}{1 + r_{1p}r_{2p}e^{-j2\delta}}E_{ip} \qquad E_{rs} = \frac{r_{1s} + r_{2s}e^{-j2\delta}}{1 + r_{1s}r_{2s}e^{-j2\delta}}E_{is} \qquad (5-6-10)$$

式中:$r_{1p}(r_{1s})$,$r_{2p}(r_{2s})$——p(或 s)分量在界面1和界面2上一次反射的反射系数;

2δ——任意相邻两束反射光之间的相位差。

式(5-6-10)即著名的菲涅尔(Fresnel)反射系数公式。由相邻两反射光束间的光程差,不难算出:

$$2\delta = \frac{4\pi d}{\lambda}n_2\cos\varphi_2 = \frac{4\pi d}{\lambda}\sqrt{n_2^2 - n_1^2\sin^2\varphi_1} \qquad (5-6-11)$$

式中:λ——真空中的波长;

d,n_2——介质膜的厚度和折射率。

根据电磁场的麦克斯韦方程和边界条件,可以证明:

$$\begin{aligned} r_{1p} &= \tan(\varphi_1 - \varphi_2)/\tan(\varphi_1 + \varphi_2) \\ r_{1s} &= -\sin(\varphi_1 - \varphi_2)/\sin(\varphi_1 + \varphi_2) \\ r_{2p} &= \tan(\varphi_2 - \varphi_3)/\tan(\varphi_2 + \varphi_3) \\ r_{2s} &= -\sin(\varphi_2 - \varphi_3)/\sin(\varphi_2 + \varphi_3) \end{aligned} \qquad (5-6-12)$$

在椭圆偏振法测量中,为了简便,通常引入另外两个物理量 ψ 和 Δ 来描述反射光偏振态的变化。它们与总反射系数的关系定义为

$$\tan\psi e^{j\Delta} = R_p/R_s = \frac{(r_{1p} + r_{2p}e^{-j2\delta})(1 + r_{1s}r_{2s}e^{-j2\delta})}{(1 + r_{1p}r_{2p}e^{-j2\delta})(r_{1s} + r_{2s}e^{-j2\delta})} \qquad (5-6-13)$$

式(5-6-13)简称为椭偏方程,其中的 ψ 和 Δ 称为椭偏参数(由于具有角度量纲也称椭偏角)。

由式(5-6-1)~式(5-6-13)可知,参数 ψ 和 Δ 是 n_1、n_2、n_3、λ 和 d 的函数,其中 n_1、n_3、λ 和 φ_1 可以是已知量,如果能从实验中测出 ψ 和 Δ 的值,原则上就可以算出薄膜的折射率 n_2 和厚度 d。这就是椭圆偏振法测量的基本原理。

2. ψ 和 Δ 的测量

实现椭圆偏振法测量的仪器称为椭圆偏振仪(简称椭偏仪)。其光路原理如图5.38所示。氦氖激光管发出的波长为632.8 nm 的自然光,先后通过起偏器 Q,1/4 波片 C 入射在待测薄膜 F 上,反射光通过检偏器 R 射入光电接收器 T。如前所述,p 和 s 分别代表平行和垂直于入

射面的 2 个方向。t 代表 Q 的偏振方向，t_r 代表 R 的偏振方向。

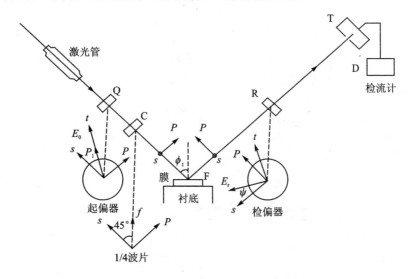

图 5.38　椭圆偏振仪光路原理图

无论起偏器的方位如何，光线经过起偏器获得的线偏振光再经过 1/4 波片后一般成为椭圆偏振光。为了在膜面上获得 p 和 s 二分量等幅的圆偏振光，只须转动 1/4 波片，使其快轴方向 f 与 s 方向的夹角 $\alpha = \pm \pi/4$ 即可。为了进一步使反射光变为线偏振光 E_r，可转动起偏器，使它的偏振方向 t 与 s 方向间的夹角 P_1 为某些特定值。这时，如果转动检偏器 R 使其偏振方向 t_r 与 E_r 垂直，则仪器处于消光状态，光电接收器 T 接收到的光强最小，检流计的示值也最小。由式(5-6-22)可知，要求出 Δ，必须求出 P_1 与 $(\theta_{ip} - \theta_{is})$ 的关系。

下面就上述的等幅椭圆偏振光的获得及 P_1 与 Δ 的关系作进一步的说明。如图 5.39 所示，设已将 1/4 波片置于其快轴方向 f 与 s 方向间夹角为 $\pi/4$ 的方位。E_0 为通过起偏器后的电矢量，P_1 为 E_0 与 s 方向间的夹角（以下简称起偏角）。令 γ 表示椭圆的开口角（即两对角线间的夹角）。由晶体光学可知，通过 1/4 波片后，E_0 沿快轴的分量 E_f 与沿慢轴的分量 E_l 比较，相位上超前 $\pi/2$。用数学式可表达为

$$E_f = E_0 \cos\left(\frac{\pi}{4} - p_1\right) e^{j\frac{\pi}{2}} = jE_0 \cos\left(\frac{\pi}{4} - P_1\right) \tag{5-6-14}$$

$$E_l = E_0 \sin\left(\frac{\pi}{4} - p_1\right) \tag{5-6-15}$$

从它们在 p 和 s 两个方向的投影可得到 p 和 s 的电矢量分别为

$$E_{ip} = E_f \cos\frac{\pi}{4} - E_l \cos\frac{\pi}{4} = \frac{\sqrt{2}}{2} E_0 e^{j\left(\frac{3\pi}{4} - p_1\right)} \tag{5-6-16}$$

$$E_{is} = E_f \sin\frac{\pi}{4} - E_l \sin\frac{\pi}{4} = \frac{\sqrt{2}}{2} E_0 e^{j\left(\frac{\pi}{4} + p_1\right)} \tag{5-6-17}$$

由式(5-6-16)和式(5-6-17)看出，当 1/4 波片放置在 $+\pi/4$ 角位置时，的确在 p 和 s 两方向上得到了幅值均为 $\sqrt{2}E_0/2$ 的椭圆偏振入射光。p 和 s 的相位差为

$$\theta_{ip} - \theta_{is} = \pi/2 - 2P_1 \tag{5-6-18}$$

另一方面，从图 5.39 上的几何关系可得出，开口角 γ 与起偏角 P_1 的关系为

$$\gamma = \pi/2 - 2P_1 \qquad (5-6-19)$$

则有:
$$\theta_{ip} - \theta_{is} = \gamma \qquad (5-6-20)$$
$$\Delta = -(\theta_{ip} - \theta_{is}) = -\gamma \qquad (5-6-21)$$

至于检偏方位角 ψ,可以在消光状态下直接读出。

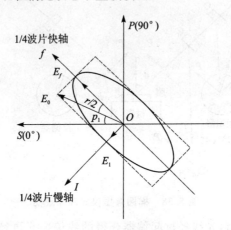

图 5.39 偏振方向之间的关系

3. 折射率 n_2 和膜厚 d 的计算

尽管在原则上由 ψ 和 Δ 能算出 n_2 和 d,但实际上要直接解出 (n_2,d) 和 (Δ,ψ) 的函数关系式是很困难的。一般在 n_1 和 n_2 均为实数(即为透明介质的),并且已知衬底折射率 n_3(可以为复数)的情况下,将 (n_2,d) 和 (Δ,ψ) 的关系制成数值表或列线图而求得 n_2 和 d 值。编制数值表的工作通常由计算机完成,先测量(或已知)衬底的折射率 n_2,取定一个入射角 φ_1,设一个 n_2 的初始值,令 δ 从 0 变到 180°(变化步长可取 $\pi/180$、$\pi/90$、…等),利用式(5-6-11)、式(5-6-12)和式(5-6-13),便可分别算出 d、Δ 和 ψ 值。然后将 n_2 增加一个小量进行类似计算。如此继续下去便可得到 $(n_2,d)\sim(\Delta,\psi)$ 的数值表。为了使用方便,常将数值表绘制成列线图。用这种查表(或查图)求 n_2 和 d 的方法,虽然比较简单方便,但误差较大,故目前广泛采用计算机直接处理数据。

第6章 成像光学计量与测试

成像光学计量与测试是根据光学成像原理,对成像系统的特性,光学零件、部件参数以及光学成像系统成像质量进行计量测试。因此,成像光学计量与测试涉及成像光学系统像质评价、光学元件面型测试与校准和光学元件参数的测量3方面内容。

6.1 成像光学系统像质评价

6.1.1 像质评价基本概念

任何光学系统都不可能是一个理想的成像系统,在把光学材料通过光学加工,机械装配而构成成像系统的过程中,或多或少都会引入各种像差以及工艺疵病。由于衍射和像差以及其他工艺疵病的影响,一个理想的像点会变成一个弥散斑。如何对这种影响做出判断,就是成像光学系统的像质评价。像质评价方法一般有星点检验法、分辨力法和光学传递函数法。一般采用星点检验法和分辨力法,由于其方法简单,测量结果直观,一般工厂和单位都可以实现。但由于其测量结果为半定量,测量准确度不高,只是在成像质量要求不高的时候使用。随着科学技术的发展,对光学系统成像质量的要求越来越高,星点法和分辨力法已不能满足需要,因而提出了光学传递函数的概念。光学传递函数实现了光学系统成像质量的客观定量测量,是目前公认的比较理想的方法。本节简要介绍星点检验和分辨力测量方法,有关传递函数的内容将在后续各节介绍。

1. 星点检验

光学系统对非相干照明物体或自发光物体成像时,可以把任意的物分布看成是无数个具有不同强度的、独立的发光点的集合。每一个发光物点通过光学系统后,由于衍射和像差以及其他工艺疵病的影响,像平面上所得到的像点并不是一个几何点而是一个弥散光斑,即"星点像"。整个物体的像则是这无数个星点像的集合。星点像的光强分布规律决定了光学系统成像的清晰程度。因此,通过考察光学系统对一个物点的成像质量就可以了解和评定光学系统对任意物分布的成像质量。这就是星点检验的基本思想。

星点检验一般在光具座上进行,测量光路如图6.1所示。测量装置由光源、星孔光阑、平行光管、样品夹持器和观察显微镜组成。

(1) 星孔直径

为了保证星点像具有足够的亮度和对比度,以便看清星点像的细节,除要求照明光源具有足够的亮度外,还需对被照星孔的尺寸加以限制。因为当星孔有一定大小时,星孔上每一点发出的光在被检物镜的焦平面上都会形成一个独立的衍射斑,我们所观察到的星点像实际是无数个彼此错位的衍射斑的叠加。如果星孔尺寸大于某个数值,各衍射斑的彼此错位量超出一定限度,星点像的衍射环细节将随之消失。根据衍射环宽度所做的理论估算和试验表明,星孔

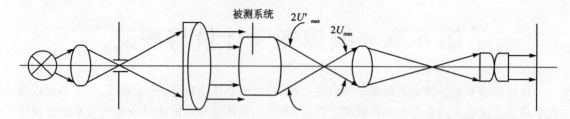

图 6.1 物镜星点检验光路图

允许的最大角直径 α_{max} 应等于或小于被检系统艾里斑第一暗环的角半径 θ_1 的二分之一,如图 6.2 所示。

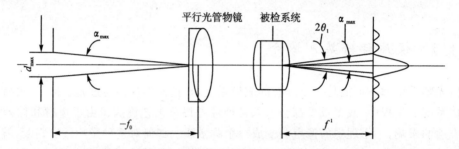

图 6.2 星孔最大角直径 α_{max} 与艾里斑角半径 θ_1 的关系

$$\alpha_{max} = \frac{1}{2}\theta_1 \qquad (6-1-1)$$

由艾里斑的定义可知:

$$\theta_1 = 1.22\lambda/D \qquad (6-1-2)$$

则

$$\alpha_{max} = 0.61\lambda/D \qquad (6-1-3)$$

式中:D——被检物镜的入瞳直径;

λ——照明光源的波长,如用白光照明,则取平均波长 $0.56\ \mu m$。

因为星孔板放在焦距为 f_0 的平行光管物镜的焦面处,所以星孔的最大允许直径为

$$d_{max} = \alpha_{max} f_0 = 0.61\lambda f_0/D \qquad (6-1-4)$$

例如,设 $f_0 = 1200\ mm$,通光口径 $\phi = 100\ mm$,被测物镜的入瞳直径 $D = 70\ mm$,则星孔的最大允许直径为

$$d_{max} = 0.61\lambda f_0/D = 0.0058\ mm$$

(2) 观察显微镜的数值孔径和放大率

星点像非常细小,需借助显微镜或望远镜放大后进行观察。用显微镜观察时,除了应注意显微镜的像质外,还应注意合理选择显微物镜的数值孔径和放大率。

为了保证被检物镜的出射光束能全部进入观察显微镜,应保证显微镜的物方最大孔径角 U_{max} 大于或等于被检物镜的像方孔径角 U'_{max},否则由于显微物镜的入瞳切割部分光线无形中减小了被检物镜的通光口径,因而得到不符合实际的检验结果。为保证孔径要求,可根据被检物镜的相对孔径按表 6.1 选用显微物镜的数值孔径。

表 6.1 根据相对孔径 D/f 选择数值孔径 N_A

被检物镜的 D/f	显微物镜的 N_A	被检物镜的 D/f	显微物镜的 N_A
<1/5	0.1	1/2.5~1/1.4	0.4
1/5~1/2.5	0.25	1/1.4~1/0.8	0.65

(3) 检测结果的表示

利用光电扫描法可定量测定星点像的光强分布曲线或曲面,以点扩散函数表示测量结果。也可利用照相技术测量出光强灰度分布值,以点扩展函数表示测量结果。比较星点像与理想成像系统的星点像(艾里斑),根据它们之间的大小、形状和光强分布的差异来评定成像系统的成像质量。

2. 分辨力测量

测量分辨力所获得的有关被测系统像质的信息虽然不及星点检验多,发现像差和误差的灵敏度也不如星点检验高,但分辨力能以确定的数值作为评价被测系统像质的综合性指标。对于有较大像差的光学系统,分辨力会随像差变化而发生较明显的变化,因而能用分辨力值区分大像差系统间的像质差异,这是星点检验法所不如的。测量设备几乎和星点检验一样简单。因此测量分辨力仍然是目前生产中检验一般成像光学系统质量的主要手段之一。

(1) 衍射受限系统的分辨力

在光学系统中,由于光的衍射,一个发光点通过光学系统成像后得到一个衍射光斑;两个独立的发光点通过光学系统成像得到两个衍射光斑,考察不同间距的两发光点在像面上两衍射像可被分辨与否,就能定量地反映光学系统的成像质量。作为实际测量值的参照数据,应了解衍射受限系统所能分辨的最小间距,即理想系统的理论分辨力值。两个衍射斑重叠部分的光强度为两光斑强度之和。随两衍射斑中心距的变化,可能出现如图 6.3 所示的几种情况。当两发光物点之间的距离较远,两个衍射斑的中心距较大时,中间有明显暗区隔开,亮暗之间的光强对比度 $k \approx 1$,如图 6.3(a)所示;当两物点逐渐靠近时,两衍射斑之间有较多的重叠,但重叠部分中心的合光强仍小于两侧的最大光强,即有对比度 $1 > k > 0$,如图 6.3(b)所示;当两物点靠近某一限度时,两衍射斑之间的合光强将大于或等于每个衍射斑中心的最大光强,两衍射斑之间无明暗差别,即对比度 $k = 0$,两者"合二为一",如图 6.3(c)所示。

人眼观察相邻两物点所成的像时,要能判断出是两个像点而不是一个像点,则要求两衍射斑重叠区的中间与两侧最大光强处要有一定量的明暗差别,即对比度 $k > 0$。k 值究竟为多大时人眼才能分辨出是两个像点而不是一个像点?这常常因人而异。为了有一个统一的判断标准,瑞利(Rayleigh)认为,当两衍射斑中心距正好等于第一暗环的半径时,人眼刚能分辨开这两像点,如图 6.4 所示。这时两衍射斑的中心距为

$$\sigma_0 = 1.22\lambda \frac{f'}{D} = 1.22\lambda F \qquad (6-1-5)$$

这就是通常所说的瑞利判据。

按照瑞利判据,两衍射斑之间光强的最小值为最大值的 73.5%,人眼很易察觉,因此有人认为该判据过于严格,于是提出了另一个判据——道斯(Dawes)判据,如图 6.4 所示。根据道斯判据,人眼刚能分辨两个衍射像点的最小中心距为

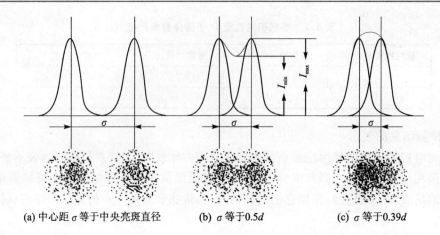

(a) 中心距 σ 等于中央亮斑直径　　(b) σ 等于 0.5d　　(c) σ 等于 0.39d

图 6.3　两衍射斑中心距不同时的光强分布曲线和光强对比度

$$\sigma_0 = 1.02\lambda F \quad (6-1-6)$$

按照道斯判据,两衍射斑之间的合光强的最小值为 1.013,两衍射斑中心最大光强为 1.045。

还有人认为,当两个衍射斑之间的合光强刚好不出现下凹时为刚可分辨的极限情况。如图 6.4 所示。这个判据称为斯派罗(Sparrow)判据。根据这一判据,两衍射斑之间的最小中心距为

$$\sigma_0 = 0.974\lambda F \quad (6-1-7)$$

两衍射斑之间的合光强为 1.118。

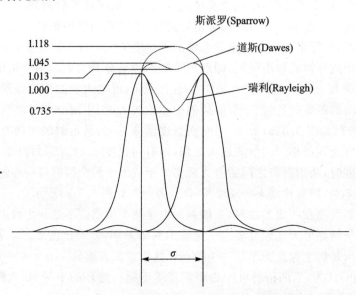

图 6.4　三种判据的部分合光强分布曲线

实际工作中,由于光学系统的种类不同,用途不同,分辨力的具体表示形式也不同。例如望远系统,由于物体位于无限远,所以用角距离表示刚能分辨的两点间的最小距离,即以望远物镜后焦面上两衍射斑的中心距 σ_0 对物镜后主点的张角 α 表示分辨力:

$$\alpha = \frac{\sigma_0}{f} \quad (6-1-8)$$

照相系统以像面上刚能分辨的两衍射斑中心距的倒数表示分辨力:

$$N = \frac{1}{\sigma_0} \quad (6-1-9)$$

在显微系统中则直接以刚能分辨开的两物点间的距离表示分辨力:

$$\varepsilon = \frac{\sigma_0}{\beta} \quad (6-1-10)$$

式中:β——显微物镜的垂轴放大率。

表 6.2 所列为不同类型的光学系统按不同判据计算出的理论分辨力。表中 D 为入瞳直径(mm);N_A 为数值孔径;应用于白光照明时,取光波长 $\lambda=0.56\ \mu m$。

表 6.2 三类光学系统的理论分辨力

分辨力 判据 系统类型	瑞利	道斯	斯派罗
望远/rad	$\dfrac{1.22\lambda}{D}$	$\dfrac{1.02\lambda}{D}$	$\dfrac{0.947\lambda}{D}$
照相/mm^{-1}	$\dfrac{1}{1.22\lambda F}$	$\dfrac{1}{1.02\lambda F}$	$\dfrac{1}{0.947\lambda}$
显微/mm	$\dfrac{0.61\lambda}{N_A}$	$\dfrac{0.51\lambda}{N_A}$	$\dfrac{0.47\lambda}{N_A}$

(2) 测量方法

直接用人工方法获得两个非常靠近的非相干点光源作为检验光学系统分辨率的目标物是比较困难的。通常采用由不同粗细的黑白线条组成的人工特制图案或实物标本作为目标物来检验光学系统的分辨率。

由于各类光学系统的用途、工作条件、要求不同,所以设计制作的分辨率图案在形式上也有很大差异。图 6.5 所示为两种典型的常用分辨率图案。

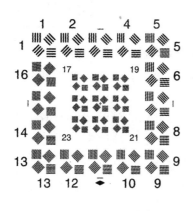

(a) 国家专业标准分辨率图案

(b) 辐射式分辨率图案

图 6.5 两种分辨率图案

下面以 ZBN 35003—89 国家专业标准分辨率图案为例,介绍分辨率的设计计算方法。该分辨率图案中的单元线条设计如图 6.6 所示。

① 线条宽度:黑(白)线条的宽度 P 按等比级数规律依次递减:

$$P = P_0 q^{n-1} \qquad (6-1-11)$$

式中:$P_0=160\ \mu m$(A1 号板第 1 单元线宽),$q=1/\sqrt[12]{2}$,n 为 1~85。实际图案上的线条宽度按式(6-1-11)计算后只保留三位有效数字。

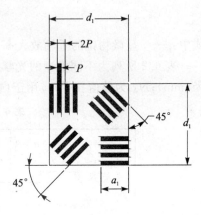

② 分组:将 85 种不同宽度的分辨率线条分成 7 组,通常称为 1 号到 7 号板,即 A1~A7 分辨率板。每号分辨率板包含 25 种不同宽度的分辨率线条,同一宽度的分辨率线条又按 4 个不同的方向排列构成一个"单元",如图 6.6 所示,25 个单元在分辨率板上的排列顺序如图 6.5(a)所示,每号板的中心都是第 25 号单元。对 A1~A5 号板,每号板内的第 13~25 单元分别与下一号板内的第 1~13 单元相同,即相邻两号分辨率板之间有一半单元是彼此重复的,如图 6.7 所示。A5 和 A7 号板也有一半单元是重复的,A6 号板与前后相邻 A5、A7 号分辨率板的关系略有不同。A6 的 1~20 单元与 A5 的 6~25 单元的线宽相同,A6 的 8~25 单元与 A7 的 1~18 单元的线宽相同。A7 的 25 单元的线宽最小,为 1.25 μm。

图 6.6 单元线条几何参数

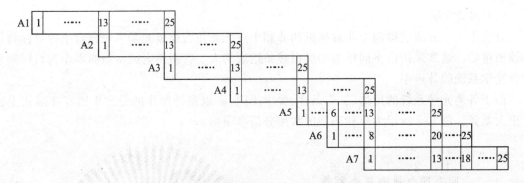

图 6.7 A1~A7 分辨率图案单元重复关系示意图

③ 计算举例:试计算第 3 号(A3)分辨率板中的第 13 单元的线条宽度 P、相邻两黑(或白)线条的中心距 σ 和每毫米线对数 N_0。

由分组规律可知,A3 板第 13 单元就是 85 个单元中的第 37 单元,即 $n=37$。将此值代入式(6-1-11)得:

$$P = P_0 q^{n-1} = [160 \times (2^{-\frac{1}{12}})^{37-1}]\ \mu m = 20\ \mu m$$

$$\sigma = 2P = 40\ \mu m$$

$$N_0 = \frac{1}{\sigma} = \frac{1}{40\ \mu m} = \frac{1}{0.040\ mm} = 25\ mm^{-1}$$

一般情况下可按表 6.3 和表 6.4 查出不同号数、不同单元的分辨率线条宽度和长度数据。

表 6.3　ZBN 35003—89 国家专业标准分辨率图案线条参数(1)

单元号	单元中每组明暗线条总数	对应分辨率板号的线条宽度/μm						
		A1	A2	A3	A4	A5	A6	A7
1	7	160	80.0	40.0	20.0	10.0	7.50	5.00
2	7	151	75.5	37.8	18.9	9.44	7.08	4.72
3	7	143	71.3	35.6	17.8	8.91	6.68	4.45
4	7	135	67.3	33.6	16.8	8.41	6.31	4.20
5	9	127	63.5	31.7	15.9	7.94	5.95	3.97
6	9	120	59.9	30.0	15.0	7.49	5.62	3.75
7	9	113	56.6	28.3	14.1	7.07	5.30	3.54
8	11	107	53.4	26.7	13.3	6.67	5.01	3.34
9	11	101	50.4	25.2	12.6	6.30	4.72	3.15
10	11	95.1	47.6	23.8	11.9	5.95	4.46	2.97
11	13	89.8	44.9	22.4	11.2	5.61	4.21	2.81
12	13	84.8	42.4	21.2	10.6	5.30	3.97	2.65
13	15	80.0	40.0	20.0	10.0	5.00	3.75	2.50
14	15	75.5	37.8	18.9	9.44	4.72	3.54	2.36
15	15	71.3	35.6	17.8	8.91	4.45	3.34	2.23
16	17	67.3	33.6	16.8	8.41	4.20	3.15	2.10
17	11	63.5	31.7	15.9	7.94	3.97	2.97	1.98
18	13	59.9	30.0	15.0	7.49	3.75	2.81	1.87
19	13	56.6	28.3	14.1	7.07	3.54	2.65	1.77
20	13	53.4	26.7	13.3	6.67	3.34	2.50	1.67
21	15	50.4	25.2	12.6	6.30	3.15	2.36	1.57
22	15	47.6	23.8	11.9	5.95	2.97	2.23	1.49
23	17	44.9	22.4	11.2	5.61	2.81	2.10	1.40
24	17	42.4	21.2	10.6	5.30	2.65	1.99	1.32
25	19	40.0	20.0	10.0	5.00	2.50	1.88	1.25

表 6.4　ZBN 35003—89 国家专业标准分辨率图案线条参数(2)

单元号	对应分辨率板号的线条长度/mm						
	A1	A2	A3	A4	A5	A6	A7
1~16	1.2	0.6	0.3	0.15	0.075	0.056 25	0.037 5
17~25	0.8	0.4	0.2	0.1	0.05	0.037 5	0.025

6.1.2　光学传递函数基本概念

光学传递函数已在国际上被确认为光学仪器成像质量可靠的评定方法。它能综合反映衍射、像差、渐晕及杂散光等影响成像质量的各种因素,客观评定光学系统的成像质量。既适用于光学系统的设计阶段,也适用于光学仪器的产品检验阶段,可应用于各类型的光学系统。我国已经制定了有关光学传递函数的标准,包括光学传递函数术语、符号;光学传递函数测量导则;光学传递函数测量装置检定规程等。

1. 以点扩散函数为基础的定义

光学传递函数概念的特点是把物面的光量分布和像面的光量分布联系起来考虑,而不是像其他像质指标那样单方面考虑一个物点或者一组亮线的成像。

对于一般的光学系统成像,总是满足线性条件和空间不变性条件。

(1) 线性条件

满足线性条件的系统,其像平面上任一点处所形成的光强 $i(u',v')$ 可以看成是物平面上每一点处的光强 $O(u,v)$ 在像平面 (u',v') 处所形成的光强的线性叠加,如图 6.8 所示,即

$$i(u',v') = \int_{-\infty}^{\infty}\int_{-\infty}^{\infty} O(u,v) F(u,v,u',v') \mathrm{d}u\mathrm{d}v \qquad (6-1-12)$$

式中:$F(u,v,u',v')$——物平面上 (u,v) 处单位光强值的物点经光学系统后在像面上形成的光强分布。

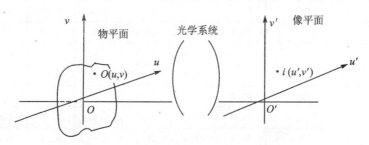

图 6.8 光学系统成像

(2) 空间不变性

物平面任意位置 (u,v) 上单位光强值的物点,在像平面上所形成的光强分布是相同的。可表示为

$$F(u,v,u',v') = F(u'-u, v'-v) \qquad (6-1-13)$$

式(6-1-13)是指像面上 (u',v') 处从位于 (u,v) 的物点成像中所获得的光强,只与它离开理想像点的距离 $(u'-u)$ 和 $(v'-v)$ 有关,而与点物的位置无关。在讨论光学传递函数概念时,通常都把物体在像平面上按几何光学所成的理想像位置的坐标,转换成与物平面上的坐标一样,可消除横向放大率因子的影响,并可使实际成像位置直接与理想位置相比较。满足空间不变性条件时,式(6-1-12)可写为

$$i(u',v') = \int_{-\infty}^{\infty}\int_{-\infty}^{\infty} O(u,v) F(u'-u, v'-v) \mathrm{d}u\mathrm{d}v \qquad (6-1-14)$$

式(6-1-14)表示的数学运算为卷积运算。

一个光学系统只要满足线性条件和空间不变性条件,像面上的光强分布就是物面光强分布与单位光强物点成像分布的卷积。对任一个成像系统,由于有限光瞳孔径的衍射,设计和制造上所残留的像差和误差,使绝对的点对应点的成像关系不存在,因此,实际应用的经消像差

设计的光学系统,都在一定程度上满足正弦条件或者余弦条件。这两个条件保证了在轴上像点或者轴外像点的附近,存在一个区域,该区域内点物成像的光强分布状态不变,这个区域称为等晕区。很明显只要等晕区的范围不小于光强分布 $F(u,v,u',v')$ 所包围的范围,就可以认为满足空间不变性条件。在应用式(6-1-13)考察整个像平面的光强分布时,只要把物平面划分成一系列等晕区,就可在各个等晕区内计算成像的情况。

(3) 点扩散函数

在讨论光学传递函数的测量时,通常都规定物面是在非相干照明下,这样,物平面上邻近的发光点在像平面上形成光强叠加时,不产生干涉现象,可直接进行强度叠加,测量时以光能量作为测试对象。

在非相干照明条件下,如物点经光学系统成像的辐照度分布为 $F(u,v)$,则其归一化辐照度分布称为点扩散函数 $\mathrm{PSF}(u,v)$,即

$$\mathrm{PSF}(u,v) = \frac{F(u,v)}{\int_{-\infty}^{\infty}\int_{-\infty}^{\infty} F(u,v)\mathrm{d}u\mathrm{d}v} \tag{6-1-15}$$

点扩散函数相同的区域,就是光学系统的等晕区,即满足空间不变性条件的区域在等晕区内,则式(6-1-14)可表示为

$$i(u',v') = \int_{-\infty}^{\infty}\int_{-\infty}^{\infty} O(u,v)\mathrm{PSF}(u'-u,v'-v)\mathrm{d}u\mathrm{d}v \tag{6-1-16}$$

式(6-1-15)表示像面的辐照度分布是物面的辐照度分布和点扩散函数的卷积。根据傅里叶变换的卷积定理,式(6-1-16)表示为

$$I(r,s) = O(r,s)\mathrm{OTF}(r,s) \tag{6-1-17}$$

式中:$O(r,s)$——物面辐照度分布 $O(u,v)$ 的傅里叶变换;

$I(r,s)$——像面辐照度分布 $i(u,v)$ 的傅里叶变换;

r,s——频域中沿两个坐标轴方向的空间频率;

$\mathrm{OTF}(r,s)$——光学传递函数,它是点扩散函数 $\mathrm{PSF}(u,v)$ 的傅里叶变换。

式(6-1-17)表明,在空间频率域内线性空间不变系统的物像关系变为一个简单的乘积关系。

$$\mathrm{OTF}(r,s) = \int_{-\infty}^{\infty}\int_{-\infty}^{\infty} \mathrm{PSF}(u,v)\exp[2\pi\mathrm{j}(ru+sv)]\mathrm{d}u\mathrm{d}v \tag{6-1-18}$$

由式(6-1-18)可知光学传递函数 $\mathrm{OTF}(r,s)$ 通常是复函数,于是可表示为

$$\mathrm{OTF}(r,s) = \mathrm{MTF}(r,s)\exp[-\mathrm{j}\mathrm{PTF}(r,s)] \tag{6-1-19}$$

式中光学传递函数的模量 $\mathrm{MTF}(r,s)$ 称为光学系统的调制传递函数,它描述的是被光学系统传递的谐波成分对比度的下降情况;辐角 $\mathrm{PTF}(r,s)$ 称为光学系统的相位传递函数,它表示谐波成分传递到像面上时对其理想位置的横移。在零频处 MTF 为 1,PTF 为 0,$\mathrm{OTF}(r,s)$ 的图形如图 6.9 所示。

为测量方便,常在一个确定方位角 ψ 下测量一维 $\mathrm{OTF}(r,\psi)$,图 6.10 所示为在方位角 ψ 下的正弦光栅位置,其空间频率 r 和 s 分别表示像面坐标轴 u 和 v 方向的实际频率,让空间频率只在 u' 方向上展开,用 r' 表示;而沿 v' 方向变化的频率 $s'=0$,如图 6.10 所示。

一般情况,常取两个方位测量,即如图 6.11 所示的子午(切向)方位和弧矢(径向)方位,可得二维 OTF 的主要信息。

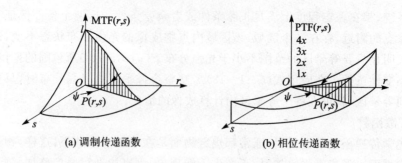

(a) 调制传递函数　　　　　　(b) 相位传递函数

图 6.9　OTF(r,s) 的图形表示

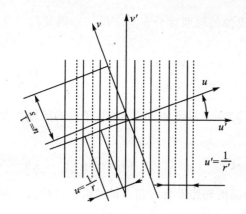

图 6.10　坐标旋转 ψ 角的光栅位置

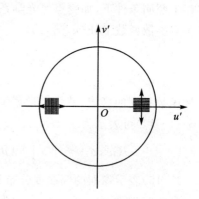

图 6.11　子午和弧矢测量方位

一维光学传递函数表达式为

$$\mathrm{OTF}(r) = \int_{-\infty}^{\infty} \mathrm{LSF}(u)\exp(-2\pi \mathrm{j} ur)\mathrm{d}u \qquad (6-1-20)$$

式(6-1-20)表示光学传递函数的一维光学传递函数是其线扩散函数的傅里叶变换。线扩散 LSF(u) 是非相干线源像的归一化辐照度分布:

$$\mathrm{LSF}(u) = \int_{-\infty}^{\infty} \mathrm{PSF}(u,v)\mathrm{d}v \qquad (6-1-21)$$

令式(6-1-20)中 $r=0$,可得:

$$\mathrm{OTF}(0) = \int_{-\infty}^{\infty} \mathrm{LSF}(u)\mathrm{d}u = 1 \qquad (6-1-22)$$

OTF(r) 是复函数,用调制传递函数为模量,相位传递函数为辐角表示为

$$\mathrm{OTF}(r) = \mathrm{MTF}(r)\exp[-\mathrm{jPTF}(r)]$$

在对光学系统进行光学传递函数测量时,线性和空间不变性两个条件是必须保证的前提条件。因此,对测量装置有一定的限制,应当具有良好的非相干照明,像分析器的光电探测器等对输入信号强度的响应在测量准确度范围内应是线性的。

2. 以正弦光栅成像为基础的定义

正弦光栅的透过光光强分布如图 6.12 所示,可表示为

$$O(u) = I_0 + I_\mathrm{a}\cos(2\pi ur) \qquad (6-1-23)$$

式中：r——空间频率；

I_0——平均光强；

I_a——光强按正弦变化的幅值。

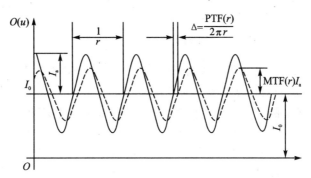

图 6.12 正弦光栅分布

像面辐照度分布为

$$i(u') = \int_{-\infty}^{\infty} [I_0 + I_a\cos(2\pi ru' - 2\pi ru)] \cdot \text{LSF}(u)\mathrm{d}u =$$

$$I_0 + I_a\int_{-\infty}^{\infty} \text{LSF}(u)\cos(2\pi ru' - 2\pi ru)\mathrm{d}u$$

将 $\cos(2\pi ru' - 2\pi ru)$ 展开，逐项积分，推导得：

$$i(u') = I_0 + I_a\left[\int_{-\infty}^{\infty} \text{LSF}(u)\cos(2\pi ru)\mathrm{d}u\right]\cos(2\pi ru') + I_a\left[\int_{-\infty}^{\infty} \text{LSF}(u)\sin(2\pi ru)\mathrm{d}u\right]\sin(2\pi ru') =$$

$$I_0 + I_a H_C(r)\cos(2\pi ru') + I_a H_S(r)\sin(2\pi ru') =$$

$$I_0 + I_a \text{MTF}(r)\cos[2\pi ru' - \text{PTF}(r)] \tag{6-1-24}$$

式中：

$$\left.\begin{aligned} \text{MTF}(r) &= \sqrt{H_C^2(r) + H_S^2(r)} \\ \text{PTF}(r) &= \arctan[H_S(r)/H_C(r)] \\ H_C(r) &= \int_{-\infty}^{\infty} \text{LSF}(u)\cos(2\pi ru)\mathrm{d}u \\ H_S(r) &= \int_{-\infty}^{\infty} \text{LSF}(u)\sin(2\pi ru)\mathrm{d}u \end{aligned}\right\} \tag{6-1-25}$$

式(6-1-24)表示的像面辐照度分布在图 6.12 中用虚线表示。从上面的讨论中可得如下结论：

① 正弦光栅所成的像仍是正弦光栅。

② 光学传递函数理论中把调制度 C 定义为

$$C = \frac{I_{\max} - I_{\min}}{I_{\max} + I_{\min}} \tag{6-1-26}$$

式中：$I_{\max}$，$I_{\min}$——最大光强和最小光强。

因此，正弦光栅物体的调制度 $C_0(r)$ 为

$$C_0(r) = \frac{(I_0 + I_a) - (I_0 - I_a)}{(I_0 + I_a) + (I_0 + I_a)} = \frac{I_a}{I_0}$$

正弦光栅像的幅值由原来的 I_a 改变为 $I_a\text{MTF}(r)$,所以它的调制度 $C_i(r)$ 为

$$C_i(r) = \frac{[I_0 + I_a\text{MTF}(r)] - [I_0 - I_a \cdot \text{MTF}(r)]}{[I_0 + I_a\text{MTF}(r)] + [I_0 - I_a \cdot \text{MTF}(r)]} = \frac{I_a}{I_0} \cdot \text{MTF}(r)$$

可得:

$$\text{MTF}(r) = \frac{C_i(r)}{C_0(r)} \qquad (6-1-27)$$

式(6-1-27)表示在正弦光栅像的辐照度分布式(6-1-24)中,$\text{MTF}(r)$ 值表示了光学系统对正弦光栅成像时,像的对比度和物的对比度之比。

对不同的空间频率 r 的正弦光栅成像时,调制传递系数值是不相同的。当把 $\text{MTF}(r)$ 看成是空间频率 r 的函数时,则称它为光学系统的调制传递函数。

③ 正弦光栅成像时,不仅幅值有变化,光栅的相位也有变化,并用 $\text{PTF}(r)$ 来表示时,$\Delta = \text{PTF}(r)2\pi r$。同样,不同空间频率 r 的正弦光栅成像时,相位传递因子值也是不相同的。当把 $\text{PTF}(r)$ 看成是随空间频率 r 变化的函数时,则称它为光学系统的相位传递函数。

④ 由于正弦光栅成像时在幅值和相位同时发生变化,所以很容易与数学上一个复函数对正弦函数的作用相联系。于是,光学系统的作用相当于这样一个复函数:

$$\text{OTF}(r) = \text{MTF}(r) \cdot \exp[-j\text{PTF}(r)]$$

把 $\text{OTF}(r)$ 称为光学系统的光学传递函数。调制传递函数 $\text{MTF}(r)$ 是 $\text{OTF}(r)$ 的模量,相位传递函数 $\text{PTF}(r)$ 是 $\text{OTF}(r)$ 的幅角。

3. 用光瞳函数表示的光学传递函数

对于发光物点在光学系统上所成像的光强分布,与光学系统的像差和衍射情况有关。根据光学系统有像差时的衍射成像,利用基尔霍夫衍射公式可导出,像平面上光扰动的复振幅相对分布 $\text{ASF}(u,v)$ 与光学系统的光瞳函数 $P(x,y)$ 的关系为

$$\text{ASF}(u,v) = C\int_{-\infty}^{\infty}\int_{-\infty}^{\infty} P(x,y)\exp\left[-j\frac{2\pi}{\lambda R}(ux+vy)\right]dxdy \qquad (6-1-28)$$

式中:(x,y)——光瞳面上的坐标;

R——出射光瞳到像面的距离。

光瞳函数 $P(x,y)$ 描述的是光学系统由于存在像差和光吸收等因素,在出射光瞳上扰动的振幅和相位分布。其定义式为

$$P(x,y) = \begin{cases} A(x,y)\exp\left[j\frac{2\pi}{\lambda}W(x,y)\right] & \text{(在光瞳内)} \\ 0 & \text{(在光瞳外)} \end{cases} \qquad (6-1-29)$$

式中,$A(x,y)$ 是振幅分布,描述光学系统入瞳范围内光透射比是否均匀。在通常情况下,认为是均匀的,并令其为 1。$W(x,y)$ 是出射光瞳面处的波像差函数。

$\text{ASF}(u,v)$ 称为振幅扩散函数,它与物点像的光强分布,即点扩散函数 $\text{PSF}(u,v)$ 的关系为

$$\text{PSF}(u,v) = \text{ASF}(u,v)\text{ASF}^*(u,v) \qquad (6-1-30)$$

式中:$\text{ASF}^*(u,v)$——$\text{ASF}(u,v)$ 的共轭复数。

将式(6-1-30)代入光学传递函数的式(6-1-18),可得:

$$\text{OTF}(\bar{r},\bar{s}) = C\iint_G P^*(x-\bar{r}, y-\bar{s})P(x,y)\mathrm{d}x\mathrm{d}y$$

(6-1-31)

式(6-1-31)表示光学传递函数和光瞳函数 $p(x,y)$ 的自相关积分成正比,其中 r,s 为光瞳函数自相关积分时的位移量,如图 6.13 所示,称它们为简约空间频率,$\bar{r}=\lambda R_r, \bar{s}=\lambda R_s$;$\lambda$ 为波长,R 为出射光瞳到像面的距离;G 为光瞳重叠的公共区域;$P^*(x,y)$ 为 $P(x,y)$ 的共轭复数。

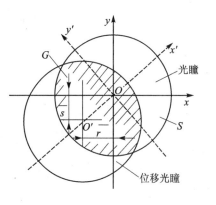

图 6.13 光瞳重叠的公共区域

4. 光学传递函数术语和符号

表 6.5 所列为光学传递函数的有关符号和单位。

表 6.5 光学传递函数的有关符号和单位

参 数	符 号	单 位	参 数	符 号	单 位
参考平面坐标	u,v	mm	一维光学传递函数	OTF(r)	无量纲
视场角	ω	mrad,(°)(用于无限远)	调制传递函数 一维调制传递函数	MTF(r,s) MTF(r)	无量纲 无量纲
物高、像高	h	mm	相位传递函数	PTF(r,s)	rad,(°)
参考角	ϕ	(°)	一维相位传递函数	PTF(r)	rad,(°)
方位角	ψ	(°)	调制度	M	无量纲
空间频率坐标	r,s	1/mm,1/mrad,1/(°)	光瞳函数	$P(x,y)$	无量纲
光瞳坐标	x,y	mm	波像差函数	$W(x,y)$	mm,nm
点扩散函数	PSF(μ,v)	$1/\text{mm}^2, 1/\text{mrad}^2$	出瞳振幅	$A(x,y)$	无量纲
线扩散函数	LSF(u)	无量纲	波长	λ	mm,nm
刃边扩散函数	ESF(u)	无量纲	分析区域		mm^2
光学传递函数	OTF(r,s)	无量纲	参考球面半径	R	mm

5. 组合成像系统的光学传递函数

组合成像系统是指成像过程中的一连串环节和因素构成一个完整的光学串,每个环节和因素称为分系统。例如一张放大的航空摄影照片,经过摄影物镜成像,底片感光,显影,底片再由放大机物镜成像,放大纸感光显影才得到所需照片。其中每个环节,以及摄影过程中大气抖动、飞机移动或发动机振动等因素,均会影响照片的成像质量。

分系统间在成像过程中的联系称为耦合,可分为相干耦合和非相干耦合。表 6.6 所列为组合系统的光学传递函数 OTF。

表 6.6　组合成像系统的光学传递函数 OTF

分 类	定 义	组合成像光学系统光学传递函数	举 例
相干耦合	分系统间成像传递是完全不独立的,即前系统像面上各点都以原来的光束结构传递到后系统	按波差叠加法则 $W(x,y)=\sum_{i=1}^{N}W_i(x,y)$ 瞳面的振幅,按乘法法则 $A(x,y)=\prod_{i=1}^{N}A_i(x,y)$	组成望远系统的物镜和目镜
非相干耦合	分系统间成像传递是完全独立的,即前系统像面可当作后系统的非相干的初级照明物面	按 OTF 乘法法则 $\mathrm{OTF}(r,s)=\prod_{i=1}^{N}\mathrm{OTF}_i(r,s)$	级联像增强器,荧光屏等光电成像器件

注意:在 OTF 测试光路中的辅助成像系统,例如准直物镜、显微物镜和棱镜等,都应被当作与被测系统组合在一起的分系统。因此,对各个辅助光学系统和波像差大小应当严格控制,至少要比被测物镜的波像差小一个数量级,否则要进行修正。

6. 复色光学传递函数

对于折射光学系统,不同波长的光,由于折射率不同,像的大小和位置也不同,因而在同一像面,它们的 OTF 将不同。因此,在多色光下使用的光学系统,例如在白光下使用的摄影机和目视望远镜等,必须用复色光学传递函数来评价它们的像质。

复色光学传递函数 $\mathrm{OTF}_p(r,s)$ 是单色光学传递函数的加权平均,即

$$\mathrm{OTF}_p(r,s)=\frac{\int_{-\infty}^{\infty}F(\lambda)\mathrm{OTF}(r,s,\lambda)\mathrm{d}\lambda}{\int_{-\infty}^{\infty}F(\lambda)\mathrm{d}\lambda} \tag{6-1-32}$$

在这种情况中,所有单色像的辐射分布都必须相对于同一坐标系。权函数 $F(\lambda)$ 由实际系统的光谱特性,即辐射的光谱分布、光学系统的光谱透射比或反射比、光敏材料或探测器的光谱灵敏度等因素综合确定。

多色光学传递函数测量有两种方法。

① 单色光学传递函数的加权求和法:可在一定的近似程度下通过测量若干单色光学传递函数后,按式(6-1-32)加权求和,间接得到多色光学传递函数。

② 光谱校正测量法:使得测量仪器光路中的光谱功率分布与被测系统使用时的光谱功率分布尽可能一致,为此在测量光路中加一块校正滤色片,将仪器总的光谱响应修正到与被测仪器规定使用时的光谱响应相符合。

7. 衍射受限系统光学传递函数

衍射受限系统指不存在像差的理想光学系统,系统对物点所成像的光强分布是由衍射效应决定的。

由于理想光学系统不存在像差,即波像差 $W(x,y)=0$,所以式(6-1-28)中的光瞳函数

$P(x,y)=A(x,y)$。对于一般的光学系统可认为光瞳函数的振幅分布 $A(x,y)$ 为常量,即 $P(x,y)=1$。则衍射受限系统的 OTF 可以用出瞳错位后的重叠区域面积值来度量,如图 6.14 所示,即

$$\text{OTF}(r) = \frac{G}{S}$$

式中:G——光瞳和位移光瞳重叠区的面积;
S——光瞳面积。

$$\text{OTF}(r) = \frac{1}{\pi}(2\theta - \sin 2\theta) = \frac{2}{\pi}\left[\arccos\frac{r}{r_c} - \frac{r}{r_c}\sqrt{1-\left(\frac{r}{r_c}\right)^2}\right] \quad (6-1-33)$$

式中:r——空间频率,$r=D\cos\theta/\lambda R$;
r_c——截止空间频率,$r_c=\dfrac{D}{\lambda R}$。

由图 6.14 可知,当光瞳位移量 $x=D$ 时,则 $G=0$,$\text{OTF}(r)=0$,此时对应的空间频率称为截止频率(r_c)。截止空间频率可用来确定测量的最高频率,为

$$r_c = \frac{D}{\lambda R} \quad (6-1-34)$$

式中:D——出射光瞳直径;
R——出射光瞳面到像面的距离。

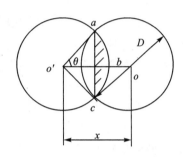

图 6.14 圆瞳衍射受限系统 OTF 计算公式的几何表示

对无限远目标成像的光学系统,R 取为物镜的焦距 f',而 F 数为 R/D,则式(6-1-34)可写为 $r_c=1/(\lambda F)$。物镜相对孔径越大,F 数越小,则截止空间频率越高。对有限距离目标成像的光学系统,如显微物镜物空间的截止频率可表示为 $r_c=\dfrac{2N_A}{\lambda}$,其中 N_A 是物镜的数值孔径。

在测量和计算光学传递函数时,为了避开系统特性常数的影响,常把截止空间频率归化为 1,取 Ω 为归一化空间频率:

$$\Omega = \frac{r}{r_c} \quad (6-1-35)$$

表 6.7 所列为圆形光瞳衍射受限系统的 MTF 值。

表 6.7 圆形光瞳衍射受限系统的 MTF 值

Ω	MTF(Ω)	Ω	MTF(Ω)	Ω	MTF(Ω)
0.00	1.0000	0.35	0.5636	0.70	0.1881
0.05	0.9364	0.40	0.5046	0.75	0.1443
0.10	0.8729	0.45	0.4470	0.80	0.1041
0.15	0.8097	0.50	0.3910	0.85	0.0681
0.20	0.7471	0.55	0.3368	0.90	0.0374
0.25	0.6850	0.60	0.2845	0.95	0.0133
0.30	0.6238	0.65	0.2351	1.00	0.000

6.1.3 光学传递函数基本测量方法

光学传递函数测量方法主要有扫描法和干涉法两大类。

1. 扫描法

根据定义,只要能对被测光学系统形成的线扩散函数实现傅里叶变换,就能测量得到它在某一方向上的光学传递函数。例如,可用一个狭缝作为目标物,经被测系统成像(其光强分布为线扩散函数)后,在所成像上用正弦光栅作为扫描屏,就可模拟对线扩散函数的傅里叶变换运算,得到光学传递函数。这种方法通常称为光学傅里叶分析法。由于正弦光栅较难制作,后来又提出用矩形光栅代替正弦光栅作为扫描屏,通过电学滤波方法把信号中的高次谐波滤掉,同样可实现这种模拟计算。这种用非正弦光栅作扫描屏的方法被称为光电傅里叶分析法。为了避免制作光栅扫描屏的困难,提出了一种用狭缝代替扫描屏直接对狭缝像重复进行扫描的办法,得到同线扩散函数形状相似的信号,直接进行频谱分析就可得到光学传递函数,这种方法称为电学傅里叶分析法。此外,可以用狭缝或刀口屏直接对狭缝像进行线扩散函数抽样,把抽样的数据送到计算机进行包括傅里叶变换在内的数学运算,得到光学传递函数,这种方法称为数字傅里叶分析法。上面这些方法都是通过在像面(也可在物面)上扫描来实现测量的,所以统称为扫描法。

图 6.15 是扫描法测量原理的方框图。

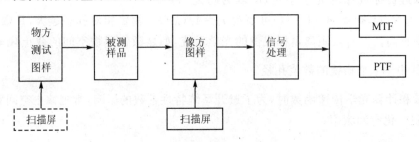

图 6.15 扫描法测量原理方框图

2. 干涉法

由于光学传递函数和光瞳函数之间有确定的转换关系式,如式(6-1-31)所示。通过测量得到光瞳函数 $P(x,y)$,就可以间接得到光学传递函数。因为光瞳函数是复函数,主要包含了出射光瞳处波面的相位信息。通过使该波面与标准参考波面相干涉,或者使该波面本身产生剪切干涉,利用干涉图就可以找到保留相位信息的光瞳函数。根据光学传递函数是光瞳函数的自相关积分,即式(6-1-31),可用剪切干涉仪直接采用光学方法来模拟自相关运算,得到光学传递函数。以上两种方法统称为自相关法。除此之外,当得到光瞳函数 $P(x,y)$ 后,还可根据式(6-1-27)用计算机进行傅里叶变换得到物点成像的振幅分布。由式(6-1-30)得到点扩散函数 $PSF(u,v)$,最后再经过一次傅里叶变换运算得到光学传递函数。这种方法称为两次傅里叶变换法。

根据全息干涉的原理,通过透镜的傅里叶变换作用,可把被测系统光瞳函数的频谱记录在全息图上,再经过一次透镜的傅里叶变换,在它的频谱面上就可以得到二维的光学传递函数。这种方法称为全息干涉法。

归纳起来,OTF 的测量方法可作如下分类:

(1) 扫描法
➢ 光学傅里叶分析法;
➢ 光电傅里叶分析法;
➢ 电学傅里叶分析法;
➢ 数字傅里叶分析法。

(2) 干涉法
➢ 自相关法;
➢ 两次傅里叶变换法;
➢ 全息干涉法。

6.1.4 光学傅里叶分析法传递函数测量装置

1. 测量原理

通常把利用正弦光栅测量 OTF 的方法称为光学傅里叶分析法,图 6.16 所示为常用的测量原理。狭缝为物方测试图样,经被测物镜成像,在像平面内用正弦光栅沿狭缝垂直方向对狭缝像扫描。光电探测器接收狭缝像透过正弦光栅的光通量。图 6.16 所示为变面积型正弦光栅。

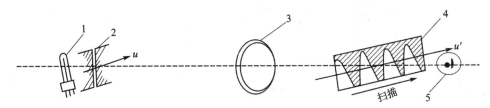

1—光源;2—狭缝;3—被测物镜;4—正弦光栅;5—光电探测器。

图 6.16 光学傅里叶分析法测 OTF 原理

如果被照亮的狭缝是宽度极小的亮线,则经过被测物镜在像平面上形成的光强分布就是线扩散函数 LSF(u)。正弦光栅的透射比分布可表示为

$$g(u) = a(1 + \cos 2\pi r u) \tag{6-1-36}$$

式中:a——透过光强的振幅;

r——空间频率。

随着正弦光栅扫描移动,透过正弦光栅的光通量 $L(u')$ 随位置 u' 变化,并且有:

$$L(u') = \int_{-\infty}^{\infty} \text{LSF}(u) a [1 + \cos 2\pi r(u' - u)] du =$$

$$a \int_{-\infty}^{\infty} \text{LSF}(u) du + a \int_{-\infty}^{\infty} \text{LSF}(u) \cos 2\pi r(u' - u) du$$

根据光学传递函数的零频归一化,很容易得到:

$$L(u') = a\{1 + \text{MTF}(r)\cos[2\pi r u' - \text{PTF}(r)]\} \tag{6-1-37}$$

式(6-1-37)表示当用正弦光栅对狭缝像进行扫描时,探测器接收到的光通量是随扫描位置作正弦变化的。其变化的振幅与调制传递函数 MTF(r) 有关,其变化的相位就是相位传递值。通过光电探测器输出的电信号可测得 MTF(r) 和 PTF(r)。使用不同空间频率的正弦光栅对狭缝像扫描,可测得被测物镜的调制传递函数和相位传递函数。由此可见,用正弦光栅对狭缝像扫描,相当于模拟了对线扩散函数的傅里叶变换。

2. 测量装置

图 6.17 所示为调制传递函数测量装置光学系统原理图,是我国最早研制并实际使用的一种仪器。它采用正弦光栅扫描狭缝像的光学傅里叶分析法原理。光源通过聚光镜把狭缝照亮。为了使狭缝得到均匀的非相干照明,在狭缝前放置一块漫射屏(毛玻璃)。为了在所要求的单色光下测量,在光源和聚光镜之间可加进滤光片。被照亮的狭缝经过反向使用的显微物镜 6,形成狭缝的缩小像。这个狭缝像位于被测物镜的焦平面上作为目标物,经过被测物镜后成像在无限远处。由平行光管物镜(反射式物镜)将狭缝像再成在它的焦平面上。通过转像镜和显微物镜 12,最终在正弦光栅上形成被扫描的狭缝像。正弦光栅由凸轮控制移动速度进行扫描。透射光经过聚光镜毛玻璃,由光电倍增管接收。透射光的强度经光电倍增管线性转变为光电流输出。经过直流放大器线性放大,直接在记录仪上把光电流变化的曲线记录下来。由式(6-1-36)可知,该曲线振幅的包络线就是被测物镜的调制传递函数曲线。

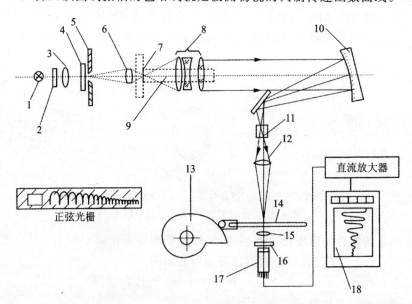

1—光源;2—滤光片;3—聚光镜;4—漫射屏;5—狭缝;6—显微物镜;7—狭缝;8—被测物镜;
9—丁字尺结构;10—平行光管物镜;11—转像镜;12—显微物镜;13—扫描速度控制凸轮;
14—正弦光栅;15—聚光镜;16—毛玻璃;17—光电倍增管;18—记录仪。

图 6.17 调制传递函数测量仪

测量装置主要由以下几部分组成:

① 测试图样组件:显微物镜 6 是反向安置的,在它的物面上形成狭缝的明亮的缩小像。透过较多的光能有利于增大光电倍增管的输出信号,提高信噪比和测量准确度。

② 被测样品的装夹：被测物镜连接有自动平像场机构（即丁字尺机构），其作用是当被测物镜旋转到轴外位置测量时，使由显微物镜 6 所形成的狭缝始终位于选定的焦面上。

③ 辅助成像系统：准直物镜将被测物镜出射的平行光束成像在其焦面上，准直物镜焦距远大于被测物镜焦距，使狭缝像得到一次放大。显微物镜 12 再次放大狭缝像，而在面积型正弦光栅上形成狭缝的二次像。因此辅助成像系统起到频率扩展作用，又称为频率扩展器。

$$r = r_0 \beta f'_c / f'_t$$

式中：r——测 MTF 时的实际空间频率；

r_0——正弦光栅的空间频率；

β——显微物镜 12 的垂轴放大率；

f'_c, f'_t——分别为准直物镜和被测物镜的焦距。

为了在不同的方位角 ψ 下（通常是子午或弧矢）测定物镜的 OTF，可把狭缝旋转 90°，转像镜的作用是当狭缝旋转 90°以后，使转像镜作相应的转动，把旋转了 90°的狭缝像转回到原来的方位上，以保证在正弦光栅上狭缝像的光强分布方向不变。

④ 像分析器：正弦光栅包含有一系列以公比$\sqrt{2}$递增的空间频率，每一空间频率下有若干个正弦波形，r_0 范围是 $0.2\sim12.8$ mm^{-1}，共分 13 级，考虑到频率扩展器，r 范围为$(0.2\sim12.8)$ $\beta f'_c/f'_t$，r 会随着被测物镜不同焦距 f'_t 而异。只要正弦光栅对狭缝像作一次扫描，就可记录下一组空间频率 r 的 MTF(r)值。光栅上还有一个矩形孔，其宽度远比 LSF(u)的宽度大，允许通过 LSF(u)的全部光能；可把它视为空间频率为零的正弦波的一部份，调节直流放大器使记录仪记下的读数为 1，这就是"零频归化"。

6.1.5 光电傅里叶分析法传递函数测量装置

1. 测量原理

光学傅里叶分析法测量中需要有波形准确的正弦光栅。但是，无论是密度型的还是面积型的正弦光栅，制作都是比较困难的。用光电傅里叶分析法测量，可以采用矩形、三角形或者梯形光栅。相对来说，这种光栅比较容易制作。所以，光电傅里叶分析法在光学传递函数测量中得到了广泛的应用。这里以矩形光栅为例来说明测量原理。

光电傅里叶分析法有矩形光栅扫描狭缝像和狭缝扫描矩形光栅像两种方案，如图 6.18（a）和（b）所示。这两种扫描方式是等价的。

用 $g_R(u)$ 表示矩形光栅的透过光强分布，如图 6.19 所示。图中 P 表示空间周期，r 表示矩形光栅的空间频率，即 $r=1/P$。在$(-P/2<u<P/2)$周期范围内，$g_R(u)$可以表示为

$$g_R(u) = \begin{cases} 2a & |u| < p/4 \\ 0 & |u| > p/4 \end{cases} \tag{6-1-38}$$

利用傅里叶级数可展开为

$$g_R(u) = a\left\{1 + \frac{4}{\pi}\left[\cos2\pi ru - \frac{1}{3}\cos2\pi(3r)u + \frac{1}{5}\cos2\pi(5r)u - \frac{1}{7}\cos2\pi(7r)u + \cdots\right]\right\}$$

用图 6.18（a）所示的矩形光栅扫描狭缝像的方式来说明。当狭缝宽度足够窄时，在像平面上所形成狭缝像的光强分布就是被测物镜的线扩散函数 LSF(u')。当此狭缝像被矩形光栅扫描

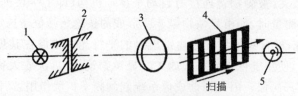

(a) 矩形光栅扫描狭缝像

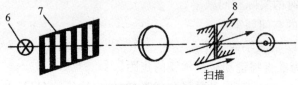

(b) 狭缝扫描矩形光栅像

1—光源；2—目标狭缝；3—被测物镜；4—扫描矩形光栅；5—光电探测器；6—光源；7—矩形光栅；8—扫描狭缝。

图 6.18　光电傅里叶分析法的两种扫描方式

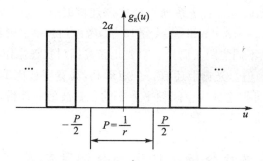

图 6.19　矩形光栅的透过光光强分布

时，透过矩形光栅的光通量变化 $L(u'')$ 为

$$L(u'') = \int_{-\infty}^{\infty} \text{LSF}(u') g_R(u'' - u') du' =$$

$$a\left\{1 + \frac{4}{\pi}\text{MTF}(r)\cos[2\pi r u'' - \text{PTF}(r)] - \right.$$

$$\frac{1}{3}\frac{4}{\pi}\text{MTF}(3r)\cos[2\pi(3r)u'' - \text{PTF}(3r)] +$$

$$\left.\frac{1}{5}\frac{4}{\pi}\text{MTF}(5r)\cos[2\pi(5r)u'' - \text{PTF}(5r)]\cdots\right\}$$

矩形光栅扫描狭缝像，相当于各次谐波的余弦光栅与线扩散函数卷积。因而输入光电探测器的光通量为

$$L(u) = 1 + \frac{4}{\pi}\text{MTF}(r)\cos[2\pi r u - \text{PTF}(r)] + 高次谐波 \qquad (6-1-39)$$

如果采用电学方法将高次谐波滤掉，只保留基频部分，可达到与用正弦光栅扫描相同的效果。

如果矩形光栅的扫描速度为 v，则有 $r_t = rv$，原光信号经光电探测器接收转换为包括时间频率 r_t，$3r_t$，$5r_t$ 等谐波成分的电信号，用一个中心频率为 r_t 的窄带电路滤波器，让它只通过基频 r_t 信号，而滤去各次谐波 mr_t 则输出的就是频率为 r_t 的余弦信号，即：

$$L(t) = 1 + \frac{4}{\pi}\mathrm{MTF}(r)\cos[2\pi r_t t - \mathrm{PTF}(r)] \qquad (6-1-40)$$

同光学傅里叶分析法一样,采用多个空间频率可变的矩形光栅,而使 r_t 恒为常数,就可测得不同空间频率 r 下的传递函数值。

由此可见,利用矩形光栅时,线扩散函数 $\mathrm{LSF}(u)$ 的模拟傅里叶变换是通过光学方法(狭缝像和矩形光栅相对移动扫描)和电学方法(滤波)共同完成的,所以称光电傅里叶分析法。

2. 测量装置

图 6.20 所示为光电傅里叶分析法传递函数测量装置的典型光学系统原理图。由辐射源照射狭缝状的物方测试图样,在被测物镜的像面上形成像方图样,经频率扩展后由矩形光栅扫描,光电倍增管接收后作电路处理,最后以多种方式输出 $\mathrm{MTF}(r)$ 和 $\mathrm{PTF}(r)$。

(1) 测试图样组件

一次狭缝和目标狭缝对两个相同转像镜组是物像共轭的,为能进行子午和弧矢方向 OTF 测量,目标狭缝方向旋转 90°时,一次狭缝在目标狭缝处成的像也应旋转 90°,它是由位于平行光路中的道威棱镜旋转 45°而实现,一次狭缝并不旋转。

调制盘是一种挡光屏,以一定速度旋转,使透过它的光通量按一定时间频率变化。其中一个千周调制盘,它把照明目标狭缝的光通量调制成时间频率为 1 000 Hz 变化的光通量,因此透过矩形光栅扫描板与矩形光栅空间频率 r 有关的光通量变化,相当以 1 000 Hz 的频率作载波的调制波,其优点在于两方面:一方面可通过选频放大抑制低频成分居多的环境杂光的干扰,另一方面由时间频率较低的 5 Hz 测量信号调制的千周信号,容易做到高准确度线性放大。另一个是五周调制盘,它是作零频归化时用的,因为矩形光栅扫描时,凸轮机构保证测试光的时间频率为 5 Hz,只有零频归化时不能保证,故此时要开动五周调制盘,零频归化结束时,五周调制盘停转。

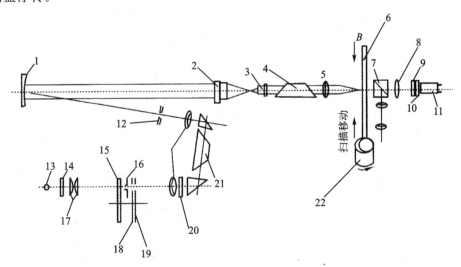

1—平行光管物镜;2—被测镜头;3—显微物镜;4—转像道威棱镜;5—中继透镜;6—矩形光栅板;7—分光棱镜;8—聚光镜;9—滤光片;10—毛玻璃;11—光电倍增管;12—目标狭缝;13—灯泡;14—隔热玻璃;15—中性滤光片;16—次狭缝;17—聚光镜;18—千周调制盘;19—五周调制盘;20—滤光片;21—转像道威棱镜;22—控制轮。

图 6.20 光电傅里叶分析法传递函数测量装置光学系统原理图

(2) 被测镜头夹具

采用正向光路,准直仪给出无限远目标狭缝像,相应于物在无限远,像在有限远。为了能测量物平面位于有限远距离的光学系统,仪器还配备有一套"近距离目标发生器"部件。

(3) 辅助光学系统

显微物镜采用成像在无限远的平像场物镜,中继透镜是一个双胶合望远物镜,两者共同组成一定放大率的成像系统,将被测镜头的狭缝像再次放大后成像在矩形光栅上,具有频率扩展器的作用。用低频光栅得到被测物镜在较高空间频率的 OTF 值,位于显微物镜与镜筒透镜之间平行光路中的道威棱镜,与测试图像组件中道威棱镜的作用相同。

(4) 像分析器

矩形光栅板的空间频率按公比为 $\sqrt[16]{2}$ 的等比级数依次递增,范围为 $0.225 \sim 3.6 \text{ mm}^{-1}$,有效测量频率共 64 个,如图 6.21 所示。下部用来扫描狭缝像,用于 $\text{MTF}(r)$ 的测量,上部给出相位基准信号,用于 $\text{PTF}(r)$ 的测量。监视系统是一个低倍显微镜,可以观测被测狭缝像在矩形光栅上的成像情况,以进行概略调焦与对准。光电倍增管将光信号变成电信号,经前置放大后进入五周选频放大器,滤去高次谐波,变矩形波为五周余弦波信号,$\text{MTF}(r)$ 就与各频率 r 的余弦信号的振幅成正比。先测出零频信号峰峰值,即光栅板不扫描时,让狭缝像投射到光栅左端大矩形窗孔,把这时的信号响应调整到 1 个单位,就完成零频归化,然后测各个空间频率 r 下的归化峰峰电信号值,即为 $\text{MTF}(r)$ 值。

图 6.21 矩形光栅扫描板

$\text{PTF}(r)$ 的测量采用测量信号与位相基准信号比较的方法。图 6.22 所示为相位基准信号发生器,是横跨在矩形光栅上方的一套光电装置。

相位基准信号发生器原理:由灯泡通过聚光镜把分划板上的狭缝照亮,经过反射棱镜,由成像物镜在光栅上部形成狭缝亮像,透过矩形光栅的光由聚光镜会聚到硅光电二极管上,当矩形光栅板移动扫描时,透过光随位移而变化,光电二极管接收后就作为基准信号。

图 6.23(b)所示是时间频率为 r_i 的一系列矩形波信号,用做比较标准的相位基准信号;图 6.23(a)是由光电倍增管接收的测量信号;基准和测量信号过零时间差表示于图 6.23(c)中,用时钟脉冲信号作为量度标准;如图 6.23(d)所示,在时间差范围内充填脉冲数;图 6.23(e)代表了该频率下以度(°)为单位的 $\text{PTF}(r)$ 值。

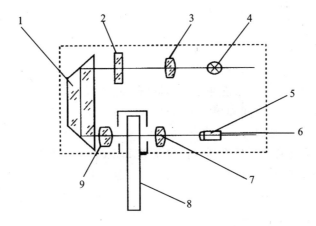

1—反射棱镜；2—狭缝分划板；3—聚光镜；4—灯泡；5—光电二极管；
6—输出基准信号到比较电路；7—聚光镜；8—矩形光栅板；9—成像物镜。

图 6.22　相位基准信号发生器

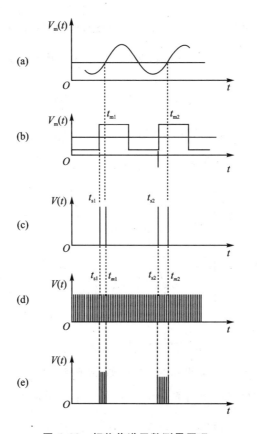

图 6.23　相位传递函数测量原理

6.1.6 数字傅里叶分析法

1. 测量原理

前面所叙述的几种测量方法所能测量的空间频率范围是有限的。虽然可以使用频率扩展系统,但通常所能测量的最高空间频率也不超过 160 mm^{-1}。这是因为扫描光栅只能制做成很低的空间频率,否则精度很难保证。

数字傅里叶分析法是通过测量得到线扩散函数 LSF(u) 的一系列关于坐标 u 位置的抽样值,变换成数字信号后,直接输入计算机进行傅里叶变换计算的方法。获得线扩散函数抽样数值通常有两种方法。其中一种是在像平面上用一个狭缝对由被测物镜所成的狭缝像进行扫描,在扫描过程中按照一定的扫描移动间隔 Δu 给出相应的信号。如果物平面上狭缝宽度足够窄,则在像平面上狭缝像的光强分布就可看成是线扩散函数 LSF(u)。当扫描狭缝宽度也足够窄,而扫描狭缝位置为 u_k 时,透过它的光通量就是线扩散函数在 u_k 处的值 LSF(u_k)。该光通量由光电倍增管接收转换成电信号。这样,当扫描狭缝沿 u 轴方向作一次扫描后,就可以给出一系列间隔为 Δu 的位置在 $u_0, u_1, \cdots, u_{N-1}$ 处的线扩散函数抽样数据,如图 6.24 所示。利用这 N 个抽样数据就可以对线扩散函数 LSF(u) 进行傅里叶变换的数值计算。定义式为

$$\text{OTF}(r) = \Delta u \sum_{k=0}^{N-1} \text{LSF}(u_k) \exp(-2\pi \text{j}r \cdot u_k) = C(r) - \text{j}S(r) \quad (6-1-41)$$

$$C(r) = \Delta u \sum_{k=0}^{N-1} \text{LSF}(u_k) \cos(2\pi r u_k)$$

$$S(r) = \Delta u \sum_{k=0}^{N-1} \text{LSF}(u_k) \sin(2\pi r u_k)$$

式(6-1-41)表示的运算称为离散傅里叶变换。

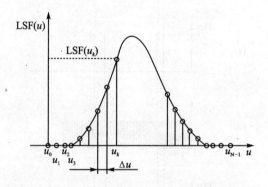

图 6.24 线扩散函数抽样

可用快速傅里叶算法(FFT)求解光学传递函数。当 $r=0$ 时,

$$\text{OTF}(0) = M = \Delta u \sum_{k=0}^{N-1} \text{LSF}(u_k) \quad (6-1-42)$$

为进行零频归化,可令 MTF(0) 为一个单位值,用 M 除式(6-1-41)右端,得到零频归化后的 OTF 表达式,即:

$$\mathrm{OTF}(r) = \frac{1}{M}[C(r) - jS(r)] = \mathrm{MTF}(r)\exp[-jPTF(r)] \qquad (6-1-43)$$

式中：
$$\mathrm{MTF}(r) = \frac{1}{M}\sqrt{C^2(r) + S^2(r)}$$

$$\mathrm{PTF}(r) = \arctan[S(r)/C(r)]$$

为了保证计算的准确度，要求抽样间隔 Δu 尽可能小，通常要求 $\Delta u < (1/2r_c)$，其中 r_c 为截止空间频率。

2. 测量装置

图 6.25 所示为数字傅里叶分析法光学传递函数测量装置的测量原理。光源经过聚光镜把星点孔照亮。显微物镜把星点孔成像在被测物镜的物平面上。被缩小的星点孔像再经被测物镜成像，在像平面上形成点扩散函数 PSF(u) 分布。由计算机控制系统给出同步信号使电机转动，并带动刀口作扫描移动。透过刀口的光能量经中继透镜后，由光电倍增管接收。输出的光电流信号经前置放大和模/数转换电路处理后送到计算机。在刀口扫描过程中，计算机接收到一系列等间隔的刀口函数 ESF(u) 的抽样数据，经计算机进行微分运算和傅里叶变换计算，最后由电传打印机给出所需空间频率范围内的 MTF(r) 值和 PTF(r) 值，同时能打印出相应曲线。显示器可显示出刀口函数 ESF(u)。刀口扫描的开始和结束都是由计算机自动控制的，还能自动控制仪器作离焦测量。整个仪器是组件式的，各部件可方便地安放并固定在光学平台上，与被测物镜组成不同的共轭光路形式。仪器也可适用于红外波段 3～5 μm 和 8～12 μm，此时采用碲镉汞（HgCdTe）探测器或热电探测器。仪器准确度高，利用微机对 LSF(u) 可作多次快速重复测量，然后加以平均，可有效地抑制随机噪声，也可由预定的程序作离焦测量，对测得结果可以各种方法存储、处理和显示，便于对被测系统像质的评价分析。

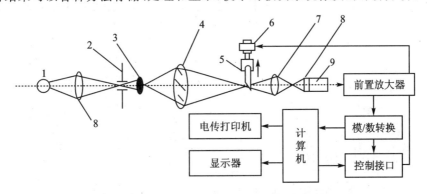

1—光源；2—小孔光阑；3—显微物镜；4—被测物镜；5—刀口；6—电机；7—中继透镜；8—聚光镜；9—光电倍增管。

图 6.25　数字傅里叶分析法光学传递函数测量装置的测量原理图

6.1.7　光学传递函数测量装置的检定

光学传递函数已广泛应用于成像光学系统的像质评价，并出现了各种类型 OTF 测量仪器，它们是综合光、机、电、算诸技术于一体的精密复杂仪器，因而同一被测光学系统在不同时间或不同的 OTF 测量仪上常常得到有差异的测量结果。为推广 OTF 技术，统一量值，必须检定和校正 OTF 测量仪的整机测量准确度。通常，在 OTF 测量仪上直接测量已知其 OTF

理论值的 OTF 标准镜头,根据其实测值与理论值的差别来检校 OTF 测量仪的整机测量准确度,这是国内外广泛采用的最简便、全面、可靠的方法。

1. 标准镜头

所谓标准镜头是根据其结构参数,用精确的计算方法将调制传递函数(MTF)计算出来的镜头,即这种镜头的 MTF 是已知的。标准镜头不一定要求具有很优良的像质,但结构应尽可能简单合理,所用材料应经过仔细选择和检测,然后经过精心加工和定心装配而制成,应当保证其性能不致在实际使用中由于松动或装配应力的变化等原因而发生改变。

(1) 标准镜头的要求

① 理论值与实测值的偏差:按规定严格的测量条件测量 MTF 值,MTF 实测值与 MTF 理论计算值之间的偏差不大于 0.05。MTF 值的不确定度应在 0.03~0.07 范围内。

② 选型的代表性:标准镜头基本结构形式及主要技术指标,如焦距、视场、相对孔径等应覆盖实际使用镜头的类型。由于被测系统的多样性就决定了必须配备相应的标准镜头系列。

③ 设计和制造的严格性:标准镜头设计原则为在满足性能要求的前提下,尽量选取简单的光学结构形式,机械结构应稳定可靠,各个光学元件材料质量指标、表面面形、透镜厚度、间隔、偏心及机械加工误差应规定严格的容限。

④ 使用的稳定性:在规定的使用范围内,要使标准镜头受温度、湿度、气压等环境因素影响尽可能小,且不受时间的变化而改变,以求能在不同时期,不同实验室进行比对测量。

(2) 标准镜头分类

标准镜头应具有代表性,应包括主要的光学系统类型,光学性能参数如相对孔径、视场与焦距以及应用的空间频率各不相同,为此标准镜头系列包括了平凸单透镜、匹兹瓦型、三片型、双高斯型和广角型等镜头形式,以及有代表性的复印机镜头形式。标准镜头结构形式如图 6.26 所示。

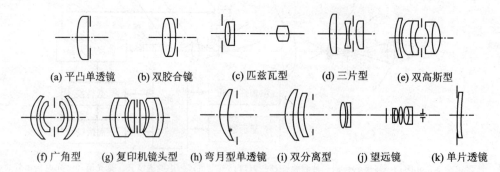

图 6.26 标准镜头结构形式图

望远镜是应用广泛的一种光学系统,是军用光学仪器中的主要类型,故在标准镜头系列中列入标准望远镜。热成像仪器已广泛应用,红外光学传递函数测试仪已在使用,故系列中还列入 3 种红外标准镜头形式。

表 6.8 和表 6.9 所列为标准镜头的类型和光学参数。

表 6.8 标准镜头的类型和光学参数(1)

类型号	类型	焦距/mm	F 数	半视场/(°)	共轭状态	空间频率范围/mm^{-1}	工作波长/nm	镜头形式
Ⅰ	平凸单透镜	50	4	6	∞	0～100	546.1	图 6.26(a)
Ⅱ	双胶合镜	200	4	3	∞	0～200	546.1	图 6.26(b)
Ⅲ	匹兹瓦型	50	1.6	3	∞	0～200	546.1	图 6.26(c)
Ⅳ	三片型	100	4	25	∞	0～100	546.1	图 6.26(d)
Ⅴ	双高斯型	50	2.8	20	∞	0～100	546.1	图 6.26(e)
Ⅵ	广角型	150	5.6	45	∞	0～50	546.1	图 6.26(f)
Ⅶ	复印机镜头型	200	5.6	20	1∶1	0～10	546.1	图 6.26(g)
Ⅷ	弯月型单透镜	20	1	6	∞	0～20	2000～14000	图 6.26(h)
Ⅸ	双分离型	150	1	3	∞	0～20	2000～14000	图 6.26(i)
Ⅹ	单片透镜	200	3.5	2	∞	0～20	8000～14000	图 6.26(k)

表 6.9 标准镜头的类型和光学参数(2)

类型号	类型	放大率	入瞳直径/mm	物镜焦距/mm	半视场/(°)	空间频率范围/(°)	视度/m^{-1}	工作波长/nm	镜头形式
Ⅺ	望远镜	9	63	315	2	0～30	0 0.75	486.1 546.1(或 543.5) 632.8	图 6.26(j)

2. 使用标准镜头检定传递函数测量装置

(1) 用 f50mm 平凸型 OTF 标准镜头检定

由于单片平凸透镜结构最简单,制造误差因素最少,最容易保证其 OTF 实际值与理论值的一致性,所以性能最为可靠,使用也最广泛。但由于单片透镜的像差较大,光学性能较差,所以主要适用于空间频率小于等于 100 mm^{-1} 的 OTF 测量仪轴上及视场角小于等于±6°时的整机测量准确度标定。图 6.27 所示为 f50mm 平凸型 OTF 标准镜头的光学系统图,平凸透镜材料为 K9 玻璃。

图 6.28 是 f50mm 平凸透镜总体装配图,镜座采用 4J45 铁镍合金材料制作,并进行了定膨胀系数处理,以确保其线膨胀系数与透镜材料 K9 玻璃十分相近。具有良好的热稳定性、刚性和时间稳定性。

平凸标准镜头带有理论计算数据和实测平均值(5 个一组)两套数据。MTF 计算不确定度为 0.01～0.02,实测均值与计算值偏差不大于±0.05。在使用中,实测均值即作为标准镜头的标准值。

基准像面定义为 F/8、轴上,空间频率为 50 mm^{-1} 时,靠近镜头一方,弧矢方位的 MTF 峰值响应的 50%处。基准像面的定义将保证测量的高准确度和测量的重复性。

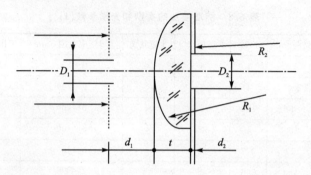

$R_1 = (25.838 \pm 0.004)$ mm 　　$R_2 = \infty$
$t = (10.02 \pm 0.01)$ mm 　　　　$f_e = (50.732 \pm 0.01)$ mm(焦距)
$d_1 = (12.00 \pm 0.0035)$ mm　　$D_1 = (6.28 \pm 0.02)$ mm
$d_2 = (1.02 \pm 0.1)$ mm 　　　　$D_2 = (10.61 \pm 0.02)$ mm(F/4)
$D_2 = (7.64 \pm 0.02)$ mm(F/5.6)　$D_2 = (5.37 \pm 0.02)$ mm(F/8)
$D_2 = (3.92 \pm 0.02)$ mm(F/11)

图 6.27　f50mm 平凸型标准透镜光学系统图

表 6.10 所列为 f50mm 平凸透镜检定 OTF 测量仪的检定方法。

为弥补标准透镜品种不足,在实际测量中可以使用一种"校验镜头",是性能稳定、具有特殊结构形式并带有 MTF 测试值的镜头,可用于对测量装置进行准确度评价。

(2) 用红外标准镜头检定

红外光学系统在红外跟踪、红外遥感、红外夜视等军事领域得到广泛应用。综合评价红外光学系统成像质量的 OTF 测试系统越来越多,f200mm 单片型红外标准镜头主要适用于红外波段($8\sim 12~\mu m$),空间频率小于等于 $20~mm^{-1}$ 的 OTF 测试仪轴上及视场角小于等于 $\pm 2°$ 时的整机测量准确度的标定。图 6.29 所示为 f200mm 单片型红外 OTF 标准镜头的光学系统图,透镜的材料为单晶锗。

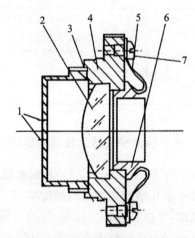

1—位相光阑;2—透镜;3—压圈;4—镜座;
5—压簧片;6—孔径光栏;7—螺钉。

图 6.28　f50mm 平凸透镜总体装配图

表 6.10　50mm 平凸透镜检定 OTF 测量仪检定方法($\lambda = 546$ mm)

检定方法 \ 共轭关系	物方无限远	物像有限远
检定内容	MTF 测量(均在子午和弧矢两个方位进行) PTF 测量	MTF 测量(均在子午、弧矢两方位进行)物像有限共轭测量的共轭比为 10∶1,由物方到像方的距离为 (586 ± 5) mm。

续表 6.10

检定方法 \ 共轭关系		物方无限远		物像有限远
检定顺序	(1)	F/8、轴上、调焦得到 MTF 峰值响应处	F/8、轴上、弧矢方位、空间频率为50 mm^{-1}，调焦获得 MTF 峰值响应处（即像面位置）	F/8、轴上、弧矢方位、空间频率50mm^{-1}，调焦获得 MTF 峰值响应处
	(2)	F/8、轴上、基准像面	F/8、3°(2.518 mm 线视场)子午方位、像面同(1)处	F/8、轴上、基准像面
	(3)	F/3、±3°(±2.518 mm 线视场)基准像面	F/8、4°(3.356 mm 线视场)子午方位、像面同(1)处	F/8、±2.817 mm 线视场、基准像面
	(4)	F/8、±6°(±5.050 mm 线视场)基准像面		F/8、±5.647mm 线视场、基准像面
	(5)	F/5.6、轴上、基准像面		F/5.6、轴上、基准像面
	(6)	F/5.6、±3°(±2.512 mm 线视场)基准像面		F/5.6、±2.817mm 线视场、基准像面
	(7)	F/4 和 F/11、轴上、基准像面		F/4 和 F/11、轴上、基准像面
	(8)	重复(2)过程，以保证测量过程中像面无改变，结果差异在±0.02以内		重复(2)过程，以保证测量过程中像面无改变，结果差异在±0.02以内

红外标准镜头带有理论计算值和实测平均值两套数据。MTF 计算不确定度为 0.01～0.02，实测均值与计算值偏差不大于±0.05。在使用中，实测均值即作为标准镜头的标准值。

基准像面定义为 F/3.5，轴上，空间频率为 10 mm^{-1}，靠近镜头一方，子午方位的 MTF 峰值响应的 50% 处。基准像面的定义将保证测量的高准确度和测量的重复性。

表 6.11 所列为 f200mm 红外标准镜头检定 OTF 测量仪的检定方法。

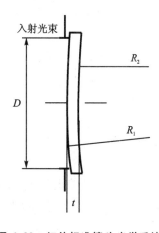

图 6.29 红外标准镜头光学系统图

表 6.11 红外标准镜头(f/3.5, f200mm)检定 OTF 测量仪的检定方法

检定方法 \ 共轭关系		物方无限远	
检定内容		MTF 测量（均在子午和弧矢两个方位进行）	PTF 测量
检定顺序	(1)	F/3.5，轴上，子午方位，空间频率为 10 mm^{-1}，调焦得到 MTF 峰值响应处	调焦得到调制传递函数峰值响应处

续表 6.11

检定方法	共轭关系	物方无限远	
检定顺序	(2)	F/3.5,轴上,基准像面	F/3.5,轴上,子午方位,调焦得到调制传递函数峰值响应处
	(3)	F/3.5,±1°视场,基准像面处	
	(4)	F/3.5,±2°视场,基准像面处	
	(5)	重复过程(2),以保证测量过程中像面无改变,测量结果差异在±0.02以内	

6.1.8 光学传递函数标准装置

1. 可见光波段光学传递函数标准装置

主要技术指标如下：
- 光谱范围:450~650 nm;
- 准直器焦距:$f'=2\,000$ mm;
- 孔径:$\varphi 150$ mm;
- 被测焦距:10~750 mm;
- 视场:角视场±30°,线视场±100 mm;
- 空间频率:5,10,20,30,40,60,80 mm^{-1};
- MTF 测量不确定度:轴上 0.03,轴外 0.05。

测量原理如图 6.30 所示。将制作精细的狭缝位于平行光管的焦点处,通过被测透镜将狭缝像成在被检透镜的焦面上,然后,由一个大数值孔径的显微物镜将此像投射到一个由四组空间频率构成的活动的正弦板上,便可得到不同空间频率的调制传递函数,通过分析光电倍增管接收的光通量,信号处理后得到调制传递函数。

2. 红外波段光学传递函数标准装置

主要技术指标如下：
- 光谱范围:3~5 μm,8~12 μm;
- 准直器:$\varphi 500$ mm,$f'=6\,000$ mm;$\varphi 350$ mm,$f'=3\,000$ mm;
- 空间频率:0~50 mm^{-1};
- 视场角:±30°;
- MTF 测量不确定度:0.03(轴上),0.06(轴外);
- MTF 测量重复性:0.01。

图 6.31 所示为采用扫描法测量 OTF 的光学测试系统图,完成一个线扩散函数(LSF)测

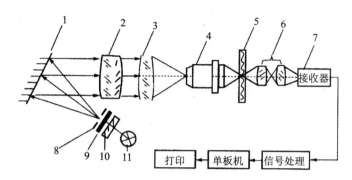

1—平行光管；2—准直物镜；3—标准镜头；4—显微镜；5—扫描光栅；
6—聚光镜；7—光电倍增管；8—狭缝；9—调制盘；10—滤光片；11—光源。

图 6.30　光学传递函数测量系统图

量的系统的基本组件应包括：物（目标）发生器、准直系统（离轴抛物镜）、像分析器、通用测试台、电子处理及计算机控制、计算系统。装置的基本操作是，机械式扫描物发生器线目标通过被测系统在像分析器上所成的像，这种扫描可以物方扫描，也可以是像方扫描。计算机记录下每个点（即对应像分析器扫描的每个位置）得到线扩散函数 LSF，然后对 LSF 进行傅里叶变换，求得 MTF，同时校正所用的光源和分析孔径。计算机自动绘出被测透镜用空间频率表示的 MTF 测试结果（如果需要，还可以给出 PTF 计算结果）。物发生器提供一个本身发光的线目标，在两个互相垂直的方向分别扫描狭缝长度，且位于测试系统光轴上。像分析器提供测量扫描线目标的像的强度分析。它是由分析狭缝和探测器组成，测量通过狭缝的辐射（像）信号。电子接口、控制部分及计算机，主要是控制线目标扫描、测量和记录线扩散函数 LSF，然后做必要的变换得到 MTF。同时，控制通用测试台上的机械运动。

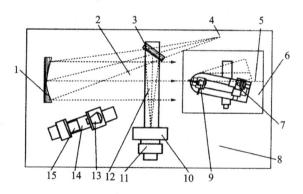

1—离轴抛物镜准直镜；2—准直光束；3—折光镜；4—准直镜焦点；5—光轴；
6—通用测试台；7—像分析器；8—光学平台；9—被测物镜；10—物发生器；
11—方位驱动；12—导轨；13—透射比被测透镜；14—导轨；15—透射比光源。

图 6.31　红外光学传递函数测量系统图

通用测试台可以布置成物镜及有焦系统 OTF 测量和远焦系统 OTF 测量两种基本的测量型式。

（1）物镜及有焦系统 OTF 测量

如图 6.32 所示，安装被测相机或透镜时，应使其入瞳大致位于主台座旋转中心上方，以保证轴外视场测试时光束不被切割。

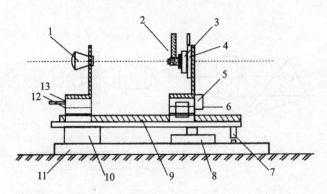

1—被测物镜;2—像分析器;3—狭缝方位调正;4—高度调整千分尺;5—调焦驱动;6—像高驱动;
7—支承轴承;8—视场角驱动;9—光轨;10—旋转支承;11—基板;12—千分尺;13—手动调整。

图 6.32　物镜 OTF 测量的通用测试台

(2) 远焦系统(望远镜)OTF 测量

如图 6.33 所示,物和像均为无限共轭。用一个可置换的像方准直透镜位于尽可能靠近望远镜出瞳处,将被测望远镜出射的平行光会聚到像分析器上,"通用测试平台"可保证像方准直透镜不仅用于轴上测量,该透镜设计成衍射极限,可以测望远镜轴外大视场。一个专门的支座用于安装被测望远镜,以替换原"相机安装支座"。另一特殊的安装支座用于安装像方准直镜和像分析器,以替换原像分析器安装支座。通过选择适当的像方准直透镜可实现不同波段望远镜系统的测量。

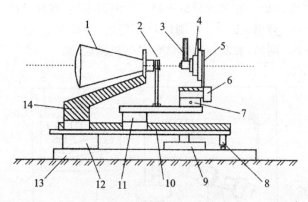

1—被测望远镜;2—会聚准直镜;3—像分析器;4—方位驱动;5—高度调整千分尺;
6—调焦驱动;7—手动调整千分尺;8—支承轴承;9—视场角驱动;10—光轨;
11—像分析器驱动;12—旋转支承;13—基板;14—被测望远镜支座。

图 6.33　望远系统 OTF 测量的通用测试台

6.1.9　离散采样系统光学传递函数测量

1. 离散采样成像系统的成像特点

离散采样成像系统是指包含离散接收器、信号采样器件、离散成像器件或电子扫描作用的光电成像系统。通常由以下几部分构成:满足线性空间不变性条件的纯光学成像系统、离散接收器(离散光电探测元阵列,如 CCD、成像光纤束端面、光纤面板等)、电子滤波电路、数字信号处理单元等。其中离散接收器由于具有空间采样效应,其特性对系统传递函数分析具有重要影响。

图 6.34 所示采样效应示意图可简单地说明采样成像系统不具备空间平移不变性。图中方格代表采样元阵列,例如光纤端面阵列或 CCD 探测元阵列等。黑线表示成像在采样元阵列上的狭缝像。图(a)中狭缝像正好完全压在一列采样元上,此时采样得到的线扩展函数宽度等于一个采样元的宽度;图(b)中狭缝像则正好压在两列采样元的中间,这时得到的线扩展函数宽度等于两个采样元的宽度,而线扩展函数的强度则为(a)图的一半(如果不考虑采样元间隙影响)。两种情况下的线扩展函数经过傅里叶变换后得到的空间频谱分布显然差异很大,这说明在采样成像系统中,图像和采样元阵列之间的相对位置关系将影响到系统的空间频谱特性。

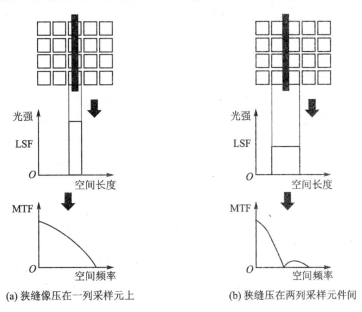

(a) 狭缝像压在一列采样元上　　(b) 狭缝压在两列采样元件间

图 6.34　采样效应示意图

采样成像系统的一般构成如图 6.35 所示,通常由光学成像子系统、离散采样子系统、图像重建子系统等几部分组成。

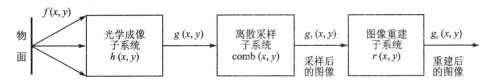

图 6.35　采样成像系统构成示意

离散采样成像系统输出的重建图像 $g_r(x,y)$ 可以用空间域卷积来描述:

$$g_r(x,y) = \{[f(x,y) * h(x,y)] \cdot \text{comb}(x,y)\} * r(x,y) \qquad (6-1-44)$$

式中:$h(x,y)$——光学成像子系统的空间响应函数;
　　　$\text{comb}(x,y)$——梳状采样函数;
　　　$r(x,y)$——图像重建子系统的空间响应函数。

2. 离散采样系统的统计光学传递函数

采样成像系统不但表现为非空间平移不变性，还可能出现混频效应。传统的 OTF 概念不能简单地直接应用于采样成像系统。但是，如果重新定义等晕条件，或者只考虑在一定范围内的空间频率，就可以把传统 OTF 概念推广到采样成像系统。

统计光学理论中，当光学系统中包含复振幅随机透射介质时，需要用平均光学传递函数和平均点扩展函数的概念来描述光学系统的性能。为计算平均光学传递函数，需要遍历光学系统中的各种随机态。

光电离散采样成像系统，在采样星点像、狭缝像、刀口像或其他任何形状的图像时，采样得到的结果可能跟图像与采样元阵列的相对位置关系有关，并且当光学成像系统的截止频率大于奈奎斯特频率时在频域会出现混频现象。采样成像系统的空间频谱特性需要在统计意义上加以描述。探测元阵列采样图像时，图像与探测元阵列的相对位置参数 x_0 是一个随机变量。在理论分析上，可以遍历 x_0 可能出现的各种取值情况。

因此，采样成像系统光学传递函数的测量不同于普通成像系统，需要注明目标图像与采样元阵列的相对位置，完整的测量应当包含所有可能的方向和位置，对测量结果进行统计处理，得到统计光学传递函数。

6.2 光学元件波像差测量

光学零件和光学系统是各种光学仪器的核心部分，其质量的好坏，直接影响到光学仪器的质量优劣。为了对加工、装配好的光学零件和光学系统作出客观定量的评价，一般采用下述 3 种方法：其一是通过光具座等仪器测量其几何像差，其二是通过干涉仪器测量出波像差，其三是用光学传递函数仪测量光学传递函数值。本节主要介绍采用干涉技术，利用各种干涉仪器，建立波像差计量标准，完成各种光学零件面形和光学系统波像差的测量，并对波像差的量值进行传递工作。

6.2.1 光的干涉基础

光波在某一时刻通过它传播方向上各点的轨迹描绘如图 6.36 所示。

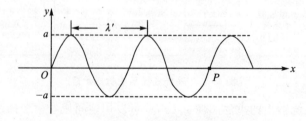

图 6.36 光波传播示意图

图中 O 点表示波动振源，$\overline{Oa}$ 表示波峰(或波谷)距离水平线最大距离，定义为振幅，用 a 表示。沿 Ox 方向传播，Ox 上各点都逐次重复 O 点的振动，只是各点开始振动的时间比 O 点晚

一些，根据振动理论，波在 P 点的振动状态为

$$y = a\sin\frac{2\pi}{T}\left(t - \frac{x}{V}\right) \qquad (6-2-1)$$

式中：y——某点振动位移，单位为 mm；

　　　a——振幅，单位为 mm；

　　　T——振动周期，单位为 s；

　　　t——O 点振动时间，单位为 s；

　　　V——光波传播速度，单位为 mm/s；

　　　x——光波传播的距离，单位为 mm。

式(6-2-1)为波动方程，它表达了某一瞬间波动所到各点的振动位移，也可表达某一固定点在不同瞬间的振动位移。

波速 V 是描述振动快慢的量。光在真空中速度为 $c = 3 \times 10^9$ m/s，光在介质中速度 $V = \frac{c}{n}$，n 为介质折射率。在相同时间内，在介质中的传播路程为 x 时，在真空中传播的路程便是 nx，即为光程。

在介质中波长 $\lambda' = VT = \frac{V}{\nu}$，$T$ 为周期，ν 为振动频率。光在真空中波长 λ 比介质中波长 λ' 大 n 倍，即 $\lambda = n\lambda'$。这样波动方程式(6-2-1)可改写为

$$y = a\sin 2\pi\left(\frac{t}{T} - \frac{nx}{\lambda}\right) \qquad (6-2-2)$$

在式(6-2-2)中 $2\pi\left(\frac{t}{T} - \frac{nx}{\lambda}\right)$ 称为瞬时相位，而 $-\frac{2\pi}{\lambda}(nx)$ 称为初相位，用 α 表示，$\alpha = -\frac{2\pi}{\lambda}(nx)$ 相位数值大小与选择时间零点有关，而波在传播方向上两点的相位差和时间零点无关。例如在 Ox 方向上距 O 点分别为 x_1、x_2 的两点在同一瞬间位相差 δ 为

$$\delta = 2\pi\left(\frac{t}{T} - \frac{nx_1}{\lambda}\right) - 2\pi\left(\frac{t}{T} - \frac{nx_2}{\lambda}\right) = \frac{2\pi}{\lambda}(nx_2 - nx_1) \qquad (6-2-3)$$

若把光程差用符号 Δ 表示，则有：

$$\delta = \frac{2\pi}{\lambda}\Delta \qquad (6-2-4)$$

振幅表示波的传播方向上各点振动的最大位移，振幅是一个有方向和大小的量，决定了波所负载的能量 E。波的能量与波的振幅平方成正比，即：$E \propto a^2$。

光强度指每秒钟通过一平方厘米面积的光能量，光强的单位为 J/s，也可用 W 表示，1 W = 1 J/s。

根据光强的定义可知，光强也和振幅平方成正比，即

$$I = Ca^2 \qquad (6-2-5)$$

式中：I——光强度；

　　　C——常数；

　　　a——振幅。

设被分光板分成的两束光波，最后到达视场平面上某点 M 的光程分别为 r_1 和 r_2，由于两束相干光波是从同一光束分离出来的，所以 $T_1 = T_2$，$\lambda_1 = \lambda_2$。设 y_1、y_2 分别代表两光波在 M

点的振动，y 代表合成后的振动，则：

$$y_1 = a_1 \sin 2\pi\left(\frac{t}{T} - \frac{r_1}{\lambda}\right) = a_1 \sin 2\pi \frac{t}{T} \cos 2\pi \frac{r_1}{\lambda} - a_1 \cos 2\pi \frac{t}{T} \sin 2\pi \frac{r_1}{\lambda}$$

$$y_2 = a_2 \sin 2\pi\left(\frac{t}{T} - \frac{r_2}{\lambda}\right) = a_2 \sin 2\pi \frac{t}{T} \cos 2\pi \frac{r_2}{\lambda} - a_2 \cos 2\pi \frac{t}{T} \sin 2\pi \frac{r_2}{\lambda}$$

$$y = y_1 + y_2 = a \sin 2\pi \frac{t}{T} \cos \delta - a \cos 2\pi \frac{t}{T} \sin \delta$$

令 $y = a\sin\left(\frac{2\pi t}{T} - \delta\right)$，将等式两边平方相加整理得到：

$$a \cos \delta = a_1 \cos 2\pi \frac{r_1}{\lambda} + a_2 \cos 2\pi \frac{r_2}{\lambda}$$

$$a \sin \delta = a_1 \sin 2\pi \frac{r_1}{\lambda} + a_2 \sin 2\pi \frac{r_2}{\lambda}$$

$$a^2 = a_1^2 + a_2^2 + 2a_1 a_2 \cos \frac{2\pi(r_2 - r_1)}{\lambda} = a_1^2 + a_2^2 + 2a_1 a_2 \left(\cos \frac{2\pi}{\lambda}\Delta\right) \quad (6-2-6)$$

式中：$\Delta = r_2 - r_1$。

由式(6-2-5)已知光强 $I = Ca^2$，则：

$$I = C\left\{a_1^2 + a_2^2 + 2a_1 a_2 \left(\cos \frac{2\pi}{\lambda}\Delta\right)\right\} \quad (6-2-7)$$

当 $a_1 = a_2 = a_0$ 时，有：

$$I = 4Ca_0^2 \cos^2 \frac{\pi}{\lambda}\Delta \quad (6-2-8)$$

令 $Ca_0^2 = I_0$，则：

$$I = 4I_0 \cos^2 \frac{\pi}{\lambda}\Delta \quad (6-2-9)$$

式(6-2-7)~式(6-2-9)是干涉条纹光强分布公式，说明了两相干光波迭加后并不是原来两光波的光强度的代数相加，而是以光程差为变量的按余弦平方规律变化的。

6.2.2 光学元件波像差标准装置

光学元件波像差是指实际波面对理想波面的偏差。目前一般通过激光干涉仪进行测量。光学元件波像差标准装置由两部分组成：一是高准确度激光干涉仪，用于光学元件和标准面型测量；二是标准面型，用于对下一级激光干涉仪检定校准。

1. 测量标准的组成

测量标准装置主要由以下组件组成：移相数字波面干涉仪、图像采集系统（CCD 摄像机、图像采集卡、监视器）、参考镜、计算机控制系统及测量计算软件包等。工作框图如图 6.37 所示。

该装置测量原理为：以移相数字波面干涉仪为主机，采用干涉条纹实时扫描技术，作移相干涉术检测。具有较高的相位分辨率和空间分辨率，对随机噪声有很强的抑制能力。

激光干涉仪光路图如图 6.38 所示。

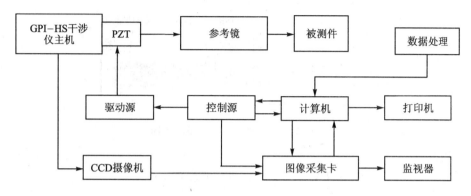

图 6.37 光学元件波相差标准装置工作原理框图

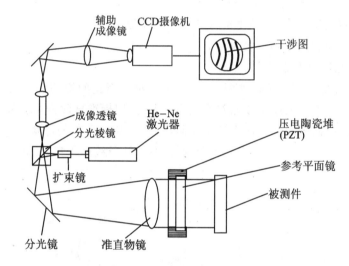

图 6.38 激光干涉仪光路图

来自干涉仪主机的光波经过标准参考镜,一部分光从参考面反射,作为参考波面,另一部分光透过参考面到被测面,由被测面反射后原路返回,作为检测波面,该检测波面携带了被测面的面形信息,与参考波前相干涉形成干涉条纹。干涉条纹的弯曲程度反映了被测面的表面面形。采用计算机系统控制,CCD摄像机对干涉条纹进行采样,经过数字化后对数据进行分析和处理,计算得到被测面的平面度。

2. 测量方法

(1) 平面光学元件面形测量

激光干涉仪广泛应用于光学元件面形测量。斐索型数字激光干涉仪测量平面光学元件面形的测量原理如图 6.39 所示。以数字激光干涉仪为主机,标准平面镜的后表面作为测量基准的标准平面;平行光束垂直入射在标准平面上,其中有一部分光原路返回,另一部分光透过标准平面入射到被测平面上,由被测面反射回来的波面,就是被测波面。这两个波面汇合后发生干涉。采用移相干涉术实现波面偏差的检测,通过对干涉条纹的采集、分析、处理,求得被测平面镜的面形。

为表征被检波面的质量,用波面径向平均波差曲线、波面的峰谷值(PV)和标准偏差值

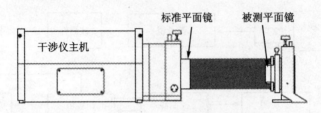

图 6.39　平面光学元件测量原理图

(rms)来表示：

$$PV = W_{\max}(x,y) - W_{\min}(x,y)$$

$$\text{rms} = \left\{ \frac{1}{N} \sum_{i=1}^{N} [W_i(x,y) - \overline{W}(x,y)]^2 \right\}^{1/2}$$

式中：$W_{\max}(x,y), W_{\min}(x,y)$——波上最大和最小波差值；

$\overline{W}(x,y)$——N 个坐标上波差值 $W(x,y)$ 的平均值。

(2) 球面光学元件面形测量

球面光学元件面形的测量原理如图 6.40 所示。对球面镜的检测仍采用数字激光干涉仪为主机，以移相干涉技术实现球面波像差的检测。为此，用标准球面镜组的最后一个凹球面作为参考球面，从它反射回来的波面作为参考球面，与被检球面反射的波面相干涉，测量时被测球面的曲率中心与参考球面的曲率中心重合，通过对干涉条纹的采集、分析、处理，求得被检球面镜的面形。

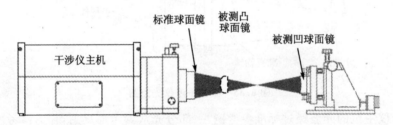

图 6.40　球面光学元件测量原理图

(3) 柱面镜面形测量

柱面镜的测量原理如图 6.41 所示，对柱面镜的检测采用数字激光干涉仪为主机，以移相干涉术实现柱面波像差检测，用高精度的柱面透镜产生标准柱面波，作为参考波面，与被检柱面镜反射的光波相干涉，通过对干涉条纹的采集、分析、处理，求得被检柱面的波像差。

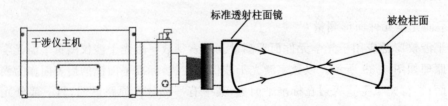

图 6.41　柱面光学元件测量原理图

(4) 抛物面镜面形测量

抛物面面形的检测方法目前主要有：机械扫描法、全息法、补偿法、无像差点法。无像差点法是根据二次曲面中存在一对无像差共轭点的特点,选择合适的光路形式,制作必要的辅助反射镜构成准直光路,利用干涉测量原理或阴影法测量原理进行测量。这种测量方法与移相数字激光干涉测量技术相结合时,具有测量精度高,数据信息量大,测量范围广,可消除随机误差和调整误差等优点。为了达到抛物面的高精度计量检测的目的,本标准装置采用了无像差共轭点法对抛物面进行检测。在移相式数字干涉仪上实现抛物面面形的计量检测。图 6.42 所示为抛物面镜测量原理图。

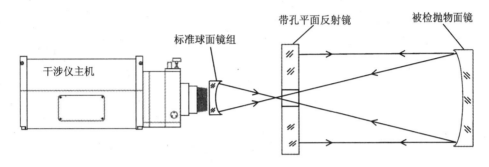

图 6.42　抛物面镜测量原理图

在干涉仪的工作光路中,加入辅助反射镜(经过检定的高精度标准平面镜)组成自准直系统。在检测抛物面时,使标准带孔平面反射镜放置在抛物面镜的几何焦点处,标准球面的球心与抛物面镜的焦点重合,形成干涉图进行测量。

(5) 波面绝对测量

一般干涉仪都借助于标准平面镜或标准球面镜产生参考波面,测量结果其实是相对于参考表面的偏差。由于参考表面并非理想平面或球面,测得的面形结果中无疑包含了一部分系统误差。为了消除系统误差,提高标准装置的测量不确定度,对平面、球面波像差计量标准装置的标定采用绝对检验方法。

① 平面光学元件绝对检验方法(三平面互检法):三面互检法采用三块平面镜 A、B 和 C 进行 3 次或 4 次测量,通过计算机进行计算,获得 3 块标准平面镜的 PV 值和 rms 值。图 6.43 为三平面绝对检测光路图。

② 球面光学元件波像差绝对测量(两球面绝对检测法):两球面绝对检测法可以测量球面波像差和球面面形误差。测量时需要标准球面镜组,还需要用来夹持被测件(凹面或凸面)的带有中心夹持器的五维调整架。

球面绝对测量后精度优于 $\lambda/40$,对被测件进行 5 次独立的测量,包括猫眼位置、共焦点 0°位置、共焦点旋转 90°位置、共焦点旋转 180°位置、共焦点旋转 270°位置。5 次测试状态的干涉图检测完毕并复原波面后,通过波面的数学旋转和迭加运算,可获得被测球面的绝对面形误差。

3. 标准装置的技术指标

光学元件波像差标准装置的主要技术指标如下:

➢ 平面　最大工作口径为 $\phi 450$ mm。标准装置测量不确定度:$\phi 100$ mm 以内为 $\lambda/40$, $\phi 200$ mm 以内为 $\lambda/30$,$\phi 450$ mm 范围内为 $\lambda/10$。

➢ 球面　标准装置测量不确定度为 $\lambda/20$。

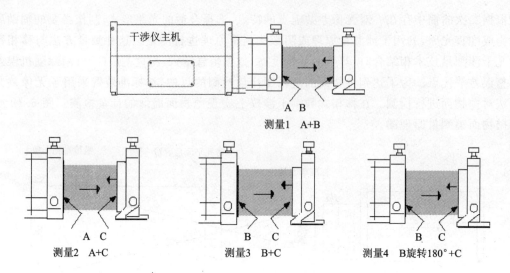

图 6.43 三平面绝对检测系统图

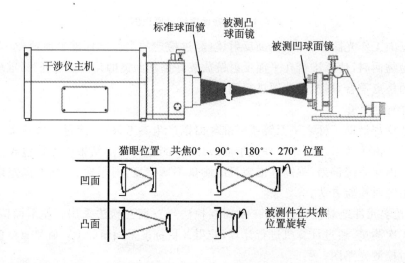

图 6.44 球面绝对检验原理图

➢ 柱面　标准装置测量不确定度为 $\lambda/4$。
➢ 抛物面　标准装置最大工作口径为 $\phi 400$ mm；测量不确定度为 $\lambda/10$。

6.2.3 红外光学零件表面面形及光学系统波像差测量

近年来红外技术得到飞速发展，普遍用于军事目标的侦察、搜索、跟踪、制导及红外成像等领域，并在遥感、遥测空间技术方面也有广泛的应用。其中，红外材料、红外光学零件、红外光学系统的质量优劣是红外技术发展的重要保障，因此，红外光学零件和红外光学系统的测量工作显得非常重要。为了满足上述需求须使用红外干涉测量仪器。

1. 测量原理

如图 6.45 所示中 1 为 CO_2 激光器，发出连续 10.6 μm 激光束，经减光板 4 和反射镜 6 入射到由 ZnSe 材料加工成的会聚透镜 7 上，经会聚透镜 7 会聚于焦点 F_1（滤波器 8）后，经过 ZnSe 制成的分束镜 9，被反射镜 10 折转到孔径 $\phi 260$ mm 的离轴抛物面镜 11 上，由 11 出射的平行光束射向孔径为 $\phi 260$ mm 的锗单晶材料制成的标准平板 12，12 的后侧面是参考平面，面形误差优于 $\lambda/65(\lambda=10.6\ \mu m)$。由参考平面 13 和测试反射镜 14 反射的两支相干光束就可形成干涉图像。测试反射镜 14 的面形误差优于 $\lambda/340(\lambda=10.6\ \mu m)$ 可以近似看做理想平面，它除了用做测试反射镜外，还用于仪器精度标定和误差修正。测试和参考光束经离轴抛物镜 11、反射镜 10 和分束镜 9 会聚在离轴抛物镜 11 的焦点 F_2 处，F_1 与 F_2 共轭，两支相干光束经成像透镜 15 将热辐射干涉图成像在热电管 17 的靶面上。

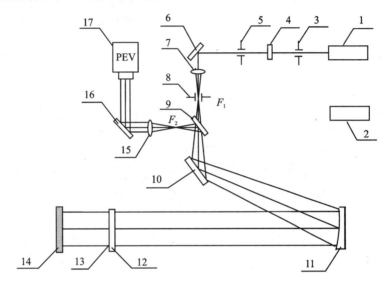

1—CO_2 激光光源；2—氦氖激光光源；3、5—小孔光阑；4—减光板；6—反射镜；7—扩束镜；8—空间滤波器；
9—分束镜；10—反射镜；11—离轴抛物镜；12—标准平板；13—标准平板参考面；14—测试反射镜；
15—成像透镜；16—反射镜；17—PEV 热电管。

图 6.45　红外干涉仪光学系统示意图

图 6.46 所示为用于各种不同测试对象的测试光路，(a)、(b)为测量红外会聚光学系统，如红外摄像物镜等，此时被测光学系统的焦点 F_3 和标准凸凹球面反射镜的曲率中心 O 共点。(c)为测量红外望远系统光路图；(d)为测量红外材料折射率均匀性光路图；(e)为测量光盘或硬盘面形光路图。

2. 测量装置组成

测量装置组成如下：

(1) 光　源

选用 CO_2 激光器作为光源，工作波长为 $10.6\ \mu m$，技术要求应从以下几方面考虑：

① 频率稳定性：为了得到比较好的干涉图，必须保证光源有足够的空间相干性与时间相干性。影响激光器频率稳定性的因素主要有 3 个：机械结构热膨胀、腔内介质折射率的变化、机械振动。因此，激光管应采用热膨胀系数小的石英玻璃材料，并在谐振腔周围加上水冷装置以保持腔温的稳定；CO_2 激光器应放置在稳定的工作台上，以防止震动影响。

② 模式要求：由于激光光源的空间相干性与激光的横模的稳定性有关，时间相干性则取

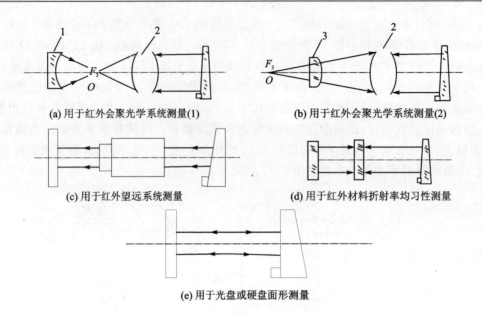

1—标准凹球面反射镜；2—被测光学系统；3—标准凸球面反射镜。

图 6.46　适应各种测试对象的测试光路

决于纵模的稳定性，而基模 TEM_{00} 的光强分布比较均匀，发散角也较小，宜选用单基模的 CO_2 激光器作为光源。

③ 激光电源：激光器放电电流的变化将直接影响谐振腔振荡频率的稳定性，其电源应选用稳流精度高的精密稳流电源。

（2）光学元件

① 大口径锗单晶：图 6.45 中 12 为锗单晶材料的标准平板，其口径为 $\phi 260$ mm，透过率（在 10.6 μm 处）大于等于 46%，折射率均匀性 Δn 小于等于 5×10^{-5}。

② 图 6.45 中 11 为口径 $\phi 260$ mm，焦距 f 为 2 200 mm，离轴角 7°的离轴抛物面镜，用于产生红外准直光束。

③ 参考球面：为了满足红外透镜光学系统成像质量测试，仪器配备了一组参考球面反射镜。由于红外光学系统的相对孔径通常较大，因此，所配备的参考球面镜的孔径与球面半径之比 D/R 取为 1∶1。

（3）热释电摄像机

红外干涉光学系统形成干涉图像为一幅红外辐射热图，对热图像采样分析，就必须设法使热图像变成视频信号数字图像。这里选用热释电摄像机（PEV）作为接收器，接收干涉热图像。该接收器无需制冷，可在室温下进行，光谱范围较广，适用于 CO_2 激光器，10.6 μm 的工作波长，输出的视频信号可与普通电视制式的监视器兼容。

（4）移相器

红外干涉仪采用移相干涉法实现自动化检测。由于红外干涉仪光源的工作波长为 10.6 μm，是 He-Ne 激光器工作波长 0.632 8 μm 的 17 倍，因此，红外干涉仪的移相器伸长量比用于可见光干涉仪的伸长量要大 17 倍。则移相器的总伸长量超过 16 μm，同时，必须对移相器的非线性进行校正。

(5) 图像采集与数据处理系统

热释电摄像机收到的红外热干涉图,通过图像捕获器(图像采集卡)转化为数字图像后供计算机处理。仪器对多幅动态干涉图进行数据采集。通过各种处理软件可以给出各种参数的测量值。

该仪器应用计算机辅助干涉技术,采用移相干涉技术的重叠四步平均法。干涉条纹的处理快速方便,且干涉光学系统的平面、球面和抛物面的面形均按 He‐Ne 激光($\lambda=0.6328~\mu m$)进行检测,实际又用于 CO_2 激光($\lambda_2=10.6~mm$)波长,引入误差较小。则测量准确度较高,容易满足测量要求。

6.3 光学系统和元件主要参数测量

6.3.1 焦距测量

光学系统的焦距被定义为平行于光学系统光轴的平行光束经过光学系统后的会聚点(焦点)到光学系统的像方主点的距离。

1. 放大率法

放大率法是最常用的焦距测量方法,适用于被测物镜焦距小于 1 500 mm 的情况,可以测量负透镜的焦距,测试原理如图 6.47 所示。

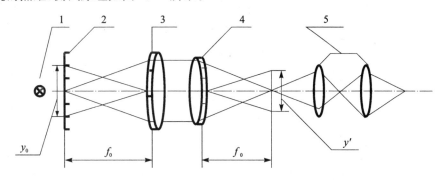

1—光源;2—分划板;3—平行光管;4—被测物镜;5—测量显微镜。

图 6.47 放大率法测量焦距原理图

测试步骤如下:
① 被测物镜置于平行光管前,经调整使两者光轴基本重合。
② 在平行光管焦面安置分划板,其刻线对的间距为 y_0。
③ 用测量显微镜测量被测物镜焦面处的分划板刻线间距 y_0 的像的大小 y'。
④ 按照第③条所述测量 3 次,填入原始记录,计算 y' 的平均值,计算焦距 f' 为

$$f' = f_0 \cdot y'/y_0 \qquad (6-3-1)$$

式中:f'——被测物镜焦距,单位为 mm;
f_0——平行光管的焦距,单位为 mm;

y'——分划板间距的刻线 y_0 对的像,单位为 mm;

y_0——分划板刻线对的间距,单位为 mm。

2. 精密测角法

精密测角法适用于测量各种长(或短)焦距的物镜,亦适用于已装定焦面组件的物镜,测试原理如图 6.48 所示。

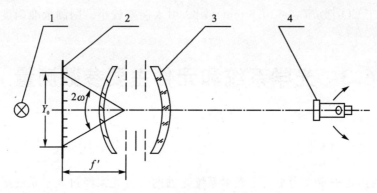

1—光源;2—分划板;3—被测物镜;4—经纬仪。

图 6.48 测角法测量焦距原理图

测试步骤如下:

① 将分划板安置在被测物镜的焦面上。

② 在靠近被测物镜前放置经纬仪,经过调整使两者光轴重合。

③ 用经纬仪分别瞄准分划板上间距 y_0 的刻线对,测出其对应张角为 2ω,测量 3 次并计算出其平均值 $\overline{2\omega}$,填入原始记录。

精密测角法测试物镜焦距计算式为

$$f' = y_0/2\tan\overline{\omega} \tag{6-3-2}$$

式中:y_0——分划板刻线对的间距,单位为 mm;

$\overline{\omega}$——张角的平均值,单位为(′)。

6.3.2 相对孔径测量

相对孔径测试原理如图 6.49 所示。

测量步骤如下:

① 被测物镜前安置带有刻度尺的导轨,其方向垂直于被测物镜的光轴。

② 导轨上放置测量显微镜,调节其光轴与被测物镜光轴重合。

③ 靠近被测物镜放置漫射光源,照亮孔径光阑。轴向移动测量显微镜,清晰看到光阑边缘。

④ 沿导轨移动测试显微镜,测试入瞳直径 D,填入原始记录。

⑤ 按照④条程序测试 3 次,并计算其平均值 $\overline{D}$。

相对孔径计算式为

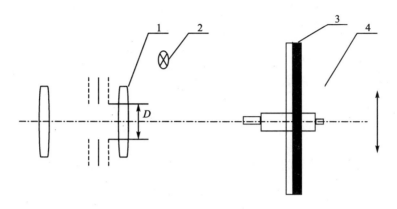

1—被测物镜;2—光源;3—导轨;4—测量显微镜。

图 6.49 相对孔径测试原理图

$$1/F = D/f \qquad (6-3-3)$$

式中:D——被测物镜的入瞳直径,单位为 mm;

F——被测物镜的 F 数。

6.3.3 视场测量

对望远光学系统,要求测量视场。光学系统的视场是指通过系统能观察到的物空间的范围。视场测试原理如图 6.50 所示。

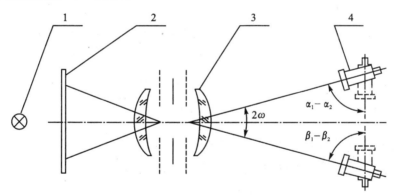

1—光源;2—视场光阑;3—被测物镜;4—经纬仪。

图 6.50 视场测量原理图

测量步骤如下:

① 在被测物镜焦面处安置视场光阑(或焦平面处的边框)。

② 调整两台经纬仪,使两者光轴与被测物镜光轴处于同一水平面内。

③ 用两台经纬仪分别瞄准视场光阑或焦平面边框的两个边缘点,其读数分别为 α_1,β_1,填入原始记录。

④ 重复③条程序 3 次,分别计算出平均值 $\overline{\alpha_1},\overline{\beta_1}$。

⑤ 经纬仪相互对瞄,其读数分别为 α_2,β_2,填入原始记录。

⑥ 重复⑤条程序3次,并计算出平均值$\overline{\alpha_2}$,$\overline{\beta_2}$。

视场角计算式为

$$2\overline{\omega} = 180° - (|\overline{\alpha_1} - \overline{\alpha_2}|) - (|\overline{\beta_1} - \overline{\beta_2}|) \quad (6-3-4)$$

式中:$2\overline{\omega}$——被测物镜的视场角,单位为(′)。

6.3.4 透过率测量

从光学系统输出端接收到的光通量与入射光通量之比定义为光学系统的透过率。

1. 透过率测量装置

测量装置主要由以下部件组成:带光源平行光管,焦距为1~1.2 m;光源为白炽灯或碘钨灯,色温为2 856 K或6 000 K。光电接收器由积分球、光敏元件组成。光电供电设备由交流稳压器和调压器组成。物镜透过率测量原理如图6.51所示。

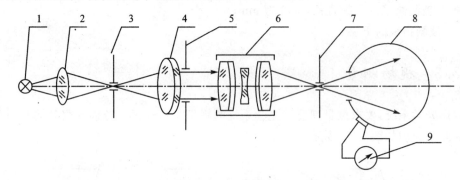

1—光源;2—聚光镜;3—小孔光阑;4—平行光管物镜;5—光阑;6—被测物镜;7—视场光阑;
8—积分球;9—探测器和显示器。

图6.51 物镜透过率测试原理图

2. 测试程序

① 调节光源和聚光镜,用目视方法检查平行光管出射光束截面,应是照度均匀的圆斑。

② 调节平行光管的出射光阑口径,大约是被测物镜口径的90%,积分球入瞳应比光束直径稍大。

③ 将被测物镜安放于平行光管与光电接收器之间的导轨(或安装支架)上,被测物镜的快门和光阑不能切割光束。

④ 调节物镜支架,使物镜光轴以及积分球入瞳中心线重合;在测试过程中,这一条件保持不变。

⑤ 显示器的零点调节:关闭积分球的入瞳,调节显示器的调零旋钮,使显示器显示为零。

⑥ 在测试支架上安装被测物镜,与不安装被测物镜两种状态下(分别称为"实测"和"空测")各自读出显示器的读数m_1和m_2。

⑦ 重复⑥条的规定3次,将3次m_1和m_2读数记入原始记录簿,分别计算m_1和m_2的算术平均值,按式(6-3-5)计算透过率,填入测试报告。

透过率计算式为

$$\tau = \overline{m_1}/\overline{m_2} \tag{6-3-5}$$

式中：τ——被测物镜的轴向透过率；

$\overline{m_1}$——"实测"时显示器的读数平均值；

$\overline{m_2}$——"空测"时显示器的读数平均值。

6.3.5 杂光系数测量

1. 杂光基本概念

杂光是到达像面的非成像光束，它的存在使像平面附加了一部分照度，从而降低了成像的对比度，影响成像质量和使用效果。光学仪器对杂光的控制以及对杂光的测量已成为研制高性能光学仪器的重要突出问题。

杂光的来源一般可分为两个方面，一是镜头视场内入射光线引起的杂光，它是由入射光束在透镜间多次反射形成；二是镜头视场外的入射光束引起的杂光，视场外的入射光束经筒壁等机械件反射到达接收器靶面形成杂散光。

2. 杂光系数测量装置

杂光测量广泛采用黑斑法，即模拟一个亮度均匀的背景和背景下亮度等于零的黑目标，测出黑目标像上的照度就是由杂光引起的附加照度，测量出像面背景处的照度，两者之比即为杂光系数。

测量装置由球形平行光管及积分球接收器两大部分组成，图 6.52 所示为测量装置示意图。球形平行光管是一个积分球体，在球体的一端安装准直物镜，球体的直径与准直物镜的焦距相等。在球体的另一端安装带有不同孔径的塞子，塞子位于准直物镜的焦面上，塞子后面加消光器，形成亮度近似为零的黑目标。在积分球体上装有照明光源，形成一个亮度均匀的背景，模拟晴朗的天空，光源需要用高精度的稳压稳流电源控制。

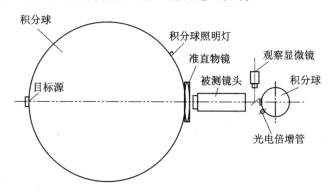

图 6.52 杂光系数测量装置示意图

3. 测试程序

① 根据被测物镜的入瞳直径调节球形平行光管出瞳可变光阑口径，使球形平行光管出射

光束充满被测物镜的出瞳。

② 关闭积分球光阑,即在无光线进入光电接收器的情况下,调节显示器的调节旋钮,使显示器指示为零。

③ 将被测物镜的光阑开启到最大口径,将被测物镜安置在支架上;调节支架,使被测物镜的光轴与球形平行光管之间的距离尽可能小,并使球形光管出瞳与被测物镜的入瞳重合。

④ 在球形平行光管焦面上安置牛角形消光管,检查黑体面应成像在入瞳面上。

⑤ 调节积分球入瞳面上的可变光阑口径,约为黑体面影像的 70%(主要是为消除杂光干扰提高测试的准确性),记录此时显示器的读数 m_3。

⑥ 用白塞子代替牛角形消光管,积分球前加中性滤光片,⑤条其他条件不变,记录显示器读数 m_4。

⑦ 重复⑤条和⑥条的测试程序各 3 次,将读数记入原始数据记录簿,并分别计算 m_3 和 m_4 的算术平均值。

⑧ 按式(6-3-6)计算杂光系数并填入测试报告中。

杂光系数计算式为

$$\eta = \overline{m_3} \times \tau_0 \sqrt{m_4} \quad (6-3-6)$$

式中:η——被测物镜的杂光系数;

τ_0——中性滤光片透过率;

$\overline{m_3}$——球形平行光管焦面安置牛角消光管时显示器读数平均值;

$\overline{m_4}$——球形平行光管焦面安置白塞子时显示器读数平均值。

第 7 章　微小光学计量与测试

微小光学一般指光传输路径的线度和光波长在一个数量级或接近。通常把纤维光学、集成光学和梯度光学等统称为微小光学。微小光学是在 20 世纪 60 年代后发展起来的,和光学专业的其他方面比较是一个新的分专业,计量标准体系还没有完全建立起来。本章主要介绍集成光学、自聚焦透镜和光纤主要参数测量技术。

7.1　集成光学计量与测试

7.1.1　集成光学概述

集成光学是以光波导理论为基础,把微小型激光器、探测器、光波导器件、传输光路集成在晶体材料基底上,实现各种功能,类似于集成电路。

在集成光学的发展初期,对集成光学作了 3 条定义:
① 光波导能限制光束在其中传播;
② 利用光波导可制成各种光波导器件;
③ 将光波导和光波导器件集成起来可构成有特定功能的集成光路。

集成光学器件伴随着光纤通信的兴起和发展已经走过了几十年。集成光学器件不仅成为光纤网络的重要组成部分,而且也促使光纤通信容量爆炸性增长。光纤通信技术和产业的迅猛发展,加上集成光学器件技术的进一步发展和成熟还将掀起光纤通信技术及其相关产业发展的新高潮。

集成光学是基于薄膜能够传输光频波段电磁波的原理,故其诞生主要受微波工程和薄膜光学的影响。1962 年前,平面介质波导已应用于微波工程中,但直到 1965 年才由 Anderson 和他的研究小组把微波理论和光刻技术结合起来制作出应用于红外区域的薄膜波导和其他平面器件和光路。1969 年,贝尔实验室的 S. E. Miller 首次提出了"集成光学"(integrated optics)的概念。

20 世纪 70 年代初,研究人员对制作波导的材料和制作工艺作了大量的研究。此间,发光二极管(LED)、激光二极管(LD)及光纤的制造技术取得了很大进展。光纤传播损耗的降低加速了光纤通信系统的发展。20 世纪 70 年代晚期,光纤通信相关的技术进一步成熟,企业和研究机构开始集中发展光纤通信系统,对集成光学的研究反而减少了,他们认为集成光学器件的商品化在近期内难以实现。20 世纪 80 年代研究人员开始重新关注集成光学的发展,因为光纤通信系统中的分立元件较难准直,且其性能又不够稳定。

光波导是集成光学的重要基础性部件,它能将光波束缚在光波长量级尺寸的介质中。用集成光学工艺制成的各种平面光波导器件,有的还要在一定的位置上沉积电极,两端接上电压,用以控制在波导中传输的光波的相位或强度。然后,光波导再与光纤或光纤阵列耦合。激光信号在光波导中耦合、传输、调制。

光波导器件按其组成材料可分为 4 种基本类型：铌酸锂镀钛光波导、硅基二氧化硅光波导、InGaAsP/InP 光波导和聚合物光波导。

7.1.2 集成光波导参数测量

1. 光波导损耗测量

光波导是集成光学主要传输光路，一方面，要求光在光波导中按规定路线传输，另一方面，要求光波导具有尽可能低的传输损耗，这就要研究光波导的损耗机理、损耗测量原理和测量方法。

（1）光波导中的损耗

光波导损耗由散射、吸收和辐射 3 种不同的机理所造成。

散射损耗有两种：体散射和表面散射。

吸收损耗一般很小，与散射损耗相比可以忽略，除非存在杂质离子。但在半导体中，带间或带边吸收及自由载流子吸收两者都引起明显的损耗。

辐射损耗是光通过辐射从波导模中失去，在这种情况下，光子被发射进入波导周围的媒质而不再是可传导的。

（2）光波导损耗测试方法

测量光波导损耗的基本方法是：把一已知光功率引入波导的一端，再测量从另一端射出的功率。采用这种基本方法存在不少缺点和问题。例如：输入和输出损耗一般是未知的，它能在很大程度上掩盖真实的波导损耗；如果波导是多模的，则个别模对损耗的影响就不能分别确定。为了解决上述问题，已提出了许多不同的损耗测量方法。

① 用不同长度的波导做端焦耦合：最简单、精确的测量波导损耗的方法是，把所要波长的光直接聚焦在波导的抛光或解理的输入面上，而后测量全部的传输功率。这种直接耦合通常称为端焦耦合。测量时要对具有不同长度而其他条件都相同的多种波导试样重复进行。这一系列的测量常常是从一段较长的波导试样开始，而后用解理或切割和抛光把试样截短。在每次测量前必须注意把激光束和试样对准以达到最佳耦合，使观察到的输出功率最大。测量装置如图 7.1 所示。

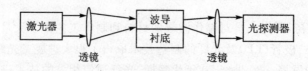

图 7.1 利用聚焦耦合测量波导损耗的实验装置

② 光纤对接耦合法：和端焦耦合法类似，也可采用光纤对接耦合方式，LD 输出光经过光导纤维，通过耦合器输入光波导，光波导输出光信号通过耦合器，再经光导纤维到达探测器。测量装置如图 7.2 所示。

（3）棱镜耦合法测量波导损耗

为了测量多模波导每个模的损耗，上面所述的基本测量技术可改用棱镜耦合，如图 7.3 所示。通过适当选择激光束入射角，光能够有选择地把每一个模分别地耦合进去。一般输入棱镜的位置保持固定,而在每次测量后移动输出棱镜以改变有效的试样长度。

图 7.2 光纤对接耦合法光波导损耗测量原理图

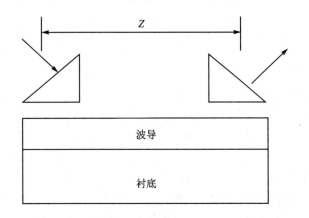

图 7.3 采用棱镜耦合测量波导损耗的实验装置

虽然棱镜耦合作为损耗测量与端焦耦合相比是一种较多用途的技术,但是一般其精度较差。原因为当棱镜每次移到新的位置时,很难重复得到相同的耦合损耗。为了克服棱镜与波导间耦合效率的变化对损耗的影响,提出了三棱镜法,测量装置如图 7.4 所示。

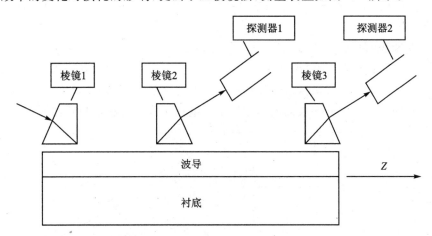

图 7.4 三棱镜耦合波导损耗测量装置

设 P_2 和 P_3 是分别从棱镜 2 和 3 输出的光功率,则:

$$P_2 = \gamma_2 I(Z_2) \tag{7-1-1}$$

$$P_3 = \gamma_3 [I(Z_2) - P_2] \exp[-\alpha(Z_3 - Z_2)] \tag{7-1-2}$$

式中:$I(Z)$——任意点的输入光强;

　　　γ_2, γ_3——两个棱镜的输出耦合系数;

　　　Z_2, Z_3——两个棱镜的位置;

α——波导的衰减系数。

在第一次测量时,使 $\gamma_2=0$,这时测得 $P_3=P_3^0$;第二次测量时使 $\gamma_2\neq 0$,能同时测得 P_2 和 P_3,这时,P_3 变为 $P_3^0-\Delta P_3$,两次使用,可以消去 γ_3,得

$$I(Z_2)(P_3^0-\Delta P_3)=[I(Z_2)-P_2]P_3^0 \qquad (7-1-3)$$

$$I(Z_2)=P_2 P_3^0/\Delta P_3 \qquad (7-1-4)$$

移动棱镜 2 在不同位置重复上述测量,利用式(7-1-4)得到不同距离上的传输光强。可求得波导损耗为

$$\alpha=\frac{\ln[I(Z_2)/I(Z_2')]}{Z_2'-Z_2} \qquad (7-1-5)$$

(4) 散射损耗测量

以上所讨论的损耗测量方法全都是用来确定由散射、吸收和辐射所形成的总损耗,不能在这三种机理中加以区分。由于散射光离开波导的方向不同于在波导中传播的初始方向,这就有可能单独确定散射损耗。方法是用一个有缝隙的定向探测器收集和测量散射光,最方便的探测器是与光纤耦合的 p-n 结光电二极管,光纤作为探头收集从波导射出的散射光。通常,光纤保持与波导成直角并沿长度方向进行扫描,可以作出对应不同长度的相对散射光功率的曲线。单位长度的损耗能够从曲线的斜率来确定。这种损耗测量方法包含了假设散射中心是均匀分布的,并且横向的散射光强度与散射中心的数量成比例。这样没有必要收集全部散射光,只要求探测孔径恒定。当用光纤作为波导的探头时,光纤端面与波导表面之间的空隙必须保持恒定,以满足探测孔径不变的要求。

散射损耗通常在介质薄膜波导中占主要地位,于是这种方法经常用做这类波导的损耗测量。实际上,通常假定用横向光纤探针法测得的损耗作为波导的总损耗,吸收及辐射损耗认为可忽略不计。

在光纤探针法的基础上,又发展成了电视摄像法。这种方法的原理与光纤探针法基本相同,它通过波导表面散射光强的变化来确定波导内的传播损耗,因而其适用范围也限于以散射损耗为主的那些波导。电视摄像法较光纤探针法的优点是,它离开波导的距离较远,不像探针法那样要严格保持探针与波导表面的缝隙恒定。电视摄像法的测量装置如图 7.5 所示。

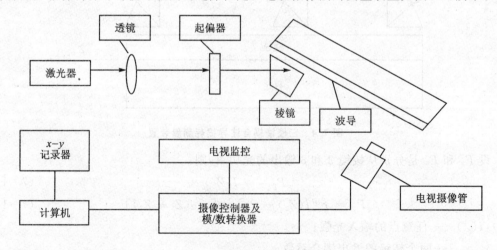

图 7.5 电视摄像法损耗测量系统

2. 利用棱镜耦合测量薄膜波导参数

(1) 有效折射率测量

采用一对完全相同的直角棱镜或一个对称棱镜作为波导输入和输出耦合。

棱镜的折射率和底角都是已知的,且 $n_3=1$,如图 7.6 所示。入射光束在棱镜斜面上的入射角为 ϕ,由折射定律可得:

$$\sin \phi = n_p \sin(\theta_p - \varepsilon) \tag{7-1-6}$$

棱镜模和导模的相位匹配条件($\beta_v = \beta_p$)可写成:

$$n_1 \sin \theta_1 = n_p \sin \theta_p \tag{7-1-7}$$

将式(7-1-6)代入式(7-1-7),并利用三角关系整理可得:

$$N = \beta/k_0 = n_1 \sin \theta_1 = \sin \phi \cos \varepsilon + (n_p^2 - \sin^2\phi)^{1/2} \sin \varepsilon \tag{7-1-8}$$

其中 θ_p 满足相位匹配条件,称为同步角,与同步角 θ_p 相应的入射角 ϕ 则称为耦合角。一个同步角 θ_p 对应一个确定的导模 β_v,所以一个耦合角 ϕ_v 就对应一个确定导模的有效折射率 N_v。只要测量所有可能的 ϕ_v 就可以由式(7-1-8)得到波导所能传输的所有导模的有效折射率 N_v。于是有效折射率的测量问题转化为如何测量耦合角 ϕ 的问题。

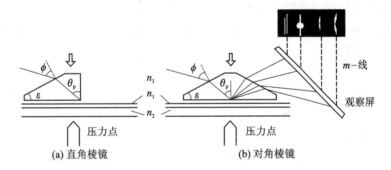

图 7.6 棱镜耦合测量系统

(2) 平板波导薄膜折射率及厚度的计算

首先把本征方程已有效折射率 N_v 的形式表示如下:

$$k(n_1^2 - N_v^2)d - \phi_{13} - \phi_{12} = v\pi \tag{7-1-9}$$

$$\phi_{12} = \arctan\left(\frac{n_1}{n_2}\right)^{2i} \left(\frac{N_v^2 - n_2^2}{n_1^2 - N_v^2}\right)^{1/2} \tag{7-1-10}$$

$$\phi_{13} = \arctan\left(\frac{n_1}{n_2}\right)^{2i} \left(\frac{N_v^2 - n_3^2}{n_1^2 - N_v^2}\right)^{1/2} \tag{7-1-11}$$

式中,$i=0,1$,分别对应 TE 模和 TM 模,可见,若底和包层折射率 n_2 已知,实验测量得到导模的有效折射率,那么方程中只存在两个未知量 n_1 和 d。若能测量得到两个以上的 N_v 值,则可得到关于 n_1 和 d 的联立方程,进而求出这两个未知量。在解方程时要用到数值解法。

(3) 渐变折射率波导的折射率分布测量

对渐变折射率波导也可采用上述同样方法测量其各阶导模的有效折射率 N_v,然后把它们代入渐变折射率波导的色散方程,可得到波导的折射率分布。假定非对称波导的折射率分布 $n(x)$ 随 x 单调递减,而以中心 $x=0$ 点为对称的对称波导的折射率分布 $n(x)$ 随 $|x|$ 单调递减,则可推导出两种波导的本征方程。

非对称波导的本征方程为

$$\int_0^{x_m}[n^2(x)-N_m^2]^{1/2}\mathrm{d}x=\frac{4m-1}{8}\lambda \quad (m=1,2,\cdots,M) \quad (7-1-12)$$

对称波导的本征方程为

$$\int_0^{x_m}[n^2(x)-N_m^2]^{1/2}\mathrm{d}x=\frac{2m-1}{8}\lambda \quad (m=1,2,\cdots,M) \quad (7-1-13)$$

式中 m 为模阶数,积分上限 x_m 为渐变折射率波导第 m 阶导模的有效厚度,并有 $n(x_m)=N_m$。

在式(7-1-12)和式(7-1-13)中,折射率分布函数 $n(x)$ 和积分上限 x_m 都是未知的,因此一般无法得到解析解,但可以用分段线性近似方法得到数值解。

7.1.3 铌酸锂集成光学器件参数测量

在集成光学应用中,最成熟的是铌酸锂集成光学器件,主要有单波导相位调制器、Y 波导多功能器件和光强度调制器。为此,已经制定了铌酸锂集成光学器件通用规范的国家标准。在标准中给出了波导器件主要参数的测量方法。

在测试方法中用到的一些符号如下:

PC——光纤偏振控制器;
L——低双折射物镜;
S——光源;
C——光斩波器;
Pr——光起偏器;
WC——光补偿器;
AS——孔径光阑;
DP——光纤去偏器;
Pf——光检偏器;
Sc——相干光源;
DC——2×2 单模或保偏光纤 3 dB 耦合器;
PD——光探测器;
NA——网络分析仪;
Sb——宽谱光源。

1. 插入损耗测试

插入损耗 L_i 的定义:在集成光学系统中插入器件所引起的总能量损失。其值为插入器件与未插入器件时光路输出光功率的比值,以分贝(dB)表示。

插入损耗测试原理如图 7.7 所示。

连接光纤,开启光源,调节光偏振态、直流偏置工作点,使被测器件尾纤输出光功率达到最大值 $P_{\max}$,然后在被测器件输入端 A 点处剪断,测出输入光功率 P_i,计算插入损耗 L_i 为

$$L_i = 10\lg P_i/P_{\max} \quad (7-1-14)$$

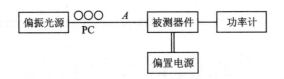

图 7.7 插入损耗测试原理图

2. 分光比测试

分光比 D 的定义:波导分光器件各分支输出光功率之比。

分光比测试原理如图 7.8 所示。

连接光纤,开启光源,测出 Y 型光波导器件两输出尾纤的光功率 P_{01} 和 P_{02},计算分光比 D 为

$$D = [P_{01}/(P_{01}+P_{02}) \times 100] : [P_{02}/(P_{01}+P_{02}) \times 100] \qquad (7-1-15)$$

图 7.8 分光比测试原理图

3. 芯片偏振消光比测试

芯片偏振消光比 E_p 的定义:在入射工作模式和非工作模式光功率相同的情况下,波导传输工作偏振模,抑制非工作偏振模的能力。其值为输出光中工作模式光功率和非工作模式光功率的比值,以分贝(dB)表示。

偏振消光比测试有两种方法,如图 7.9 所示。

按照图 7.9(a)进行测试时,先调好光路,转动 WC,找出输出光强最大点,记下对应光功率 P_{max},再旋转 WC,测出输出最小光功率 P_{min},根据下式计算消光比 E_p:

$$E_p = 10 \lg(P_{max}/P_{min}) \qquad (7-1-16)$$

按照图 7.9(b)进行测试时,先调好光路,转动 Pf,测出最大和最小输出光功率 P_{max}、P_{min},根据式(7-1-16)计算消光比 E_p。

4. 偏振串音测试

偏振串音 K_p 的定义:光在器件中传输时,相互垂直的偏振模式之间总的串音程度。其值为保偏尾纤输出端串音光功率与传输主偏振模光功率的比值,以分贝(dB)表示。

偏振串音测试原理如图 7.10 所示。

调整好光路后,转动 Pr,使偏振光沿被测器件的工作模式偏振方向入射,转动 Pf,测出最大和最小输出光功率 P_{max}、P_{min},根据下式计算偏振串音 K_p:

$$K_p = 10 \lg(P_{min}/P_{max}) \qquad (7-1-17)$$

5. 半波电压测试

半波电压 V_π 的定义:电光调制器在直流或低频电调制下,输出光移动 π 弧度相位所需的外加电压。

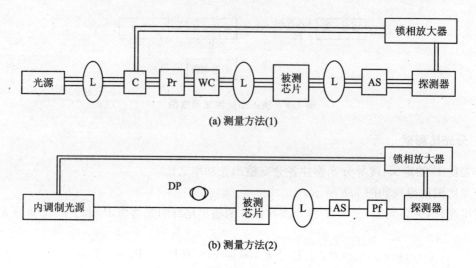

(a) 测量方法(1)

(b) 测量方法(2)

图 7.9　偏振消光比测试原理图

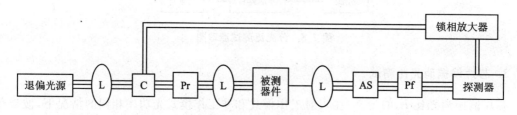

图 7.10　偏振串音测试原理图

半波电压测试原理如图 7.11 所示。

给被测器件加上不同的电压信号来调制光信号，使其产生 0 到 π 的相移，在光输出上表现为光功率从最大到最小，对应的电压差即为半波电压 V_π。

图 7.11　半波电压测试原理图

6. 带宽测试

带宽 B 的定义：器件的光调制度（相位或强度）下降为最大光调制度的 50%（-3 dB）时所对应的频率范围。

带宽测试原理如图 7.12 所示。

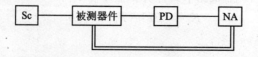

图 7.12　带宽测试原理图

调节直流偏置使被测器件工作于确定的工作点，然后加上规定的扫描电信号，当输出调制光信号约下降到其最大值的一半(即-3 dB)时所对应的频率范围即为带宽 B。

7. 相位调制残余强度测试

相位调制残余强度 M_{ri} 的定义：电光相位调制器工作时伴随的光强度调制。其值为强度调制的峰-峰值与未调制时光强值的比值。

相位调制残余强度测试原理如图 7.13 所示。

开启光源，给被测器件加上规定的电调制信号，测出此时输出信号的直流分量和交流分量峰-峰 V_{DC}、V_{AC}，根据下式计算相位调制残余强度调制 M_{ri}：

$$M_{ri} = (V_{AC}/V_{DC}) \times 100\% \tag{7-1-18}$$

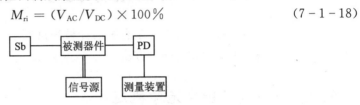

图 7.13 相位调制残余强度测试原理图

8. 背向光反射测试

背向光反射 R_{pb} 的定义：器件反射光返回入射点的光功率与入射光功率的比值，以分贝(dB)表示。

背向光反射测试原理如图 7.14 所示。

连接好光路后开启光源，记下 B 点光功率计读数 P_1；在熔结点被测器件一边 A 点切断光纤，测出入射光功率 P_i；在此端面没有反射的情况下，再次测出 B 点光功率计读数 P_2，根据下式计算背向反射 R_{pb}：

$$R_{pb} = 10 \lg[2(P_1 - P_2)/P_i] \tag{7-1-19}$$

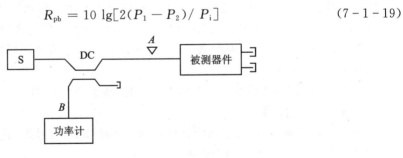

图 7.14 背向光反射测试原理图

9. 强度消光比测试

强度消光比 E_m 的定义：光强度调制器最大输出光强与最小输出光强的比值，以分贝(dB)表示。

强度消光比测试原理如图 7.15 所示。

调节被测器件的直流偏压，测出其最大输出功率和最小输出功率 P_{max}、P_{min}，根据下式计算强度消光比 E_m：

$$E_m = 10 \lg(P_{max}/P_{min}) \tag{7-1-20}$$

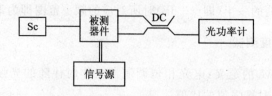

图 7.15　强度消光比测试原理图

7.2　梯度折射率光学计量与测试

这一节主要介绍和梯度折射率光学有关的计量测试问题。首先介绍梯度光学基本概念，然后介绍自聚焦透镜主要参数的测量方法。

7.2.1　梯度折射率光学概述

在通常的光学系统中，每个光学元件内部的折射率都是均匀的，即材料的折射率是常数。在这样的光学系统设计中，成像器件——透镜，主要是依靠其表面的曲率使光学系统成像，设计者可改变每一个光学元件的曲率、厚度和折射率使透镜系统最佳化。然而，也可制造出在材料内部折射率连续可变的透镜元件，这样的透镜被称为梯度折射率元件。与梯度折射率元件相关的光学技术称为梯度折射率光学。

和传统的光学元件相比，梯度折射率光学元件尺寸可以做得很小，一般直径可达 1 mm 左右，元件端面可以做成平面，可以解决传统光学元件不能解决的问题。因此，梯度折射率光学元件从 20 世纪 80 年代以来得到了很快发展。

梯度折射率光学主要应用于光纤通信和成像两个方面。在光纤通信中，其传输介质为光导纤维，梯度折射率光学元件用于光源与光纤的注入耦合，光纤与光纤的对接耦合等。在成像应用中，利用梯度折射率材料制作微型透镜，用于内窥镜、公安监测照相等。

梯度折射率有 3 种类型。

① 轴向梯度分布：其折射率沿光轴连续变化，折射率恒定的平面垂直于光轴。这种梯度在代替非球面时特别有用。

② 径向或柱面梯度：折射率剖面是从光轴向外连续变化，因此，折射率恒定的面是一个圆柱面，圆柱面的轴与透镜系统的光轴重合。

③ 球面梯度，其折射率围绕一点成球对称，所以折射率恒定的面是球面。

在以上 3 种分布中，应用最多的是第②种，制成的光学元件叫自聚焦透镜。

7.2.2　自聚焦透镜折射率分布测量

自聚焦透镜成像情况取决于其折射率分布，因此，折射率分布测量在梯度光学中占有重要地位，到目前为止，已有许多种折射率分布测量方法。从光传输理论来看，径向梯度光学元件属于光导纤维的范畴，所以下面介绍的折射率分布的测量方法同样适用于光导纤维和自聚焦透镜。

1. 切片干涉法

切片干涉法是把待测样品垂直于光轴切片,切片经光学抛光,放在迈克尔逊干涉显微镜或马赫-曾德尔干涉显微镜下测量。图7.16和图7.17所示分别为两种干涉显微镜测量示意图。

调节干涉仪的反射镜使两束相干平行光以小角度入射到接收屏上,此时屏上出现等厚干涉条纹,如图7.18所示。把自聚焦透镜沿垂直于轴线方向切成薄片,经研磨和抛光制成厚度均匀的切片试样。将试样放入光路,则可看到如图7.18(b)所示的干涉条纹。在芯部,条纹出现凸形弯曲。

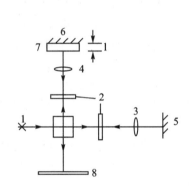
1—光源;2—移相板;3,4—物镜;
5,6—反射镜;7—试样;8—底片。
图7.16 迈克尔逊干涉显微镜示意图

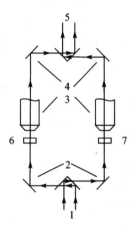
1—入射光;2,4—反射镜;3—显微镜;
5—出射光;6—试样;7—参考板。
图7.17 马赫-曾德尔干涉显微镜示意图

(a) 光路中无试样时

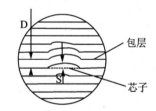
(b) 光路中有试样时

图7.18 干涉显微镜中观察到的干涉图样

当一列平面波沿z轴方向传播时,可表达为

$$E = E_0 \exp[j(\omega t - nkz)] \quad (7-2-1)$$

式中:k——真空中的波数,$k = 2\pi/\lambda$;
n——介质的折射率;
E_0——平面波的振幅。

该平面波从z点传播到$z+l$点所引起的相位移动为

$$\varphi = nkl \quad (7-2-2)$$

如果在相当于波长量级的距离上介质的折射率变化不大,那么上述关于平面波的结论均可用于这种非均匀介质,显然,对于自聚焦透镜也适用。由透镜折射率$n(r)$与包层折射率n_2

的不同而引起的附加相位移动为

$$\Delta\varphi = [n(r) - n_2]kl \tag{7-2-3}$$

其中,l 是指样品切片的厚度。众所周知,两相邻干涉直条纹所对应的光程差为 2λ,若条纹间距为 D,则由附加相位移动 $\Delta\varphi$ 引起的条纹移动量 $S(r)$ 应满足:

$$\frac{\Delta\varphi}{S(r)} = \frac{2\pi}{D} \tag{7-2-4}$$

将式(7-2-3)代入式(7-2-4)可得:

$$n(r) - n_2 = \frac{\lambda S(r)}{Dl} \tag{7-2-5}$$

应当指出,式(7-2-5)仅对马赫-曾德尔干涉显微镜成立,若用迈克尔逊干涉显微镜,则由于光线两次通过试样,相当于有效厚度为 $2l$,上式中的 l 应当用 $2l$ 取代才能成立。显然,测出干涉条纹沿径向的移动量 $S(r)$ 便可得到折射率差 $n(r)-n_2$。试验中可按下述方法确定 $S(r)$:在图 7.18(b)所示的干涉图上找到一条干涉条纹,其包层区直线部分的连线应通过光纤截面圆心,这时,该干涉条纹在光纤芯区的弯曲量即为 $S(r)$。

目前应用最多的是折射率沿径向按平方率分布的自聚焦透镜,其折射率分布表达式为

$$n(r) = n_0 \left(1 - \frac{1}{2}Ar^2\right) \tag{7-2-6}$$

式中 A 是一个描述折射率沿径向变化快慢的常数,它决定了自聚焦透镜的周期长度和其他成像特性,因而测量自聚焦透镜的折射率分布也就是测量它的 A 系数。n_0 是中心折射率,$n_0 = n(0)$。

2. 横向干涉法

和切片干涉法一样,横向干涉法也是利用干涉显微镜测量,所不同的是,切片干涉法把材料切成薄片测量,而后者不再是切片,而是一段光纤或梯度棒,并把样品浸在充满与外层折射率相同的匹配油盒中再置入光路,入射光垂直光轴通过。仪器调整好后,可以看到如图 7.19 所示的干涉条纹。由于沿轴向折射率是均匀的,所以干涉条纹沿轴向是不变的,但条纹移动量与折射率差之间的关系不再像切片法那样简单。

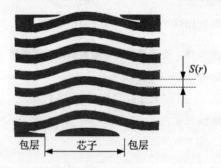

图 7.19 用横向干涉法在干涉显微镜下得到的干涉图

一般光纤的折射率都是径向变化的,因而可以假定试样的折射率分布和几何形状都是圆对称的。另外还假定光线垂直于光纤轴直线通过而不发生偏折。图 7.20 所示为光线通过光纤芯的示意图。

光波相位移动的光程用微积分表示为

$$\psi = k\int_{s_1}^{s_2} n(s)\mathrm{d}S \tag{7-2-7}$$

可进一步得到

$$\int_{s_1}^{s_2}[n(\rho)-n_2]\mathrm{d}S = \lambda S(r)/D \tag{7-2-8}$$

其中 D 是芯区外相邻直条纹的间距，$S(r)$ 是芯区条纹相对包层中直条纹的移动量。为了区别 $S(r)$ 中的自变量 r，这里用 ρ 表示光纤的径向坐标，S、r 和 ρ 之间遵循下列关系：

$$S^2 = \rho^2 - r^2$$
$$\mathrm{d}S = \rho\mathrm{d}\rho/[\rho^2-r^2]^{1/2}$$

将此变量变换代入上式，得：

$$\int_r^{\infty}\frac{n(\rho)-n_2}{(\rho^2-r^2)^{1/2}}\rho\mathrm{d}\rho = \frac{\lambda S(r)}{2D} \tag{7-2-9}$$

式中的积分上限原应为 ρ，但因在芯区之外有 $n(\rho)-n_2=0$，对积分没有贡献，所以可将上限扩展为无穷远。由式(7-2-9)可见，它正是阿贝积分方程的形式。该方程的普遍形式为

$$\int_r^{\infty}F(\rho)\frac{\rho\mathrm{d}\rho}{(\rho^2-r^2)^{1/2}} = G(r) \tag{7-2-10}$$

它的解（或称积分变换）为

$$F(\rho) = -\frac{2}{\pi}\int_r^{\infty}\frac{\mathrm{d}G}{\mathrm{d}r}\frac{\mathrm{d}r}{(r^2-\rho^2)^{1/2}} \tag{7-2-11}$$

因此：

$$n(\rho)-n_2 = -\frac{\lambda}{\pi D}\int_r^{\infty}\frac{\mathrm{d}S(r)}{\mathrm{d}r}\frac{\mathrm{d}r}{(r^2-\rho^2)^{1/2}} \tag{7-2-12}$$

若用迈克尔逊干涉显微镜，光线经反射镜两次通过光纤，可粗略看成发生了两次条纹移动，式(7-2-12)中的 $S(r)$ 应以 $S(r)/2$ 代替。

式(7-2-12)以积分形式给出了光纤折射率差与条纹移动量的微商之间的关系。实验中测量的是条纹移动量 $S(r)$，其微商是未知的，而积分本身存在一个极点 $(r=\rho)$，若用分部积分会增高阶数使积分发散。另一方面，数值微商的精度要远小于数值积分。因此在这种情况下往往假设 $S(r)$ 满足某解析表达式，再求出微商代入积分中。其中最常用的方法是多项式插值，如：

$$S(r) = a + br + cr^2 + dr^3 + er^4 \tag{7-2-13}$$

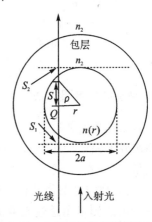

图 7.20 在光线无偏折近似下光纤中光线轨迹示意图

则：

$$\frac{\mathrm{d}S(r)}{\mathrm{d}r} = b + 2cr + 3dr^2 + 4er^3 \tag{7-2-14}$$

这样积分完全可以用于 $r_1=\rho$ 的情况，从而把极点包括在内。

7.2.3 自聚焦透镜数值孔径测量

1. 数值孔径的定义

对一条入射到样品前端面上的光线,当入射角为 θ_0,入射位置为 r,根据斯涅尔定律,有如下关系:

$$\sin\theta = n(r)\sin\theta_m \tag{7-2-15}$$

在边界上发生全内反射的条件为

$$n(r)\cos\theta_m = n(a) \tag{7-2-16}$$

即

$$\cos\theta_m = \frac{n(a)}{n(r)} \tag{7-2-17}$$

由式(7-2-16)和式(7-2-17)得到:

$$\sin\theta_0 = n(r)[1-\cos^2\theta_m]^{1/2} = [n^2(r)-n^2(a)]^{1/2} \tag{7-2-18}$$

对一般自聚焦透镜,有

$$n^2(r) = n^2(0)[1-A^2r^2] \tag{7-2-19}$$

将式(7-2-19)代入式(7-2-18)得:

$$N_A = \sin\theta_0 = n(0)Aa[1-(r/a)^2]^{1/2} = N_{AM}[1-(r/a)^2]^{1/2} \tag{7-2-20}$$

式中:$n(r)$——透镜径向 r 处的折射率;

$n(a)$——径向边沿折射率;

a——透镜的半径;

A——透镜折射率分布常数;

N_A——透镜的数值孔径;

N_{AM}——透镜中心位置的数值孔径,即最大数值孔径。

2. 数值孔径测量方法

从自聚焦透镜数值孔径的定义可知,只要测量出折射率分布,就可以计算出数值孔径。但实际情况并不完全是这样。一方面,由于折射率分布测量难度大,一些单位不具备测量条件,无法测量;另一方面,通过折射率分布计算到的数值孔径是理论数值孔径,往往和实际值有一定差距,所以要求从数值孔径的涵义出发进行测量。

一般采用测量角透过光强的方法测量。首先测量平行光垂直透镜端面入射时的光强,然后改变入射角,测量对应的光强,将透射光强下降到垂直入射时透射光强 50% 对应的角度定义为数值孔径。其测量原理如图 7.21 所示。用平行光管产生平行光,白炽灯作光源,自聚焦透镜样品放在转台上,样品前端面和转台中心重合,后端面插入小积分球的小孔内,探测器固定在积分球的割面上。转台由步进电机带动,步进电机的控制和数据处理均由计算机实现。

第 7 章 微小光学计量与测试   277

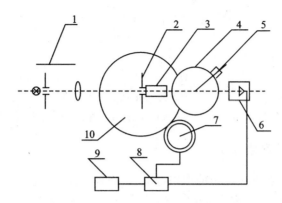

1—准直光源系统;2—光阑;3—自聚焦透镜样品;4—积分球;
5—探测器;6—放大器;7—步进电机;8—计算机;9—显示器;10—转台。

图 7.21 自聚焦透镜数值孔径测量装置原理图

7.2.4 自聚焦透镜焦距测量

1. 自聚焦透镜焦距的定义

自聚焦透镜有成像的作用,因而必有一个焦点。假设有一长度为 L 的自聚焦透镜,当光线平行于轴向入射时,入射位置为 $r=a$,斜率 $p=0$。此时,光线经透镜传输后,出射光线和轴相交于一点 A,此点定为焦点。同样,可把焦点到主点的距离称为焦距,焦点到透镜后端面的距离称为顶焦距,用 l'_F 表示。图 7.22 所示为光传输路径示意图,由图可求出焦点位置和焦距。由图可知,出射光的位置为

$$r = a\cos(\sqrt{A}L) \tag{7-2-21}$$

$$p = -a\sqrt{A}\sin(\sqrt{A}L) \tag{7-2-22}$$

$$n\sin\varphi = n(r)\sin\theta \tag{7-2-23}$$

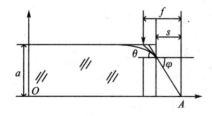

图 7.22 自聚焦透镜焦点的确定

仍考虑近轴光线 $n(r)=n(0)=n_0$,且周围介质的折射率 $n=1$。则有如下近似关系:

$$\tan\varphi = n_0\tan\theta$$

则有

$$\tan\varphi = -n_0 a\sqrt{A}\sin\sqrt{A}L$$

设焦点位置到出射端面距离为 S(焦顶距),由 $\tan\varphi = x/S$ 得:

$$S = \left|\frac{x}{\tan\varphi}\right| = \frac{1}{\sqrt{A}n_0}\cot(\sqrt{A}L) \tag{7-2-24}$$

同样,可由焦距定义求出焦距 f。由于 $\tan\varphi = x_0/f$,则有:

$$f = \left|\frac{x_0}{\tan\varphi}\right| = \frac{1}{n_0\sqrt{A}\sin(\sqrt{A}L)} \tag{7-2-25}$$

由此可见,焦距和中心折射率 n_0、折射率分布常数 A 及透镜长度 L 有关。

2. 自聚焦透镜焦距测量方法

采用放大率法测量自聚焦透镜的焦距,其装置原理如图 7.23 所示。光源 1 发出的光经毛玻璃 2 漫反射后,均匀照射在准直物镜 4 的前焦平面的珀罗板 3 上。通过自聚焦透镜所成的像放大若干倍成像于 CCD 摄像机的靶面,样品和主光路同轴。调节样品前后位置,使珀罗板刻线清晰地成像于 CCD 靶面。将此时的图像采集下来并予以处理,便可得到样品的焦距 f。

设珀罗板的条纹间距为 L,准直物镜焦距为 f_1,显微镜放大倍率为 β,成在 CCD 靶面上的条纹间距为 L_0,得到自聚焦透镜焦距 f 为

$$f = \frac{L_0 f_1}{L\beta} \tag{7-2-26}$$

1—光源;2—毛玻璃;3—珀罗板;4—准直物镜;5—自聚焦透镜样品;6—显微镜;7—CCD摄像机。

图 7.23 自聚焦透镜焦距测量装置原理图

7.2.5 自聚焦透镜聚焦光斑测量

自聚焦透镜非常重要的一个用途是把平行光束汇聚成小斑点,在光通信中实现激光与光纤之间的有效耦合。在这种应用中,要求测量自聚焦透镜聚光能力,也就是在平行光入射情况下,聚焦光斑的大小。其测量装置如图 7.24 所示。

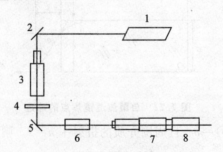

1—He-Ne 激光器;2—反射镜;3—扩束器;4—衰减器;5—反射镜;
6—自聚焦透镜样品;7—显微镜;8—CCD。

图 7.24 自聚焦透镜聚焦光斑直径测量装置原理图

He-Ne 激光器 1 发出的激光束经反射镜 2 反射,扩束器 3 将光束扩大若干倍,衰减器 4 将光强衰减若干倍,由反射镜 5 反射,平行光入射到自聚焦透镜样品 6 端面,而且,自聚焦透镜

光轴与主光轴重合。自聚焦透镜将平行光会聚成一个斑点,由显微物镜 7 放大 β 倍后成像在 CCD 靶面上。

设样品在其焦平面成像的斑点大小为 d,放大 β 倍后成像在 CCD 靶面上。通过图像采集系统将图像采集下来,先找到最大灰度值,然后找到灰度值为最大值 $e^{1/2}$ 的位置,所对应的直径即为聚焦光斑大小。如果 CCD 靶面上测得的光斑直径为 d_1,则自聚焦透镜聚焦光斑的直径为

$$d = d_1/\beta \qquad (7-2-27)$$

7.3 光导纤维参数测量

7.3.1 纤维光学概述

纤维光学是研究在透明光学纤维中传输光信息的学科,近几十年来得到迅速发展,已成为现代光学的一个重要分支。随着光纤通信技术、传光、传像和光纤传感技术的发展,光纤参数计量测试已越来越重要。

光纤技术起步于 20 世纪 60 年代,70 年代取得了突破,早期光纤是用多组分光学玻璃制作,由于传输损耗大,传输距离短,其应用限制在传光传像,距离在几十米以内,20 世纪 70 年代初,美籍华人高琨提出,用硅材料做介质,可大幅度降低光纤损耗,这使得光纤通信成为可能。此后,美国康宁公司制作出了实用化的通信光纤,产生了今天的光通信产业。

按照光纤使用波段分类,可将光纤分为紫外光纤、可见光光纤和红外光纤,不同波段应选择适合透过的材料。

按照光纤制作材料分类,可分为玻璃光纤、塑料光纤、液芯光纤和石英光纤。

玻璃光纤是最早的光导纤维,由于其性能良好,价格低廉,应用非常广泛。玻璃光纤的芯料和皮料全由玻璃组成,芯、皮材料选择主要考虑它们的折射率、热膨胀系数和透过率。

塑料光纤的芯、皮材料全是塑料,可制成普通阶跃式光纤和渐变折射率光纤。其特点是柔软性好,抗冲击力强,工艺简单,价格便宜。

液芯光纤的结构是在空心圆柱状玻璃或石英管中充满折射率比管壁高的液体组成。由于管径不能太细,又不能弯曲,所以只用于一些特殊场合。

石英光纤是以熔融石英为基质的光导纤维,它是光导纤维的主流,主要应用在光纤通信、光纤传感和军用通信网。和普通玻璃光纤相比,石英光纤透过性能更好,波长范围更宽。

用光纤可制成多种制品,在许多领域得到广泛应用。

(1) 通信光纤传输线

用石英光纤制成光缆,用于光纤通信,它是光纤通信的基础,也是光纤技术应用的主要方面。由于光纤具有信息容量大、保密性好、体积小、重量轻、价格便宜等优点,已逐渐取代电缆通信而成为现代通信的主流。同时,在军事领域光纤技术正发挥越来越重要的作用。通信光纤应用最关心的是其能量传输特性和信号传输特性。主要评价参数有:光能传输损耗、传输带宽或色散、强度、模式分布、数值孔径。

(2) 传光束

传光光纤器件又叫传光束,由多根单光纤组合而成。每根光纤的纤芯直径约为几微米到几十微米,单光纤外径约为 0.1~0.2 mm。传光束用于传递光通量,因此对其特性的主要要求是透射比高,数值孔径大,便于弯曲。目前用于传光束的光纤主要是多组分玻璃光纤,传输距离在几米到几十米。

(3) 传像束

光纤传像束也由多根单光纤组合而成,在排列上要求输入端与输出端的空间阵列相对应,以确保图像的正确传输。对光纤传像束来说,除与传光束相同的特性要求外,对其传像特性有一定的要求,其中主要是分辨率和调制传递函数等。光纤传像束的典型应用如医疗上使用的胃镜,工业内窥镜等,大多数使用多组分玻璃光纤。

(4) 光纤面板

光纤面板是一种板厚远小于板直径的板状传像元件,用多根单光纤或复合光纤经热压而制成的真空气密性良好的光纤棒,然后按要求切片、磨光而成的光纤器件。为了正确传输图像,光纤间必须相关排列,由棒中切出的每块面板的输入与输出端面空间阵列相对应。光纤面板从外观看像一块玻璃,但由于它是由许多很细的光纤组成,光纤把输入面上的图像细节传输到输出面,所以有平像场的作用,在微光像增强器等电子光学系统中,用它作输入、输出窗口,可达到消场曲的作用。光纤面板也用多组分玻璃光纤制作。作为光纤面板的主要特性有:透射比、数值孔径、分辨率、刀口响应、真空性能及工艺性能。

7.3.2 光纤元件数值孔径的测量

1. 数值孔径的定义

数值孔径是光导纤维的重要参数,它反映光纤聚光能力的大小。对传光束、传像束而言,数值孔径越大越好。而在通信光纤中,就要限制数值孔径的大小,数值孔径大,能量传输特性好,但信息容量小。因此,控制数值孔径的大小非常重要,这就要求我们研究数值孔径的测量问题。

数值孔径的理论定义为 $N_A = (n_1^2 - n_2^2)^{1/2}$,物理定义为 $N_A = n_0 \sin \theta_0$。实际测量中,从收集光能的角度测量,所以应找出光纤输入端入射光线满足全反射条件的最大孔径角 θ_0。这将涉及极限量的测量,实际测量中,极限量难以正确判断。因此,在检测中常用最大值的某相对百分比值所对应的点作为极限的度量。

在数值孔径的测量中,通常是测定光纤器件的角透射比分布函数,按透射比下降到垂直入射时透射比所约定的百分比时,对应的角度作为孔径角。该孔径角的正弦与所在介质折射率的乘积就是光纤元件数值孔径的定义值。常用约定的百分比为 50%。

2. 光纤面板数值孔径测量

图 7.25 所示为光纤面板数值孔径测量装置原理图。光源发出的光经聚光镜引入积分球,光束在积分球内产生漫反射,使积分球输出漫射光,并使对光纤面板入射面中心很大的立体角范围内都有光线入射。光电探测系统主要由接收物镜、光阑和光电探测器组成。接收物镜的

有效直径大于积分球出射孔直径,光阑置于物镜的焦平面上。为使接收面照射均匀,在探测器前也可加漫射光器。光阑的作用是限定测量光束的角间隔,提高测量精度。为测量光纤面板的角透射比分布函数,必须进行两次测量,第一次测量不加光纤面板前积分球出射光通量的角分布,第二次测量加光纤面板后输出光通量的角分布,对应角度上,后者除以前者就得到角透射比分布曲线。测量结果通过计算机处理,利用数值孔径的定义,得到数值孔径值。

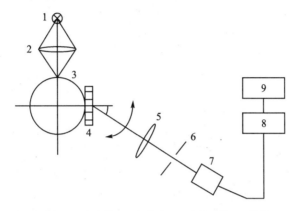

1—光源;2—聚光镜;3—积分球;4—光纤面板;5—物镜;
6—光阑;7—探测器;8—放大器;9—记录器。

图 7.25 光纤面板数值孔径测量装置原理图

3. 多模光纤数值孔径测量

远场光强法是测量多模光纤数值孔径的基准测量方法,测量系统如图 7.26 所示。制备一根长 2 m 左右的被测光纤样品,通过光耦合器件将光源发出的光注入样品光纤,要求满注入。探测器在距离光纤出射端面 d 处做左右扫描运动,距离 d 必须远大于光纤芯径,一般取几厘米。探测器测出被测光纤远场光强随光纤到探测器的半张角 $\theta/2$ 的分布关系 $P(\theta)$,则远场光强分布最大值 $P(0)$ 的 5% 所对应的远场角正弦值,即为光纤的数值孔径。

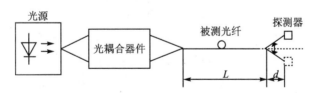

图 7.26 远场强度法测量数值孔径的原理图

7.3.3 光纤元件透射比测量

光导纤维输出光束一般为发散光束,发散角的值取决于数值孔径,光纤面板等光纤元件数值孔径很大,所以出射角很大。测量光纤元件的透射比,一般分为准直透射比和漫射透射比。前者为准直光入射,后者为漫射光入射。由此可见,准直透射比测量与普通光学元件测量相同,而漫射透射比测量就与普通光学元件测量不同。在光纤面板等传像光纤元件使用中,关心的主要是漫射透射比。图 7.27 所示为光纤面板漫射透射比测量装置原理图。

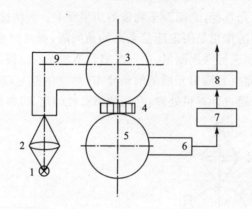

1—光源;2—聚光镜;3—积分球Ⅰ;4—光纤面板;5—积分球Ⅱ;6—光电探测器;
7—放大器及 A/D 转换器;8—计算机;9—单色仪。

图 7.27 光纤面板漫射透射比测量装置原理图

光源发光经聚光镜射入单色仪,调节单色仪在出射狭缝处输出不同波长的单色光,单色光经积分球Ⅰ由输出孔输出单色漫射光(也可用其他方式产生漫射光)。测量头由积分球Ⅱ和光电探测器组成。采用由积分球Ⅱ的目的是实现大孔径角的信号接收并使探测器表面光照均匀化。光纤面板漫射透射比测量要进行两次测量,一次是无光纤面板时测定积分球Ⅰ出射光的光谱分布,第二次是有光纤面板时,光纤面板出射光的光谱分布。在对应波长上后者除以前者就获得该波长的透射比。

7.3.4 光纤元件刀口响应测量

光纤面板一类传像光纤元件要求有好的传像质量,最简单的测量方法是测量其分辨率。由于分辨率人为性很大,不同的人测量结果会有很大不同,所以需寻找一种客观的评价光纤元件传像质量的方法,实践证明,刀口响应是一种较好的测量方法。

刀口响应是用一个刀口把视场分为明、暗两半,以刀口位置为原点,测量阴影区距刀口不同距离上的透光量分布,即线扩散函数。随着在阴影中距原点距离的增加,光量下降越快越好。一般使用在几个典型距离处的数据相比较。一般取距刀口距离为: $12\ \mu m$、$25\ \mu m$、$50\ \mu m$、$125\ \mu m$、$375\ \mu m$。典型的光纤面板刀口响应值如表 7.1 所列。

表 7.1 典型的光纤面板刀口响应值

距刀口距离/μm	12	25	50	125	375
响应/%	4	1	0.5	0.25	0.15

图 7.28 所示为光纤面板刀口响应测量装置原理图。光源发光经透镜照明漫射板形成测量用的漫射光源。能覆盖半个视场的刀口紧贴在待测光纤面板的入射端面。刀口响应的测量利用显微物镜、狭缝和光电探测器所构成的光电接收头完成。为使光电接收头具有与光纤面板类似的数值孔径,应采用大数值孔径的油浸显微物镜收集信号。狭缝用以确定测试点的宽度。移动光电接收头来确定测试点的位置。图中增加分光镜是为人眼提供观察光路。光电接收头产生的电信号经放大器处理后由记录器输出。

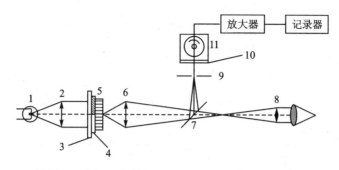

1—光源；2—透镜；3—漫射板；4—刀口；5—光纤面板；6—显微物镜；
7—分光镜；8—目镜；9—狭缝；10—漫射板；11—光电探测器。

图 7.28 光纤面板刀口响应测量装置原理图

7.3.5 光导纤维损耗测量

1. 光导纤维损耗的定义

损耗是光导纤维最重要的参数，反映光纤传输能量的能力。可以说，通信光纤技术的发展历史，也就是不断降低光纤损耗的历史。因此，伴随着光纤通信技术的发展，光纤损耗的测量方法和仪器在不断地完善。

光纤损耗用衰减系数表示，衰减量为

$$A(\lambda) = 10 \lg[P_1(\lambda)/P_2(\lambda)] \qquad (7-3-1)$$

式中：$A(\lambda)$——光纤衰减；

$P_1(\lambda)$——光纤输入功率；

$P_2(\lambda)$——光纤输出功率。

衰减常数 $\alpha(\lambda)$ 定义为波长 λ 时单位距离的衰减量：

$$\alpha(\lambda) = A(\lambda)/L \qquad (7-3-2)$$

从理论上讲，光纤衰减测量类似于光学材料透射比测量，测出放置和不放置样品时的透光值，两者之比即为衰减系数。但是，由于光纤直径非常细，任何光源都不可能全部注入光纤端面，造成测量注入条件无法精确控制，所以不能采用普通光学材料透射比测量方法，必须研究新的测量方法。

国际标准和国家标准规定，测量光纤损耗有 3 种方法，即基准测量法——剪切法、第一替代法——插入法、第二替代法——后向散射法。

2. 基准测量法——剪切法

国际标准和国家标准推荐的基准测量法——剪切法测量原理如图 7.29 所示。

测量过程为：把光纤两端面切平滑，分别插入光源出射口和检测系统入射口，在光纤出射端检测记录被检光纤输出光功率 $P_2(\lambda)$。保持注入条件不变，在距离注入系统端 2 m 处剪断光纤，检测记录 2 m 短光纤的输出功率 $P_1(\lambda)$。根据式（7-3-1）和式（7-3-2），计算衰减量和衰减常数：

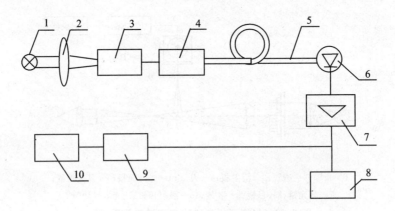

1—光源；2—聚光镜；3—单色仪；4—注入系统；5—光纤；6—探测器；
7—放大器；8—监视器；9—计算机；10—打印机。

图 7.29 剪切法测量原理图

$$A(\lambda) = 10 \lg[P_1(\lambda)/P_2(\lambda)]$$
$$\alpha(\lambda) = A(\lambda)/L$$

3. 第一替代法——插入法

剪切法虽然测量准确度高，但属于破坏性测量，每次测量要把光纤剪去一段，这在产品出厂前或在实验室是现实的，但当把光纤制成光缆，使用到工程中去以后，就不太现实。因此，要寻找非破坏性测量方法，插入法就属于非破坏性测量方法。

插入法的原理与剪切法完全相同，只是它利用一根标准短光纤作为固定的短光纤，这样就不必在每次测量时剪下一段光纤。为了现场测量的方便，这段标准短光纤被装在仪器内。测量装置和剪切法基本相似，只是把发送单元和接收单元分开，发送单元的输出端和接收单元的输入端都配有光纤活动连接器便于接入。

4. 第二替代法——后向散射法

在光纤中，不可避免地存在由于折射率或物质结构不均匀而产生的瑞利散射。瑞利散射的特点是散射光波长与入射光波长相同，散射光功率与该点入射光功率成正比。散射光沿各个方向都有，其中一小部分在光纤数值孔径内的光会沿光纤轴向传播。如果在入射端注入一个大功率窄脉冲光信号，则可在同一端接收到一个连续的、随时间越来越弱的背向散射信号。设法有效地接收这一背向散射信号，则可以从中得到光纤的衰减系数。因此，称这种方法为背向散射法，用这种方法测量光纤衰减的仪器称为光学时域反射计。

图 7.30 所示为背向散射法损耗测量原理图。激光器产生的窄脉冲通过分束器后注入光纤，在光纤输入端首先会有一个很强的反射信号，反射信号通过分束器反射后到达检测系统。光脉冲进入光纤后，在每一个位置都会产生瑞利散射，后向散射光通过光纤传输到达前端面，通过分束器反射进入检测系统。光脉冲到达光纤后端面时又会产生一个相对较强的反射信号，这个光信号同样到达检测系统。图 7.31 所示为光学时域反射计测量到的信号曲线。

从信号曲线通过推导可求出光纤的衰减系数。值得注意的是，在光纤前端面、后端面和有缺陷的地方，都会产生一个相对较强的背向散射信号，这样，曲线中能确切知道位置信息，利用

光的速度值 c，通过计算就可以得到光纤长度值和缺陷分布情况。

因此，通过光学时域反射计可同时测得光纤衰减系数、光纤长度和光纤中缺陷分布情况。同时，这种方法不需要破坏光纤，属于非破坏性测量，广泛应用于施工现场和故障检查过程中。依照以上原理，各个国家研制成了性能优良的测量仪器光学时域反射计，又称 OTDR。

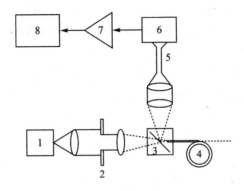

1—激光器；2—光阑；3—匹配液体；4—待测光纤；5—短光纤；6—检测系统；7—放大器；8—数据采集系统。

图 7.30　背向散射法损耗测量原理图

图 7.31 所示的光学时域反射信号曲线，被测光纤由两根光纤焊接而成，中间的凸起显示了接头处的反射，而尾部的凸起则显示了光纤末端处的反射。$P_s(A)$ 和 $P_s(B)$ 反映了位置 A 和位置 B 处的反射信号，从曲线可知两个位置间的确切距离，则光纤衰减系数为

$$\alpha(\lambda, L) = \frac{1}{2} \frac{10}{z_B - z_A} \lg \left[\frac{P(\lambda, z_A)}{P(\lambda, z_B)} \right]$$

(7 - 3 - 3)

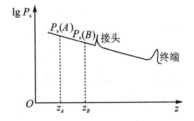

图 7.31　光学时域反射计测量到的信号曲线

图 7.31 中纵坐标为对数坐标，即

$$P_s(A) = 10 \lg P(\lambda, z_A), P_s(B) = 10 \lg P(\lambda, z_B)$$

$$z_B - z_A = L$$

则：

$$\alpha(\lambda, L) = \frac{1}{2L}[P_s(A) - P_s(B)]$$

(7 - 3 - 4)

已知光在真空中的速度为 c，光纤的折射率 $n(\lambda)$，光脉冲在光纤中从 A 点传播到 B 点，再由 B 点传播到 A 点，时间间隔为 Δt，那么 A、B 间的长度为

$$L = c\Delta t / 2n(\lambda)$$

(7 - 3 - 5)

7.3.6　光纤色散测量

在光学材料中，色散反映折射率随波长的变化情况，由于色散的存在而引起光学元件的色差。在光导纤维中，色散有更为广泛的含义。在光纤通信中，光纤用来传输音频或视频信号，这些信号都是通过电光转换成为一系列光脉冲信号，光脉冲信号在光纤中传输时，由于材料折

射率变化引起色散,从而使脉冲展宽。同时,在多模光纤中,由于不同的模式传输路径不同,从输入到输出所用时间不同,从而引起另一种脉冲展宽。因此,光纤中的色散包含了材料色散和模式色散。从光纤使用角度考虑,两种色散产生的效果是相同的,测量色散也用同一种方法。

在国家标准中,色散测量有脉冲法和频域法。这里以脉冲法为例予以介绍。图 7.32 所示为脉冲法全色散测量系统原理图。

所谓脉冲法是在输出端直接测量输入光脉冲所产生的波形畸变,并由此反推出脉冲响应的方法。所谓全色散包括材料、模式等原因引起脉冲展宽的全部色散。光源可采用半导体激光器,发出光脉冲的半宽度约为 0.2～1 ns,激光峰值波长在 850 nm、1 300 nm、1 550 nm 3 个波长,光谱半宽度约为 2～10 nm。光电探测器可采用雪崩光电二极管。

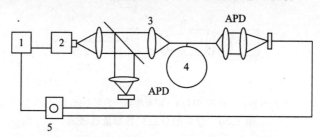

1—调制器;2—光源;3—半透半反境;4—光纤;5—抽样同步示波器。

图 7.32　脉冲法全色散测量系统原理图

当输入光纤的脉冲波形为 $x(t)$,输出波形为 $y(t)$ 时,脉冲响应为 $h(t)$,如果它们都是高斯波形,其宽度分别为 Δt_1、Δt_2 和 $\Delta \tau$,它们之间有下列线性关系:

$$y(t) = \int_0^t h(t-\tau)x(\tau)\mathrm{d}\tau \tag{7-3-6}$$

且有:

$$\Delta t_2^2 = \Delta t_1^2 + \Delta \tau^2$$

式中 $x(t)$、$y(t)$ 和 $h(t)$ 都表示光强随时间的变化,这里的关键是计算出脉冲响应 $h(t)$。利用图 7.32 所示的测量系统,把抽样同步示波器的平滑曲线采样输出,经计算机的傅里叶变换和逆变换处理就可得到脉冲响应。

7.3.7　单模光纤截止波长测量

1. 截止波长的定义

光纤中传导模的数目与光纤的归一化频率 ν 有关,即

$$\nu = \frac{2\pi n_1 a}{\lambda}\sqrt{2\Delta} \tag{7-3-7}$$

式中:n_1——光纤纤芯折射率;

　　　a——纤芯半径,单位为 μm;

　　　Δ——相对折射率差,$\Delta = \dfrac{n_1^2 - n_2^2}{2n_1^2}$;

　　　n_2——包层折射率;

λ——光波长,单位为 μm。

按照波导理论,光纤中最低阶模为 $HE_{11}(LP_{01})$ 模,次阶模为 LP_{11} 模,随着 ν 减小,高阶模依次截止,光纤中传导模的数目也相应减少,当 ν 减小到使次阶模 LP_{11} 也不能传输时,光纤中只能传输 LP_{01} 模了。这时对应的归一化频率 ν 为

$$\nu_c = \frac{2\pi n_1 a}{\lambda_a}\sqrt{2\Delta} \tag{7-3-8}$$

ν_c 为归一化的截止频率,λ_a 即为截止波长,它表示次低阶模得以传播的最大波长。而基模可以在任何波长传播,因此,当 $\lambda \geqslant \lambda_a$ 时,也即当光纤的工作波长大于截止波长时,光纤才处于单模工作状态。

2. 截止波长的测量方法

传输功率法是测量单模光纤截止波长的基准方法,其原理装置如图 7.33 所示。

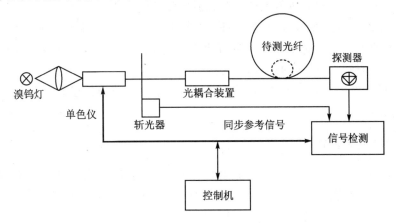

图 7.33 传输功率法测量单模光纤截止波长的原理装置

测量装置由如下几部分组成:

(1) 可变波长光源系统

光源发出的光经单色仪后进入光纤,光源和单色仪共同组成波长可变光源。斩波器的作用是利用对光束的调制来提高信噪比。其中光源波长要在所要求的范围内连续可调,在整个测量过程中应保持光强和波长稳定。

(2) 光注入系统

要求光源能够在光纤中均匀地激励起 LP_{01} 模和 LP_{11} 模,为此可用多模光纤连接或用可聚焦的光学系统注入。

(3) 信号检测系统

探测器、信号检测器等组成信号检测系统,其光谱响应应与光源的光谱特性一致。

把光纤先后弯成直径为 280 mm 的大圈和直径为 60 mm 的小圈,采用大圈、小圈两次测量功率比值,由此得到截止波长。

7.4 偏振保持光纤参数测量

7.4.1 偏振保持光纤概述

1. 偏振保持光纤

偏振保持光纤(简称保偏光纤)是一种特殊光纤,它具有保持偏振态的能力,如果给光纤注入一束线偏振光,在光纤输出端会输出偏振方向相同的线偏振光。正由于这个特性,偏振保持光纤在光纤陀螺、光纤传感器和光纤通信等方面有广阔的应用前景,已经有产品投入市场,并在光纤陀螺和光纤传感器中得到成功应用。

保偏光纤分为两类:高双折射光纤和单偏振单模光纤。

高双折射光纤在制造光纤时,有意引进高双折射率,使两个正交的线偏振基模的相位常数 β_x 和 β_y 有很大的差别。在这种情况下,由于相位常数的不匹配,两个正交线偏振基模之间的耦合很弱,从而使光纤具有较强的保偏能力。

单偏振单模光纤中只有一个线偏振模传输,另一个截止或损耗很大。在实际应用中,大多使用高双折射光纤。

2. 保偏光纤主要参数

保偏光纤是通信光纤的特例,主要原料也是石英玻璃,所以光导纤维具有的所有光学特性,如传输损耗、色散、数值孔径等,保偏光纤同样具有,而且定义完全相同。另外,保偏光纤具有特殊的性能,有一些特殊的技术指标和参数。

(1) 偏振串音

保偏光纤一端只激励 HE_{11}^x 模,由于两个模式之间耦合,输出端有两个偏振模 HE_{11}^x 和 HE_{11}^y,所以偏振串音(CT)定义为

$$CT = 10 \lg \frac{P_y}{P_x + P_y} \tag{7-4-1}$$

式中:CT——偏振串音,单位为 dB;

P_x——激励偏振模 HE_{11}^x 的输出偏振光功率,单位为 mW;

P_y——交叉耦合产生的偏振模 HE_{11}^y 的输出偏振光功率,单位为 mW。

(2) 拍 长

单模光纤中两个偏振模的相位差从 0 变到 2π 弧度时对应的光纤长度即为拍长(L_b),可表示为

$$L_b = \frac{2\pi}{\Delta\beta} = \frac{\lambda}{B} \tag{7-4-2}$$

式中:L_b——保偏光纤的拍长;

$\Delta\beta$——两个正交偏振模传播常数差;

λ——光波波长;

B——保偏光纤的双折射系数。

7.4.2 保偏光纤偏振串音测量

保偏光纤偏振串音测量装置原理如图 7.34 所示。

保偏光纤偏振串音测量原理:将一束线偏振光输入被测保偏光纤,线偏振光偏振方向和光纤的某一本征轴平行,由于光纤的两个正交偏振模之间会串光,所以在光纤输出端会有两个相互正交的偏振光。通过转动检偏器可以分别检测出光强最大值和最小值,最大值对应于输入偏振模,最小值对应于与输入偏振模正交的基模。把测量值代入式(7-4-1)即可得到偏振串音值。

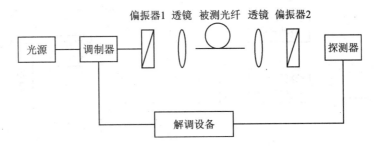

图 7.34 保偏光纤偏振串音测量装置原理框图

测量装置由如下几部分组成:

① 光源系统:光源为激光器,根据被测光纤的工作波长选择光源,光源输出功率应满足测量要求,输出功率保持稳定,并对输出光进行调制,以排除杂散光的影响。

② 探测器和解调设备:根据所用光源的波长选择相应的探测器,探测器用于输出光功率的检测。在测量范围内探测器和解调设备组成的部件应是线性的。

③ 偏振器、转动机构和透镜:偏振器 1 为起偏器,把激光输出光束变为线偏振光后通过透镜注入被测光纤,偏振器 2 为检偏器,使光纤输出光束经过透镜后经过检偏器只容许线偏振光通过检偏器到达探测器。转动机构的作用是改变偏振器的偏振面,偏振器转动时光斑应保证落在光纤纤芯或探测器光敏面之内。

④ 光纤夹持器:光纤夹持器用于固定被测光纤,光纤低张力均匀地缠绕在直径大于 150 mm 的线轴上,绕制表面应光滑,绕制时应避免出现扭曲变形。

测量步骤如下:

① 接通系统所有相关仪器的电源,按仪器的规定进行预热。

② 把制备好的被测保偏光纤接入测量系统,被测光纤两端的夹持应避免产生应力。

③ 调整好光路,反复转动偏振器 1,使耦合到保偏光纤的线偏振光的偏振方向和保偏光纤的某一本征轴一致,反复旋转偏振器 2 测出最小光功率 P_y。

④ 上述条件不变,旋转偏振器 2 测出最大光功率 P_x。

⑤ 重复步骤③、④,再测出被测保偏光纤另一本征轴的偏振串音。

把测量得到的 P_x、P_y 代入式(7-4-1),计算出偏振串音。

7.4.3 保偏光纤拍长测量

1. 压力移动相干外差法

压力移动相干外差法拍长测量装置原理如图 7.35 所示。

压力移动相干外差法测量拍长的原理：给保偏光纤施加一定的压力，随着压力的移动，被测光纤所输出的两个相互垂直的偏振模的相位差将发生周期性变化，当该相位差变化一个周期时，压力沿光纤移动的距离即为一个拍长。

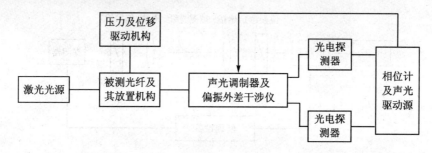

图 7.35 压力移动相干外差法拍长测量装置原理框图

测量装置由如下几部分组成：

① 光源系统：一般采用窄线宽的激光光源，光源波长应与光纤工作波长一致，输出功率、输出波长、偏振态保持稳定。

② 被测光纤夹持机构：被测光纤放置机构应能使被测光纤稳定地自由放置，不受任何应力和张力，在压力移动过程中不移动、不滚动。

③ 压力及位移驱动机构：压力接触点的大小应选择合适，压力接触点应光滑，在整个位移过程中压力大小保持不变，或在整个位移过程中压力的平均值和变化幅度应稳定不变，压力移动方向应保证与被测光纤平行。

④ 声光调制器。

⑤ 偏振外差干涉仪。

⑥ 光电探测器。

⑦ 相位计。

⑧ 声光驱动源。

测量步骤如下：

① 接通系统所有相关仪器的电源，按仪器的规定进行预热。

② 将被测保偏光纤插入光源和干涉仪之间。

③ 移动压力点并记录其位移和相应的两路光电探测器输出信号的相位差数据。

④ 相位差变化一个周期的位移即为一个拍长。

2. 调制压力移动功率变化法

调制压力移动功率变化法测量装置原理如图 7.36 所示。

调制压力移动功率变化法测量拍长的原理：将一个周期变化的调制压力加到被测光纤上，被测光纤输出的某一偏振方向的光功率大小随压力的移动而变化，当光功率变化一个周期时，调制压力所移动的距离即为一个拍长。

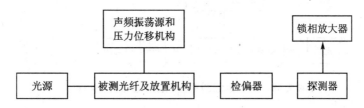

图 7.36　调制压力移动功率变化法测量装置原理框图

测量装置的组成部分与压力移动相干外差法类似，其变化部分的组件如下：

① 声频振荡源：声频振荡源产生周期性机械压力，通过压力位移机构施加给光纤，声频振荡源的输出功率和频率应稳定，满足测量要求。

② 检偏器。

③ 锁相放大器。

测量步骤如下：

① 接通系统所有相关仪器的电源，按仪器的规定进行预热。

② 将被测保偏光纤插入光源和检偏器之间。

③ 使压力移动并记录位移值和相应的锁相放大器读数。

④ 锁相放大器输出大小随位移变化一个周期的位移值即为一个拍长。

3. 压力移动功率变化法

压力移动功率变化法测量装置原理如图 7.37 所示。

压力移动功率变化法测量拍长的原理：被测光纤输出的某一偏振方向的光功率大小随恒定压力移动而发生周期性变化，当变化一个周期时，压力移动的距离即为一个拍长。

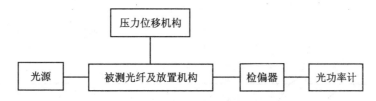

图 7.37　压力移动功率变化法测量装置原理框图

测量步骤如下：

① 接通系统所有相关仪器的电源，按仪器的规定进行预热。

② 将被测保偏光纤插入光源和检偏器之间。

③ 使压力移动并记录位移值和相应光功率计读数。

④ 光功率计输出大小随位移变化一个周期的位移值即为一个拍长。

4. 移动磁场功率变化法

移动磁场功率变化法测量装置原理如图 7.38 所示。

移动磁场功率变化法测量拍长的原理:被测光纤输出的某一偏振方向的光功率大小随磁场移动发生周期性变化,当变化一个周期时,磁场移动的距离可确定拍长。

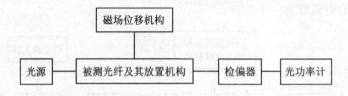

图 7.38 移动磁场功率变化法测量装置原理框图

测量步骤如下:
① 接通系统所有相关仪器的电源,按仪器的规定进行预热。
② 将被测保偏光纤插入光源和检偏器之间。
③ 使磁场移动并记录位移值和相应光功率计读数。
④ 光功率计输出大小随位移变化一个周期的位移值即为一个拍长。

7.5 单模光纤偏振模色散测量

7.5.1 偏振模色散的产生

随着单模光纤应用技术的不断发展,特别是集成光学、光纤放大器以及超高带宽的非零色散位移单模光纤的广泛应用,光纤衰减和色散特性已不是制约长距离传输的主要因素,偏振模色散(PMD)特性越来越受到人们重视。偏振是与光的振动方向有关的光性能,光在单模光纤中只有基模 HE_{11} 传输,由于 HE_{11} 模由相互垂直的两个极化模 HE_{11}^x 和 HE_{11}^y 简并构成,在传输过程中极化模的轴向传播常数 β_x 和 β_y 往往不等,从而造成光脉冲在输出端展宽现象,如图7.39 所示。

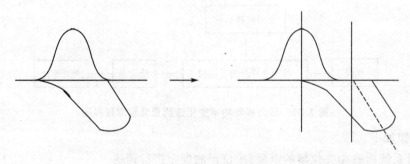

图 7.39 PMD 极化模传输图

因此两极化模经过光纤传输后到达时间就会不一致,这个时间差称为偏振模色散,PMD 的度量单位为 ps(皮秒)。

如果光纤是各向异性的晶体,一束光入射到光纤中被分解为两束折射光,这种现象就是光的双折射。如果光纤为理想的情况,即其横截面无畸变,为完整的真正圆,并且纤芯内无应力存在,光纤本身无弯曲现象,这时双折射的两束光在光纤轴向传输的折射率是不变的,跟各向同性晶体完全一样，PMD 为 0。但实际应用中的光纤并非理想情况，由于各种原因使 HE_{11} 两个偏振模不能完全简并，产生偏振不稳定状态。

造成单模光纤中光的偏振态不稳定的原因，有光纤本身的内部因素，也有光纤的外部因素。

内部因素是由于光纤在制造过程中存在芯不圆度，应力分布不均匀，承受侧压，光纤的弯曲和扭转等，这些因素将造成光纤的双折射。光在单模光纤中传输，两个相互正交的线性偏振模式之间会形成传输群速度差，产生偏振模色散。同时，光纤中的两个主偏振模之间要发生能量交换，即产生模式耦合。

外部因素是单模光纤受外界因素影响引起光的偏振态不稳定，用外部双折射表示。由于外部因素很多，外部双折射的表达式也不能完全统一。外部因素引起光纤双折射特性变化的原因在于外部因素造成光纤新的各向异性。例如光纤在成缆或施工过程中可能受到弯曲、扭绞、振动和受压等机械力作用，这些外力的随机性可能使光纤产生随机双折射。另外，光纤有可能在强电场和强磁场以及温度变化的环境下工作。光纤在外部机械力作用下，会产生光弹性效应；在外磁场的作用下，会产生法拉第效应；在外电场的作用下，会产生克尔效应。所有这些效应的总结果，都会使光纤产生新的各向异性，导致外部双折射的产生。

当技术上逐步解决了损耗、材料色散和模式色散的问题后，在通信系统传输速率越来越高，无中继的距离越来越长的情况下，PMD 的影响成了必须考虑的主要因素。

7.5.2 偏振模色散测量方法

随着光纤通信技术的发展，人们对光纤偏振模色散的研究工作越来越深入，究其原因是光纤的偏振模色散对超高速光纤数字系统的传输性能有着不可忽视的影响。

国际电信联盟电信标准化部门 ITU－TG650(2000)和国际电工委员会标准 IEC61941(1999)中介绍了单模光纤偏振模色散的定义和测量方法，规定了 PMD 的基准测试方法，即斯托克斯(Stokes)参数测定法，另外还有替代测试方法，即偏振态法和干涉法。

1. 斯托克斯参数测定法

斯托克斯参数测定法是测量单模光纤 PMD 值的基准试验方法，其测试原理为在一定波长范围内以一定的波长间隔测量出输出偏振态随波长的变化，通过琼斯矩阵本征分析和计算，得到 PMD 值。

斯托克斯参数测定法多用于实验室测试，其测量试验设备及装置如图 7.40 所示。

2. 偏振态法

偏振态法是测量单模光纤 PMD 的第 1 替代试验方法，其测量原理为：对于固定的输入偏振态，当注入光波长(频率)变化时，在斯托克斯参数空间里邦加球上被测光纤输出偏振态(SOP)也会发生演变，它们环绕与主偏振态(PSP)方向重合的轴旋转，旋转速度取决于 PMD 时延，即时延越大，旋转越快。

通过测量相应角频率变化 $\Delta\omega$ 和邦加球上代表偏振态(SOP)点的旋转角度 $\Delta\theta$，就可以计算出 PMD 时延：

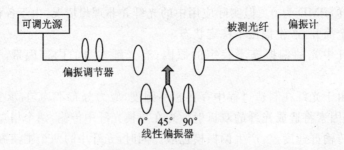

图 7.40　斯托克斯参数测定法测量 PMD 原理图

$$\Delta\tau = \Delta\theta/\Delta\omega \tag{7-5-1}$$

式中：$\Delta\omega$——输入光频率的变化；

$\Delta\theta$——当输入光频率变化 $\Delta\omega$ 时变化的偏振态所对应的斯托克斯矢量之间的夹角。

偏振态法直接给出了被测试样 PSP 间差分群时延（DGD）与波长或时间的函数关系，通过在时间或波长范围内取平均值得到 PMD。

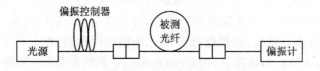

图 7.41　偏振态法测量 PMD 原理图

3. 干涉法

由于干涉法测量速度快，所以目前市场上很多仪器生产厂家都以干涉法为测试原理生产测试设备。其共同点是设备体积小，动态范围宽，重复性较好，很适合现场使用。由于干涉法与偏振模耦合无关，所以适用于单盘短光纤和长光纤。

干涉法测量单模光纤和光缆的平均偏振模色散的原理是：当光纤一端用宽带光源照明时，在输出端测量电磁场的自相关函数或互相关函数，从而确定 PMD。在自相关型干涉仪表中，干涉图具有一个相应于光源自相关的中心相干峰。测量值代表了测量波长范围内的平均值。在 1 310 nm 或 1 550 nm 窗口，不同仪器都有一定的波长范围。

光纤参考通道迈克尔逊（Michelson）干涉仪，是大多仪器厂家使用的一种方法，实验装置如图 7.42 所示。

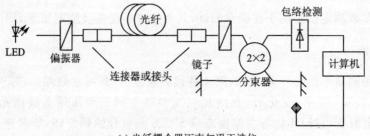

(a) 光纤耦合器迈克尔逊干涉仪

图 7.42　干涉法测量 PMD 原理图

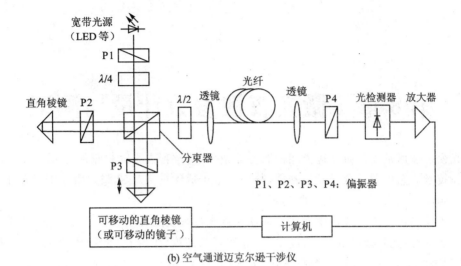

(b) 空气通道迈克尔逊干涉仪

图 7.42　干涉法测量 PMD 原理图(续)

第8章 微光夜视参数计量与测试

微光夜视技术是专门研究在夜间低照度的条件下，改善人眼的视觉能力，实现夜间观察的一种高新技术。它借助于微光成像器件，采用光电子成像的方法克服人眼在低照度下以及在有限光谱响应下的限制，以开拓人眼的视觉。

微光夜视的计量测试包括微光像增强器和微光夜视仪的各项参数。微光像增强器计量测试的主要参数有：光阴极灵敏度、亮度增益、等效背景照度、信噪比、调制传递函数、分辨力、放大率、畸变等。微光夜视仪的参数有视场、放大率、畸变、分辨力、亮度增益等。

8.1 微光夜视技术概述

微光夜视技术是在电子学、半导体物理学和光学的基础上发展起来的，始于20世纪30年代。1934年德国的G.Holst第一个红外变像管问世，它利用处于高真空下的银氧铯光阴极，将红外图像转换为电子图像，再通过荧光屏，转换为人眼能察觉的光学图像。这种光子—电子—光子相互转换的原理奠定了现代微光夜视技术的理论基础。

第一代微光夜视技术采用光纤面板耦合传像，采用 Sb-K-Na-Cs 多碱光阴极，同心球的电子光学系统将光电子加速并聚焦到荧光屏上，图像通过光纤面板传入下一级，形成可见光输出图像，经过三级增强，使一代管具有很高的增益。

第二代微光夜视技术始于20世纪60年代。其主要特点是在一代微光像增强器中引入一种新型的电子倍增器件——微通道板。这种器件可以使电子倍增数达到 $1\times10^3 \sim 1\times10^4$，一级微光像增强器可以代替第一代三级级联的微光像增强器。

第三代微光夜视技术以高灵敏度负电子亲和势光阴极、低噪声、长寿命的微通道板和双冷铟封近贴管型为主要技术特色。其主要特点是阴极灵敏度高，分辨力高，使用寿命长。

第四代微光夜视技术国内外文献中有两种不同的定义，一种被定义为灵敏度在 3 000 μA/lm 左右，分辨力在 90 lp/mm 左右的 GaAs 光阴极像管技术；一种是电子轰击 CCD(EB-CCD)像增强微光电视技术也叫数字微光。

自20世纪80年代以来，各国研制出了性能优良的各种型号像增强器和夜视仪并已装备部队。微光夜视技术在军事、公安、天文、航天、卫星监测等领域发挥了巨大的作用，有着广阔的应用前景。

8.2 微光像增强器参数测量

微光像增强器是微光夜视仪的核心部件，其性能直接影响着微光夜视仪的质量。微光像增强器参数测量是微光夜视技术的重要方面，已经形成了国家标准。

8.2.1 光阴极光灵敏度和辐射灵敏度测量

1. 光阴极光灵敏度和辐射灵敏度基本概念

光阴极光灵敏度定义:光阴极在标准 A 光源的照射下所产生的光电流与入射光通量之比,单位为 μA/lm。

光阴极辐射灵敏度定义:来自标准 A 光源且经特定波长单色滤光片滤波后的光入射在光阴极上所产生的光电流与入射辐通量之比,单位为 μA/W。

2. 光阴极光灵敏度和辐射灵敏度测量

(1) 光灵敏度测量原理

阴极和阳极电极之间施加规定的直流电压,用色温为 (2 856±50) K 的光源照射光阴极的规定面积,分别测量像增强器的输出光电流和入射光通量,输出光电流和入射光通量之比即为光阴极的光灵敏度。

(2) 辐射灵敏度测量原理

阴极和阳极电极间施加规定的直流电压,用近红外辐射均匀照射光阴极的规定面积,分别测量像增强器的输出电流和入射辐射通量,输出电流和入射辐射通量之比即为光阴极的辐射灵敏度。

光阴极光灵敏度和辐射灵敏度测量在专用仪器上进行构成如图 8.1 所示。

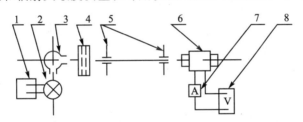

1—稳流源;2—光源;3—积分球;4—滤光片;5—光阑;6—被测器件;
7—光电流表或直读式光电响应表;8—直流稳压电源。

图 8.1 微光像增强器光阴极光灵敏度和辐射灵敏度测量仪示意图

(3) 测量程序

① 根据所测量管型选择合适的光阑。

② 将被测件置于夹具上,并施加规定的直流电压,一般规定为 200~800 V。

③ 用规定照度(或加红外单色滤光片形成的辐射照度)的输入光(或辐射)均匀地照射像增强器的输入面。

④ 测量并记录有光照射时的光电流。

⑤ 测量并记录无光照射时的暗电流。

光灵敏度计算式为

$$S = \frac{i_1 - i_2}{AE} = \frac{i_1 - i_2}{\Phi} \tag{8-2-1}$$

式中:S——光灵敏度,单位为 μA/lm;

i_1——有光照时光阴极发射电流,单位为 μA;
i_2——无光照时光阴极发射电流,单位为 μA;
A——光阑孔面积,单位为 m^2;
E——输入面上的光照度,单位为 lx;
Φ——入射到输入面的光通量,单位为 lm。

辐射灵敏度计算式为

$$S_e = \frac{i_3 - i_4}{AE_e} \times 10^{-3} = \frac{i_3 - i_4}{\Phi_e} \times 10^{-3} \qquad (8-2-2)$$

式中:S_e——辐射灵敏度,单位为 $\mu A/W$;
i_3——有辐射照射时光阴极光电流,单位为 μA;
i_4——无辐射照射时光阴极光电流,单位为 μA;
A——光阑孔面积,单位为 m^2;
E_e——输入面上的辐射照度,单位为 W/m^2;
Φ_e——入射到输入面的辐射通量,单位为 W。

8.2.2 亮度增益测量

1. 微光像增强器亮度增益基本概念

亮度增益定义:在标准 A 光源照射下,荧光屏的法向输出亮度与光阴极输入照度之比,单位为 $cd \cdot m^{-2}/lx$。

微光像增强器亮度增益(以下简称亮度增益)是评价微光像增强器图像转换效率的参数。转换特性是描述微光像增强器或变像管输出物理量和输入物理量之间的依从关系。对于变像管,其输入量、输出量分别是不同波段的电磁波辐射通量,而像增强器的输入量与输出量则是可见光波段的电磁波辐射通量。前者通常用转换系数来表示,而后者通常用亮度增益来表示。

2. 亮度增益测量原理

用色温为 $(2\,856 \pm 50)$ K 的光源以一定的照度照射像增强器的光阴极,在输出轴方向上,分别测量有光输入和无光输入时荧光屏的法向亮度,两者亮度之差与入射到光阴极面上的照度之比,即是亮度增益。亮度增益在专用仪器上进行测量,其构成如图 8.2 所示。

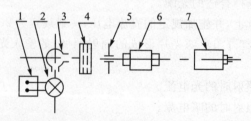

1—稳流源;2—光源;3—积分球;4—中性滤光片;5—光阑;6—被测器件;7—亮度计。

图 8.2 微光像增强器亮度增益测量仪示意图

3. 测量程序

① 根据管型选择合适的光阑。
② 将像增强器放置于夹具上,并施加规定的工作电压。
③ 在稳定工作状态下,用亮度计测量并记录无光照射时荧光屏的法向亮度。
④ 用规定的光照射输入面,用亮度计测量并记录有光照射时荧光屏的法向亮度。
⑤ 移去像增强器用照度计测量并记录输入面的照度。

亮度增益计算式为

$$G = (L_2 - L_1)/E \qquad (8-2-3)$$

式中:G——微光像增强器亮度增益,单位为 $cd \cdot m^{-2}/lx$;

L_1——无光照射时输出面的法向亮度,单位为 cd/m^2;

L_2——有光照射时输出面的法向亮度,单位为 cd/m^2;

E——输入面的入射照度,单位为 lx。

8.2.3 等效背景照度测量

1. 等效背景照度的基本概念

等效背景照度定义:使荧光屏亮度增加到等于暗背景亮度二倍时所需的输入照度,单位为 lx。

微光像增强器的光阴极在完全没有外来辐射通量的作用下,施加工作电压时荧光屏上仍然发射出一定亮度的光,这种无光照射时荧光屏的发光,称为像增强器的暗背景。像增强器暗背景的存在,使荧光屏像面上叠加了一个背景照度,甚至使光阴极上微弱照明景物所产生的图像可能完全被淹没在此背景中而不能辨别,因此暗背景是影响像增强器成像质量的重要因素之一。但是由于实际测定的暗背景亮度大小,不仅与热发射有关,而且还与放大率和亮度增益特性有关,因而暗背景的大小不能真实反映像增强器的质量,通常用等效背景照度来反映其背景亮度的程度。

2. 等效背景照度测量原理

等效背景照度测量在亮度增益测量仪上进行,其测量原理为:用色温为 (2856 ± 50) K 的光源均匀照射像增强器的光阴极,分别测量出有光照射和无光照射时荧光屏的法向亮度,用两者之差除以有光照射的法向亮度,再乘以光阴极的实际入射照度就是等效背景照度。

3. 测量程序

(1) 测量方法 1

① 将微光像增强器置于夹具上,给其施加规定的工作电压($2.7 \sim 3.0$ V)。
② 光阴极上无辐射输入,保持不少于 1 min 不多于 15 min 的稳定期。
③ 用亮度计测量并记录无光照射时输出面的法向亮度 L_1。
④ 使光均匀照射输入面,调节输入面照度,使此时的法向亮度 L_2 等于 $2L_1$。用亮度计测

量并记录有光照射时输出面的法向亮度 L_2。

⑤ 移去被测器件，用照度计测量并记录输入面原位置的照度 E。

等效背景照度计算式为

$$E_{BI} = \frac{L_1}{L_2 - L_1} E \qquad (8-2-4)$$

式中：E_{BI}——等效背景照度，单位为 lx；

L_1——无光照时输出面的法向亮度，单位为 cd/m^2；

L_2——有光照时输出面的法向亮度，单位为 cd/m^2；

E——输入面的照度，单位为 lx。

（2）测量方法 2

① 将微光像增强器置于夹具上，对其施加规定的工作电压，在暗箱中稳定 15 min。

② 用光电倍增管测量并记录无光照射时输出电流值。

③ 把入射光调到测量亮度增益时所需的照度，测量此照度下的输出电流值。

④ 移去被测器件，用照度计测量并记录输入面原位置的照度 E。

等效背景照度计算式为

$$E_{BI} = \frac{I_1 - I_0}{I_2 - I_1} E \qquad (8-2-5)$$

式中：E_{BI}——等效背景照度，单位为 lx；

I_0——光电倍增管的暗电流，单位为 μA；

I_1——无入射光时光电倍增管的输出电流，单位为 μA；

I_2——有入射光时光电倍增管的输出电流，单位为 μA；

E——实际入射照度，单位为 lx。

8.2.4 输出信噪比测量

1. 微光像增强器输出信噪比的基本概念

定义：在特定带宽内，微光像增强器输出信号的平均值与均方根值之比。

自然界的光都是来源于物态的受激辐射，受激辐射是物质内部电子能态跃迁的结果。物体中的电子均可成为发射光子的中心。它可能由于热效应、化学反应、电磁作用以及其他粒子的非弹性碰撞而获得能量跃迁到受激态。当从不稳定能态跃迁到低能态时会辐射光子来交换能量。因此，发光过程具有量子性。

由于物体受激辐射是具有量子性的过程，所以在稳定受激条件下辐射光子流密度的平均值是确定的，而瞬时值并不确定。即每瞬间所辐射的光子流密度具有量子性的随机涨落，因此，产生的发光强度是围绕一个确定的平均值而起伏的闪烁。

微光像增强器的工作方式是以光能量的形式输入，同时也是以光能量的形式输出，所以符合上述的规律。光子的闪烁就产生了噪声，平均值即为信号，信号与噪声之比称为信噪比。像增强器有输入信噪比和输出信噪比，本节所讨论和测量的是输出信噪比，没有量纲。

微光像增强器的主要噪声来源是：

① 光阴极的量子发射噪声；
② 微通道板的探测效率及二次电子倍增的噪声；
③ 荧光屏的颗粒噪声。

2. 微光像增强器输出信噪比测量原理

微光像增强器输出信噪比测量仪的原理与构成如图 8.3 所示。

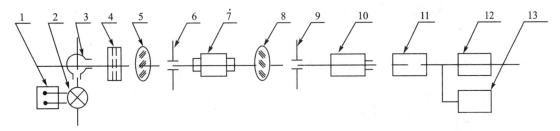

1—稳流源；2—光源；3—积分球；4—减光器；5—显微物镜1；6—光阴极光阑；7—被测器件；8—显微物镜2；
9—接收器光阑；10—光电倍增管；11—有源低通滤波器；12—直流电压表；13—均方根电流表。

图 8.3 微光像增强器信噪比测量仪示意图

其测量原理为：用色温为 $(2\,856 \pm 50)$ K 的溴钨灯照射光阴极，二代管的照度为 (1.24×10^{-5}) lx，三代管的照度为 (1×10^{-4}) lx，光阴极中心区的光斑直径为 0.2 mm，施加工作电压后，在荧光屏上形成一个亮斑，该亮斑的直径为输入光斑直径与像增强器放大率的乘积。将该亮斑聚焦于直径为 0.2 mm 或更大的针孔内，对准孔使通过孔的信号最大。用低噪声低暗电流的光电倍增管探测该圆斑的亮度。光电倍增管的输出信号通过低通滤波器输入到测定交流均方根分量和直流分量的仪表上，在同一圆斑上测量像增强器无输入辐射时的背景亮度的交流分量和直流分量。信噪比计算式为

$$S/N = k \frac{S_1 - S_2}{\sqrt{N_1^2 - N_2^2}} \sqrt{\frac{E_0}{E} \frac{3.14 \times 10^{-8}}{A}} \qquad (8-2-6)$$

式中：S/N——信噪比；
S_1——有光照时光电倍增管输出电流的直流分量，单位为 A；
N_1——有光照时光电倍增管输出电流的交流分量，单位为 A；
S_2——无光照时光电倍增管输出电流的直流分量，单位为 A；
N_2——无光照时光电倍增管输出电流的交流分量，单位为 A；
E——像增强器实际输入照度，单位为 lx；
E_0——规定的照度值，二代为 1.24×10^{-5} lx；三代为 1×10^{-4} lx。
A——光阴极光阑面积，单位为 m²；
k——修正系数，当包含像增强器荧光屏在内的系统带宽为 B 时，$k = \sqrt{\dfrac{B}{10}}$。

3. 测量程序

① 给像增强器施加规定的工作电压，使其工作稳定。
② 用规定照度的光均匀照射像增强器输入面的规定面积。
③ 调节光电倍增管前的显微镜头，将荧光屏上的光斑调焦到最佳并位于光电倍增管光阴

极中心处。

④ 用直流电压表测量并记录有光照射时的信号值。

⑤ 用均方根电压表测量并记录有光照射时的噪声值。

⑥ 用同一直流电压表测量并记录无光照射时的信号值。

⑦ 用同一均方根电压表测量并记录无光照射时的噪声值。

8.2.5 调制传递函数测量

1. 微光像增强器调制传递函数的基本概念

定义：对于给定的空间频率 $N(\mathrm{lp/mm})$，像增强器输出荧光屏所显示的图像对输入图案来说像质恶化程度的测量，即输出像空间调制度 $M_{出}(N)$ 与其输入物空间调制度 $M_{入}(N)$ 之比。

在光学系统和成像器件中，为了更全面地评价成像质量，普遍采用光学传递函数的技术来进行。光学传递函数的概念是从电子通信等技术的频谱分析概念中沿用发展而来的。在电子系统中利用脉冲输入系统，然后通过脉冲响应的频谱分析，对系统的综合性能进行分析，就可以了解到某一系统对各种不同频率信号的响应度，在振幅或相位上会发生怎样不同的变化。

简单地说就是某一电子系统工作时，输入信号是千变万化的。要把电子系统的特性清楚地表现出来，很重要的方法之一是研究该系统的频谱特性。即研究系统对各种频率信号的通过特性。如果采用适当的方法找出这个通过特性，就可以根据系统的通过特性来讨论任意输入时可能的输出。这只要将输入函数作傅里叶变换，求出频谱函数，然后将对应频率乘以系统通过的频率特性，就可得出输出函数的频谱函数。再对输出函数的频谱函数作傅里叶反变换即可求出输出函数。

2. 微光像增强器调制传递函数的测量原理

调制传递函数测量仪如图 8.4 所示，测量原理为：用色温为 $(2\,856\pm50)$ K 的标准光源，经过减光板和聚光镜形成均匀的准直光照明狭缝，再经物镜缩小后投射在被测器件的输入面上，在输出面上得到近似的线扩散函数像。这一输出像由光学变频系统放大并聚焦在余弦分布的扫描板上。扫描板在垂直线扩散函数像的方向上按余弦函数（或方波函数）规律变化。在测试时，它沿垂直于线扩散像的方向移动，通过扫描板的光通量由光电倍增管接收，通过线性的光电转换后，把电信号用计算机处理（傅里叶变换），最后得到调制传递函数。

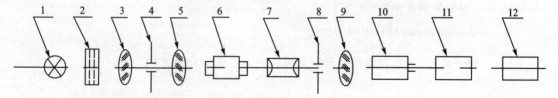

1—标准光源；2—减光器；3—聚光镜；4—狭缝；5—物镜；6—被测器件；7—光学变频系统；8—扫描板；9—聚光镜；
10—光电倍增管；11—放大器；12—计算机处理系统。

图 8.4 微光像增强器调制传递函数测量仪示意图

3. 测量程序

① 将光源调到规定的色温,提供规定的照度。
② 给微光像增强器施加规定的工作电压,并使其工作稳定。
③ 调整光路系统,使狭缝像正确地成像在微光像增强器输入面上。
④ 将狭缝像按规定的放大倍数放大并聚焦在扫描板上。
⑤ 按规定的方向及频率依次测量出相应的 MTF 值。

8.2.6 分辨力测量

1. 微光像增强器分辨力的基本概念

定义:把给定对比度的分辨力图案投射到光阴极上,荧光屏上可分辨图案的最大空间频率,单位为 lp/mm。

微光像增强器的分辨力是综合评价像质的一项参数,也是微光像增强器最重要的一项参数。简单地说就是在规定对比度的分辨力板上的线条通过微光像增强器成像后,观察者能看见和分辨的最小分辨率图案,观察者应看见和分辨出黑线或两条黑线中的透明线,应能确定水平和垂直测试图案的线对数。

2. 微光像增强器分辨力的测量原理

微光像增强器分辨力测量原理如图 8.5 所示。

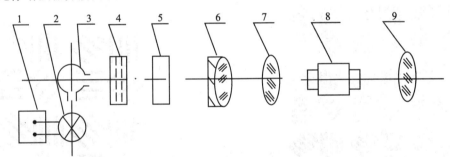

1—稳流源;2—光源;3—积分球;4—减光器;5—分辨力板;6—平行光管物镜;7—成像物镜;8—被测器件;9—显微镜。

图 8.5 微光像增强器分辨力测量仪示意图

光源经积分球或毛玻璃形成一个均匀漫射面,经中性滤光片减光后照亮分辨力板。分辨力板位于平行光管的焦平面上,成像物镜将分辨力板上的图案投射到微光像增强器光阴极面上,靶的中心应与光轴重合,调节输入照度以获得最佳像对比度,在荧光屏上可观察到分辨力板上的图案,找出极限分辨力,分辨力计算式为

$$R = \frac{N}{f_{OB}} f_c \qquad (8-2-7)$$

式中:R——像增强器的分辨力,单位为 lp/mm;
N——对应分辨力板上的最高空间频率,单位为 lp/mm;

f_c——平行光管物镜焦距,单位为 mm;
f_{OB}——成像物镜焦距,单位为 mm。

3. 测量程序

① 将光源调到规定的色温值(2 700~2 900 K),调整好输入照度。
② 给像增强器施加规定的工作电压,一般二代、三代像增强器为 2.6~3.4 V DC,一代像增强器为 6~7 V DC。
③ 选择合适的分辨力板,调整成像物镜和像增强器的相对位置,使输出图像清晰。
④ 用 10 倍显微镜观察输出的分辨力图案。
⑤ 确定各方向均可分辨的对应分辨力板上的最高空间频率 N,按式(8-2-7)进行计算,可得出像增强器的分辨力。

4. 分辨力板

分辨力板是由不同粗细的黑白线条组成的人工特制图案,作为目标来检验像增强器的分辨力。夜视行业所采用分辨力板主要有两种,一种是透射式分辨力板,在透明的背景中有黑线条,可用于变像管、微光像增强器和夜视仪器的测量。一种是反射式分辨力板,仅用于夜视仪器的测量。

我国早期的分辨力板线条都是 4 个方向的,例如符合 WJ917-76 标准的分辨力板,其图案有九单元系列和四单元系列两种,如图 8.6 所示。根据线条的宽度,每种系列有 5 块分辨力板。

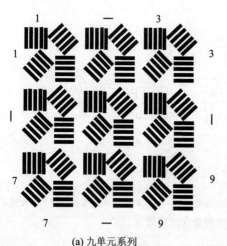

(a) 九单元系列

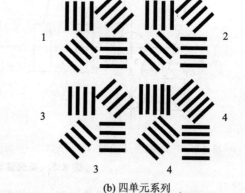

(b) 四单元系列

图 8.6 九单元系列和四单元系列分辨力板图案

九单元系列分辨力板的数据如表 8.1 所列,四单元系列分辨力板的数据如表 8.2 所列。

表 8.1 九单元系列分辨力板线条宽度及角值

分辨力图案号和单元号		线条宽度/μ	每毫米线对数	f_c=500 mm 时每一线对所对应的张角	f_c=1 000 mm 时每一线对所对应的张角
	9	80	6.25	1′6.0″	33.0″

续表 8.1

分辨力图案号和单元号			线条宽度/μ	每毫米线对数	$f_c=500$ mm 时每一线对所对应的张角	$f_c=1\,000$ mm 时每一线对所对应的张角
	8		82.3	6.07	1′8.0″	34.0″
	7		84.3	5.90	1′10.0″	35.0″
	6		87.3	5.73	1′12.0″	36.0″
	5		89.8	5.57	1′14.1″	37.0″
	4		92.5	5.41	1′16.2″	38.1″
	3	No. 92	95.2	5.25	1′18.6″	39.3″
	2	9	98.0	5.10	1′20.8″	40.4″
	1	8	100.8	4.96	1′23.2″	41.6″
No. 91	7		103.8	4.82	1′25.6″	42.8″
	6		106.8	4.68	1′28.2″	44.1″
	5		110.0	4.55	1′30.8″	45.4″
	4		113.2	4.42	1′33.4″	46.7″
	3	No. 93	116.5	4.29	1′36.2″	48.1″
	2	9	120.0	4.17	1′39.0″	49.5″
	1	8	123.5	4.05	1′41.9″	50.9″
		7	127.1	3.93	1′44.9″	52.4″
		6	130.8	3.82	1′48.0″	54.0″
		5	134.7	3.71	1′51.1″	55.6″
		4	138.6	3.61	1′54.4″	57.2″
No. 94		3	142.7	3.50	1′57.7″	58.9″
9		2	148.9	3.40	2′1.2″	1′0.6″
8		1	151.2	3.31	2′4.7″	1′2.4″
7			155.6	3.21	2′8.4″	1′4.2″
6			160.2	3.12	2′12.2″	1′6.1″
5			164.9	3.03	2′16.1″	1′8.0″
4			169.8	2.95	2′20.1″	1′10.0″
3	No. 95		174.7	2.86	2′24.2″	1′12.1″
2	9		179.9	2.78	2′28.4″	1′14.2″
1	8		185.2	2.70	2′32.8″	1′16.4″
	7		190.6	2.62	2′37.2″	1′18.6″
	6		196.2	2.55	2′41.9″	1′20.9″
	5		201.9	2.48	2′46.6″	1′23.3″
	4		207.9	2.41	2′51.5″	1′25.8″
	3		214.0	2.34	2′56.6″	1′28.3″
	2		220.3	2.27	3′1.7″	1′30.9″
	1		226.7	2.21	3′7.1″	1′33.5″

表 8.2 四单元系列分辨力板线条宽度及角值

分辨力图案号和单元号				线条宽度/μ	每毫米线对数	$f_c=500$ mm时每一线对所对应的张角	$f_c=1\,000$ mm时每一线对所对应的张角
		4		207.9	2.41	2′51.6″	1′25.8″
		3		220.2	2.27	3′1.7″	1′30.8″
		2	No. 42	233.3	2.14	3′12.4″	1′36.2″
		1	4	247.1	2.02	3′24.0″	1′42.0″
No. 41		3		261.7	1.91	3′36.0″	1′48.0″
	2	No. 43		277.3	1.80	3′48.8″	1′54.4″
		1	4	293.7	1.70	4′2.3″	2′1.2″
			3	311.1	1.61	4′2.3″	2′8.4″
No. 44			2	329.6	1.52	4′2.3″	2′16.0″
	4		1	349.1	1.43	4′2.3″	2′24.0″
	3			369.8	1.35	5′5.1″	2′32.6″
	2	No. 45		391.8	1.28	5′23.2″	2′41.6″
	1		4	415.0	1.20	5′42.4″	2′51.2″
			3	439.6	1.14	6′2.7″	3′1.3″
			2	465.7	1.07	6′24.2″	3′12.1″
			1	493.3	1.01	6′47.0″	3′23.5″

20世纪90年代以后,由于受欧美国家的影响,分辨力板大都制成两个方向,即水平和垂直方向。例如符合WJ2139—93标准的分辨力板,由三单元系列和六单元系列组成,如图8.7所示。

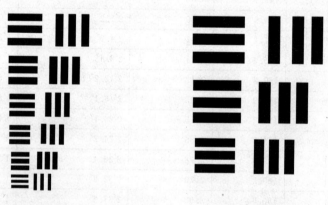

(a) 六单元系列　　　　　　　　(b) 三单元系列

图 8.7 六单元系列和三单元系列分辨力板图案

根据线条的宽度每种系列有四块分辨力板,六单元系列分辨力板的数据如表8.3所列。三单元系列分辨力板的数据如表8.4所列。

表 8.3 六单元系列分辨力板线条宽度及角值

分辨力板号	单元号	线条宽度/mm	每毫米线对数	平行光管物镜焦距为 f'/m 时每一线对所对应的张角 α/mrad	
				$f'=1.5$	$f'=1$
No.64	1	0.5	1	0.67	1
	2	0.446	1.12	0.59	0.89
	3	0.397	1.26	0.53	0.79
	4	0.354	1.41	0.47	0.71
	5	0.315	1.59	0.42	0.63
	6	0.281	1.78	0.37	0.56
No.63	1	0.250	2	0.33	0.50
	2	0.223	2.24	0.30	0.45
	3	0.198	2.52	0.26	0.40
	4	0.177	2.83	0.24	0.35
	5	0.158	3.17	0.21	0.32
	6	0.141	3.56	0.19	0.28
No.62	1	0.125	4	0.17	0.25
	2	0.111	4.49	0.15	0.22
	3	0.099	5.04	0.13	0.20
	4	0.088	5.66	0.12	0.18
	5	0.079	6.35	0.11	0.16
	6	0.070	7.13	0.09	0.14
No.61	1	0.063	8	0.08	0.13
	2	0.056	8.98	0.07	0.11
	3	0.050	10.1	0.066	0.10
	4	0.044	11.3	0.059	0.09
	5	0.039	12.7	0.052	0.08
	6	0.035	14.3	0.047	0.07

表 8.4 三单元系列分辨力板线条宽度及角值

分辨力板号	单元号	线条宽度/mm	每毫米线对数	平行光管物镜焦距为 f'/m 时每一线对所对应的张角 α/mrad	
				$f'=1.5$	$f'=1$
No.34	1	2	0.250	2.67	4
	2	1.782	0.281	2.38	3.56
	3	1.588	0.315	2.12	3.18

续表 8.4

分辨力板号	单元号	线条宽度/mm	每毫米线对数	平行光管物镜焦距为 f'/m 时每一线对所对应的张角 α/mrad	
				$f'=1.5$	$f'=1$
No.33	1	1.414	0.354	1.89	2.83
	2	1.259	0.397	1.68	2.52
	3	1.122	0.445	1.50	2.24
No.32	1	1	0.500	1.33	2
	2	0.891	0.561	1.19	1.78
	3	0.794	0.630	1.06	1.59
No.31	1	0.707	0.707	0.94	1.41
	2	0.630	0.794	0.84	1.26
	3	0.561	0.891	0.75	1.12

欧美等先进国家由于制版工艺技术先进,将很多单元的分辨力图案制作在一块分辨力板上。例如美国空军 1951 透射式分辨力板,由 6 个单元组成,每一单元根据线条宽度分为 6 组,如图 8.8 所示。分辨力板每一单元和每组的空间频率(lp/mm)如表 8.5 所列。国内和国外两个方向的分辨力板都制作成三种不同密度,密度差分别为 2.00、0.80、0.20,可根据不同的需要进行选择。

图 8.8 美国空军 1951 透射式分辨力板图形

表 8.5 美国空军 1951 透射式分辨力板空间频率(l_p/mm)

组号 \ 单元号	1	2	3	4	5	6
−2	0.3	0.3	0.3	0.4	0.4	0.4
−1	0.5	0.6	0.6	0.7	0.8	0.9
0	1.0	1.1	1.3	1.4	1.6	1.8

续表 8.5

组号＼单元号	1	2	3	4	5	6
1	2.0	2.2	2.5	2.8	3.2	3.6
2	4.0	4.5	5.0	5.7	6.3	7.1
3	8.0	9.0	10.1	11.3	12.7	14.3
4	16.0	18.0	20.2	22.6	25.4	28.5

8.2.7 放大率测量

1. 微光像增强器放大率的基本概念

定义：对给定输入图像经像增强器成像后，荧光屏输出像的尺寸与输入像的尺寸之比。

微光像增强器的放大率是对给定目标图案成像后从荧光屏上输出像的线性尺寸与光阴极上输入像的线性尺寸之比。它是电子光学系统设计的一项重要参数，是根据不同的需要不同的管型而设计的。其放大率有 $2.5\times$、$1.5\times$、$1.0\times$、$0.8\times$、$0.36\times$、$0.28\times$ 等。

2. 微光像增强器放大率测量原理

微光像增强器放大率测量在分辨力测量仪上进行，其测量原理为光源经积分球或毛玻璃形成均匀漫射面，经中性滤光片减光后照亮分划板，分划板上有刻线尺并位于平行光管的焦平面上，成像物镜将分划板的图案投射到微光像增强器光阴极面上，用读数显微镜测量荧光屏中心两条刻线像（刻线距离视管型而定）之间的尺寸。中心放大率计算式为

$$\Gamma_\circ = \frac{d_{像}}{d_{物}} \frac{f_1}{f_2} \qquad (8-2-8)$$

式中：$\Gamma_\circ$—— 中心放大率，单位为 mm；

$d_{像}$—— 荧光屏上中心两条刻线间的尺寸，单位为 mm；

$d_{物}$—— 分划板上中心两条刻线间的尺寸，单位为 mm；

f_1—— 平行光管物镜焦距，单位为 mm；

f_2—— 成像物镜焦距，单位为 mm。

同理，边缘放大率 Γ_r 也用式(8-2-8)计算。

近年来，生产和研制像增强器的单位普遍采用另一种方法测量放大率。即将分划板直接套在像增强器的光阴极面上。在荧光屏上分别测量中心两条刻线之间的尺寸和边缘两条刻线之间的尺寸。中心放大率计算式为

$$\Gamma_\circ = \frac{d_{像}}{d_{物}} \qquad (8-2-9)$$

3. 测量程序

① 将光源调到合适的输入照度。

② 给像增强器施加合适的电压。

③ 选择符合被测管型的分划板。

④ 用读数显微镜分别测量出中心两条刻线的尺寸和边缘两条刻线的尺寸。按式(8-2-8)计算就可得出中心和边缘放大率。

8.2.8 畸变测量

1. 微光像增强器畸变的基本概念

定义：由于微光像增强器光轴中心不同位置上的放大率不一致而产生的像差，即各点的放大率与中心放大率的差和中心放大率之比。

微光像增强器是一个独立的成像系统。当光阴极上的图像转移到荧光屏上时，不可能十全十美地完成这一过程，在转换中除图像大小变化外还会给图像带来失真，即屏上的像与阴极上的图像不完全相似，引起这种误差的原因主要就是畸变。

在电子光学系统中，当电子图像经电子透镜后是不可能理想成像的，存在一定的像差，这种像差在轴上点主要产生球差，对于轴外点来说，像差之一就是畸变，当物点离轴更远时，即使射线十分狭窄，也会产生畸变。这是因为系统对图像的放大率不是处处一样，而是随物高 r 的变化而变化，对应像平面上随着离中心点的距离增大其放大率随之变化。离中心点的距离增大放大率增大时将产生枕型畸变，反之产生桶型畸变。微光像增强器都是枕型畸变。

畸变虽然产生了，但它并不影响图像的清晰度，因为它与轨迹射出的初角度无关，只是实际像差相对于理想像差存在沿着子午方向的位移，因此和图像的模糊程度没有关系。仅有畸变时，像始终是清晰的，只是像的几何形状、尺寸、比例发生失真，不能完美地反映物体的真实形状。

2. 测量原理

测量微光像增强器的中心放大率和边缘放大率后，微光像增强器畸变计算式为

$$D = \left(\frac{\Gamma_r}{\Gamma_0} - 1\right) \times 100\% \tag{8-2-10}$$

式中：D——微光像增强器畸变；

Γ_0——微光像增强器中心放大率；

Γ_r——微光像增强器光阴极有效直径 80% 处的放大率。

8.3 微光夜视仪参数测量

微光夜视仪光学性能测量是对微光夜视仪整机特性测量，是微光夜视产品的最终性能检测。反映微光夜视仪光学性能的参数主要有视场、视放大率、相对畸变、分辨力、亮度增益等，下面分别讨论这些参数的基本概念、测量原理以及测试方法。

8.3.1 微光夜视仪视场测量

1. 定 义

夜视仪的视场是指微光光学系统所观察到的物空间的二维视场角,如图 8.9 所示。

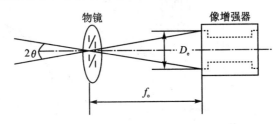

图 8.9 微光夜视仪的视场

视场角有如下关系:

$$\theta = \arctan \frac{D_e}{2f_o} \tag{8-3-1}$$

式中:θ——物镜半视场角,单位为(°);

D_e——光阴极面有效工作直径,单位为 mm;

f_o——物镜焦距,单位为 mm。

由式(8-3-1)可知,当像增强器光阴极有效直径确定后,物镜焦距是决定夜视仪视场的唯一因素。

夜视仪的视场在概念上和普通光学系统相同,属于望远系统的一种,其测量原理和测试方法也基本一致,不同之处是所用光源不同,这是因为夜视仪是在低照度下工作,普通光源不能满足它的使用要求。

2. 测量原理及测试方法

(1) 用视场仪进行测量

视场仪实际上是一种大视场的平行光管,又称宽角准直仪。图 8.10 所示为视场仪结构图。其物镜采用在大视场下成像质量良好的广角照相物镜,在物镜焦平面上放置分划板,分划板上刻有十字分划刻线。刻线上的分划值直接刻出刻线对物镜中心的张角。十字刻线的垂直和水平刻线上都刻有角度单位的刻度值,采用度、分为单位,如图 8.11 所示。

图 8.12 所示为测量夜视仪视场示意图。视场仪分划板用溴钨灯照明,照度为 10^{-1} ~ 10^{-3} lx 照度范围内,被测夜视仪放在视场仪后面,尽量靠近视场仪物镜,并使它们大致处于共轴情况。测量者通过被测夜视仪直接观察视场仪分划板,此时可以观察到视场仪分划板的一部分,利用视场仪分划板上分划刻线进行读数。能看到的视场仪分划板上左右(或上下)两边的最大读数之和,就是被测夜视仪的视场角。这种方法设备简单,操作方便,准确度也较高。

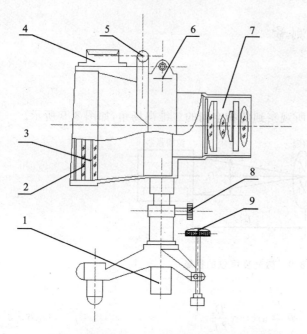
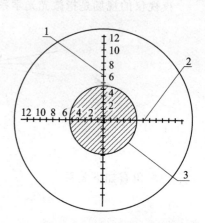

1—升降杆；2—毛玻璃；3—分划板；4、5—水准器；6—镜筒；
7—广角物镜；8—锁紧手轮；9—底座调节手轮。

图 8.10 视场仪结构示意图

1—垂直视场分划；2—水平视场分划；
3—被测仪器的视场范围

图 8.11 视场仪分划板示意图

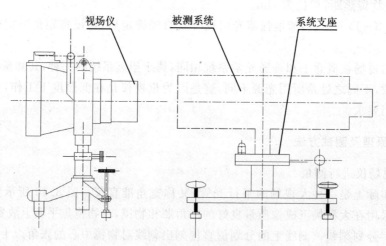

图 8.12 用视场仪测量夜视仪视场示意图

(2) 用狭缝和准直镜进行测量

图 8.13 所示为用狭缝和准直镜测量夜视仪视场的示意图，由狭缝、准直镜和大转台组成。狭缝目标的亮度不得大于 (3.4×10^{-3}) cd/m² 。

被测夜视仪放在大转台上，通过夜视仪观察狭缝。先向左边转动大转台直至视场的某一边缘，记录转台的角度值。再向右边转动大转台直到狭缝位于视场的另一边缘，记录转台的角度值。所记录的两个角度值之差为视场。

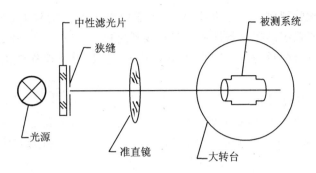

图 8.13　用狭缝和准直镜测量夜视仪视场示意图

8.3.2　微光夜视仪视放大率测量

1. 定　义

微光夜视仪的视放大率定义同普通望远系统的视放大率定义一样,即对于同一个目标,用望远镜观察时人眼视网膜上的像高 y'_t 与人眼直接观察时视网膜上的像高 y'_e 之比,用 Γ 表示。关系式为

$$\Gamma = \frac{y'_t}{y'_e} = \frac{l' \tan \omega'}{l' \tan \omega} = \frac{\tan \omega'}{\tan \omega} \qquad (8-3-2)$$

式中：l'——眼睛像方节点到视网膜的距离;

　　　ω——人眼直接观察目标的视角;

　　　ω'——人眼通过望远镜观察目标的视角。

2. 测量原理及测试方法

由于视场测量的方法有两种,所以视放大率的测量方法也分两种。

(1) 用视场仪和前置镜测量

是直接测量视场角 θ 和 θ',用式(8-3-2)计算夜视仪视放大率的方法。测量装置示意图如图 8.14 所示。

被测系统和视场仪及前置镜共轴放置。用照度为 $10^{-1} \sim 10^{-3}$ lx 的光源照亮视场仪的分划板,由上述夜视仪视场的测试方法测出被测系统的物方视场角 2θ。前置镜放在被测系统后面,用于测量被测系统的像方视场角 $2\theta'$。通常前置镜分划板上刻有角度分划值,测量时可直接读出 θ' 值。则可根据式(8-3-2)求得被测系统的视放大率。

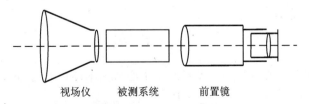

图 8.14　用视场仪和前置镜测量视放大率装置示意图

如果目的在于检验视放大率是否超差,而不需要测出 Γ 的绝对值,则可通过前置镜读出的像方视场角及被测系统的技术条件和公差直接判断视放大率是否合格。

使用这种方法设备简单,操作方便,准确度也较高,是夜视仪视放大率测量较为理想的方法。

(2) 用狭缝和前置镜测量

将被测系统置于图 8.15 所示的测量装置中。并将一个安装在小转台上的前置镜(此镜自身应调焦于无穷远)放置于被测系统目镜后出瞳距离处。始终保持光源照度在 $10^{-1} \sim 10^{-3}$ lx 之间。

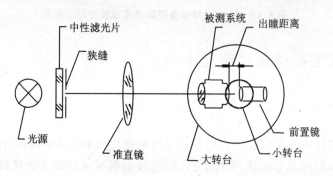

图 8.15 用狭缝和前置镜测量视放大率装置示意图

转动小转台,通过前置镜观察,使狭缝像与前置镜的十字线重合。记录此时小转台的游标刻度读数。转动大转台到光轴的任意一边的半视场角 θ_1 处。转动小转台使狭缝像同目镜分划再次重合。记录小转台读数。第二次读数与第一次读数之差,即为像的转动角度 θ'_1。当像位于光轴的另一边时重复上述步骤,记录 θ_2、θ'_2。使用 $\tan \theta'$ 的平均值,计算被测系统的视放大率 Γ:

$$\Gamma = \frac{\overline{\tan \theta'}}{\overline{\tan \theta}} \tag{8-3-3}$$

式中:$\overline{\tan \theta} = \dfrac{(\tan \theta_1 + \tan \theta_2)}{2}$;

$\overline{\tan \theta'} = \dfrac{(\tan \theta'_1 + \tan \theta'_2)}{2}$;

θ_1, θ_2——半视场角,单位为(°);

θ'_1, θ'_2——像的转动角,单位为(°)。

8.3.3 微光夜视仪相对畸变测量

1. 定 义

视场边缘放大率与中心放大率之差相对于中心放大率的百分比,其表达式为

$$q = \left(\frac{\Gamma_e}{\Gamma_c} - 1 \right) \times 100\% \tag{8-3-4}$$

式中:q——相对畸变,%;

Γ_e——边缘放大率；

Γ_c——中心放大率。

2. 测量原理及测试方法

(1) 用视场仪和前置镜测量

在夜视仪全视场的十分之一区域内测出中心放大率 Γ_c，在全视场十分之八处测出边缘放大率 Γ_e。由式(8-3-4)可计算出相对畸变值 q。

(2) 用狭缝和前置镜测量

用狭缝和前置镜测量夜视仪视放大率 Γ 的方法测出任意视场角 ω_R 及其对应的像的转动角 ω'_R，可得：

$$\Gamma_c = \frac{\tan \omega'_c}{\tan \omega_c} \quad \Gamma_e = \frac{\tan \omega'_e}{\tan \omega_e} \quad (8-3-5)$$

由式(8-3-4)求出相对畸变值 q。

8.3.4 微光夜视仪分辨力测量

1. 定 义

微光夜视仪的分辨力是指夜视仪刚能分辨开两个无穷远物点对物镜的张角，用 α 表示。分辨力能形象地反映夜视仪的成像质量，且测量方便，因此生产、科研部门往往用此参数评价夜视仪的整体性能。

2. 测量原理及测试方法

测量夜视仪分辨力的常用方法有两种，一种为透射式测量，透射式测量是指分辨力板为透射式；另一种为反射式测量，其分辨力板为反射式。

(1) 用透射式分辨力板测量

用透射式分辨力板测量夜视仪分辨力的测量原理、方法、所用分辨力板与微光像增强器的分辨力测量完全相同，已在 8.2.6 小节进行了详细描述，这里只讲二者的不同之处：

① 微光像增强器通常仅测量高照度(1×10^{-1} lx)分辨力，夜视仪则需测量高、低(1×10^{-3} lx)两个照度下的分辨力；

② 微光像增强器的分辨力是以刚能分开两物点的距离来表征，单位为 lp/mm，夜视仪的分辨力以角距离表示刚能分辨的两点间的最小距离，单位为 mrad。

③ 二者的分辨力表达式不同。

微光像增强器分辨力的表达式由式(8-2-7)描述，微光夜视仪分辨力的表达式为

$$\alpha = \frac{2a}{f_c} \quad (8-3-6)$$

式中：α——夜视仪的分辨角，单位为 mrad；

a——分辨力板线条宽度，单位为 mm；

f_c——平行光管的物镜焦距，单位为 m。

(2) 用反射式分辨力板测量

反射式分辨力板的图形与美国空军1951透射式分辨力板图形基本相同,不同的是组数略少一些,另一点是线条宽度宽,这是因为夜视仪的分辨力比像增强器的分辨力要低得多。分辨力板的背景为白色,上方形标记可用于测量暗线条亮度。反射式分辨力板的图案分为6组,每组有6个单元,表8.6所列为36个单元图案的线条宽度和长度。反射式分辨力板的对比度有4种,表8.7所列为分辨力板板号及所对应的对比度值的范围。通常将对比度值范围为0.85~0.90的称为高对比,将对比度值范围为0.25~0.30的称为低对比。低照度、低对比下的分辨力更能反映夜视仪在野外实用时的性能。因此,低照度、低对比下的分辨力是反映夜视仪性能的一个重要参数。故常用反射式分辨力板测量微光夜视仪的分辨力。

表8.6 反射式分辨力板线条宽度和长度(单位:mm)

组号	单元号	线条宽度	线条长度	组号	单元号	线条宽度	线条长度	组号	单元号	线条宽度	线条长度
−2	1	20.00	100.00	0	1	5.00	25.00	2	1	1.25	6.25
	2	17.82	89.10		2	4.45	22.25		2	1.11	5.55
	3	15.87	79.35		3	3.97	19.85		3	0.99	4.95
	4	14.14	70.70		4	3.54	17.70		4	0.88	4.40
	5	12.60	63.00		5	3.15	15.75		5	0.79	3.95
	6	11.22	56.10		6	2.81	14.05		6	0.70	3.50
−1	1	10.00	50.00	1	1	2.50	12.50	3	1	0.625	3.13
	2	8.91	44.55		2	2.23	11.15		2	0.56	2.80
	3	7.94	39.70		3	1.98	9.90		3	0.50	2.50
	4	7.07	35.35		4	1.77	8.85		4	0.44	2.20
	5	6.30	31.50		5	1.57	7.85		5	0.39	1.95
	6	5.61	28.50		6	1.40	7.00		6	0.35	1.75

表8.7 分辨力板号与对比度值的对应关系

分辨力板号	No.361	No.362	No.363	No.364
对比度值	0.25~0.30	0.35~0.40	0.55~0.60	0.85~0.90

用反射式分辨力板测量分辨力原理如图8.16所示。

光源经积分球后在出射口形成一个均匀漫射面,经中性滤光片减光后照亮分辨力板,分辨力板位于平行光管的焦平面上。

光源在分辨力板侧前方45°角方向上,以能照亮整个分辨力板的距离为准。

被测夜视仪放在平行光管的后面,夜视仪的物镜将分辨力板上的图案成像至微光像增强器的光阴极上,经过微光像增强器增强后,通过夜视仪的目镜直接观察分辨力板的图案。

调整目镜、物镜焦距,至图像清晰为止,记录最小可分辨所对应的分辨力板的组号,如3−5组,它表示最小可分辨出第三组五单元的图形,通过表8.6查出3−5组所对应的线条宽度,由式(8−3−6)可计算出夜视仪的分辨力。

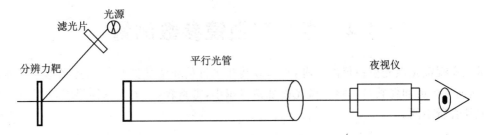

图 8.16 用反射式分辨力板测量夜视仪分辨力示意图

8.3.5 微光夜视仪的亮度增益测量

1. 定　义

夜视仪亮度增益是指夜视仪输出亮度与目标靶亮度之比,表示式为

$$G = L_1/L_2 \tag{8-3-7}$$

式中：G——夜视仪亮度增益,倍;

L_1——夜视仪输出亮度,单位为 cd/m^2;

L_2——夜视仪目标靶亮度,单位为 cd/m^2。

2. 测量原理及测试方法

光源经积分球后在出射口形成一个均匀漫射面,经中性滤光片减光后照亮漫透射目标靶(简称目标靶),目标靶位于被测夜视仪的前方至少 28 cm 处。用亮度计测出目标靶的实际亮度和夜视仪目镜出射端的亮度。出射端的亮度与目标靶的亮度之比就是夜视仪的亮度增益。测量装置如图 8.17 所示。

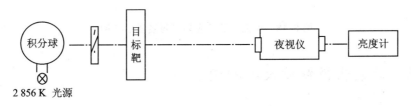

图 8.17 夜视仪亮度增益测量装置示意图

点亮色温为 $(2\,856\pm50)$ K 的扩展朗伯光源。该光源照亮目标靶,被均匀照射的面积应充满夜视仪的视场,保证在光阴极的有效面积内均能被照射到。调整光源的亮度,使其亮度在 $3.4\times10^{-4} \sim 5.0\times10^{-3}$ cd/m^2 之间。用经校准的亮度计测出由光源照射目标靶后的目标靶的亮度,并记录之。通过夜视仪观察目标靶。用同一亮度计测量夜视仪目镜的输出亮度。测量亮度时应在亮度计光轴上放置一个直径为 5 mm 的入瞳,该入瞳沿被测夜视仪光轴到其目镜的距离应为规定的出瞳距离。

8.4 微光夜视镜参数测量

微光夜视镜是微光夜视仪的一种,它可以装在飞行员和驾驶员的头盔上,在夜间低照度条件下,辅助飞行员和驾驶员观察。微光夜视镜体积小,重量轻,一般为双筒形式,测量方法和一般夜视仪有所不同。

8.4.1 微光夜视镜视场测量

微光夜视镜视场测量装置如图 8.18 所示。

通过其中一个单筒望远镜观察狭缝。先向左边转动大转台直至视场的某一边沿,记录转台的角度。再向右边转动大转台直到狭缝位于视场的另一边沿,记录转台的角度。所记录的上述两个角度之差即为视场。对另一单筒望远镜重复上面的测量。

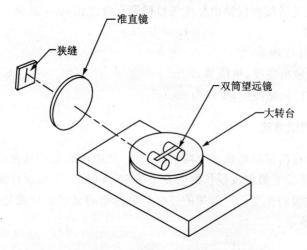

图 8.18 微光夜视镜视场测量装置示意图

8.4.2 微光夜视镜放大率测量

微光夜视镜放大率测量装置如图 8.19 所示。

将双筒望远镜置于测量装置中,并将一个安装在小转台上的前置镜放置在其中一个单筒望远镜目镜后出瞳距离处。

转动小转台,通过前置镜观察,使狭缝像与前置镜的十字线重合。记录此时小转台的游标刻度读数。转动大转台到光轴的任意一边的半视场角 θ_n 处。转动小转台使狭缝像同目镜分划再次重合,记录小转台读数。第二次读数与第一次读数之差,即为像的转动角度 φ_n。当像位于光轴的另一边时重复上述步骤,记录 θ'_n 和 φ'_n。使用 $\tan\varphi'_n$ 的平均值,计算放大率 Γ:

$$\Gamma = \frac{\overline{\tan\varphi_n}}{\tan\theta_n} \tag{8-4-1}$$

式中:θ_n——半视场角;

φ_n——像的转动角；

$$\overline{\tan \theta_n} = \frac{(\tan \theta_n + \tan \theta'_n)}{2} \quad (8-4-2)$$

$$\overline{\tan \varphi_n} = \frac{(\tan \varphi_n + \tan \varphi'_n)}{2} \quad (8-4-3)$$

对于另一单筒望远镜重复进行上述的测量。

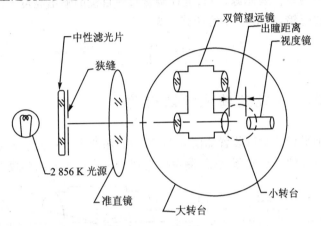

图 8.19　微光夜视镜放大率测量装置示意图

8.4.3　微光夜视镜畸变测量

利用放大率测量得出的结果，并使用放大率测量方法求出任意视场角的 θ_n 及其对应的 φ_n，计算每个单筒望远镜的畸变。

微光夜视镜的相对畸变 D 计算式为

$$D = \frac{\overline{\tan \varphi_n} - \Gamma \overline{\tan \theta_w}}{\Gamma \tan \theta_w} \times 100\% \quad (8-4-4)$$

式中：Γ——视场中心 1/10 区域内测出的放大率（称中心放大率）；

　　　θ_w——8/10 区域边缘对应的物方视场角；

　　　φ_w——8/10 区域边缘对应的像方视场角。

8.4.4　微光夜视镜分辨力测量

把分辨力板置于平行光管的焦平面上，调整分辨力板的亮度以获得最高的分辨力。

其中一个单筒望远镜，在最佳聚焦状态下观察平行光管的分辨力板，并确定能够分辨的分辨力板图案组号，即可查出该组号对应的线条宽度 a。

分辨力 R(mrad) 用下式计算：

$$R = \frac{2a}{f_k} \times 1\,000 \quad (8-4-5)$$

式中：f_k——平行光管的焦距。

对另一单筒望远镜进行同样的测试和计算。

8.4.5 微光夜视镜亮度增益测量

在双筒望远镜物镜之前,放置色温为 2 856 K 的扩展朗伯光源。调整扩展光源亮度,用一台经过标定的亮度计进行测量,记录输入亮度实测值 L_i。

通过双筒望远镜观察扩展光源,用亮度计测量每一目镜的输出亮度 L_o。

对于每一单筒望远镜,其增益 G 的计算式为

$$G = \frac{L_o}{L_i} \tag{8-4-6}$$

8.4.6 微光夜视镜光轴平行性测量

微光夜视镜光轴平行性测量装置如图 8.20 所示。用两束平行光射入双筒望远镜的物镜,使用一架带有测微目镜的移动式望远镜,测量两目镜出射光束之间的角度之差。

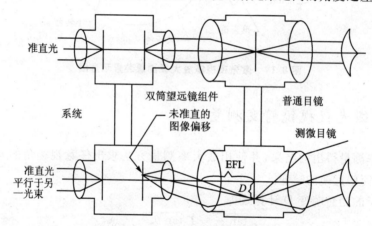

图 8.20 微光夜视镜平行性测量装置示意图

参考文献

[1] 郑克哲.光学计量[M].北京:原子能出版社,2002.
[2] 李宗扬.计量技术基础[M].北京:原子能出版社,2002.
[3] 李同保.光电子计量测试进展[M].现代光学与光子学的进展——庆祝王大珩院士从事科研活动六十五周年专辑.天津:天津科技出版社,2003:441-449.
[4] 杨照金,李燕梅,王芳,郑克哲.国防光学计量测试新进展[J].应用光学,2001,22(4):35-39.
[5] 潘君骅.计量测试技术手册:第10卷,光学[M].北京:中国计量出版社,1995.
[6] 郝允祥,陈遐举,张保洲.光度学[M].北京:北京师范大学出版社,1988.
[7] 王学新.红外光谱辐射计校准技术研究[D].中国兵器工业第205研究所,2005.
[8] 范纪红,杨照金,秦艳,刘建平.以低温辐射计为基础的光辐射量传体系[J].应用光学,2007,28(增刊):163-166.
[9] 刘金元,熊利民,等.用同步辐射源建立紫外及真空紫外区光谱辐射基准研究[J].光学学报,2006,26(4):547-550.
[10] 刘金元,薛凤仪.紫外和真空紫外光谱辐射标准灯——氘灯[J].计量技术,2002(3):19-21.
[11] 孙利群,张元馨,刘亚芳,徐明顺.自发参量下转换双光子场的产生及其在光学计量中的应用[J].应用光学,1999,20(5):31-35.
[12] 孙利群,张彦鹏,刘亚芳,唐天同,杨照金,向世明.自发参量下转换双光子绝对校准光电探测器的方法研究[J].物理学报,2000,49(4):724-728.
[13] 李建军.基于纠缠光子方法测量光电探测器量子效率的研究[J].应用光学,2007,28(2):216-220.
[14] 阎晓宇,岳文龙,王学新,付建民.中温黑体辐射源分析与设计[J].应用光学,2006,27(特刊):33-36.
[15] 占春连,刘建平,李正琪,卢飞,陈超.基于高温黑体的光谱辐射亮度的测试研究[J].应用光学,2006,27(特刊):71-75.
[16] 朱清,詹云翔.光度测量技术及仪器[M].北京:中国计量出版社,1992.
[17] 高魁明,谢植.红外辐射测温理论与技术[M].沈阳:东北工学院出版社,1989.
[18] 周书铨.红外辐射测量基础[M].上海:上海交通大学出版社,1991.
[19] 吴继宗,叶关荣.光辐射计量[M].北京:机械工业出版社,1992.
[20] 杨宜木,等.红外系统[M].北京:国防工业出版社,1995.
[21] 胡铁力,李旭东,等.红外热像仪参数的双黑体测量装置[J].应用光学,2006,27(3):246-249.
[22] 孙利群.实现光辐射度量基准的几种方法[J].应用光学,1999,20(2):36-39.
[23] 胡铁力,朱明义,等.60~80 ℃面黑体辐射特性标准系统[J].应用光学,2002,23(3):1-4.
[24] 李旭东,艾克聪,王伟.扫描热成像系统NETD数学模型的研究[J].应用光学,2004,25(4):37-40.
[25] 李旭东,艾克聪,张安锋.热成像系统MRTD数学模型的研究[J].应用光学,2004,25(6):38-42.

[26] 胡铁力,韩军,郑克哲,薛战理,李旭东.红外热像仪测试系统校准[J].应用光学,2006,27(特刊):28-32.

[27] 吴宝宁,刘建平,李宇鹏,丁玉奎,杨利.一种火炸药瞬态光谱测试的精确定位[J].应用光学,2001,22(1):39-42.

[28] 刘西社,吴宝宁.闪光有效光强测定仪研究[J].应用光学,1995,16(6):17-20.

[29] 杨照金,范纪红,岳文龙,侯西旗,占春连,秦艳.光辐射计量测试技术[J].应用光学,2003,24(2):39-42.

[30] 郭奉杰,王建平.照明灯具的分布光度测试[C]//中国计量测试学会光辐射计量学术研讨会论文集(杭州).2006:41-48.

[31] 林延东,于靖,刘慧,姜晓梅,代彩红,熊利民,马煜.光辐射计量新近国际比对介绍[C]//中国计量测试学会光辐射计量学术研讨会论文集(杭州).2006:2-5.

[32] Getile T R, Houston J M, Hardis J E, Cromer C L, Parr A C. National Institute of Standards and Technology high-accuracy cryogenic radiometer[J]. Appl. Opt, 1996, 35(7):1056-1068.

[33] Hoyt C C, Foukal P V. Cryogenic absolute Radiometers as laboratory irradiance standards remote sensing detectors and pyrheliometers [J]. Appl. Opt, 1990, 29:988-993.

[34] Martin J E, Fox N P, Key P J. A cryogenic Radiometers for Absolute Radiometric Measuruments[J]. Metrologia, 1985, 21:47-155.

[35] Jeanne M. Houston, David J Livigni. Comparison of Two Cryogenic Radiometers at NIST[J]. J. Res Natl. Inst. Stand Techol, 2001, 106:641-647.

[36] Sergey I. Anevsky, Alexander E. Vernyi. Realization of a spectral radiance scale in the 40-250 nm spectral region based on a TROLL-type synchotron [J]. Nuclear Instruments and Methods in Physics Research A, 1994, 347:573-576.

[37] 吕百达.强激光的传输与控制[M].北京:国防工业出版社,1999.

[38] 庄琦,桑凤亭,周大正.短波长化学激光[M].北京:国防工业出版社,1997.

[39] 王雷.高能激光能量测试技术研究[D].中国兵器科学研究院,2005.

[40] 黎高平,杨照金,吕春莉,马冬兰,向世明.短、超短脉冲激光时间分布特性的几种测量方法[J].应用光学,2000,21(6):29-35.

[41] 黎高平,安临,吕春莉,吉晓,宋一兵,向世明,等.自相关法测量激光超短脉冲的解相关[J].应用光学,2001,22(1):20-22.

[42] 王雷,杨照金,黎高平,梁燕熙.绝对式高能量激光能量计温度特性研究[J].应用光学,2005,26(5):29-32.

[43] 王雷,杨照金,黎高平,梁燕熙.锥形腔高能量激光能量计后向散射问题研究[J].宇航计测技术,2005,25(3):59-64.

[44] 王雷,杨照金,黎高平,梁燕熙.大口径高能量激光测量中后向散射问题研究[J].激光技术,2006,30(1):43-46.

[45] 黎高平,于帅,杨鸿儒,杨斌,王雷.热损失对连续波高能激光能量测量结果的影响[J].应用光学,2006,27(特刊):37-40.

[46] 王雷,黎高平,杨照金,杨鸿儒,梁燕熙.激光功率能量计量方法研究[J].应用光学,2006,

27(特刊):41-46.

[47] 史继芳,宋一兵,吉晓. 激光能量计测量不确定度评定[J]. 应用光学,2006,27(特刊):47-50.

[48] 吉晓,杨鸿儒,刘国荣. 激光光束质量参数测量方法的研究[J]. 应用光学,2006,27(特刊):51-54.

[49] 杨鸿儒,黎高平. 新概念高能激光武器对光学计量检测的需求[J]. 应用光学,2006,27(特刊):14-19.

[50] 于靖,徐涛,熊利民,樊其明,邓玉强. 激光能量计的强激光响应度特性测量与分析[C]// 中国计量测试学会光辐射计量学术研讨会论文集(杭州). 2006:158-168.

[51] 于靖,徐涛,樊其明,邓玉强. 高能激光能量计标准器吸收与损伤特性的分析与计算[C]// 中国计量测试学会光辐射计量学术研讨会论文集(杭州). 2006:169-176.

[52] 胡建平,马平,许乔. 光学元件的激光损伤阈值测试[J]. 红外与激光工程,2006,35(2):187-191.

[53] 高勋,董光炎,李永大. 光电探测器的激光损伤阈值的测量及测量误差分析[J]. 长春理工大学学报,2006,29(2):24-27.

[54] 胡建平. HfO_2/SiO_2光学薄膜激光损伤阈值的测量[J]. 光电子激光,2002,13(4):752-754.

[55] 魏光辉,杨培根,等. 激光技术在兵器工业中的应用[M]. 北京:兵器工业出版社,1995.

[56] 中华人民共和国国家军用标准. GJB 5145—2002 脉冲激光测距仪最大测程模拟测试方法[S]. 国防工业出版社,2002.

[57] 杨冶平. 光纤技术在激光测距机校准中的应用研究[D]. 西安应用光学研究所,2003.

[58] 杨冶平,杨照金,侯民,宋一兵,吉晓. 脉冲激光测距机最大测程校准方法[J]. 应用光学,2003,24(3):26-28.

[59] 杨照金,杨冶平,南瑶,等. 激光测距机参数校准装置研究[J]. 应用光学,2007,28(专刊):122-125.

[60] 范纪红. 红外探测器光谱响应测量技术研究[D]. 中国兵器科学研究院,2006.

[61] 占春连,李燕梅,刘建平,李正琪. 红外探测器光谱响应度的均匀性及直线性测试研究[J]. 应用光学,2004,25(6):34-37.

[62] 范纪红,杨照金,侯西旗,秦艳. 建立腔体热释电探测器相对光谱响应度标尺的研究[J]. 宇航计测技术,2006,26(4):43-46.

[63] 范纪红,侯西旗,杨照金,尹涛,秦艳,刘建平. 红外探测器光谱响应度测试技术研究[J]. 应用光学,2006,27(5):460-462.

[64] 中华人民共和国标准. 1987 GB/T 13584—92 红外探测器参数测试方法[S]. 北京:中国标准出版社,1992.

[65] 中华人民共和国标准. GB/T 17444—1998 红外焦平面阵列特性参数测试技术规范[S]. 北京:中国标准出版社,1998.

[66] Gentile T R,Houston J M. National Institute of Standards and Technology high-accuracy cryogenic radiometer[J]. Appl. Opt,1996,35:1056-1068.

[67] 林延东. 陷阱探测器面响应均匀性的测量[J]. 现代计量测试,2000(2):17-21.

[68] 姚和军. 光学探测器非线性度测试仪的研制[J]. 现代计量测试,2001(2):31-35.

[69] Theocharous E, Juntaro Ishii. Absolute linearity measurements on HgCdTe detectors in the infrared region[J]. Appl. Opt. ,2004,43:4182-4188.

[70] Fox N P,Theocharous E. Establishing a new ultraviolet and near-infrared spectral responsivity scale[J]. Metrologia, 1998,35:535-541.

[71] Theocharous E,Birch J R. Detectors for mid- and far- infrared spectroscopy: selection and us. in Handbook of Vibrational spectroscopy [M]. 2002,1:349-367.

[72] George Eppeldauer, Miklos Racz. Spectral responsivity determination of a transfer-standard pyroelectric radiometer[C]. SPIE, 2002,4818:118-125.

[73] Gentile T R. Calibration of a pyroelectric detector at 10.6 μm with the National Institute of Standards and Technology high-accuracy cryogenic radiometer[J]. Appl. Opt. , 1997, 36:3614-3621.

[74] Gentile T R. Realization of a scale of absolute spectral response using the NIST high accuracy cryogenic radiometer[J]. Appl. Opt. , 1996, 35:4392-4403.

[75] Larason T C. The NIST high accuracy scale for absolute spectral response from 406 nm to 920 nm[J]. J. Res. Natl. Inst. Stand. Technol. , 1996,101:133-140.

[76] Fox N P, E. Theocharous. Establishing a new ultraviolet and near-infrared spectral responsivity scale[J]. Metrologia, 1998, 35:535-541.

[77] Migdall A. IR detector spectral responsivity calibration facility at NIST[C]. SPIE, 1994,2227:46-53.

[78] Richter M, Johannsen U, Kuchnerus P, Kroth U, Rabus H, Ulm G,Werner L. The PTB high-accuracy spectral responsivity scale in the ultraviolet[J]. Metrologia,2000, 37:515.

[79] Ramesh K. Digital Photoelasticity[C]. Advanced Techniques and Applications. Berlin: Springer-Verlag, 2000.

[80] Sandro Barone, Gaetano Burriesci, Giovanni Petrucci. Computer Aided Photoelasticity by an Optimum Phase Stepping Method[J]. Experimental Mechanics, 2002,42(2): 132-139.

[81] 中华人民共和国标准. GB 7962—87 无色光学玻璃测试方法[S]. 北京:中国标准出版社, 1987.

[82] 中华人民共和国标准. GB 11297.2—87 激光棒侧向散射系数的测量方法[S]. 北京:中国标准出版社,1987.

[83] 王雷,王生云,侯西旗,杨照金,等. 红外光学材料参数测试[J]. 应用光学,2001,22(6):40-42.

[84] Wang L, Zheng K, Wang J. Automatic refractometer for measuring refractive indices of solid material over a wide range of wavelengths[C]. SPIE, Vol. 4135:307-311.

[85] 王雷,杨照金,黎高平,宗亚康. 红外光学材料折射率温度系数测量装置[J]. 2005,26(3): 54-56.

[86] 余怀之. 红外光学材料[M]. 北京:国防工业出版社,2007:347-354.

[87] 麦伟麟. 光学传递函数及其数理基础[M]. 北京:国防工业出版社,1979.

[88] 光学测量与仪器编辑组. 光学测量与仪器[M]. 北京:国防工业出版社,1978.

[89] 庄松林,钱振邦.光学传递函数[M].北京:机械工业出版社,1981.

[90] 朱日宏,等.移相干涉测量术及其应用[J].应用光学,2006,27(2):85-88.

[91] 马拉卡拉 D.光学车间检验[M].白国强,薛君敖,洪涛,等译.北京:北京机械工业出版社,1983.

[92] 王德安.1~13μm 红外透镜透射比测量[J].红外与激光技术,1990,(2):41-44.

[93] 苏大图,沈海龙,陈进榜,等.光学测量和像质鉴定[M].北京:北京工业学院出版社,1988.

[94] 郑克哲.红外光学系统焦距的测量[J].应用光学,1985(5):27-29.

[95] 陈磊,高志山,何勇.红外光学透镜焦距测量[J].光子学报,2004,33(8),986-988.

[96] Brot,Jean Marc. Evaluation of thermal imaging optical system[C]. SPIE,1986,590:152-156.

[97] Williams,T. L. Sira Ltd.,Chislehurst,UK. Measurement of spectral transmission of IR lens elements and assemblies[C]. SPIE,1986,590:16-21.

[98] 杨红,汪建刚,姜昌录,等.红外光学系统透射比测量[J].应用光学,2006,27(特刊):61-64.

[99] 王生云,郑雪,张玫.非球面波像差的检测技术[J].应用光学,2006,27(特刊):65-67.

[100] 王生云,杨红,张玫,郑雪,孙宇楠.光学元件波像差标准装置[J].应用光学,2008,29(增刊):132-135.

[101] 康登魁,杨红,汪建刚,郭羽,姜昌录.紫外光学传递函数校准装置的研究[J].应用光学,2008,29(增刊):136-140.

[102] 张旭升,沙定国.线性离散成像系统调制传递函数的随机条纹测试法[J].光学学报,2005,25(7):918-922.

[103] 陈益新,等.集成光学[M].上海:上海交通大学出版社,1985.

[104] 秦秉坤,孙雨南.介质光波导及其应用[M].北京:北京理工大学出版社,1991.

[105] 黎高平,宗亚康,等.自聚焦透镜焦斑直径分辨率测试研究[J].应用光学,1995,16(6):45-48.

[106] 杨照金,黎高平,张越,宗亚康.用 CCD 技术测量 GRIN 透镜焦距[J].应用光学,1995,16(6):52-54.

[107] 徐大雄.纤维光学的物理基础[M].北京:高等教育出版社,1982.

[108] 杨照金,刘治.光纤面板数值孔径的测量[J].应用光学,1984(6):87-91.

[109] 杨照金,贾大明.光学纤维元件的刀口响应与传递函数[J].应用光学,1985(2):75-77.

[110] 孙镜.光纤面板参数测量[J].高速摄影与光子学,1980(1):32-41.

[111] 中华人民共和国国家军用标准.GJB 2177—1994 光学纤维面板通用规范[S].国防科工委军标出版发行部,1994.

[112] 马迎建,冯丽爽,南书志,韩晓娟.保偏光纤偏振特性测试系统[J].电子测量技术,2006,29(4):31-32.

[113] 李彦,冯丽爽,徐宏杰,张春熹.保偏光纤偏振特性测试系统的光路研究[J].红外与激光工程,2005,34(4):430-433.

[114] 邹雪峰,冯丽爽,马迎建.保偏光纤偏振特性自动测试系统的设计与实现[J].北京机械工业学院学报(综合版),2005,20(2):47-53.

[115] 马迎建,韩晓娟,冯丽爽,南书志.基于FPGA的保偏光纤偏振测试仪系统[J].中国惯性技术学报,2006(4):73-76.

[116] 刘开贤,夏月辉,张霞,黄永清,任晓敏.单模光纤中二阶偏振模色散的测量及其统计特性研究[J].光学技术,2005,31(1):3-6.

[117] 王军利,方强,王永昌,阴亚芳,刘毓,朱永凯.单模光纤中偏振模色散测量方法的研究[J].半导体光电,2004,25(5):329-332.

[118] 宁鼎.偏振保持光纤拍长的磁光调制法测量[J].光通信技术,1997,21(1):42-45.

[119] 邹异松.电真空成像器件及理论分析[M].北京:国防工业出版社,1989.

[120] 张鸣平,张敬贤,李玉丹,等.夜视系统[M].北京:北京理工大学出版社,1993.

[121] 中华人民共和国国家军用标准.GJB 2000—94 像增强器通用规范[S].国防科工委军标出版发行部,1994.

[122] 中华人民共和国国家军用标准.GJB 2025—94 飞行员夜视成像系统通用规范[S].国防科工委军标出版发行部,1994.